# 菊芋营养价值评价及菊粉抗炎机理研究进展

熊本海 汪 悦 刘 君 主编

中国农业科学技术出版社

**图书在版编目（CIP）数据**

菊芋营养价值评价及菊粉抗炎机理研究进展 / 熊本海，汪悦，刘君主编. --北京：中国农业科学技术出版社，2022. 6

ISBN 978-7-5116-5772-5

Ⅰ. ①菊…　Ⅱ. ①熊…②汪…③刘…　Ⅲ. ①菊芋－研究　Ⅳ. ①Q949.783.5

中国版本图书馆CIP数据核字（2022）第086763号

**责任编辑**　朱　绯
**责任校对**　李向荣
**责任印制**　姜义伟　王思文

**出 版 者**　中国农业科学技术出版社
北京市中关村南大街12号　　邮编：100081
**电　　话**　（010）82106632（编辑室）　（010）82109702（发行部）
（010）82109709（读者服务部）
**网　　址**　http: // www.castp.cn
**经 销 者**　各地新华书店
**印 刷 者**　北京建宏印刷有限公司
**开　　本**　185 mm × 260 mm　1/16
**印　　张**　17.25　彩插12面
**字　　数**　375千字
**版　　次**　2022年6月第1版　　2022年6月第1次印刷
**定　　价**　100.00元

# 《菊芋营养价值评价及菊粉抗炎机理研究进展》

## 编 委 会

# 前　言

菊芋是菊科向日葵属多年生草本植物，也是饲草型植物、景观型植物和生态经济型作物，其产品是一种膳食纤维，具有改善肠道菌群结构的功能，被联合国粮农组织官员称为“21世纪人畜共用作物”。尽管我国菊芋的种植分布极广，有自发种植的习惯，但在“特色菊芋新品种及其开发利用关键技术”项目实施前，我国菊芋的品种单一，特性不突出甚至退化严重，种质资源没有应对生态条件、消费者需求及产业化的要求做顶层布局开发，因而从资源源头上严重制约我国菊芋产业的发展。欲将“小品种”做成“大产业”，必须从关键核心技术突破，并形成全产业链的配套技术，才能带动产业的发展。

项目主要以特色菊芋产业化关键难点问题为切入点，通过新品种选育、农机农艺配套、菊芋精深加工及产品用途深度开发等，形成系列研究成果，包括拥有自主知识产权的新培育的菊芋品种8个、品系40个、活体品种资源306个，取得省部级鉴定成果5项，获得发明专利6项，绿色产品认证2项，软件著作权7项，发表高水平论文10余篇，制定地方标准9项。通过项目实施，获准建立了院士工作站，获批成立河北省“菊芋产业技术创新战略联盟”等。

项目针对以菊芋茎秆作为粗饲料的资源开发及以菊芋块茎作为原料加工获得的菊芋块茎粉中的活性物质——菊粉（菊糖）作为饲料添加剂，在促进家畜健康尤其是缓解奶牛的亚临床乳房炎的作用机理方面开展了深入研究，获得了一批原创性的科研成果，包括牧草型菊芋品种的生物学特性、营养价值评定结果、奶牛亚临床与临床乳房炎的生物学特征、菊粉缓解奶牛亚临床乳房炎的作用机理等，主要研究成果已发表或将发表在本领域国内外的权威学术期刊上，为此汇集编著《菊芋营养价值评价及菊粉抗炎机理研究进展》一书，以供读者系统了解作者团队研究成果。

本书由3个部分共14章组成。第一部分“菊芋品种选育、菊芋饲料生物学特性评价与奶牛乳房炎防治研究进展”包含2章内容，第一章总结了菊芋的品种选育进展，尤其总结不同菊芋品种品系的生物产量、农业性状及不同菊芋部位的营养价值特性，包括其所含生物活性物质与饲用价值及生理功能；第二章系统综述了奶牛乳房炎的国内外研究现状，包括乳房炎的致病因素、防治措施以及胃肠道菌群与乳房炎的关联性研究进展等。第二部分“菊芋来源菊粉对奶牛亚临床乳房炎缓解机制研究”是本书的核心部分，全面介绍了作者团队近4年开展的菊芋来源菊粉对奶牛亚临床乳房炎缓解机制研究进展，共由7章组成，首先收集对健康奶牛、亚临床乳房炎奶牛、临床乳房炎奶牛的瘤胃液、血液、粪便及生乳产品的生物学特征差异分析结果，具体包括微生物区系、挥发性脂肪酸（VFAs）及$NH_3$-N等发酵指标、血液生化指标尤其炎症因子指标及主要代谢产物等表观特性，主要研究结果发表在《Journal of Agricultural and Food Chemistry》《Journal of Animal Science and Biotechnology》及《Journal of Dairy Science》等杂志上。其次收集了菊粉用于体外发酵及在体内添加试验抑制乳房炎的研究结果，主要研究结果发表在《Animal Nutrition》《Microbiology Spectrum》《Applied and Environmental Microbiology》及《Frontiers in Microbiology》等杂志上。第三部分则收集了项目研究获得的菊芋品种品系的典型图谱、非主要农作物品种认证证书、菊芋栽培系列技术规程、产品标准及相关知识产权证书等。

本书主要是将菊芋块茎粉直接作为原料，系统开展缓解奶牛亚临床乳房炎的机理研究，发现菊粉补充增加了亚临床乳房炎奶牛瘤胃中产丙酸和丁酸菌以及几种有益的共生菌如*Muribaculaceae*、双歧杆菌的丰度，同时提高了与能量和氨基酸代谢相关的代谢物如蜜二糖和L-谷氨酸水平，减少某些促炎细菌及促炎脂质代谢物如神经酰胺和前列腺素$E_2$水平，从而改善亚临床乳房炎奶牛瘤胃的内环境。此外，菊粉的补充使瘤胃环境改善，进一步影响乳中菌群及代谢物结构的改变，同时血清中的炎症因子及促炎代谢产物水平下降，促进奶牛乳腺的健康。

下一步深入拓展的研究方向主要包括分离健康、亚临床及临床乳房炎奶牛乳中的外泌体；鉴定与分析外泌体的特性，包括MicroRNA、蛋白质组学与转录组学等，进一步探讨深层次的生物学特性差异；探讨致病菌如金黄色葡萄球菌、外泌体与奶牛健康及生乳品质之间的互作关系，并开发以菊粉为主要原料的奶牛乳房炎抑制剂产品，为奶牛乳房的健康及乳产品品质的提升提供一条新的解决途径。

本书因涉及的研究时间不长，有些研究结果还需进一步验证，如有不足之处，希望读者批评指正，以进一步优化我们的研究技术路线。

编　者<br>2022年2月15日

# 目　录

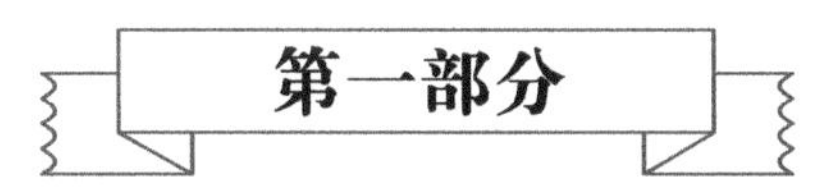


## 菊芋品种选育、菊芋饲料生物学特性评价与奶牛乳房炎防治研究进展



## 第二部分

## 菊芋来源菊粉对奶牛亚临床乳房炎缓解机制研究

# 第三部分

## 菊芋品种生长图谱、品种认定、地方标准、菊芋产品及知识产权证书

# 第一部分 菊芋品种选育、菊芋饲料生物学特性评价与奶牛乳房炎防治研究进展

# 第一章　菊芋饲料特性评价

## 第一节　菊芋的品种（系）选育

菊芋（*Helianthus tuberosus*）俗称洋姜，属菊科向日葵属，多年生草本植物。具有抗盐碱、耐瘠薄、耐旱、耐寒、抗病性强等生长习性（卢秉钧，2004）。因其枝叶翠绿、花簇金黄的外观特点，被国人誉为“懒省事”的新兴绿化观赏植物（图1-1）。据对比试验，在同等肥力的耕地上，种植苜蓿可亩产粗蛋白质（CP）138kg，而菊芋亩产CP则高达200～250kg（杨在宾等，2018）。可以预测到，菊芋是一种高产优质的新型粗饲料资源。研究表明，菊芋茎秆中含有大量的蛋白质、可溶性碳水化合物、钙（Ca）、磷（P）及铁（Fe）等多种营养素。此外，新鲜菊芋块茎中高含量的菊糖可为双歧杆菌和韦氏杆菌等肠道益生菌群提供大量优质的能量底物，优化肠道菌群结构，进而提高动物免疫能力（陈建军等，2001）。因此，菊芋既可作为家畜的优良粗饲料，也是潜在的减用家畜抗生素的有效产品。

图1-1　菊芋全株（a）、块茎（b）、叶片（c）、花（d）

目前，菊芋已成为国际公认的药食同源保健品。为系统地研究菊芋的饲用价值，有不少研究针对菊芋品种（系）选育以及不同品种、不同年份、不同茬次及不同生产期菊芋的营养价值进行全面分析。分析结果表明，部分品种的菊芋秸秆在适当的生产期采收，具有较高的CP含量，且Ca、P含量丰富（晏国生，2012）。若用作粗饲料，可部分替代优质苜蓿饲料（巴合提·加布克拜等，2001），且具有明显的价格优势。因此，2019年11月，中国饲料库情报网中心发布的第30版《中国饲料成分及营养价值表》中，首次将菊芋秸秆作为粗饲料纳入中国饲料数据库（表1-1）。

表1-1　牛、羊常用粗饲料（青绿、青贮及粗饲料）的菊芋与紫花苜蓿、玉米、黑麦典型养分（干基）对比

| 序号 | 饲料原料 | DM | NEm | | NEg | | NEL | | CP | UIP | CF | ADF | NDF | eNDF | EE | Ca | ASH | P |
|---|---|---|---|---|---|---|---|---|---|---|---|---|---|---|---|---|---|---|
| | | % | MJ/kg | Mcal/kg | MJ/kg | Mcal/kg | MJ/kg | Mcal/kg | % | %CP | % | % | % | %NDF | % | % | % | % |
| 1 | 苜蓿干草，初花期 | 90 | 5.44 | 1.30 | 2.59 | 0.62 | 5.44 | 1.30 | 19 | 20 | 28 | 35 | 45 | 92 | 2.5 | 8 | 1.41 | 0.26 |
| 2 | 苜蓿干草，中花期 | 89 | 5.36 | 1.28 | 2.38 | 0.57 | 5.36 | 1.28 | 17 | 23 | 30 | 36 | 47 | 92 | 2.3 | 9 | 1.40 | 0.24 |
| 3 | 苜蓿干草，盛花期 | 88 | 4.98 | 1.19 | 1.84 | 0.44 | 4.98 | 1.19 | 16 | 25 | 34 | 40 | 52 | 92 | 2 | 8 | 1.20 | 0.23 |
| 4 | 苜蓿干草，成熟期 | 88 | 4.60 | 1.10 | 1.09 | 0.26 | 4.52 | 1.08 | 13 | 30 | 38 | 45 | 59 | 92 | 1.3 | 8 | 1.18 | 0.19 |
| 5 | 苜蓿叶粉 | 89 | 6.53 | 1.56 | 3.97 | 0.95 | 6.44 | 1.54 | 28 | 15 | 15 | 25 | 34 | 35 | 2.7 | 15 | 2.88 | 0.34 |
| 6 | 苜蓿茎 | 89 | 4.35 | 1.04 | 0.63 | 0.15 | 4.23 | 1.01 | 11 | 44 | 44 | 51 | 68 | 100 | 1.3 | 6 | 0.90 | 0.18 |
| 7 | 带穗玉米秸秆 | 80 | 6.07 | 1.45 | 3.39 | 0.81 | 6.07 | 1.45 | 9 | 45 | 25 | 29 | 48 | 100 | 2.4 | 7 | 0.50 | 0.25 |
| 8 | 玉米秸秆，成熟期 | 80 | 5.15 | 1.23 | 2.13 | 0.51 | 5.15 | 1.23 | 5 | 30 | 35 | 44 | 70 | 100 | 1.3 | 7 | 0.35 | 0.19 |
| 9 | 玉米青贮，乳化期 | 26 | 6.07 | 1.45 | 3.39 | 0.81 | 6.07 | 1.45 | 8 | 18 | 26 | 32 | 54 | 60 | 2.8 | 6 | 0.40 | 0.27 |
| 10 | 玉米和玉米芯粉 | 97 | 8.20 | 1.96 | 5.44 | 1.30 | 7.82 | 1.87 | 9 | 52 | 9 | 10 | 26 | 56 | 37 | 2 | 0.06 | 0.28 |
| 11 | 玉米芯 | 90 | 4.44 | 1.06 | 0.84 | 0.20 | 4.35 | 1.04 | 3 | 70 | 36 | 39 | 88 | 56 | 0.5 | 2 | 0.12 | 0.04 |
| 12 | 黑麦干草 | 90 | 5.36 | 1.28 | 2.38 | 0.57 | 5.36 | 1.28 | 10 | 30 | 33 | 38 | 65 | 98 | 3.3 | 8 | 0.45 | 0.30 |
| 13 | 黑麦秸秆 | 89 | 4.06 | 0.97 | 0.08 | 0.02 | 3.97 | 0.95 | 4 | — | 44 | 55 | 71 | 100 | 1.5 | 6 | 0.24 | 0.09 |
| 14 | 菊芋茎秆（廊坊） | 96 | 4.31 | 1.03 | 2.10 | 0.50 | 6.13 | 1.46 | 7 | — | 51 | 48 | 58 | 100 | 0.94 | 10 | 0.64 | 0.16 |
| 15 | 菊芋叶粉（廊坊） | 92 | 6.67 | 1.59 | 1.83 | 0.44 | 5.62 | 1.34 | 19 | — | 23 | 22 | 45 | 0 | 3.64 | 17 | 0.76 | 0.25 |
| 16 | 菊芋全株（廊坊） | 95 | 5.98 | 1.43 | 2.05 | 0.49 | 5.59 | 1.33 | 10 | — | 31 | 40 | 53 | 63 | 2.1 | 12 | 0.98 | 0.45 |

注：（1）数据来源：《中国饲料成分及营养价值表》（2019年第30版）。

（2）DM—原样干物质含量；TDN—总可消化养分；NEm—维持净能；NEg—增重净能；NEL—泌乳净能；CP—粗蛋白质；UIP—粗蛋白质中的过瘤胃蛋白比例；CF—粗纤维；ADF—酸性洗涤纤维；NDF—中性洗涤纤维；eNDF—有效NDF；EE—粗脂肪；Ca—钙；ASH—粗灰分；P—磷；K—钾；Cl—氯；S—硫；Zn—锌。表中数据除DM外，其他均以干物质为基础的含量。

（3）有关通过化学成分预测饲料能（NEm，NEg，NEL）的计算公式：①%TDN=1.15×CP%+1.75×EE%+0.45×CF%+0.008 5×NDF%2+0.25×NFE%−3.4；②NEL（MJ/kg）=0.102 5×TDN%−0.502；③DE（MJ/kg）=0.209×CP%+0.322×EE%+0.084×CF%+0.002×NFE%2+0.046×NFE%−0.627；④NEm（MJ/kg）=0.655×DE（MJ/kg）−0.351；⑤NEg（MJ/kg）=0.815×DE（MJ/kg）−0.049 7×DE2（MJ/kg）−1.187

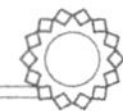

为培育满足市场需求的牧草型菊芋新品种，刘君等（2019）在定量化育种理论与方法的指导下，运用灰色关联度和同异关系分析原理与方法，制定牧草型菊芋育种目标（表1-2）；采用单株灰色选择和同异选择原理与方法，确定优良单株（表1-3）；采用品种灰色多维综合评估和同异比较原理与方法，筛选比对品种综合性状显著的牧草型菊芋新品种（系）（晏国生，2016）。

**表1-2　菊芋不同品种（系）产量与农艺性状观察值**

| 编号 | 品种（系） | 主茎个数（个） | 株高（cm） | 最大直径（cm） | 整齐度 | 块茎形状 | 单株块茎数（个） | 最大块茎重（g） | 单株产量（kg） |
|---|---|---|---|---|---|---|---|---|---|
| LJ1 | LF-19 | 1.24 | 227.67 | 2.00 | 1 | 2 | 29.33 | 263.67 | 2.68 |
| LJ2 | LF-20 | 1.00 | 210.33 | 1.92 | 1 | 2 | 29.67 | 147.00 | 1.88 |
| LJ3 | LF-21 | 1.36 | 243.67 | 2.40 | 1 | 2 | 35.33 | 173.33 | 2.52 |
| LJ4 | LF-22 | 1.16 | 238.04 | 2.30 | 2 | 2 | 41.00 | 580.00 | 3.05 |
| LJ5 | LF-23 | 1.00 | 219.12 | 2.15 | 1 | 2 | 20.00 | 132.33 | 1.80 |
| LJ6 | LF-24 | 1.01 | 222.08 | 1.90 | 1 | 2 | 31.00 | 126.00 | 2.25 |
| LJ7 | 青芋2号 | 1.00 | 251.33 | 2.60 | 1 | 2 | 34.00 | 144.00 | 1.43 |

数据来源：河北廊坊市思科农业技术有限公司

**表1-3　菊芋单株产量与几个主要农艺性状之间的灰色关联度分析**

| 主茎个数（个） | 株高（cm） | 最大直茎（cm） | 整齐度 | 块茎形状 | 单株块茎数（个） | 最大块茎重（g） |
|---|---|---|---|---|---|---|
| 0.79 | 0.78 | 0.74 | 0.76 | 0.78 | 0.76 | 0.70 |

数据来源：河北廊坊市思科农业技术有限公司

通过系统选育，成功培育出了廊芋19号至廊芋24号，6个廊芋系列牧草型菊芋新品种，使菊芋新品种选育工作在定量化、信息化和科学化的道路上迈出了重要的一步，为菊芋这一新型饲料资源，提供了适于规模种植的品种资源。

值得注意的是，与通常相关分析不同，在灰色关联度分析中，一种性状与另一种性状之间的关联度并不具有对称性，即rij≠rji（李玉辉等，2005）。这是因为灰色关联度分析具有整体性，它不仅考虑某性状与另一性状之间的关系，同时也考虑某一性状与其他性状之间的关系，因而其分析结果更符合客观实际（郭瑞林，2011）。

不同品种来源、生境条件及生长阶段的菊芋，营养成分及含量存在较大差异。吕世奇等（2018）将野生菊芋种质LZJ040作为母本，通过对其自然结实种子的收获，结合组培扩繁和田间产量表现，筛选出抗旱高产的兰芋1号。其DM含量27.85%，菊糖含量639.5g/kg，田间抗根腐病能力强，块茎产量高，一般亩产可达3 000～3 300kg。孔涛等（2013）对红菊芋、白红菊芋、球白菊芋、长白菊芋、白菊芋5种菊芋的块茎及茎叶的营养成分进行分析比较。结果表明，长白菊芋块茎菊糖和CP含量最高（分别为77.5%和8.72%）；红菊芋茎叶的水分和EE含量最高（分别为77.3%和6.14%）、CF含量最低（5.21%）、水溶性成分（65.88%）和适口性指标（CP/CF>1）皆最高，最适宜作为家畜粗饲料。Seiler等（2004）对得克萨斯州的9个野生菊芋种群在2年开花期间秸秆中的N、P、Ca、Mg、K和Ca/P比值进行了评估。结果表明，用于反刍动物饲料的菊芋秸秆在开花期N、Ca、Mg和K充足，但P不足，导致Ca/P比过高，范围约为（4.3～34.3）：1，如果使用菊芋作为主要饲料，必须添加P补充剂或含有高浓度P的其他饲料，以降低代谢紊乱的风险。此外，9个种群的N、K、P、Ca、Mg和Ca/P比值均存在基因型差异，表明有通过杂交和选育改善的可能性；而P和Mg的群体差异很小，通过选育难以改善这些差异。

## 第二节　菊芋的营养成分

### 一、菊芋块茎

2018年，中国农业科学院北京畜牧兽医研究所与廊坊菊芋研究所联合攻关，对采集的150个菊芋样品进行块茎养分检测（表1-4）。分析结果表明，菊芋块茎中脂肪含量极低（或不含），主要成分为蛋白质（9.81g/100g）、糖、Mg（56.5mg/100g）、Fe（1.84mg/100g）等微量元素和K（$2.21\times10^3$mg/100g），氨基酸种类较为齐全（16种），其中精氨酸（1.45g/100g）、谷氨酸（0.99g/100g）和天门冬氨酸（0.62g/100g）含量较高，此外还含有少量黄酮。Annika等（2006）研究表明，菊芋块茎中存在的少量脂肪中仅有微量的单不饱和脂肪酸、多不饱和脂肪酸，主要是亚油酸（C18：2n-6）和亚麻酸（C18：3n-3），但没有饱和脂肪酸。在整个生长阶段，块茎中的蛋白质和氮水平保持相对恒定（Jantaharn等，2018）。Somda等（1999）研究了菊芋（品种名为Sunchoke）从种植到贮藏块茎中营养元素分配。结果表明，在快速生长阶段，块茎中的碳和韧皮部移动性较大的元素水平显著增加。到收获时，在成熟的块茎中发现了高水平的K、P和Ca。

晏国生（2012）对30种菊芋样品进行块茎中糖成分及含量的检测（表1-5）。结果表明，菊芋块茎中，葡萄糖、蔗糖、果糖等还原糖含量较低（约占总糖的25%～32%DM），而总糖中70%以上是菊糖。据报道，菊芋和菊苣是天然菊糖最主要的来源，并且与大多数将淀粉作为碳储存的作物不同，菊芋的主要碳储存是菊糖（Khusenov等，2016），块茎中菊糖含量占块茎鲜重的8%～21%（约为干重的

70%～80%）（Wilkins等，2008）。作为一种植物多糖，菊糖聚合度（dp）是影响其生理活性的重要因素。李琬聪（2015）研究了菊芋块茎整个生长过程中菊糖dp对生物活性的影响及变化规律。通过对比7种特定dp菊糖的益生活性发现，二聚（dp2）菊糖活性最差，而三聚（dp3）菊糖和四聚（dp4）菊糖益生活性最佳，五聚（dp5）之后菊糖益生活性减弱，但dp5～dp8菊糖间的益生活性变化不明显。

**表1-4　菊芋块茎全粉营养成分及含量**　（单位：g/100g）

| 项目 | 含量 | 项目 | 含量 |
|---|---|---|---|
| 蛋白质 | 9.81 | 脯氨酸 | 0.34 |
| 脂肪 | 未检出（<0.05） | 甘氨酸 | 0.20 |
| 粗纤维 | 2.9 | 丙氨酸 | 0.21 |
| 蔗果三糖 | 5.15 | 缬氨酸 | 0.18 |
| 蔗果四糖 | 4.90 | 蛋氨酸 | 0.06 |
| 蔗果五糖 | 4.28 | 异亮氨酸 | 0.17 |
| 镁 | 56.5 | 亮氨酸 | 0.28 |
| 锌 | 0.69 | 酪氨酸 | 0.09 |
| 铁 | 1.84 | 苯丙氨酸 | 0.16 |
| 钾 | $2.21 \times 10^3$ | 赖氨酸 | 0.30 |
| 天门冬氨酸 | 0.62 | 组氨酸 | 0.22 |
| 苏氨酸 | 0.22 | 精氨酸 | 1.45 |
| 丝氨酸 | 0.19 | 16种氨基酸总量 | 5.68 |
| 谷氨酸 | 0.99 | 总黄酮（以芦丁计） | 0.049 |

数据来源：河北廊坊市思科农业技术有限公司（未公开发表）

**表1-5　菊芋块茎中糖成分及含量**　（单位：%）

| 编号 | 折干总糖 | 固含 | 总糖 | 果糖 | 葡萄糖 | 蔗糖 | 其他糖类之和 |
|---|---|---|---|---|---|---|---|
| 1 | 74.2 | 23.76 | 17.63 | 0.08 | ND | 1.22 | 1.3 |
| 2 | 76.79 | 22.49 | 17.27 | 0.18 | 0.05 | 2.15 | 2.38 |
| 3 | 80.97 | 24.23 | 19.62 | 0.12 | 0.05 | 1.97 | 2.09 |
| 4 | 78.93 | 21.59 | 17.04 | 0.15 | 0.04 | 1.63 | 1.82 |
| 5 | 77.68 | 25.04 | 19.45 | 0.13 | ND | 1.27 | 1.4 |

（续表）

| 编号 | 折干总糖 | 固含 | 总糖 | 果糖 | 葡萄糖 | 蔗糖 | 其他糖类之和 |
|---|---|---|---|---|---|---|---|
| 6 | 75.06 | 20.13 | 15.11 | 0.23 | ND | 1.67 | 1.9 |
| 7 | 71.64 | 24.47 | 17.53 | 0.14 | ND | 1.16 | 1.3 |
| 8 | 79.13 | 24.68 | 19.53 | 0.3 | ND | 1.7 | 2 |
| 9 | 83 | 18.29 | 15.18 | 0.3 | 0.06 | 2.02 | 2.38 |
| 10 | 79.92 | 18.13 | 14.49 | 0.3 | 0.09 | 2.18 | 2.57 |
| 11 | 82.49 | 18.39 | 15.17 | 0.29 | ND | 1.69 | 1.98 |
| 12 | 79.57 | 23 | 18.3 | 0.36 | 0.08 | 1.44 | 1.88 |
| 13 | 83.12 | 26.19 | 21.77 | 0.34 | 0.06 | 1.47 | 1.87 |
| 14 | 82.84 | 22.96 | 19.02 | 0.23 | ND | 1.63 | 1.86 |
| 15 | 78.37 | 26.44 | 20.72 | 0.34 | ND | 1.5 | 1.89 |
| 16 | 81.99 | 21.15 | 17.34 | 0.4 | 0.08 | 2.59 | 3.07 |
| 17 | 80.64 | 23.04 | 18.58 | 0.56 | 0.07 | 1.95 | 2.58 |
| 18 | 82.51 | 18.98 | 15.66 | 0.29 | ND | 1.05 | 1.34 |
| 19 | 77.71 | 18.98 | 14.75 | 0.36 | 0.08 | 2.23 | 2.67 |
| 20 | 75.46 | 22.05 | 16.64 | 0.24 | ND | 1.22 | 1.46 |
| 21 | 79.88 | 19.33 | 15.44 | 0.26 | 0.09 | 2.09 | 2.44 |
| 22 | 76.81 | 24.02 | 18.45 | 0.24 | 0.07 | 1.16 | 1.47 |
| 23 | 78.62 | 24.6 | 19.34 | 0.18 | 0.05 | 0.88 | 1.11 |
| 24 | 81.2 | 27.23 | 22.11 | 0.13 | ND | 1.65 | 1.78 |
| 25 | 77.55 | 22.72 | 17.62 | 0.12 | ND | 1.1 | 1.22 |
| 26 | 71.53 | 21.04 | 15.05 | 0.15 | ND | 1.33 | 1.48 |
| 27 | 73.82 | 18.91 | 13.96 | 0.4 | 0.12 | 2.06 | 2.58 |
| 28 | 70.61 | 20.79 | 14.68 | 0.16 | ND | 1.14 | 1.57 |
| 29 | 75.86 | 20.96 | 15.9 | 0.11 | 0.08 | 1.06 | 1.25 |
| 30 | 74.79 | 19.24 | 14.39 | 0.1 | ND | 1.11 | 1.21 |

数据来源：中国农业科学院北京畜牧兽医研究所（未公开发表）

## 二、菊芋茎叶

本实验室在前期研究过程中对30个菊芋样品茎秆进行了概略养分分析（表1-6）。研究表明，不同品种菊芋茎秆间的养分存在一定差异，CP含量最高可达15.22%DM，CF含量范围为9.49%～12.73%DM，EE水平为1.27%～2.74%DM。茎中的菊糖从顶部向底部逐渐累积，具有较高dp的菊糖多集中在茎中部，而低dp菊糖更常见于茎的基部（Silva等，2015）。Kyu-Ho（2013）在成熟的茎中分别分离出含有4个、6个、8个和12个dp的菊糖。茎叶中主要矿物质是K、Na、Ca、Mg和P（Hay等，2006）。最近的一项分析发现，茎叶中的Ca、P和K含量分别约为块茎中的7.5倍、5.2倍和4.4倍（Mattonai等，2018）。菊芋叶片的CP含量约为块茎5倍，约为茎秆3倍（Rawate等，2005）。叶片中水解氨基酸的总含量可达叶片干重的12.45%，其中脯氨酸、天门冬氨酸、谷氨酸和亮氨酸为菊芋叶片中氨基酸的主要组成成分，而脯氨酸含量最高（Peksa等，2016）。叶片中的氮含量从幼叶中的35%逐渐降至老叶中的12%，CP含量从17.3%DM减少到13.3%DM（Seiler和Campbell，2004）。叶片β-胡萝卜素（371mg/kg）和维生素C（1 662mg/kg）的水平相对较高，是块茎的约4～8倍。茎比叶子含有更多的纤维素和半纤维素。除了果糖之外，叶子和茎中发现的糖主要是葡萄糖，还有一些蔗糖、木糖、半乳糖、甘露糖、阿拉伯糖和鼠李糖（Malmberg等，2006）。

建立菊芋作为饲料的主要概略养分数据库，为牧草型菊芋品种进入国家数据库奠定了科学基础，大大丰富了“中国饲料数据库”饲料类型及数据资源，为菊芋新型饲料行业的发展奠定技术支撑。

**表1-6　菊芋茎秆概略养分分析**　（单位：%）

| 序号 | 样品名称 | DM | CP | EE | ASH | CF | 样品描述 |
|---|---|---|---|---|---|---|---|
| 1 | 廊芋21号 | 90.05 | 14.04 | 1.69 | 26.06 | 11.51 | 主分支1.33个；侧枝数81.33个；采样为主分支；采样株高156.67cm |
| 2 | 2018skLF22 | 90.36 | 12.25 | 1.76 | 21.03 | 11.80 | 主分支1.67个；侧枝数66.33个；采样为主分支；采样株高157.67cm |
| 3 | 2018skLF23 | 90.51 | 11.29 | 1.65 | 21.45 | 10.28 | 主分支1.33个；侧枝数100个；采样为主分支；采样株高170.67cm |
| 4 | 2018skLF24 | 89.92 | 10.20 | 1.55 | 21.59 | 11.36 | 主分支2.33个；侧枝数110.33个；采样为主分支；采样株高176.33cm |
| 5 | 2018skLF25 | 90.16 | 9.25 | 1.42 | 23.89 | 10.57 | 主分支2.33个；侧枝数103.67个；采样为主分支；采样株高159.33cm |
| 6 | 2018skLF26 | 90.40 | 8.50 | 1.48 | 25.63 | 10.56 | 主分支1.33个；侧枝数46.67个；采样为主分支；采样株高171.00cm |

（续表）

| 序号 | 样品名称 | DM | CP | EE | ASH | CF | 样品描述 |
|---|---|---|---|---|---|---|---|
| 7 | 2018skLF27 | 90.65 | 9.79 | 1.52 | 27.60 | 10.62 | 主分支2个；侧枝数98.67个；采样为主分支；采样株高166.00cm |
| 8 | 2018skLF28 | 90.99 | 8.31 | 1.52 | 25.33 | 9.85 | 主分支2.33个；侧枝数112个；采样为主分支；采样株高173.67cm |
| 9 | 2018skLF29 | 90.33 | 9.35 | 1.55 | 24.65 | 10.83 | 主分支1.33个；侧枝数69.33个；采样为主分支；采样株高165.67cm |
| 10 | 2018skLF30 | 90.37 | 9.82 | 1.82 | 23.69 | 10.94 | 主分支2个；侧枝数94个；采样为主分支；采样株高165.67cm |
| 11 | 2018skLF31 | 90.61 | 8.96 | 1.52 | 23.27 | 10.36 | 主分支1个；侧枝数51.67个；采样为主分支；采样株高165.00cm |
| 12 | 2018skLF32 | 90.41 | 10.62 | 1.79 | 22.22 | 11.44 | 主分支1.33个；侧枝数66个；采样为主分支；采样株高171.00cm |
| 13 | 2018skLF33 | 90.94 | 8.32 | 1.73 | 24.04 | 9.56 | 主分支2个；侧枝数111个；采样为主分支；采样株高181.33cm |
| 14 | 2018skLF34 | 90.72 | 8.18 | 1.81 | 23.50 | 10.97 | 主分支2个；侧枝数108.67个；采样为主分支；采样株高177.67cm |
| 15 | 2018skLF35 | 90.08 | 9.22 | 2.02 | 23.92 | 10.68 | 主分支1.67个；侧枝数84个；采样为主分支；采样株高163.33cm |
| 16 | 2018skLF36 | 90.64 | 7.64 | 1.73 | 21.54 | 10.39 | 主分支2个；侧枝数102个；采样为主分支；采样株高171.67cm |
| 17 | 2018skLF37 | 90.90 | 6.83 | 1.53 | 18.91 | 9.49 | 主分支1.33个；侧枝数81个；采样为主分支；采样株高168.00cm |
| 18 | 2018skLF38 | 90.87 | 7.53 | 1.50 | 23.85 | 9.57 | 主分支1.67个；侧枝数65个；采样为主分支；采样株高159.00cm |
| 19 | 2018skLF39 | 90.56 | 8.15 | 1.61 | 24.35 | 10.04 | 主分支1.67个；侧枝数96.33个；采样为主分支；采样株高161.67cm |
| 20 | 2018skLF40 | 90.61 | 10.84 | 1.70 | 22.78 | 11.07 | 主分支1.67个；侧枝数87个；采样为主分支；采样株高160.67cm |
| 21 | 2018skLF41 | 90.41 | 11.91 | 1.98 | 24.87 | 11.80 | 主分支1.67个；侧枝数92个；采样为主分支；采样株高171.67cm |
| 22 | 2018skLF42 | 90.59 | 15.22 | 2.41 | 21.49 | 12.73 | 主分支2个；侧枝数102个；采样为主分支；采样株高167.33cm |

（续表）

| 序号 | 样品名称 | DM | CP | EE | ASH | CF | 样品描述 |
|---|---|---|---|---|---|---|---|
| 23 | 2018skLF43 | 90.50 | 13.06 | 2.38 | 20.95 | 11.55 | 主分支1.33个；侧枝数69.67个；采样为主分支；采样株高172.00cm |
| 24 | 2018skLF44 | 90.83 | 10.69 | 1.97 | 24.80 | 11.19 | 主分支2个；侧枝数118.67个；采样为主分支；采样株高185.33cm |
| 25 | 2018skLF45 | 91.05 | 8.18 | 1.65 | 21.60 | 10.33 | 主分支1.33个；侧枝数85个；采样为主分支；采样株高179.33cm |
| 26 | 2018skLF46 | 90.84 | 7.78 | 1.38 | 26.94 | 10.73 | 主分支2.33个；侧枝数123个；采样为主分支；采样株高190.33cm |
| 27 | 2018skLF47 | 91.10 | 10.8 | 1.90 | 25.40 | 12.53 | 主分支3个；侧枝数144.67个；采样为主分支；采样株高176.33cm |
| 28 | 2018skLF48 | 91.09 | 8.39 | 1.63 | 26.53 | 11.53 | 主分支2.67个；侧枝数125个；采样为主分支；采样株高179cm |
| 29 | 2018skLF49 | 91.16 | 7.56 | 1.49 | 23.43 | 10.88 | 主分支3个；侧枝数144.67个；采样为主分支；采样株高171.33cm |
| 30 | 2018skLF50 | 90.71 | 6.80 | 1.27 | 23.04 | 10.62 | 主分支2.33个；侧枝数106.33个；采样为主分支；采样株高190.67cm |

数据来源：中国农业科学院北京畜牧兽医研究所（未公开发表）

## 第三节　菊芋的饲用价值、生物活性及其对动物生理功能的调控

草食畜牧业的规模化发展，增加了我国对草料产品的需求。然而，由于土地资源稀缺、土壤质量差，牧草供应不足。特别是当前中国的优质牧草严重依赖进口，牧草产品供需矛盾日益突出。因此，开发生态适应性强、营养价值高的本土新型牧草资源是解决这一问题的关键。菊芋是一种菊科向日葵属多年生草本植物，具有耐盐、耐干旱、耐寒冷、耐病害等优点。原产于北美（Cardellina，2015）。菊芋的全株、块茎、叶片及花如图1-3所示。菊芋的地下（块茎）和地上部分（茎、叶和花）中的功能性和生物活性成分对动物健康有益（Kays和Nottingham，2007）。块茎中的菊粉被广泛报道具有促进*Bifidobacterium*、*Lactobacillus*等益生菌生长，调节肠道菌群，提高动物免疫功能的作用（Rowland等，1998；Kaur和Gupta，2002）。此外，地上部分含有多种生物活性物质，如黄酮类、酚酸类、萜类和一些氨基酸，具有抗氧化、抗炎、抗肿瘤和抗菌活性（Pan等，2009；Yuan等，2012）。

## 一、菊芋的饲用价值

与牛、羊常用粗饲料紫花苜蓿、玉米秸秆和黑麦草典型养分（干基）对比，菊芋茎叶主要具有以下五大突出优势。

第一，CP含量高。尽管菊芋秸秆CP（7%）低于盛花期苜蓿草（16%）的含量，但明显高于其他2种粗饲料，分别比玉米秸秆和黑麦秸秆高2%和3%，比玉米芯高4%。其中，菊芋叶粉CP为19%，相当于初花期苜蓿干草CP含量；菊芋全株CP含量为10%，比成熟期苜蓿干草CP含量低3%，但与苜蓿茎（11%）及黑麦干草（10%）CP含量基本相同（熊本海等，2018）。

第二，富含Ca、P等矿物元素，且二者比例适宜。此前已有大量研究表明，紫花苜蓿是奶牛等草食动物所需Ca的良好来源。而最新数据证明，菊芋秸秆Ca含量明显高于苜蓿、玉米秸秆和黑麦草。菊芋叶粉、全株和秸秆的Ca含量分别为17%、12%和10%，均显著高于苜蓿（8%～10%）、玉米秸秆（5%～7%）及黑麦草（6%～8%）等粗饲料。菊芋全株的P含量为0.45%，苜蓿草为0.18%～0.30%，玉米秸秆为0.19%～0.28%，黑麦为0.04%～0.30%。菊芋全株的Ca、P比例约为2.1：1（熊本海等，2018）。

第三，CF含量适中。牛羊等反刍动物可充分利用粗饲料，通过瘤胃发酵提供大约70%～80%的能量需要，而其对粗饲料利用效果取决于粗饲料中CF的含量及结构（李娜等，2016）。日粮中适当比例的粗纤维能提高奶牛的产奶量，且乳脂率也有一定程度的增加。根据奶牛的生理特点及生产需求，日粮中粗料比例应在40%～70%，其中CF含量应占干物质的15%～24%，才能保证牛体健康（Karen等，1996）。菊芋全株（廊坊）的CF含量（31%DM）与中花期苜蓿干草（30%DM）和黑麦干草（33%DM）含量接近。菊芋全株（廊坊）ADF和NDF（分别为40%DM，53%DM）含量与盛花期苜蓿干草（40%DM，52%DM）极为相近；菊芋叶粉ADF含量（22%DM）与苜蓿叶粉ADF含量（25%DM）相近。另外，菊芋秸秆（廊坊）的有效NDF（eNDF）含量（100%）与苜蓿茎（100%）、黑麦秸秆（100%）及玉米秸秆（成熟期）（100%）含量相同（熊本海等，2018）。而eNDF是有效维持乳脂率稳定总能力的饲料特性（闵晓梅等，2002）。

第四，EE含量丰富。菊芋叶粉EE含量为3.64%，与玉米芯粉（3.7%）含量接近，明显高于苜蓿叶粉（2.7%）；菊芋全株的EE含量为2.1%，与中花期和盛花期苜蓿干草的EE含量（分别为2.3%和2%）大体相当（熊本海等，2018）。

第五，泌乳净能（NEL）具有优势。菊芋秸秆的NEL高于苜蓿茎及黑麦草，但低于带穗玉米秸秆。其中，菊芋秸秆的NEL为1.03Mcal/kg（1Mcal/kg约合4.18MJ/kg，下同），带穗玉米秸秆1.45Mcal/kg，黑麦秸秆0.97Mcal/kg、苜蓿茎1.01Mcal/kg（熊本海等，2018）。

## 二、菊芋茎叶中的生物活性物质

黄酮类、酚酸类和倍半萜类是JA的3种主要生物活性成分（表1-7），有效参与抗氧化、抗肿瘤、抗炎、抗菌等生物过程（Yuan等，2012）。茉莉酸中主要生物活性物质的含量差异很大。总黄酮含量最高可达86.4mg/g DM，最低可达49.4mg/g DM（Kim等，2013）。总酚酸含量为21.6～67.3mg/g DM（Weisz等，2009）。总萜含量最高可达54.9mg/g DM，最低仅为14.1mg/g DM（Baba等，2005）。品种、生长阶段、面积以及收获时间对这些生物活性物质的含量有很大的影响（Cardellina，2015）。此外，提取的工艺条件，如提取方法、试剂、温度、时间、固液比等也是影响因素（Won等，2013）。一般来说，JA在花期的地上部分中各种生物活性物质的含量远远高于芽期和块茎膨大期（Kays和Nottingham，2007）。此外，据报道，总黄酮和酚酸的适宜提取条件为：以70%的甲醇体积分数，料液比为1∶30（g/mL），在80℃下提取2h（Won等，2013）。此外，采用溶剂萃取、硅胶柱层析和凝胶Sephadex LH-20柱层析对萜类成分进行浓缩，可获得总萜类成分45%以上（Wang，2015）。

**表1-7　菊芋地上部分（茎，叶及花）生物活性物质类别与组成**

| 类别 | 组成 |
|---|---|
| 黄酮类 | Desacetyleupaserrin，Hymenoxin，Nevadensin，山柰酚葡萄糖酸盐（Kaempferol gluconate），山柰酚-3-O-葡萄糖苷（Kaempferol-3-O-glucoside），山柰酚（Kaempferol），芦丁（Rutin），穿心莲（Andrographin），川陈皮素（Nobiletin），水飞蓟素（Silymarin），葛根素（Puerarin），Rhamnazin |
| 酚酸类 | 3, 4-二咖啡酰奎宁酸（3, 4-dicaffeoylquinic acid），3-阿魏酰奎尼酸（3-feruloyl-quinic acid），绿原酸（Chlorogenic acid），1, 5-二咖啡酰奎宁酸（1，5-Dicaffeoylquinic acid），儿茶素（Catechin），水杨酸（Salicylic acid），表没食子儿茶素没食子酸酯（Epigallocatechin gallate），对香豆酰基—奎尼酸（P-coumaroyl-quinic acid） |
| 倍半萜类 | 17, 18-二氢尿嘧啶A（17，18-dihydrobudlein A），海葵醇A，H（Heliannuols A，H），海葵素B（Niveusin B），Argophyllin A，B，Heliangine，3-乙氧基海葵素B15-羟基-3-去氧果酸（3-ethoxyniveusin B15-Hydroxy-3-dehydrodesoxytifruticin），睫毛向日葵酸（Ciliaric acid），甘草酸（Angelylgrandifloric acid） |
| 倍半萜内酯类 | 去乙酰硫代嘌呤（Desacetyleupaserrin），氨甲酰菊酯（Annuithrin），Argophyllin A、Heliangine，3-Hydroxy-8b-tigloyl-oxy-1，10-dehydroarigloxin，Eupatoliade |
| 氨基酸 | 酪氨酸（Tyrosine），异亮氨酸（Isoleucine），缬氨酸（Valine） |
| 多糖 | 向日葵多糖（Helianthus annus polysaccharides HAP），阿拉伯糖（Arabinose） |
| 甾醇类 | △7-豆甾醇（△7-stigmastenol），△7-菜油甾烯醇（△7-campestenol） |
| 挥发油 | （E）-乙酸-2-己烯-1-醇酯（（E）-2-Hexen-1-ol），三环萜（Tricyclene），α-侧柏烯（α-Thujene），（E）-罗勒烯（（E）-Ocimene），γ-萜品烯（γ-Terpinene） |

注：数据由本实验室分析检测

## 三、菊粉的化学结构及其对动物生理功能的调控

菊粉是由31个β-d-呋喃果糖和1～2个吡喃葡萄糖残基连接而成的线性多糖，末端有一个葡萄糖残基。化学结构决定了其对消化系统中酶的水解抗性（Rowland等，1998）。菊粉作为一种植物多糖，其生理活性与dp密切相关。菊粉的dp范围从2到60（Kays和Nottingham，2007）。Ito等（2011）将菊粉的生物活性与7种不同dp进行比较，发现dp与活性呈负相关。菊粉已被公认为一种能有效调节肠道微生物平衡和免疫反应的益生元，从而提高动物生产性能（Kaur和Gupta，2002）。迄今为止，菊粉的应用主要集中在单胃动物上，在反刍动物上的研究很少。

### 1. 对肠道菌群和肠道环境的调节

菊粉对肠道菌群的影响主要通过直接和间接途径实现：（1）菊粉与病原体细胞表面凝集素的特异性结合竞争性地抑制了病原体与肠道黏膜表面的结合（Valdovska et al.，2014）；（2）菊粉可被结肠中的有益菌（如*Bifidobacterium*和*Lactobacillus*）消化利用，产生VFA，降低肠道pH值和氧化还原电位，从而抑制有害菌，如*Escherichia/Shigella*和沙门氏菌（*Salmonella*）（Kaur和Gupta，2002）。*Bifidobacterium*还能分泌大量的胞外糖苷酶，降解肠黏膜上皮细胞产生的复杂多糖，进一步防止病原体及其毒素在肠黏膜上皮细胞上的吸附（Zhang等，2016）。在仔猪饲料中添加0.2%菊粉可显著降低直肠粪便中大肠杆菌（*Escherichia coli*）的数量，增加*Lactobacillus*的数量（Valdovska等，2014）。在肉仔鸡饲粮中添加6g/kg DM菊粉可显著增加盲肠黏膜隐窝深度和盲肠黏膜细胞密度（Nabizadeh，2012）。

### 2. 改善肠道组织形态

菊粉在微生物发酵后的主要降解产物是短链脂肪酸（short-chain fatty acids，SCFAs），SCFAs是肠道黏膜细胞增殖和增加抗菌肽生产的主要能量来源（Munjal等，2012）。慢性或间接缺乏SCFAs会导致肠道菌群利用宿主分泌的黏膜糖蛋白作为营养来源，侵蚀肠道黏膜屏障，进一步促使更多病原体进入肠道上皮，从而导致致命性结肠炎（Desai等，2016）。此外，菊粉可增加隐窝深度、细胞密度和盲肠壁重量（Ortiz等，2009）。Nabizadeh（2012）在肉仔鸡饲粮中添加菊粉（6g/kg DM），发现其小肠绒毛长度和隐窝深度分别比对照组高12.3%和18.2%。肠壁厚度降低27.1%，使肠道黏膜变薄，促进了营养物质的吸收，提高了饲料转化率，促进了动物的生长。

### 3. 增强免疫力

菊粉一般通过以下几种方式增强免疫功能：（1）作为免疫佐剂和抗原，直接参与细胞和体液免疫调节。例如菊粉刺激辅助T淋巴细胞分泌白介素-2（IL-2）和γ-干扰素（IFN-γ），激活白细胞（Zhang等，2014）；（2）吞噬细胞通过*Bifidobacterium*在肠

道的增殖被激活（Zhang等，2016）；（3）菊粉经肠道菌群发酵产生更多的SCFAs和乳酸，降低了肠道pH值。生成的$H^+$可与金属离子交换，增强Ca、Mg、Zn、Se等矿物质的溶解度。增加对矿物质的吸收可以改善抗氧化状态和非特异性免疫（Kelly-Quagliana等，2003）；（4）菊粉促进肝脏糖蛋白的分泌，糖蛋白结合细菌，激活一系列补体，引发免疫反应（Verdonk等，2005）；（5）菊粉特异性地与病原体表面的丝裂原凝集素结合，减缓抗原的吸收，进一步提高抗原滴度（Gallovic等，2017）。

菊粉在单胃动物体内发挥益生元活性的机制是它不经酶水解消化，因此可以被*Bifidobacterium*、*Lactobacillus*等肠道益生菌利用。一方面改善肠道环境，抑制益生菌增殖过程中的病原菌。另一方面能产生大量的SCFAs，为肠黏膜细胞和免疫细胞提供大量的能量底物。

4. 菊粉在反刍动物中的应用

菊粉发酵改善瘤胃氮代谢（Umucalilar等，2010）。$NH_3$-N浓度是通过瘤胃微生物的蛋白质分解和$NH_3$-N利用来确定的（Abe和Kandatst，2009）。据报道，在奶牛日粮中添加3%菊粉，饲喂4周后，瘤胃$NH_3$-N浓度降低了7.38%，表明菊粉为瘤胃微生物的生长提供了额外的能量，平衡了碳水化合物与氮的比例。这可能有助于瘤胃中微生物蛋白的合成（Umucalilar等，2010）。与在瘤胃中发酵的淀粉产生更多的乙酸和乳酸相比，菊粉在瘤胃中增加了丁酸，减少了乙酸，这可能是由于发酵淀粉和菊粉的微生物种类不同所致（Zhao等，2014）。Biggs等（1998）的研究表明，菊粉对纤维蛋白酶活性没有抑制作用，但对瘤胃中主要的纤维素分解菌琥珀酸纤维杆菌（*Fibrobacter succinogenes*）和黄瘤胃球菌（*Ruminococcus flavefaciens*）有抑制作用。这可能是由于菊粉在瘤胃中被降解为果糖，而琥珀酸梭菌和黄腐梭菌则利用葡萄糖和纤维二糖作为生长底物。此外，菊粉还能提高瘤胃其他纤维素降解菌如假单胞菌和瘤胃拟杆菌的丰度。相比之下，原生动物在利用菊粉方面比细菌有优势。菊粉可以促进以植物纤维为食的多囊胞菌和肠虫的增殖，加速纤维素的分解，促进反刍动物的消化（Ziolecki等，1992）。

目前菊粉在反刍动物中的作用研究较少，主要原因有二：（1）瘤胃微生物对FOS有较强的降解作用，添加菊粉会降解；（2）瘤胃中的纤维素、半纤维素和果胶也能产生大量的FOS，因此不需要添加菊粉（Kaur和Gupta，2002）。然而，随着对菊粉作用机理的认识不断加深，人们发现菊粉对瘤胃微生物区系结构、瘤胃发酵性能、免疫、营养物质消化率和生产性能也有积极影响（Umucalilar等，2010）。

# 第二章　胃肠道菌群与奶牛乳房炎相关性及其对乳房炎调控潜力

## 第一节　引　言

奶牛乳房炎始终是制约全球乳品行业发展最重要的疾病之一。据估计，奶牛乳房炎占常见生产疾病直接总成本的38%（Bochniarz等，2020）。因乳房炎造成的泌乳量及乳品质下降、繁殖力减退、死淘率升高及治疗成本增加等一系列损失更是对奶牛养殖业的惨重打击（Bochniarz等，2020）。目前，抗生素干预仍然是生产实际中用于临床乳房炎（clinical mastitis，CM）治疗的主要措施，广泛使用抗生素治疗可能会增加抗生素耐药菌株的风险，从而对人类健康产生影响。而亚临床乳房炎（subclinical mastitis，SCM），在生产中往往不给予有效的治疗措施（Bochniarz等，2020；Doehring和Sundrum，2019）。尽管没有肉眼可见的炎症症状，SCM的发生已经导致了乳成分的改变（Zhang等，2015）。一直以来，乳房炎主要的致病因素被认为是来自外界环境中的致病菌入侵并感染乳腺（Bochniarz等，2020）。然而，近来的研究表明，造成乳房感染的微生物存在内源途径，即胃肠道菌群对乳房炎同样有着重要的调控作用，这种调控作用可能包括对炎症的引发和缓解（Addis等，2016；Ma等，2018）。

胃肠道菌群已被越来越多的研究证明在肠远端组织炎症疾病中发挥着重要作用。可能的机制包括对有限营养物质的直接竞争、参与宿主代谢、免疫系统发育及对抗病原体入侵等（Kamada等，2013；Honda等，2011）。几项研究发现，胃肠道菌群结构与乳房炎发病之间存在一定的关联性（Ma等，2018；Zhong等，2018；Wang等，2020）。这种关联性可能基于微生物的“肠—乳腺”内源途径（Addis等，2016），其具体机制仍需深入研究。基于此，通过调控胃肠道菌群或可实现对乳房炎的缓解。目前的研究表明，饮食结构（Shively等，2018）、胃肠道菌群代谢产物（如SCFAs）（Richards等，2016）、益生菌（Rainard和Foucras，2018）及肠道共生菌（Kamada等，2013）等对肠外组织（如乳腺）菌群及机体的免疫稳态具有一定的调节作用。本章拟从奶牛乳房炎的致病因素、胃肠道菌群与乳房炎的关联性及其对乳房炎调控的可能机制以及菊粉的功能特性等方面进行综述，为奶牛乳房炎的发病机理及生产中有效的防治措施提供一定的理论基础。

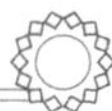

# 第二节　奶牛乳房炎

## 一、奶牛乳房炎发病的影响因素

奶牛乳房炎的发病原因复杂，尚缺乏明确系统的致病机制。目前，病原微生物入侵导致乳腺内持续感染（Buitenhuis等，2011）和固有免疫反应不足导致易感性增强（Leite等，2017）被认为是奶牛乳房炎发病的主要因素。典型的乳房炎致病菌被分为“传染性”和“环境性”（Bochniarz等，2020）。先前的研究认为，传染性病原体［主要包括金黄色葡萄球菌（*Staphylococcus aureus*）、停乳链球菌（*Streptococcus dysgalactiae*）和无乳链球菌（*Streptococcus agalactiae*）等］对宿主具有更高的适应性，因此能够持续存在于乳腺内并引发SCM。SCM因其潜伏期长、隐蔽性高等特点，在实际生产中的发病率（占乳房炎发病率的90%～95%）远高于CM（Souto等，2008）。同时，这些存在于SCM奶牛中的传染性病原体通常会在挤奶时或挤奶前后在牛群之间传播（Zhang等，2015；Souto等，2008）。相比之下，环境性病原体（主要是*Escherichia coli*）不适宜在宿主内生存，它们通过“入侵”、繁殖，引起宿主的免疫反应，然后迅速被机体固有免疫消灭（Klaas和Zadoks，2017）。然而，近来的研究表明，即使在一些管理良好的牧场中，也难以控制环境性病原菌引起的乳房炎，甚至可能出现更高的发病率（Peng等，2016）。一项调查研究显示，在177个牛场的乳房炎发病群体中80%是由环境性病原菌（主要是*Escherichia coli*）引起的。

乳房炎的严重程度被认为受到固有免疫反应速度的影响，特别是多形核粒细胞（polymorphonuclear neutrophils，PMNs）向乳腺的迁移速度（Paudyal等，2019）。乳中的体细胞是乳腺免疫的关键部分，对保护乳腺内感染至关重要。体细胞主要包括巨噬细胞、淋巴细胞、PMNs和上皮细胞。通常来讲，乳房炎的典型表现为感染乳区的牛奶体细胞数（somatic cell counts，SCC）显著升高。SCC较高的奶牛可能会持续感染传染性病原体，因此容易引起复发性乳房炎（Bochniarz等，2020；Zhong等，2018）。然而，一些调查研究表明，环境性病原体感染的乳房炎发病率的显著增加与大罐奶SCC（somatic cell count in bulk milk，BMSCC）降低有关（平均BMSCC<150 000个细胞/mL）（Peeler等，2000）。Green等（1996）也发现*Escherichia coli*感染诱发的乳房炎在低BMSCC的牛群中更常见。一项针对SCC低于100 000个细胞/mL的奶牛群体的研究发现，SCC较低的奶牛更有可能在随后的一个月死于CM（Suriyasathaporn，2011）。Mohammad等（2012）用*Escherichia coli*接种12头奶牛诱导乳房炎，结果发现血液和牛奶中PMNs数较低的奶牛在乳腺内攻毒时募集细胞速度也较慢，炎症程度也随即加重。以上这些数据表明，奶牛SCC可能会呈现一种“U”形分布，过低（SCC<100 000个细

胞/mL）或过高（SCC>500 000个细胞/mL）的SCC都有更高的复发性乳房炎的发病率，这可能分别是由于免疫反应不足或天生对感染的易感性高所致（Bradley，2002）。

乳房内细菌持续存在的可能机制是病原菌可能通过某种途径避免通过常规挤奶被清除或逃避免疫系统（Hill，1991）。研究证明中性粒细胞中存在活菌（Hill，1991）。然而，细菌仅在中性粒细胞中存活不太可能是病原菌持续存在的唯一机制，因为中性粒细胞在牛奶中的半衰期很短，这将需要细菌反复入侵新鲜中性粒细胞，从而使其暴露于免疫系统（Hill，1991）。干奶期是革兰氏阴性和阳性细菌造成乳腺内感染风险最大的时期，病原菌在这期间能够在乳房内持续存在直到产犊，随后在哺乳早期引起CM（Green等，2002）。研究证实了*Streptococcus agalactiae*具有抵抗吞噬和白细胞杀伤的能力，且*Streptococcus agalactiae*可以在纤维连接蛋白存在或不存在的情况下黏附乳腺细胞（Pascal和Rainard，1993）。*Escherichia coli*在缺乏显著免疫反应的情况下可导致乳腺持续感染（Lammers等，2001）。Cheng等（2020）证明了反复出现的*Escherichia coli*黏附、侵入并适应组织培养的牛乳腺上皮细胞系（Mac-T）的能力增加。以上这些数据表明，病原菌对奶牛乳腺环境具有一定程度的适应。这种适应性可能是增强了其在乳腺嗜中性粒细胞内生存或黏附并侵入乳腺组织的能力。

## 二、乳房炎的影响及当前的治疗措施

先前的研究认为，奶牛乳房炎是致病菌入侵乳房导致的局部感染（Souto等，2008）。然而随着研究的深入，越来越多的证据表明，乳房炎，特别是SCM可能是由全身感染或炎症引起的。反过来，乳房炎可能导致全身性炎症的发生也被认为是合理的（Bradley，2002）。奶牛乳房炎发病期间，上皮细胞间紧密连接的打开，使得血浆中的炎性细胞因子，如IL-8、IL-1和TNF-α等渗入牛奶中，进而可能损害犊牛肠道（Bradley，2002）。此外，乳房炎发病期间，牛奶中的Na/K比值升高。牛奶Na/K比值与奶牛血浆急性期蛋白显著相关。此外，有研究证实，乳房炎发病期间，奶牛机体代谢异常（Sardare等，2017）。Sundekilde等（2013）研究发现，乳房炎奶牛牛奶中乳酸、异亮氨酸和β-羟基丁酸的含量增加，而乳糖、马尿酸和富马酸含量降低。乳糖浓度的下降趋势被发现可能与参与乳糖合成的乳糖合酶的调节亚基和α-乳清蛋白的下调有关。另外，乳糖浓度的降低可能是为了维持牛奶的渗透压，以补偿血液成分。此外，乳房炎期间，牛奶中乳酸浓度的增加可能与牛奶中高细菌载量有关，因为乳酸是细菌代谢的最终产物，但也可能是由于宿主厌氧代谢增加所致（Sardare等，2017；Sundekilde等，2013）。Thomas等（2016）在乳房链球菌（*Streptococcus uberis*）感染引起的奶牛乳房炎发病期间代谢产物变化的试验中发现，大部分碳水化合物和核苷酸代谢产物在感染后81h呈下降趋势，而脂类代谢产物［如前列腺素F2α（PGF2-α）和类花生四烯酸等］和二肽、三肽及四肽在同一时间点呈上升趋势。PGF2-α是急性炎症过程中的重要介质，

已有研究证实在乳房炎期间被上调。而这些多肽的增加可能是由于蛋白酶降解乳蛋白导致的。此外，由具有炎症调节作用的法尼醇X受体（farnesol X receptor，FXR）介导的具有抗菌活性的胆汁酸含量被发现在奶牛乳房炎期间显著降低。PXR主要通过抑制NF-κB靶标的表达而发挥抗炎作用，这表明乳房炎的发生抑制了机体的免疫调节活性（Thomas等，2016）。

除了检测到乳腺内蛋白及代谢水平的异常，乳房炎发病期间，奶牛血液中氨基酸（amino acids，AA）代谢和蛋白质生物合成也被证实发生了多种变化。Dervishi等（2016）利用GC-MS代谢组学技术发现，奶牛乳房炎发病期间，血清中包括Val、Leu和Ile在内的所有支链氨基酸（branched chain amino acid，BCAA）和淀粉样蛋白A的浓度升高。BCAA参与免疫细胞对蛋白质合成的调节和细胞因子的释放。血清中BCAA水平上升表明机体代谢不良。在感染期间，免疫系统对AA和蛋白质等底物的需求显著增加。全身性炎症反应刺激蛋白质分解代谢以及肌肉蛋白质中AA的释放，为抗体、细胞因子、急性期蛋白质和免疫系统相关蛋白质的合成提供了底物，这可能是导致血清AA浓度增加的部分原因（Zhang等，2015；Dervishi等，2016）。综上，奶牛乳房内感染期间，不仅出现乳房局部的炎症反应，机体AA、蛋白质、脂类等其他代谢及免疫水平均会受到不利影响。

目前，抗生素干预仍然是生产实际中应对CM的主要措施。尽管有研究表明，在不使用抗生素治疗的情况下，干奶期奶牛出现了更多的乳腺内感染（Doehring和Sundrum，2019）。然而，频繁和长期使用可能干扰乳腺正常微生物群结构的抗生素与乳房炎风险增加以及复发有关。抗生素使用的压力导致替代药物的使用增加。此外，疫苗接种被认为是应对奶牛乳房炎的有效措施，但其广泛适应性和有效性仍需进行大量研究（Miloslav等，2014）。

综上所述，传染性和环境性病原菌的持续存在和感染是引发奶牛乳房炎的主要因素，而机体固有免疫的强弱及反应速度决定了乳房炎的严重程度。病原菌在乳腺环境中适应性的增强和对奶牛机体免疫系统的逃避和抵抗是其能够在乳房内持续存在的可能机制。乳房炎发病期间引起机体多条代谢途径的紊乱和免疫水平下降，以及抗生素带来的明显负面作用加大了生产中对奶牛乳房炎有效防治措施的迫切性。

## 第三节　胃肠道菌群与乳房炎的关联性

### 一、微生物在胃肠道与乳腺之间的“传递”

奶牛瘤胃及肠道中寄居的数量庞大、种类繁多的微生物群是奶牛营养物质消化、能量代谢及免疫反应的主要参与者。近来的研究表明，肠道菌群与肠远端组织（包括乳腺）炎症有关（Kamada等，2013）。其中一种可能机制是活菌可通过完整的肠道黏膜转移至肠远端组织，即细菌易位（Addis等，2016）。一项研究观察到，怀孕和哺乳期小鼠细菌易位（从肠道跨越肠系膜淋巴结最后到达乳腺）频率增加（Donnet-hughes等，2010）。类似于人类和小鼠中报道，细菌从肠道迁移到乳腺的机制也被证明发生在奶牛身上。Young等（2015）研究了来自同一头健康奶牛的牛奶（使用无菌导管，通过滴管延伸装置收集无菌牛奶样本）、血液及粪便样本的微生物组成及多样性。结果发现，这三种样本中均存在瘤胃球菌属（*Ruminococcus*）、消化链球菌属（*Peptostreptococcus*）和*Bifidobacterium*。据此推测，这些细菌可能是通过循环白细胞从肠道转移到乳腺的。

研究表明，来自胃肠道的某些细菌可以通过涉及单核免疫细胞（主要是吞噬细胞）机制进行转移，通过内源性细胞途径（细菌性肠—乳途径）迁移到乳腺（Rodríguez等，2014）。这些单核吞噬细胞主要来自外周血，且具有向树突细胞（dendritic cell，DC）分化的能力，其出现在肠道相关的淋巴组织（gut-associated lymphoid tissues，GALTs），捕获肠道菌群，然后将这些微生物成分运到乳腺（图2-1）。GALTs中的淋巴细胞回到乳腺，形成一个“肠—乳腺轴”，并形成“共同的黏膜系统”。在该系统中，肠道与肠远端组织（乳腺）的黏膜部位通过免疫细胞的迁移而连接（Rodríguez等，2014）。过去的研究认为，细菌易位通常发生在病理条件下，因此主要研究致病菌在机体内的传播。事实上，已经有人提出，肠道菌群易位到肠外组织也可发挥有益作用，因为它可能与免疫调节有关（Young等，2015；Rodríguez等，2014）。总之，内源性“肠道—乳腺通路”的存在为奶牛胃肠道与乳房之间的联系提供了一定的支持。

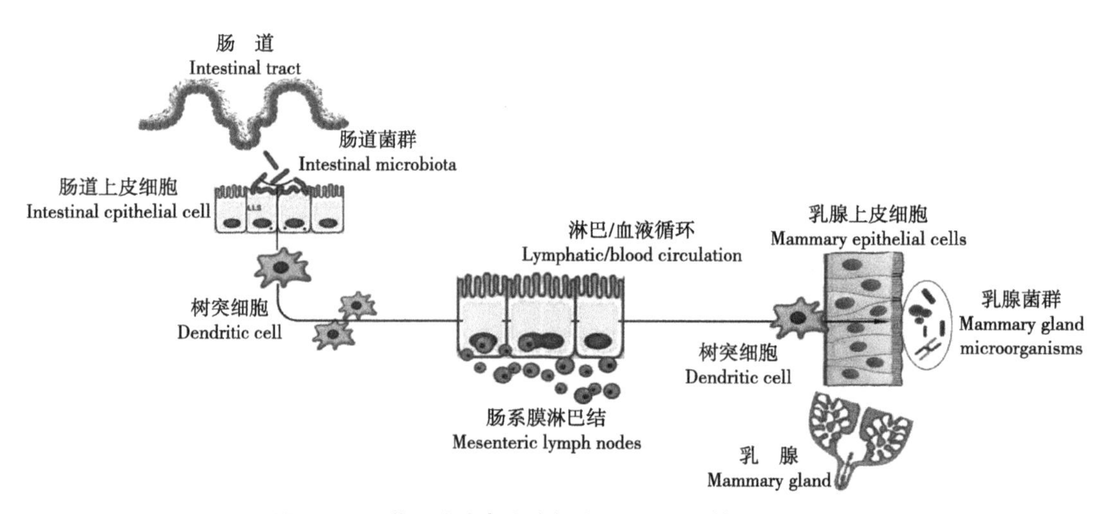


图2-1 肠道—乳腺内生途径（Rodríguez等，2014）

 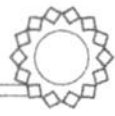

## 二、肠道菌群对乳房炎的影响

胃肠道菌群的一个主要功能是保护胃肠道免受外源性病原体和机体内潜在有害微生物的定植。一旦正常微生物群落被破坏，就会增加病原体感染、有害病原体过度生长和炎症疾病的风险。因此，宿主免疫系统和肠道微生物群之间的复杂互作是肠道稳态所必需的（Addis等，2016）。近来有研究发现，肠道菌群紊乱可能引发奶牛乳房炎（Ma等，2018）。该研究将乳房炎奶牛的粪菌移植到无菌小鼠肠道后引发小鼠乳房炎症状，以及血清、脾脏和结肠的炎症。而移植健康奶牛粪菌则无此作用。因此，肠道菌群失调可能是引发乳房炎的病因之一。为进一步探究奶牛肠道菌群与乳房炎之间的关系，Ma等（2018）对比了健康与乳房炎奶牛粪便菌群及代谢物的差异。结果显示，与健康奶牛相比，乳房炎奶牛粪便中厌氧棒杆菌（*Corynebacterium anaerobic*）、多尔氏菌属（*Dornella*）、毛螺菌科（*Lachnospiraceae*）及罗氏菌属（*Rothia*）等产乙酸和丁酸菌的丰度显著减少，而颤螺菌属（*Oscillospira*）和*Ruminococcus*丰度显著增加。代谢组结果显示，乳房炎奶牛的肠道中与维生素B相关的代谢途径（包括硫辛酸代谢，维生素$B_6$和硫胺素代谢等）受到明显抑制。维生素B作为许多生化反应的辅助因子可能具有抑制炎症的作用。此外，肠道中其他受抑制的代谢途径（包括赖氨酸生物合成、脂肪酸生物合成，嘌呤和嘧啶代谢及硒代谢等）可能与肠黏膜保护有关。据此推测，乳房炎发病可能与肠道菌群中维生素B代谢紊乱及肠黏膜保护功能受损有关，其机制需要进一步研究（Ma等，2018）。Zhong等（2018）研究发现，与低乳SCC（SCC<200 000个细胞/mL）相比，高乳SCC（550 000<SCC<1 000 000个细胞/mL）奶牛瘤胃中琥珀酸弧菌科（Succinivibrionaceae）和丁酸弧菌属（*Butyrivibrio*）丰度显著降低，而放线菌门（Actinobacteria）和未分类梭菌科（unclassified-Clostridiaceae）丰度显著增加。Wang等（2020）研究表明，与乳房健康的奶牛相比，乳房炎奶牛瘤胃微生物α-多样性显著降低。其中，CM奶牛瘤胃中，与口腔和肠道炎症相关的*Lachnospiraceae*、莫拉克斯氏菌属（*Moraxella*）和奈瑟氏菌科（Neisseriaceae）的相对丰度随着促炎代谢产物白三烯$B_4$的含量显著增加；而SCM奶牛瘤胃中，瘤胃梭菌属（*Ruminiclostridium*）和肠杆菌属（*Enterorhabdus*）丰度增加，同时伴随着六亚甲基四胺、5-甲基糠醛和甲氧基蜂毒毒素等与炎症相关代谢物丰度的增加；而普雷沃氏菌属_1（*Prevoterotoella*_1）、*Bifidobacterium*及2-苯基丁酸的丰度的显著降低。上述研究结果表明，奶牛乳房炎患病期间，瘤胃与后肠道菌群及其代谢产物（主要与炎症和免疫应答相关）较健康奶牛发生了显著变化。胃肠道菌群与奶牛乳房炎相关性的可能机制主要涉及免疫调节（Ma等，2018；Wang等，2020；Zhong等，2018）。

中性粒细胞调节异常是乳房炎发展的标志（Bochniarz等，2020；Zhang等，2015；Leite等，2017；Yang等，2017）。研究指出，乳房炎发病期间，白细胞增多，C-反应蛋白（机体受到感染或组织损伤时血浆中的一种急性蛋白）水平升高，此时肠道菌群多样性显著降低。此外，中性粒细胞对胃肠道微生物组的相关免疫反应显著影响肠远端组织（如乳腺）炎症（Yang等，2017）。Shapira等（2013）利用一种乳房炎靶向致病性肠道微生物感染小鼠，测试中性粒细胞在发病过程中的作用。他们将小鼠的中性粒细胞抗淋巴细胞抗原6G（Ly-6G）抗体耗尽，结果发现在这种细菌触发的乳房炎模型中，炎症的发展被完全阻断。在人类乳腺癌的研究中同样发现，微生物从肠道向乳腺组织的易位会导致全身炎症指数的增加，部分原因涉及胃肠道微生物群及其代谢产物与免疫系统的互作（Rao等，2007）。另有一项研究指出，CD8+T细胞是可以根除乳腺肿瘤细胞最有效的免疫细胞。正常的胃肠道微生物组参与效应CD8+T细胞（也称为杀伤性T细胞）的成熟。在乳房炎发病过程中，肠道鞘氨醇单胞菌（*Sphingomonas*）的能力下降，导致CD8+抗肿瘤细胞毒性T细胞的构建受到阻碍（Gritzapis等，2008）。此外，在人类及小鼠中的研究数据表明，肠道共生菌失调与乳腺组织相关疾病（乳腺炎或乳腺癌）关联性的可能机制还包括雌激素代谢、胰岛素抵抗及血脂异常等（Gunter等，2015；Margolis等，2007）。

由此可见，外源致病菌入侵感染很可能不是奶牛乳房炎的唯一致病因素，胃肠道菌群完全有可能通过“肠道—乳腺”内源途径进入乳腺。因此，胃肠道菌群紊乱同样会引发奶牛乳房炎。此外，乳房炎奶牛与健康奶牛胃肠道菌群及代谢产物之间存在显著差异。这些发现的可能机制涉及胃肠道菌群与机体免疫系统的互作。

## 三、胃肠菌群对乳房炎的调控

微生物从肠道转运到乳腺的可能性为通过调控肠道菌群实现对乳房炎的缓解这一科学假设提供了一定的理论依据。研究表明，摄入的益生菌能够通过血液进入乳腺，可以用来对抗与乳房炎发病有关的病原微生物（Rainard和Foucras，2018）。微生物群对宿主的主要贡献包括糖的消化和发酵、维生素的生产、GALTs的发育、肠道特异性免疫反应的极化和病原体定植的预防（Kamada等，2013）。反过来，由共生菌群诱导的肠道免疫反应同样能够调节肠道微生物群的组成（Clarke等，2010）。最近的研究表明，饮食、肠道菌群结构及其代谢产物（如SCFAs）、益生菌和肠道共生菌等均能对乳房健康状态起到重要的调控作用（Kamada等，2013；Shively等，2018；Richards等，2016；Rainard和Foucras，2018）（图2-2）。

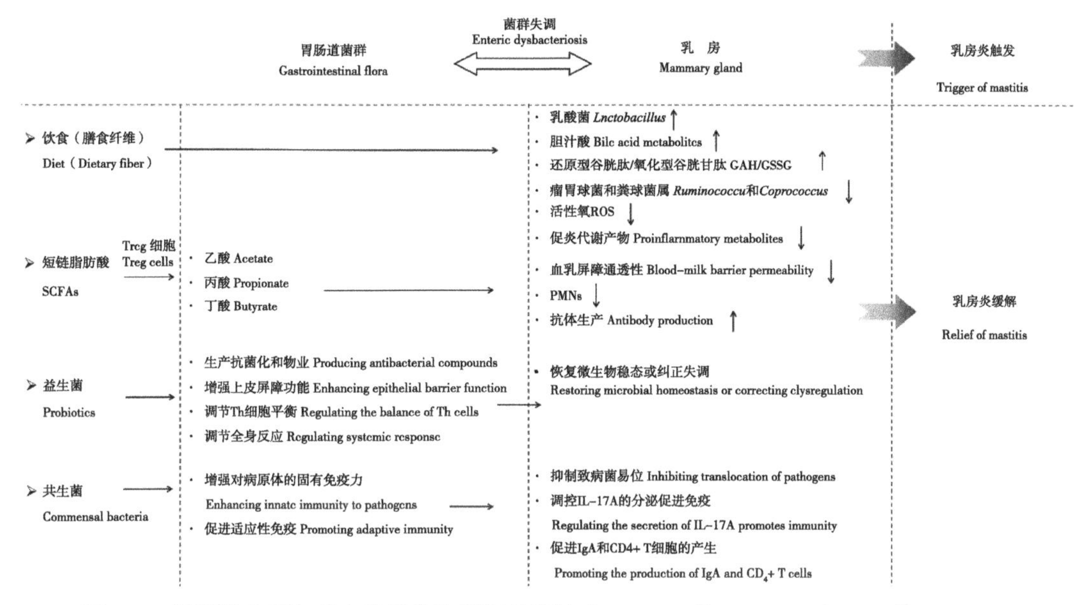


**图2-2　胃肠道菌群与乳房炎触发和缓解的调控（Kamada等，2013；Shively等，2018；Richards等，2016；Rainard和Foucras，2018）**

## 第四节　饮食对乳房炎的影响

食物的类型、质量和来源是塑造肠道菌群组成、影响其结构功能以及与宿主互作的主要因素。近来的一项研究表明，饮食在决定乳腺菌群结构及其代谢产物方面具有至关重要的作用（Shively等，2018）。该研究采用猴子作为试验动物模型，将其随机分为2组，分别接受高膳食纤维和高脂饮食模式，饲养31个月，采集血浆和乳腺组织，对其微生物及代谢产物进行分析。结果表明，食用高脂或高膳食纤维饮食均可以影响乳腺微生物群组成和代谢产物。与高脂饮食喂养的猴子相比，高膳食纤维饮食显著增加了乳腺中乳酸菌属（*Lactobacillus*）丰度、乳房胆汁酸代谢产物（包括结合型胆汁酸如甘氨胆酸（GCA）、鹅去氧胆酸（CDCA）及牛磺胆酸（TCA等）水平及还原型谷胱甘肽（GSH）与氧化型谷胱甘肽（GSSG）的比值，而乳腺组织中*Ruminococcus*和粪球菌属（*Coprococcus*）丰度、活性氧和促炎代谢产物水平显著下降。相反，高脂饮食喂养的猴子的乳腺组织中*Ruminococcus*、*Lachnospiraceae*、*Oscillospira*和*Coprococcus*的丰度明显增加（Shively等，2018）。一项调查良性与恶性乳腺肿瘤患者乳腺组织微生物群的研究指出，与良性病变组织相比，恶性乳腺肿瘤的乳腺组织中*Lactobacillus*数量显著减少（Hieken等，2016）。据报道，乳中*Lactobacillus*数量的减少，可直接导致乳中SCC的升高，即乳中的*Lactobacillus*有维持乳腺健康和抵抗乳房感染的功效（Ma等，2018）。Jimenez等（2008）发现，每天口服*Lactobacillus*的哺乳期妇女的母乳中

*Lactobacillus*数量增加，这表明饮食可以直接影响乳腺微生物群。

Shively等（2018）研究还发现，在高膳食饮食喂养的猴子粪便中同样发现增加的*Lactobacillus*丰度和减少的*Ruminococcus*及*Coprococcus*的丰度。这表明饮食对肠道和乳腺组织之间存在一些共同调控的微生物群。此外，膳食纤维摄入导致乳腺中胆汁酸代谢物的升高可能增加FXR的活化，这将减少局部雌激素合成，增加细胞凋亡，降低乳房炎的发病风险（Swales等，2006）。高膳食纤维饮食减少了乳腺组织中的氧化应激和促炎代谢物，这与具有清除活性氧功能的代谢产物的增加和促炎性氧化脂质产物的减少有关，这表明高膳食纤维饮食对微生物介导的代谢产物的调节可能会影响乳腺局部的氧化应激（Shively等，2018）。在一项人类的研究中发现，与高脂饮食模式相比，高膳食纤维饮食与女性亚型乳腺癌患病风险呈现更低的相关性（Castelló等，2014）。膳食纤维发酵促进肠道益生菌的增殖，这些有益共生菌或可通过内吞作用抵达乳腺，抑制致病菌的繁殖，同时也可提高宿主对致病菌的抵抗能力（Ma等，2018；Shively等，2018）。但其具体机制仍需进一步探究。膳食纤维对乳腺菌群的影响表明饮食结构对乳腺健康状态可能起到直接的调控作用。

## 一、短链脂肪酸对乳房炎的调控

肠道菌群发酵纤维产生的SCFAs可通过调节性T细胞（regulatory T cells，Treg）的影响而具有抗炎和免疫调节作用，Treg是维持机体免疫耐受、保持免疫稳态的重要因素（Kamada等，2013；Richards等，2016）。近来的研究表明，肠道菌群对乳腺健康状态调控的另一个关键因素是由SCFAs介导的（Bollrath等，2013；Furusawa等，2013）。Hu等（2020）比较正常小鼠和肠道菌群失调小鼠（抗生素处理）在金黄色葡萄球菌（*Staphylococcus aureus*）诱导乳房炎后的生理变化。结果表明，与正常小鼠相比，肠道菌群失调小鼠的血乳屏障通透性增加，乳房炎加重。与此同时，肠道菌群丰富度和多样性降低，且粪便中SCFAs（乙酸、丙酸、丁酸、异丁酸、异戊酸、戊酸）含量显著下降。PMNs被认为是奶牛乳房炎的主要诊断指标。在受到病原体的刺激后，PMNs从血液中穿过基底膜和乳腺上皮迁移到牛奶中。血乳屏障在PMNs从血液转移到乳汁中起着重要作用。血乳屏障通透性增加，导致乳腺内聚集大量的PMNs进而加重乳房炎症（Wall等，2016）。该研究表明，肠道菌群对*Staphylococcus aureus*诱导的乳房炎的保护作用可能是通过调节血乳屏障的通透性来实现的，而这种调控作用的关键可能与SCFAs有关（Hu等，2020）。丙酸和丁酸在宿主对细菌和真菌感染的易感性中起着重要作用（Ciarlo等，2016；Felix等，2017）。研究表明，丙酸可以通过调节血液屏障来预防脂多糖诱导的乳房炎（Wang等，2017a）。丁酸可调节小肠细胞生长和分化，是诱导血乳屏障紧密连接蛋白表达重要的营养物质（Wang等，2017b）。这些发现表明SCFAs可能参与了血乳屏障的形成。

与Hu等（2020）研究结果类似，我们前期的研究发现，与健康奶牛相比，乳房炎奶牛瘤胃中乙酸、丙酸和丁酸浓度显著降低，部分原因可能与乳房炎患病期间采食量下降有关（Wang等，2021）。SCFAs可提高乙酰辅酶A并调节代谢传感器，以促进氧化磷酸化、糖酵解及脂肪酸合成。因此，SCFAs不仅是机体代谢的能量底物，也是支持抗体产生的能量和组件。SCFAs产生量减少，在平衡稳态下和对病原特异性的抗体响应都有缺陷，进而对病原体更为易感（Kim等，2016）。因此，直接或间接补充SCFAs或可实现对乳房炎的缓解。Hu等（2020）在乳房炎小鼠腹腔中注射丙酸钠和丁酸钠后发现，血液和乳腺中的丙酸和丁酸水平均升高，血乳屏障通透性降低，乳房炎的严重程度减轻。上述研究表明，SCFAs对乳房炎的调控作用可能是通过支持抗体产生，降低对致病菌的易感性，或通过抑制促炎免疫反应、维持血乳屏障通透性来实现的（Wang等，2021；Hu等，2020；Kim等，2016）。

## 二、口服益生菌对乳房炎的调控

口服益生菌的主要作用靶点是消化道和肠道微生物群。益生菌最显著的特征之一是产生抗生素或其他对健康有益作用的化合物等（Rainaed和Foucras，2018）。几项试验进行了口服益生菌对乳房炎影响的研究。张克春等（2010）研究表明，乳房炎奶牛日粮中添加富硒益生菌可显著增加全血中谷胱甘肽过氧化物酶（glutathione peroxidase，GSH-Px）活性，显著降低乳SCC，且乳房炎乳区阳性率下降35%。Ma等（2018）将乳房炎奶牛的粪菌移植给无菌小鼠后引发小鼠乳房炎症，补充干酪乳杆菌（*Lactobacillus casei*）后，可减轻炎症症状。Leblanc等（2005）研究了瑞士乳杆菌R389（*Lactobacillus helveticus R*389）发酵乳对乳房局部炎症存在时免疫应答的调节能力。结果表明，使用*L. helveticus R*389发酵乳喂养乳房炎小鼠后，小鼠血清和乳腺细胞中IL-10水平升高，IL-6水平降低，炎症受到明显抑制。

有研究基于16S rRNA基因特征的基础上，提出奶牛乳房炎是由微生物失调引起的，即乳腺中有益共生菌群与引起乳房炎的病原菌之间的不平衡。口服益生菌是活性的、代谢活跃的细菌，通过与肠道微生物相互作用，恢复微生物稳态或纠正失调来发挥其有益作用（Rainard和Foucras，2018）。使用口服途径的基本原理是益生菌通过DC或巨噬细胞，沿“肠—乳腺轴”从肠腔转移到乳腺。益生菌应用于乳房炎的可能机制包括以下几种：（1）对肠道微生物群组成和活性的调节，通过代谢物或细菌素的产生直接拮抗，或通过竞争营养物质产生竞争排斥。益生菌可产生多种抗菌化合物，如乳酸、SCFAs、过氧化氢、一氧化氮和细菌素等，这些都可能抑制致病菌（Sanders等，2018）。（2）增强上皮屏障功能。益生菌是肠道屏障功能和完整性的重要介质。益生菌可能以不同的方式对肠道上皮细胞起到有益的作用：①通过提高紧密连接的完整性。黏液层可以限制细菌的移动和与上皮细胞的接触，维持上皮细胞表面分泌的IgA和抗菌肽的有效浓度，并可能作为一些微生物群的黏附或营养的底物；②通过刺激生产抗菌肽的上皮细胞，尤其是潘氏（Paneth）细胞（Ohland和Macnaughton，2010）。（3）与肠道上皮细胞的相互作用发挥免疫调节作用。益生菌通过与单核细胞、巨噬细胞和DC的相互作用及先天免疫反应，调节辅助性T（T helper，Th）细胞的平衡，从而影响适应性免疫应答。此外，益生菌能够诱导免疫调节，主要通过抑制炎症途径（NF-κB或组胺依赖性途径）；或调控上皮相关T细胞，例如产生作用于上皮细胞IL-17的Th17细胞；或通过调节Treg细胞以抑制促炎性信号（Klaenhammer等，2012）。（4）对全身反应的调节，例如通过内分泌调节或通过信号介导的中枢神经系统（Rainard和Foucras，2018）。

尽管临床研究表明，口服益生菌可以作为预防和控制乳房炎发展、增强宿主免疫系统的调节剂，但其临床效果仍然存在一部分争议。需要更多的临床试验或前瞻性研究来验证益生菌在乳房炎预防和治疗中的效果，并揭示免疫系统机制。

## 三、肠道共生菌对乳房炎感染的保护

肠道共生菌对肠外组织（包括乳腺）炎症发挥保护作用的可能机制，还包括促进黏膜屏障功能、增强对病原体的固有免疫力及促进适应性免疫等（Kamada等，2013）。研究表明，肠道菌群可以通过代谢产物的产生增强上皮屏障功能。例如，*Bifidobacterium*产生的SCFAs（特别是乙酸）作用于上皮细胞可抑制*Escherichia coli* O157：H7产生的志贺毒素的易位（Fukuda等，2012）。此外，肠道共生菌还可以通过调控IL-17A的分泌来促进免疫（Porcherie等，2015）。细胞因子IL-17A已被证明在宿主不同上皮部位对细菌和真菌感染的防御中发挥关键作用。Porcherie等（2015）通过小鼠乳腺炎模型研究发现IL-17A参与了乳腺对*Escherichia coli*感染的防御。利用*Escherichia coli*诱导小鼠乳房炎后，细菌负荷迅速增加，引发白细胞大量涌入乳腺组织，并增加了IL-6、IL-22、TNF-α和IL-10的浓度。中性粒细胞是第一个向乳腺组织强烈迁移的细胞。而IL-17A生成增加的最主要的贡献者是中性粒细胞，乳房炎感染期间，肠道共生菌可通过激活视黄酸相关的孤儿受体γ（RORγt）信号诱导中性粒细胞产生IL-17A，从而使细菌数量和IL-10产生显著减少（Kamada等，2013；Porcherie等，2015）。以上结果表明，共生菌通过刺激中性粒细胞产生IL-17A是乳腺组织对*Escherichia coli*免疫的一个重要效应。如上所述，细菌易位可能诱发乳房炎，这通常与病原体感染和上皮屏障的破坏有关（Ma等，2018；Hu等，2020）。然而，研究表明，肠道共生细菌能够诱导适应性免疫反应（包括IgA的产生和CD4+T细胞的产生），这可能有助于防止由致病菌易位而引起的间接损害，并可能通过其他免疫机制对病原体起到清除作用（Sorini等，2018）。此外，肠道共生菌诱导肠道Toll样受体（Toll-like receptors，TLR）依赖的DC激活，可抑制肠外组织感染（Yiu等，2017）。最近有研究报道了肠道共生细菌可能提

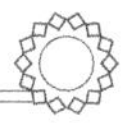

供组织特异性防御机制，即宿主皮肤细菌能够对存在于组织局部的病原菌感染提供保护（Naik等，2012）。然而，肠道共生菌对乳腺组织感染是否能够提供类似的防御机制尚不清楚，仍需开展深入研究。

## 参考文献

巴合提·加布克拜，阿衣达尔，古丽白拉，2001. 用菊芋饲养细毛羔羊的对比试验[J]. 草食家畜（3）：42-42.

陈建军，孟维洋，高光栋，等，2001. 菊芋的营养价值及开发利用前景[J]. 中国野生植物资源（4）：42-43.

郭瑞林，2011. 作物育种同异理论与方法[M]. 北京：中国农业科学技术出版社.

孔涛，张楠，林凤梅，等，2013. 不同品种菊芋块茎及茎叶营养成分分析比较[J]. 广东农业科学（6）：114-115，119.

李琬聪，2015. 菊芋中不同聚合度天然菊糖的分离纯化及活性研究[J]. 化学，5-13.

李玉辉，张建，2005. 灰色关联度分析法在系统综合评价中的应用[J]. 山东交通科技（4）：11-13.

刘君，晏国生，郭瑞林，2019. 运用定量化育种理论选育不同生态经济型菊芋新品种[J]. 山西农业科学（6）：945-949.

卢秉钧，2014. 菊芋的开发利用[J]. 农产品加工（3）：21-22.

吕世奇，寇一翾，曾军，等，2018. 菊芋新品种兰芋1号的选育[J]. 中国蔬菜（1）：76-79.

闵晓梅，孟庆翔，2002. 有效纤维及其在奶牛日粮中的应用[J]. 乳业科学与技术（1）：30-34.

熊本海，罗清尧，周正奎，等，2018. 中国饲料成分及营养价值表（2018年第29版）[J]. 中国饲料，617（21）：66.

晏国生，2012. 浅述我国菊芋产业发展的系统分析[C]//中国农业产业化年会暨中国农业企业家论坛.

晏国生，2016. 让“生态王子”菊芋更快造福人民[J]. 紫光阁（1）：53.

张克春，徐国忠，吴显实，等，2010. 日粮添加富硒益生菌对奶牛乳房炎和乳汁体细胞数的影响[J]. 上海交通大学学报（农业科学版），28（1）：59-63.

ABE M，KANDATSU M，2009. Utilization of non-protein nitrogenous compounds in ruminants. i. kinetic studies on the transference of $NH_3$-N in the rumen[J]. Nihon Reoroji Gakk，40（8）：313-19.

ADDIS M F，TANCA A，Uzzau S，et al.，2016. The bovine milk microbiota：insights and perspectives from-omics studies[J]. Mol Biosyst，12（8）：2359-2372.

BABA H，YAOITA Y，KIKUCHI M，2005. Sesquiterpenoids from the leaves of *Helianthus tuberosus* L[J]. J Tohoku Pharmaceuti Univ，52：21–25.

BACON J S D，EDELMAN J，1951. The carbohydrates of the Jerusalem artichoke and other Compositae[J]. Biochem J，48（1）：114–126.

BIGGS D R，KERRIE R，HANCOCK，1998. *In vitro* digestion of bacterial and plant fructans and effects on ammonia accumulation in cow and sheep rumen fluids[J]. J Gen Appl Microbiol，44：167–171.

BOCHNIARZ M，SZCZUBIA M，BRODZKI P，et al.，2020. Serum amyloid a as an marker of cow s mastitis caused by streptococcus sp [J]. Comp Immunol Microbiol Infect Dis，72：101–498

BOLLRATH J，POWRIE F，2013. Immunology. Feed your Tregs more fiber[J]. Science，341（6145）：463–464.

BRADLEY A，2002. Bovine mastitis：an evolving disease[J]. Vet J. 164（2）：116–128.

BUITENHUIS B，RØNTVED C M，EDWARDS S M，et al.，2011. In depth analysis of genes and pathways of the mammary gland involved in the pathogenesis of bovine *Escherichia coli*-mastitis[J]. BMC Genomics，28（12）：130.

CARDELLINA J H，2015. Review of biology and chemistry of Jerusalem artichoke，*Helianthus tuberosus* L. [J]. J Nat Prod，78（12）：3083.

CASTELLÓ A，POLLÁN M，BUIJSSE B，et al.，2014. Spanish Mediterranean diet and other dietary patterns and breast cancer risk：case-control EpiGEICAM study[J]. Br J Cancer，111（7）：1454–1462.

CHABBERT N，BRAUN P，GUIRAUD J P，et al.，1983. Productivity and fermentability of Jerusalem artichoke according to harvesting date[J]. Biomass，3（3）：209–224.

CHENG W N，JEONG C H，KIM D H，et al.，2020. Short communication：Effects of moringa extract on adhesion and invasion of *Escherichia coli* O55 in bovine mammary epithelial cells[J]. J Dairy Sci，103（8）：7416–7424.

China Feed Database，2019. China Feed Ingredients and Nutritional Value Table（30th Edition，2019）[J]. China Feed，617（21）：20–21.

CHOI H G，LEE D S，LI B，et al.，2012. Santamarin，a sesquiterpene lactone isolated from saussurea lappa，represses lps-induced inflammatory responses via expression of heme oxygenase-1 in murine macrophage cells[J]. Int Immunopharmacol，13（3）.

CIARLO E，HEINONEN T，HERDERSCHEE J，et al.，2016. Impact of the microbial derived short chain fatty acid propionate on host susceptibility to bacterial and fungal infections *in vivo*[J]. Sci Rep，6：37944.

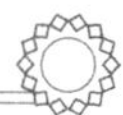

CIEŚLIK E，GBUSIA A，FLORKIEWICZ A，et al.，2011. The content of protein and of amino acids in Jerusalem artichoke tubers（*Helianthus tuberosus* L.）of red variety rote zonenkugel[J]. Acta Sci Pol Technol Aliment，10（4）：433–441.

CLANCY R M，AMIN A R，ABRAMSON S B，1998. The role of nitric oxide in inflammation and immunity[J]. Arthritis Rheumatol，41（7）：1141–1151.

CLARKE T B，DAVIS K M，LYSENKO E S，et al.，2010. Recognition of peptidoglycan from the microbiota by Nod1 enhances systemic innate immunity[J]. Nat Med，16（2）：228–231.

DAI J，ZHAO C，WANG Y，et al.，2001. Two new sesquiterpenes from the chinese herb *saussurea petrovii* and their antibacterial and antitumor activity[J]. J Chem Res（2）：74–75.

de MORENO de LEBLANC A，MATAR C，LEBLANC N，et al.，2005. Effects of milk fermented by Lactobacillus helveticus R389 on a murine breast cancer model[J]. Breast Cancer Res，7（4）：R477–486.

DERVISHI E，ZHANG G，DUNN S M，et al.，2017. GC-MS metabolomics identifies metabolite alterations that precede subclinical mastitis in the blood of transition dairy cows[J]. J Proteome Res 3，16（2）：433–446.

DESAI M S，SEEKATZ A M，KOROPATKIN N M，et al.，2016. A dietary fiber-deprived gut microbiota degrades the colonic mucus barrier and enhances pathogen susceptibility[J]. Cell，167（5）：1339–1353. e21.

DOEHRING C，SUNDRUM A，2019. The informative value of an overview on antibiotic consumption，treatment efficacy and cost of clinical mastitis at farm level[J]. Prev Vet Med，165：63–70.

DONNET-HUGHES A，PEREZ P F，DORÉ J，et al.，2010. Potential role of the intestinal microbiota of the mother in neonatal immune education[J]. Proc Nutr Soc，69（3）：407–415.

ERSAHINCE A C，KARA K，2017. Nutrient composition and in vitro digestion parameters of Jerusalem artichoke（*Helianthus tuberosus* L.）herbage at different maturity stages in horse and ruminant[J]. J Anim Feed Sci，26（3）：213–225.

FUKUDA S，TOH H，HASE K，et al.，2011. Bifidobacteria can protect from enteropathogenic infection through production of acetate[J]. Nature，469（7331）：543–547.

FURUSAWA Y，OBATA Y，FUKUDA S，et al.，2013. Commensal microbe-derived butyrate induces the differentiation of colonic regulatory T cells[J]. Nature，504（7480）：446–450.

GALLOVIC M D，BACHELDER E M，AINSLIE K M，2017. Immunostimulatory inulin adjuvants in prophylactic vaccines against pathogens[J]. Biomater Sci，1：9–15.

GOLI M，EZZATPANAH H，GHAVAMI M，et al.，2012. The effect of multiplex-PCRassessed major pathogens causing subclinical mastitis on somatic cell profiles[J]. Trop Anim Health Prod，44（7）：1673-1680.

GREEN M，GREEN L，CRIPPS P，1996. Low bulk milk SCC and toxic mastitis[J]. Vet Rec，138（18）：372.

GREEN M J，GREEN L E，MEDLEY G F，et al.，2002. Influence of dry period bacterial intramammary infection on clinical mastitis in dairy cows[J]. J Dairy Sci，85（10）：2589-2599.

GRIFFAUT B，DEBITON E，MADELMONT J C，et al.，2007. Stressed Jerusalem artichoke tubers（*Helianthus tuberosus* L.）excrete a protein fraction with specific cytotoxicity on plant and animal tumour cell[J]. Acta Bioch Bioph Sin，1770（9）：1324-1330.

GRITZAPIS A D，VOUTSAS I F，LEKKA E，et al.，2008. Identification of a novel immunogenic HLA-A*0201-binding epitope of HER-2/neu with potent antitumor properties[J]. J Immunol，181（1）：146-154.

GUNTER M J，XIE X，XUE X，et al.，2015. Breast cancer risk in metabolically healthy but overweight postmenopausal women[J]. Cancer Res，75（2）：270-274.

HALL I H，LEE K H，STARNES C O，et al.，2010. Anti-inflammatory activity of sesquiterpene lactones and related compounds[J]. J Pharm Sci，69：537-542.

HAN K H，TSUCHIHIRA H，NAKAMURA Y，et al.，2013. Inulin-type fructans with different degrees of polymerization improve lipid metabolism but not glucose metabolism in rats fed a high-fat diet under energy restriction [J/OL]. Dig Dis Sci，58：2177-2186. https：//doi. org/10. 1007/s10620-013-2631-z.

HAY R K M，OFFER N W，1992. Helianthus tuberosus as an alternative forage crop for cool maritime regions：a preliminary study of the yield and nutritional quality of shoot tissues from perennial stands[J]. J Sci Food Agric，60（2）：213-221.

HEO H J，KIM Y J，CHUNG D，et al.，2007. Antioxidant capacities of individual and combined phenolics in a model system[J]. Food Chem，104（1）：87-92.

HIEKEN T J，CHEN J，HOSKIN T L，et al.，2016. The microbiome of aseptically collected human breast tissue in benign and malignant [J]. Disease Sci Rep，6：30751.

HILL A W，1991. Vaccination of cows with rough *Escherichia coli* mutants fails to protect against experimental intramammary bacterial challenge[J]. Vet Res Commun，15（1）：7-16.

HONDA K，LITTMAN D R，2011. The microbiome in infectious disease and inflammation[J]. Annu Rev Immunol，30（1）：759-795.

HONORATA D，ELVYRA J，PAULINA A，2008. Quality of Jerusalem artichoke（Helianthus tuberosus L.）tubers in relation to storage conditions[J]. Not Bot Horti Agrobo，36（2）：

23–27.

HU X，GUO J，ZHAO C，et al.，2020. The gut microbiota contributes to the development of Staphylococcus aureus-induced mastitis in mice[J]. ISME J，14（7）：1897–1910.

HUANG X G，GE J M，SHEN Y H，et al.，2004. A Review of Jerusalem artichoke（*Helianthus tuberosus* L.）developing in Qinghai plateau[J]. Acta Agr Boreal occidental Sinica，2：40–43.

HYE S，LIM J，SUNG E，et al.，2015. Alantolactone from Saussurea lappa exerts antiinflammatory effects by inhibiting chemokine production and STAT1 phosphorylation in TNF-and IFN-induced in HaCaT cells[J]. Phytother Res，29：1088–1096.

ITO H，TAKEMURA N，SONOYAMA K，et al.，2011. Degree of polymerization of inulin-type fructans differentially affects number of lactic acid bacteria，intestinal immune functions，and immunoglobulin a secretion in the rat cecum[J]. J Agr Food Chem，59（10）：5771–5778.

JANTAHARN P，MONGKOLTHANARUK W，SENAWONG T，2018. Bioactive compounds from organic extracts of，*Helianthus tuberosus* L. flowers[J]. Industrial Crops and Products，119：57–63.

JIMÉNEZ E，FERNÁNDEZ L，MALDONADO A，et al.，2008. Oral administration of Lactobacillus strains isolated from breast milk as an alternative for the treatment of infectious mastitis during lactation[J]. Appl Environ Microbiol，74（15）：4650–4604.

JONARD R，PARROTMLCHÉ F，1970. Host-bacterial relationships in Jerusalem artichoke tissues irradiated with X-rays[J]. Physiol Vegetable，231–234.

KAMADA N，SEO S U，CHEN G Y，et al.，2013. Role of the gut microbiota in immunity and inflammatory disease[J]. Nat Rev Immunol，13（5）：321–335.

KANADASWAMI C，LEE L T，LEE P P，et al.，2005. The antitumor activities of flavonoids[J]. In Vivo，19（5）：895–909.

KAPUSTA I，KROK E S，JAMRO D B，et al.，2013. Identification and quantification of phenolic compounds from Jerusalem artichoke（*Helianthus tuberosus* L.）tubers[J]. J Food Agr Enviro，11（3）：601–606.

KAUR N，GUPTA A K，2002. Applications of inulin and oligofructose in health and nutrition[J]. J Bioenc，27（7）：703–714.

KAYS S J，NOTTINGHAM S F，2007. Biology and chemistry of Jerusalem artichoke：*Helianthus tuberosus* L. [J]. J Agr Food Chem，10（4）：352–353.

KELLY-QUAGLIANA K A，NELSON P D，BUDDINGTON R K，2003. Dietary oligofructose and inulin modulate immune functions in mice[J]. Nutr Res，23（2）：0–267.

KHUSENOV A S，RAKHMANBERDIEV G R，RAKHIMOV D A，2016. Physicochemical

Properties of Inulin from Muzhiz Variety of Jerusalem Artichoke[J]. Chemistry of Natural Compounds，52（6）：1078–1080.

KIM J W，KIM J K，SONG I S，et al.，2013. Comparison of antioxidant and physiological properties of Jerusalem artichoke leaves with different extraction processes[J]. J Korean Soc Food Sci Nutr，42（1）：68–75.

KIM M，QIE Y，PARK J，et al.，2016. Gut microbial metabolites fuel host antibody responses[J]. Cell Host Microbe，20（2）：202–214.

KLAAS I C，ZADOKS R N，2018. An update on environmental mastitis：Challenging perceptions[J]. Transbound Emerg Dis，65 （Suppl 1）：166–185.

KLAENHAMMER T R，KLEEREBEZEM M，Kopp M V，et al.，2012. The impact of probiotics and prebiotics on the immune system[J]. Nat Rev Immunol，12（10）：728–734.

KOCZON P，NIEMIEC T，BARTYZEL B J，et al.，2019. Chemical changes that occur in Jerusalem artichoke silage[J]. Food Chemistry，295（OCT. 15）：172–179.

KONONOFF P J，HEINRICHS A J，LEHMAN H A，2003. The effect of corn silage particle size on eating behavior，chewing activities，and rumen fermentation in lactating dairy cows[J]. J Dairy Sci，86（10）：3343–3353.

KOU Y X，ZENG J，LIU J Q，et al.，2014. Germplasm diversity and differentiation of *Helianthus tuberosus* L. revealed by aflp marker and phenotypic traits[J]. J Agr Sci，152：779–789.

KUPCHAN S M，EAKIN M A，THOMAS A M，1971. Tumor inhibitors. 69. structure-cytotoxicity relations among the sesquiterpene lactones[J]. J Med Chem，14（12）：1147–1152.

LAMMERS A，van VORSTENBOSCH C J，ERKENS J H，et al.，2001. The major bovine mastitis pathogens have different cell tropisms in cultures of bovine mammary gland cells[J]. Vet Microbiol，6；80（3）：255–265.

LASITSCHKA F，GIESE T，PAPARELLA M，et al.，2017. Human monocytes downregulate innate response receptors following exposure to the microbial metabolite N-butyrate[J]. Immun Inflamm Dis，5（4）：480–492.

LEITE R F，BACCILI C C，SILVA C P，et al.，2017. Transferência de imunidade passiva em bezerras alimentadas com colostro de vacas com mastite subclínica[J]. Arquivos do Instituto Biológico，84：1–7.

LI L，SHAO T，YANG H，et al.，2016. The endogenous plant hormones and ratios regulate sugar and dry matter accumulation in Jerusalem artichoke in salt-soil[J]. Sci Total Environ，578：40.

LIDÉN A C，MØLLER I M，2006. Purification，characterization and storage of mitochondria

from Jerusalem artichoke tubers[J]. Physiologia Plantarum，72（2）：265–270.

LIU H Y，WANG X F，WANG Y J，et al.，2017. Study on mixed silage of corn straw and Jerusalem artichoke stalk as feed sources[J]. China Dairy Cattle，12：20–23.

LONG X H，SHAO H B，LIU L，et al.，2016. Jerusalem artichoke：a sustainable biomass feedstock for biorefinery[J]. J Renew Sustain Ener，54：1382–1388.

LUO D，LI Y，XU B，et al.，2017. Effects of inulin with different degree of polymerization on gelatinization and retrogradation of wheat starch[J]. Food Chem，229：35–43.

LYSS G，KNORRE A，SCHMIDT T J，et al.，1998. The anti-inflammatory sesquiterpene lactone helenalin inhibits the transcription factor NF-kappaB by directly targeting p65[J]. J Biol Chem，273：33508–33561.

MA C，SUN Z，ZENG B，et al.，2018. Cow-to-mouse fecal transplantations suggest intestinal microbiome as one cause of mastitis[J]. Microbiome，6（1）：200.

MALMBERG A，THEANDER O，1986. Differences in chemical composition of leaves and stem in Jerusalem artichoke and changes in low-molecular sugar and fructan content with time of harvest [J]. Swed J Agri Res，16（1）：7–12.

MANN J，CUMMINGS J H，ENGLYST H N，et al.，2007. FAO/WHO scientific update on carbohydrates in human nutrition：conclusions[J]. Eur J Clin Nutr，61（Suppl 1）：S132–137.

MARGOLIS K L，RODABOUGH R J，THOMSON C A，et al.，2007. Prospective study of leukocyte count as a predictor of incident breast，colorectal，endometrial，and lung cancer and mortality in postmenopausal women[J]. Arch Intern Med，167（17）：1837–1844.

MATTONAI M，RIBECHINI E，2018. A comparison of fast and reactive pyrolysis with in-situ derivatization of fructose，inulin and Jerusalem artichoke（*Helianthus tuberosus*）[J]. Analytica Chimica Acta，1017：66–74.

MCDONALD P，WATSON S J，WHITTENBURY R，1966. The principles of ensilage[J]. J Anim Physiol An N，21（1–5）：103–109.

MCLAURIN W J，SOMDA Z C，KAYS S J，1999. Jerusalem artichoke growth，development，and field storage. I. Numerical assessment of plant part development and dry matter acquisition and allocation[J]. J Plant Nutr，22：1303–1313.

MENESES M，MEGÍAS M D，MADRID J，et al.，2007. Evaluation of the phytosanitary，fermentative and nutritive characteristics of the silage made from crude artichoke（*Cynara scolymus* L.）by-product feeding for ruminants[J]. Small Ruminant Res，70：292–296.

MILOSLAV Š，ZÁBRANSKÝ L，JANOUŠKOVÁ A，et al.，2014. Influence of alternative methods in treatment and precaution of cow mastitis[J]. Sci Pap Ani Sci Biotech，47（2）：342–346.

MUNJAL U，DANIEL S，MICHAEL G，2012. Gut fermentation products of inulin-type fructans modulate the expression of xenobiotic-metabolising enzymes in human colonic tumour cells[J]. Anticancer Res，32：5379.

NABIZADEH A，2012. The effect of inulin on broiler chicken intestinal microflora，gut morphology，and performance[J]. J Anim Feed Sci，21：725–734.

NAIK S，BOULADOUX N，WILHELM C，et al.，2012. Compartmentalized control of skin immunity by resident commensals[J]. Science，337（6098）：1115–1119.

NAKANISHI M，ROSENBERG DW，2013. Multifaceted roles of PGE2 in inflammation and cancer[J]. Semin Immunopathol，35（2）：123–137.

NRC，2001. Nutrient requirements of dairy cattle[M]. Washington DC：National Research Council.

OHLAND C L，MACNAUGHTON W K，2010. Probiotic bacteria and intestinal epithelial barrier function[J]. Am J Physiol Gastrointest Liver Physiol，298（6）：G807–819.

ORTIZ L T，RODRÍGUEZ M L，ALZUETA C，et al.，2009. Effect of inulin on growth performance，intestinal tract sizes，mineral retention and tibial bone mineralisation in broiler chickens[J]. Brit Poultry Sci，50（3）：325–332.

OTVOS L，2002. The short proline-rich antibacterial peptide family[J]. Cell Mol Life Sci，59（7）：1138–1150.

PAN L，SINDEN M R，KENNEDY A H，et al.，2009. Bioactive constituents of *Helianthus tuberosus*（Jerusalem artichoke）[J]. Phytochem Lett，2（1）：15–18.

PAPI N，KAFILZADEH F，FAZAELI H，2017. Effects of incremental substitution of maize silage with Jerusalem artichoke silage on performance of fat-tailed lambs[J]. Small Ruminant Res，147：56–62.

PAPI N，KAFILZADEH F，FAZAELI H，2019. Use of Jerusalem artichoke aerial parts as forage in fat-tailed sheep diet[J]. Small Ruminant Res，174：1–6.

PARK E，SONG J H，KIM M S，et al.，2016. Costunolide，a sesquiterpene lactone，inhibits the differentiation of pro-inflammatory CD4+ T cells through the modulation of mitogen-activated protein kinases[J]. Int Immunopharmacol，40：508–516.

PAUDYAL S，MELENDEZ P，MANRIQUEZ D，et al.，2020. Use of milk electrical conductivity for the differentiation of mastitis causing pathogens in Holstein cows[J]. Animal，14（3）：588–596.

PEELER E J，GREEN M J，FITZPATRICK J L，et al.，2000. Risk factors associated with clinical mastitis in low somatic cell count British dairy herds[J]. J Dairy Sci，83（11）：2464–2472.

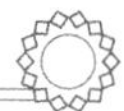

PENG K S，HARUN D，AMIN M M，et al.，2016. Enhanced virgin coconut oil（EVCO）as natural postmilking teat germicide to control environmental mastitis pathogens[J]. Int J Biotechnol Wellness Ind，128–134.

PINHO R M A，SANTOS E M，OLIVEIRA J S D，et al.，2019. Relationship between forage neutral detergent fiber and non-fibrous carbohydrates on ruminal fermentation products and neutral detergent fiber digestibility in goats[J]. Rev Colomb Cienc Pec，32（2）：126–128.

PORCHERIE A，GILBERT F B，GERMON P，et al.，2016. IL-17A is an important effector of the immune response of the mammary gland to *escherichia coli* infection[J]. J Immunol，196（2）：803–812.

RAINARD P，1993. Binding of bovine fibronectin to mastitis-causing Streptococcus agalactiae induces adherence to solid substrate but not phagocytosis by polymorphonuclear cells[J]. Microb Pathog，14（3）：239–248.

RAINARD P，FOUCRAS G A，2018. Critical Appraisal of Probiotics for Mastitis Control[J]. Front Vet Sci，10；5：251.

RAO V P，POUTAHIDIS T，FOX J G，et al.，2007. Breast cancer：should gastrointestinal bacteria be on our radar screen[J]? Cancer Res，67（3）：847–850.

RAWATE P D，HILL R T，1985. Extraction of a high-protein isolate from Jerusalem artichoke（*Helianthus tuberosus*）tops and evaluation of its nutrition potential [J]. Journal of Agricultural & Food Chemistry，33（1）：29–31.

RAZMKHAH M，REZAEI J，FAZAELI H，2017. Use of Jerusalem artichoke tops silage to replace corn silage in sheep diet[J]. Anim Feed Sci Tech，228：168–177.

RICHARDS J L，YAP Y A，MCLEOD K H，et al.，2016. Dietary metabolites and the gut microbiota：an alternative approach to control inflammatory and autoimmune diseases[J]. Clin Transl Immunology，13；5（5）：e82.

RODRÍGUEZ J M，2014. The origin of human milk bacteria：is there a bacterial entero-mammary pathway during late pregnancy and lactation[J]? Adv Nutr，5（6）：779–784.

ROWLAND I R，RUMNEY C J，COUTTS J T，et al.，1998. Effect of Bifidobacterium longum and inulin on gut bacterial metabolism and carcinogen-induced aberrant crypt foci in rats[J]. Carcinogenesis，19（2），281–285.

SAENGTHONGPINIT W，SAJJAANANTAKUL T，2005. Influence of harvest time and storage temperature on characteristics of inulin from Jerusalem artichoke（*Helianthus tuberosus* L.）tubers[J]. Postharvest Biol Tec，37（1）：93–100.

SANDERS M E，BENSON A，LEBEER S，et al.，2018. Shared mechanisms among probiotic taxa：implications for general probiotic claims[J]. Curr Opin Biotechnol，49：207–216.

SARDARE S S，GUBBAWAR S G，DHURVE N G，et al.，2017. Quality assessment of cow milk affected by subclinical mastitis[J]. The Pharma Innov J，6（11）：75–77.

SCHUBERT S，FEUERLE R，2010. Fructan storage in tubers of Jerusalem artichoke：characterization of sink strength[J]. New Phytol，136：115–137.

SEILER G J，1988. Nitrogen and mineral content of selected wild and cultivated genotypes of Jerusalem artichoke[J]. Agron J，80（4）.

SEILER G J，CAMPBELL L G，2004. Genetic variability for mineral element concentrations of wild jerusalem artichoke forage[J]. Crop Science，150（1–2）：281–288.

SHAPIRA I，SULTAN K，LEE A，et al.，2013. Evolving concepts：how diet and the intestinal microbiome act as modulators of breast malignancy[J]. ISRN Oncol，25：693920.

SHIVELY C A，REGISTER T C，APPT S E，et al.，2018. Consumption of mediterranean versus western diet leads to distinct mammary gland microbiome populations[J]. Cell Rep，25（1）：47–56. e3.

SINGH A K，GOSWAMI T K，2006. Controlled atmosphere storage of fruits and vegetables：a review[J]. J Food Sci Tech Mys，43（1）：1–7.

SOMDA Z C，MCLAURIN W J，KAYS S J，1999. Jerusalem artichoke growth，development，and field storage. ii. carbon and nutrient element allocation and redistribution[J]. J Plant Nutr，22（8）：1315–1334.

SORINI C，CARDOSO R F，GAGLIANI N，et al.，2018. Commensal bacteria-specific CD4+T Cell responses in health and disease[J]. Front Immunol，9：2667.

SOUTO L I，MINAGAWA C Y，TELLES E O，et al.，2008. Relationship between occurrence of mastitis pathogens in dairy cattle herds and raw-milk indicators of hygienic-sanitary quality[J]. J Dairy Res，75（1）：121–127.

STREPKOV S M，1959. Glucofructans of the stems of *Helianthus tuberosus*，Doklady Akad[J]. Nauk S. S. S. R，125：216–218.

SUNDEKILDE U K，POULSEN N A，LARSEN L B，et al.，2013. Nuclear magnetic resonance metabonomics reveals strong association between milk metabolites and somatic cell count in bovine milk[J]. J Dairy Sci，96（1）：290–299.

SURIYASATHAPORN W，2011. Epidemiology of subclinical mastitis and their antibacterial susceptibility in smallholder dairy farms，Chiang Mai Province，Thailand[J]. J Anim Vet Adv，10（3）：316–321.

SUT S，MAGGI F，NICOLETTI M，et al.，2018. New drugs from old natural compounds：scarcely investigated sesquiterpenes as new possible therapeutic agents[J]. Curr Med Chem，24（999）：1241–1258.

SWALES K E，KORBONITS M，CARPENTER R，et al.，2006. The farnesoid X receptor is expressed in breast cancer and regulates apoptosis and aromatase expression[J]. Cancer Res，66（20）：10120–10126.

THOMAS F C，MUDALIAR M，TASSI R，et al.，2016. Mastitomics，the integrated omics of bovine milk in an experimental model of *Streptococcus uberis* mastitis：3. Untargeted metabolomics[J]. Mol Biosyst，12（9）：2762–2769.

UMUCALILAR H D，GLEN N，HAYIRLI A，et al.，2010. Potential role of inulin in rumen fermentation[J]. Rev Med Vet-Toulouse，161（1）：3–9.

VALDOVSKA A，JEMELJANOVS A，PILMANE M，et al.，2014. Alternative for improving gut microbiota：use of Jerusalem artichoke and probiotics in diet of weaned piglets[J]. Pol J Vet Sci，17（1）：61–69.

VERDONK J M A J，SHIM S B，VAN L P，et al.，2005 Application of inulin-type fructans in animal feed and pet food[J]. Brit J Nutr，93（S1）：S125–138.

WALL S K，HERNÁNDEZ-CASTELLANO L E，AHMADPOUR A，et al.，2016. Differential glucocorticoid-induced closure of the blood-milk barrier during lipopolysaccharide- and lipoteichoic acid-induced mastitis in dairy cows[J]. J Dairy Sci，99（9）：7544–7553.

WANG C Z，2015. Extraction and separation of endophytic fungi active fat-soluble components in Jerusalem artichoke[J]. North Horticult，8：43–52.

WANG J，WEI Z，ZHANG X，et al.，2017. Propionate Protects against Lipopolysaccharide-induced mastitis in mice by restoring blood-milk barrier disruption and suppressing inflammatory response[J]. Front Immunol，8：1108.

WANG J J，WEI Z K，ZHANG X，et al.，2017. The short-chain fatty acid sodium butyrate exerts protective effects through ameliorating blood-milk barrier disruption and modulating inflammatory response in lipopolysaccharide-induced mastitis model[J]. Br J Pharmacol，1–32.

WANG Y，NAN X，ZHAO Y，et al.，2021. Rumen microbiome structure and metabolites activity in dairy cows with clinical and subclinical mastitis[J]. J Anim Sci Biotechnol，12（1）：36.

WANG Y M，ZHAO J Q，YANG J L，et al.，2017. Antioxidant and α–glucosidase inhibitory ingredients identified from Jerusalem artichoke flowers[J]. Nat Prod Res，33（4）：1–5.

WEI L，WANG J，ZHENG X，et al.，2007. Studies on the extracting technical conditions of inulin from Jerusalem artichoke tubers[J]. J Food Eng，79（3）：1087–1093.

WEISZ G M，KAMMERER D R，CARLE R，2009. Identification and quantification of phenolic compounds from sunflower（*Helianthus annuus* L.）kernels and shells by HPLCdad/esi-ms-n[J]. Food Chem，115（2）：758–765.

WILKINS R，2008. Biology and chemistry of Jerusalem artichoke（*Helianthus tuberosus* L.）[M]. KAYS SJ and NOTTINGHAM SF. Experimental Agriculture. London：CRC Press/ Taylor and Francis Group，44（3）：478.

WILKINS R J，1982. The biochemistry of silage[J]. Anim Feed Sci Tech，7（3）：317–318.

XU H，GUNENC A，HOSSEINIAN F，2021. Ultrasound affects physical and chemical properties of Jerusalem artichoke and chicory inulin[J]. J Food Biochem，27：e13934.

YANG J，TAN Q，FU Q，et al.，2017. Gastrointestinal microbiome and breast cancer：correlations，mechanisms and potential clinical implications[J]. Breast Cancer，24（2）：220–228.

YIU J H，DORWEILER B，WOO C W，2017. Interaction between gut microbiota and toll-like receptor：from immunity to metabolism[J]. J Mol Med（Berl），95（1）：13–20.

YOUNG W，HINE B C，WALLACE O A，et al.，2015. Transfer of intestinal bacterial components to mammary secretions in the cow[J]. Peer J，3：e888.

YUAN X，GAO M，XIAO H，et al.，2012. Free radical scavenging activities and bioactive substances of Jerusalem artichoke（*Helianthus tuberosus* L.）leaves[J]. Food Chem，133：10–14.

ŽALDARIENE S，KULAITIENE J，ČERNIAUSKIENE J，2013. The quality comparison of different Jerusalem artichoke（*Helianthus tuberosus* L.）cultivars tubers[J]. Zemãs Ukio Mokslai，19（4）：268–272.

ZHANG L，BOEREN S，VAN HOOIJDONK A C，et al.，2015. A proteomic perspective on the changes in milk proteins due to high somatic cell count[J]. J Dairy Sci，98（8）：5339–5351.

ZHANG X，DING Y，QU M，et al.，2014. Beneficial effects of ruminal oligosaccharide administration on immunologic system function in sheep[J]. Can J Anim Sci，94（4）：679–684.

ZHANG Z S，ZHANG L，LV X L，et al.，2016. The proliferation research of FOS inulin and FOS sucrose on Bifidobacterium[J]. China Food Additives，000（001）：76–80.

ZHAO X C，WANG Z L，SUN J Y，2006. The application of Jerusalem artichoke in livestock production[J]. Heilongjiang Agr Sci，6：39–40.

ZHAO X H，GONG J M，ZHOU S，et al.，2014. The effect of starch，inulin，and degradable protein on ruminal fermentation and microbial growth in rumen simulation technique[J]. Ital J Anim Sci，13：189–195.

ZHONG Q W，WANG Y，WANG L H，et al.，2007. Changes of growth，development and photosynthesis indicators of Jerusalem artichoke[J]. Acta Bot Boreal-Occidentalia Sinica，27（9）：1843–1848.

ZHONG Y，XUE M，LIU J，2018. Composition of rumen bacterial community in dairy cows with different levels of somatic cell counts[J]. Front Microbiol，9：3217.

ZHU Z，ZHAO Y，HUO H，et al.，2016. HHX-5，a derivative of sesquiterpene from chinese agarwood，suppresses innate and adaptive immunity via inhibiting STAT signaling pathways[J]. Eur J Pharmacol，791：412–423.

ZIOLECKI A，GUCZYŃSKA W，WOJCIECHOWICZ M，1992. Some rumen bacteria degrading fructan[J]. Lett Appl Microbiol，15（6）：244–247.

# 第二部分 菊芋来源菊粉对奶牛亚临床乳房炎缓解机制研究

# 第三章　健康、亚临床及临床乳房炎奶牛乳中菌群及代谢产物结构差异

## 第一节　引　言

奶牛乳房炎是乳品行业中发病率极高，且对乳品质量、奶牛健康以及牛场经济造成重大损失的疾病（Nyman等，2014）。此外，乳房炎也是奶牛场过度使用抗生素的主要原因（Nyman等，2014）。牛奶体细胞计数（somatic cell counts，SCC）是乳房炎诊断的经典方法，尤其是对于临床症状不明显的SCM（Idriss等，2013）。一般来说，SCC 在100 000～200 000个/mL被认为是乳房健康，尽管某些国家/地区的标准可能低于100 000个/mL。如果SCC的增加率超过每月200 000个/mL，则乳房内感染（intramammary infection，IMI）的风险可能很高。当SCC从200 000个/mL上升到500 000个/mL，而乳房无明显临床症状时，则诊断为SM。当SCC>500 000个/mL，且伴有乳房红、肿、发热和疼痛症状则被认为是临床乳房炎（clinical mastitis，CM）（Idriss等，2013）。Ronco等（2018）指出，受炎症介质调节的乳SCC升高可以反映乳腺的损伤。此外，加利福尼亚乳房炎测试（california mastitis test，CMT）也被公认为是一种方便快捷的乳房炎诊断方法。CMT的主要机制是通过牛奶与碱性液体的反应破坏体细胞并释放DNA，进一步产生沉淀或凝胶。

病原体在乳房内引起强烈的炎症反应是SCC升高的主要原因（Idriss等，2013）。引起乳房炎的病原体根据其传播特征大致可分为3类：（1）致病性极强的传染性病原体，包括无乳链球菌（*Streptococcus agalactiae*）、停乳链球菌（*Streptococcus alactiae*）、金黄色葡萄球菌（*Staphylococcus aureus*）等；（2）环境病原体，如*Escherichia coli*、克雷伯菌（*Klebsiella*）和产气肠杆菌（*Enterobacter aerogenes*）等；（3）条件致病菌，如凝固酶阴性葡萄球菌（*Coagulase negative staphylococcus*）和假单胞菌（*Pseudomonas*）等（Iliadis等，2018）。病原体引起的IMI可以进一步改变牛奶中的代谢物（即糖、脂类、蛋白质、有机酸和游离氨基酸）并直接影响乳品质（Xi等，2017）。研究发现，乳房炎乳中检测到的特定挥发性代谢物是与病原体密切相关或由病原体自身形成（Hettinga等，2009；Ritter等，1960）。例如，*Escherichia coli*和*Staphylococcus aureus*感染的乳房炎乳中的乙酸乙酯和醋酸盐含量增加。*Streptococcus alactiae*感染奶牛乳中花生四烯酸、3-硝基酪氨酸、脱氧鸟苷及3-甲氧基-4-羟苯基的

含量升高。此外，在高SCC牛奶中也观察到乳酸、丁酸、马尿酸和富马酸的显著减少（Hettinga等，2009）。在对健康个体的研究中，微生物组数据与非靶向代谢组学方法之间存在良好的相关性，可以将特定微生物及其介导产生的代谢物联系起来（Franzosa等，2018）。从微生物组和代谢组的角度阐明乳房炎的特征对于了解乳房炎的发病机制和潜在威胁很重要。本研究利用16S rRNA测序和非靶向代谢组学技术表征H、SM和CM奶牛乳中菌群和代谢物的特征，旨在进一步确定乳房炎发病的生物标志物，提高SM及CM的诊治效率。

## 第二节　材料和方法

### 一、试验动物和样品采集

本试验所用奶牛来自北京奶牛中心良种场。奶牛的基础日粮为精粗比40：60的全混合日粮（total mixed ration，TMR），分别在每天06：30、13：30和19：30喂食3次。TMR组成和营养成分见表3-1。本试验根据奶牛乳SCC、CMT结果及乳房临床症状综合判断奶牛的乳房状况。CMT检测方法和判断依据见表3-2。根据最终筛选结果，本试验共选取60头奶牛，分为3组：H组（$n$=20；SCC<100 000个/mL；乳房无炎症临床症状；CMT结果阴性）；SM组（$n$=20；600 000<SCC<1 000 000个/mL；乳房无明显炎症临床症状；CMT结果呈弱阳性或阳性）；CM组（$n$=20；SCC>3 000 000个/mL；乳房伴有明显肿胀、发红、乳块等；CMT结果呈强阳性）。奶牛的基本信息包括胎次、产奶天数、平均日产奶量、乳房临床症状、CMT结果和乳SCC见表3-3。使用自动挤奶系统（河北瑞盛源机械组装有限公司）每天挤奶3次。将从每头奶牛采集的牛奶样品收集到2管无菌离心管（每管50mL）中。其中一管牛奶样品通过MilkoScan FT2牛奶成分分析仪（FOSS，哥本哈根，丹麦）进行乳SCC和牛奶成分的分析。其余样本在-80℃保存用于微生物和代谢组学分析。

表3-1　TMR组成及营养成分（% of DM）

| 原料 | 含量 | 营养成分（%） | 含量 |
|---|---|---|---|
| 膨化大豆 | 0.45 | 粗蛋白质CP | 16.91 |
| 蒸汽压片玉米 | 10.45 | 中性洗涤纤维NDF | 30.09 |
| 喷浆玉米皮 | 2.27 | 酸性洗涤纤维ADF | 17.32 |
| 棉籽 | 7.36 | 粗脂肪EE | 4.93 |
| [1]美加仑 | 0.45 | 钙Ca | 0.81 |

（续表）

| 原料 | 含量 | 营养成分（%） | 含量 |
|---|---|---|---|
| 脂肪粉 | 0.91 | 磷P | 0.48 |
| 甜菜颗粒 | 1.36 | 产奶净能NEL，Mcal/kg | 1.72 |
| 菜籽粕 | 2.20 | | |
| 莜麦秸秆 | 2.30 | | |
| 向日葵仁粕 | 0.64 | | |
| 苜蓿干草 | 8.18 | | |
| 燕麦草 | 3.18 | | |
| 玉米青贮 | 48.27 | | |
| [2]5%预混料 | 4.91 | | |
| [3]干酒糟及其可溶物 | 4.42 | | |
| 碳酸氢钠 | 1.50 | | |
| 氧化镁 | 0.80 | | |
| 双乙酸钠 | 0.33 | | |

注：[1]美加仑，混合脂肪酸钙（建和畜牧股份有限公司，上海，中国）；

[2]5%预混料（每千克），包括400 000IU的维生素A、320 000IU维生素$D_3$，1 200IU维生素E，1 400mg铜、12 000mg锌、60 000mg的铁，12 000mg锰、40mg硒，400mg碘，160mg钴，28%的钙和5.4%的磷；5% Premix，including（per kg of DM）400 000IU of vitamin A，320 000IU of vitamin $D_3$，1 200IU of vitamin E，1 400mg of Cu，12 000mg of Zn，60 000mg of Fe，12 000mg of Mn，40mg of Se，400mg of I，160mg of Co，28% of Ca and 5.4% of P.

[3]DDGS，干酒糟及其可溶物。

**表3-2　CMT结果判定标准[1]**

| 结果 Result | 反应状态 Reaction state | 体细胞数SCC（$\times 10^3$个/mL） |
|---|---|---|
| 阴性（-）negative | 混合物呈液体，流动平稳，倾斜试验板时无凝块 The mixture is liquid，flowing smoothly and without clots when tilting the test plate | 0～200 |
| 疑似 suspected | 混合物呈液体，底部有沉淀物，晃动后沉淀消失 The mixture is liquid with a trace of sediment at the bottom，which disappears when shaken | 200～500 |

（续表）

| 结果 Result | 反应状态 Reaction state | 体细胞数SCC（×$10^3$个/mL） |
|---|---|---|
| 弱阳性<br>Weakly positive（+） | 试验板底部出现少量黏性沉淀物，在板底部扩散，晃动时具有一定的黏性<br>The bottom of the plate appears a small amount of viscous sediment，which spread in the bottom of the plate and with a certain degree of viscosity when shaken | 500～800 |
| 阳性Positive（++） | 混合物呈凝胶状，具有一定的黏性，向中心晃动时不易扩散<br>The mixture shows gelatinous，having certain viscosity and not easy to spread out when turned to the center | 800～5 000 |
| 强阳性<br>Strongly positive（+++） | 大部分或全部混合物形成明显的胶体沉淀物，几乎完全黏附在试验板底部，聚集在中心，摇晃时难以分散<br>Most or all of the mixture form distinct colloidal deposits，almost completely adherent to the bottom of the plate，gathering in the center and difficult to disperse when shaken | >5 000 |

注：[1]CMT，加利福尼亚乳房炎检测；CMT=California mastitis test

**表3-3　试验奶牛的分组信息**

| 组别（$n$=20）Groups[1] | 胎次 Parity | 泌乳天数 DIM（d） | 产奶量Milk yield（kg/d） | 乳房临床症状Udder clinical symptoms | CMT 结果 CMT[4]results | 乳SCC Milk SCC[3]（×$10^3$个/mL） |
|---|---|---|---|---|---|---|
| 健康H | 2～4 | 149～199 | 44.8±3.44 | No | – | 54.3±3.00 |
| 亚临床乳房炎SM | 2～4 | 137～202 | 32.3±5.28 | No | + | 518±56.9 |
| 临床乳房炎CM | 2～4 | 156～191 | 25.4±4.53 | 发热、发红、肿胀 Fever，redness and swelling | ++或+++ | 2 166±499.7 |

注：[4]乳房炎诊断结果–、+、++、+++分别为阴性、弱阳性、阳性、强阳性；–，+，++，+++ represent the diagnosis results of mastitis as negative，weakly positive，positive and strongly positive，respectively

## 二、指标检测方法

1. 乳脂肪酸检测

首先将牛奶中的脂肪酸酯化。均匀取2mL牛奶样本于10mL水解管中，用乙醚或正

己烷（2mL）提取3次，上层溶液转移至另外一个干净的15mL水解管中。氮气吹干。水解管中加入2mL氢氧化钠甲醇溶液，80℃水浴2h，冷却至室温，加入2mL稀盐酸，80℃水浴15min，冷却至室温。水解管内加入4mL蒸馏水，2mL正己烷提取3次，将上层溶液转移至10mL容量瓶中定容。然后使用配备火焰离子化检测器的Agilent 7890N气相色谱仪（安捷伦科技有限公司，美国）分离脂肪酸甲酯。取2μL含有甲基酯的已烷样品通过分流进样口（50：1）注入HP-88熔融石英（色谱柱：100mm×0.25mm，带有0.20μm过滤膜）（J&W Scientific，Folsom，美国）。烘箱温度最初为120℃，持续10min，然后以1.5℃/min的速度升至230℃，并保持30min。进样器和检测器温度分别保持在250℃和280℃，总运行时间为113min。每个峰都使用已知的脂肪酸甲酯标准品进行鉴定。

2. 牛奶微生物DNA提取、PCR扩增和测序

取2mL牛奶样品转移至50mL离心管中，加入20mL双蒸水（$ddH_2O$）并充分混匀，于12 000r/min，4℃下离心10min，弃上清获得微生物沉淀。使用天根®粪便DNA试剂盒（天根生物科技有限公司，北京，中国），根据制造商的说明，从每头奶牛的牛奶样品中提取微生物DNA。使用DR 6000紫外分光光度计（哈希水质分析仪器有限公司，拉芙兰，美国）分析DNA片段的浓度和纯度。16SV4区的靶向扩增使用引物515F（5′-GTGCCAGCAGCCGCGGTAA-3′）和806R（5′-GACTACCAGGGTATCTAA-3′）进行。PCR反应体系为Platinum HIFI PCR mix，50μL，包括25μL 2×Platinum HIFI PCR mix，2μL 2.5mmo/L脱氧核苷酸（dNTPs），2μL正向引物（10μmo/L），2μL反向引物（5μmo/L）和80ng模板DNA。取5μL PCR产物进行1%琼脂糖凝胶电泳检测。文库构建成功后，使用核酸纯化试剂盒（Ampure XP磁珠，贝克曼，美国）进行纯化。通过Qubit 3.0（赛默飞世尔科技，美国）量化后，所有文库均以等摩尔数混合。在PE150平台（illumine，San Diego，USA）上进行测序（Hieno等，2019）。

3. 测序数据处理和分析

使用FASTQC（v0.11.5）对原始二代测序数据进行质量控制（quality control，QC），使用Trimmomatic（v0.36）对原始数据进行过滤。数据过滤主要包括以下标准：（1）接头污染去除。去除3′端的接头污染，至少10bp overlap（AGA TCGGAAG），允许20%的碱基错误率；（2）reads过滤。去除含N（N表示无法确定碱基信息）较多（≥10%）的reads；（3）质量过滤。去除低质量的序列（质量值Q≤10的碱基占整体序列碱基数目的50%以上，即被认为是低质量的序列）。去掉接头、低质量的reads后，对过滤后的reads进行新一轮QC，得到优化后的reads信息（Georgios等，2012）。通过FLASH（v1.2.11，https：//ccb.jhu.edu/software/FLASH/index.shtml）软件将去重和纠错后的Read 1和Read 2双端拼接起来。将分类操作单元（operational taxonomic unit，OTU）序列（包括能双端拼接的和不能双端拼接的）用bwa软件

（v0.7.12-r1039）比对到微生物数据库Greengene数据库（http：//www.greengene.com/）。通过分类操作，对相似度在97%以上的OTU进行生物信息统计分析。Alpha多样性（Chao1指数，http：//www.mothur.org/wiki/Chao；Shannon指数，http：//www.mothur.org/wiki/Shannon和Simpson指数http：//www.mothur. org/wiki/Simpson）、Beta多样性和其他分析是通过QIIME（v1.9.1，http：//qiime.org/install/index.html）进行的。通过Krona（v2.7，https：//github.com/marbl/Krona/wiki）软件分析细菌组成和差异分析及群落分类组成的交互展示（Tanja等，2011；Goodrich等，2014）。

4. LC-MS代谢组学分析

LC-MS分析的样品预处理步骤参考Theodoridis等（2008）。液相色谱条件如下：色谱柱，Waters $T_3$ $C_{18}$柱（2.1mm × 100mm，内径，1.8μm）；流动相A，0.01%甲酸/水；流动相B，纯乙腈；柱温，35℃；流速，0.3mL/min；进样量，1μL。正离子模式（ESI+）和负离子模式（ESI-）；质谱条件：离子喷雾电压，3.5kV和3.2kV；毛细管温度，325℃和300℃；探头加热器温度，325℃和325℃；雾化器压力40psi和40psi。通过混合样品提取物来制备QC样品，以分析在相同处理方法下样品的重复性。在仪器分析过程中，每11个检测分析样品插入一个QC样品，以监测分析过程的重复性。

5. 代谢组学数据分析

LC-MS原始数据通过Profinder软件（安捷伦，美国）进行峰提取，得到质荷比、保留时间和峰面积。然后将数据以CEF文件的形式导入Mass Profiler Professional软件（安捷伦，美国）进行峰对齐和统计分析。统计分析包括单变量统计分析［Student' t检验和差异倍数（fold change，FC）］和多元统计分析［主成分分析（principal component analysis，PCA）］和正交偏最小二乘判别分析（orthogonal partial least squares discriminant analysis，OPLS-DA）。基于OPLS-DA结果和OPLS-DA模型的投影中的可变重要性（variable importance in projection，VIP）、单变量分析的*P*值和FC值用于筛选差异代谢物。差异代谢物选择标准如下：VIP≥1，$P<0.05$，FC≥2或≤0.5。通过比较Metlin数据库获得代谢物，然后使用Masshunter软件（Version#B.08.02）鉴定差异代谢物。R Script PCA包用于PCA分析和绘图，R Script中的Plsda Function用于OPLS-DA分析和绘图。热图中的聚类和相关分析通过R Script的heatmap包进行操作。使用Metaboanalyst（v4.0版）中的MetaPA软件进行差异代谢物KEGG通路富集分析（Thévenot等，2015）。

6. 微生物与代谢组联合分析

采用Metabo Analyst（v4.0）计算差异微生物与差异代谢物的Pearson相关系数。相关性热图由R Script中的Cor Function构建。

## 三、数据统计分析

使用SPSS Statistics Version 22（IBM，芝加哥，美国）软件进行统计分析。使用单因素方差分析（one-way ANOVA）和Student' s T分析三组奶牛的基本信息（胎次、泌乳天数、平均日产奶量和乳SCC）、乳成分（乳脂、蛋白质和乳糖）和Alpha多样性指数。显著性判断标准为$P<0.05$。

# 第三节　研究结果

## 一、乳房炎对产奶量和乳成分的影响

随着乳房炎的加重，产奶量（$P=0.021$）、乳脂（$P=0.036$）和乳糖（$P<0.01$）显著降低，而乳SCC显著升高（$P<0.01$）。乳蛋白没有显著差异（$P=0.578$）。脂蛋白比（F/P）反映奶牛瘤胃中蛋白质代谢的效率。正常值为1.12～1.36（Nyman等，2014）与H组相比，尽管SM组和CM组对F/P均无显著影响（$P>0.05$），但CM组F/P值接近于正常范围的下限（表3-4）。在所检测到的33种脂肪酸中，有11种显著降低，如C4（$P=0.04$）、C16：1（$P=0.03$）、C18：3n6（$P=0.03$）和C18：1c9（$P=0.02$）等，而C14：1（$P=0.02$）、C18：1t9（$P=0.02$）和C18：2t6（$P<0.01$）显著增加（表3-5）。

**表3-4　不同乳腺健康状况奶牛产奶量及乳成分**

| 项目Items | 组别Groups（$n=20$） | | | 标准误SEM | $P$-值 $P$-value |
|---|---|---|---|---|---|
| | 健康组H | 亚临床乳房炎组SM | 临床乳房炎组CM | | |
| 奶产量Milk yield，kg/d | $44.8^{a}$ | $32.3^{ab}$ | $25.4^{b}$ | 3.04 | 0.021 |
| 乳脂Milk fat，% | $4.43^{a}$ | $3.77^{b}$ | $3.64^{b}$ | 0.108 | 0.036 |
| 乳蛋白Milk protein，% | 3.33 | 3.16 | 3.19 | 0.070 | 0.578 |
| 脂蛋比F/P | 1.33 | 1.30 | 1.16 | 0.041 | 0.186 |
| 乳糖Milk lactose，% | $5.03^{a}$ | $4.38^{b}$ | $3.90^{c}$ | 0.134 | <0.01 |
| 体细胞数SCC，$\times 10^3$个/mL | $51.1^{c}$ | $662^{b}$ | $7\,191^{a}$ | 727 | <0.01 |

注：$^{a,b,c}$，在一行中，不同的字母表示处理组之间的差异；$^{a,b,c}$=within a row，different letters denote differences between treatment combinations（$P<0.05$）.

**表3-5 不同乳腺健康状况奶牛的乳脂肪酸组成**

| 项目Items（%） | 组别Groups（*n*=20） | | | 标准误SEM | *P*-值*P*-value |
|---|---|---|---|---|---|
| | 健康组H | 亚临床乳房炎组SM | 临床乳房炎组CM | | |
| C4 | 2.42[a] | 2.18[b] | 2.15[b] | 0.001 5 | 0.04 |
| C6 | 1.77 | 1.66 | 1.62 | 0.000 74 | 0.78 |
| C8 | 1.03 | 0.92 | 0.92 | 0.000 53 | 0.70 |
| C10 | 2.67 | 2.64 | 2.78 | 0.001 03 | 0.85 |
| C11 | 0.11[a] | 0.06[b] | 0.04[bc] | 0.000 17 | 0.03 |
| C12 | 2.93[a] | 2.64[b] | 2.02[c] | 0.001 83 | 0.04 |
| C13 | 0.25 | 0.13 | 0.12 | 0.000 37 | 0.32 |
| C14 | 9.89[a] | 9.38[b] | 8.65[c] | 0.004 23 | 0.04 |
| C14：1 | 0.07[c] | 0.48[b] | 0.59[a] | 0.000 79 | 0.02 |
| C15 | 0.56 | 0.88 | 0.75 | 0.000 86 | 0.36 |
| C15：1 | 0.00 | 0.04 | 0.00 | 0.000 14 | 0.45 |
| C16 | 1.32 | 1.62 | 1.43 | 0.000 87 | 0.39 |
| C16：1 | 39.04[a] | 36.98[b] | 33.61[c] | 0.00 82 | 0.03 |
| C17 | 0.36 | 0.50 | 0.50 | 0.000 54 | 0.54 |
| C17：1 | 0.00 | 0.04 | 0.00 | 0.000 1 | 0.17 |
| C18 | 0.00 | 0.04 | 0.06 | 0.000 17 | 0.35 |
| C18：1t9 | 0.36[b] | 0.31[b] | 0.53[a] | 0.000 32 | 0.02 |
| C18：1c9 | 22.88[a] | 21.95[b] | 18.39[c] | 0.010 96 | 0.02 |
| C18：2t6 | 0.06[c] | 0.07[b] | 0.31[a] | 0.000 35 | <0.01 |
| C18：2c6 | 3.38[a] | 3.21[b] | 2.68[c] | 0.000 87 | 0.04 |
| C20 | 0.11 | 0.14 | 0.13 | 0.000 17 | 0.76 |
| C18：3n6 | 12.72[a] | 10.02[b] | 8.98[c] | 0.004 55 | 0.03 |
| C18：3n3 | 0.26 | 0.35 | 0.29 | 0.000 27 | 0.44 |
| C20：1 | 0.13[a] | 0.11[b] | 0.04[c] | 0.000 12 | 0.01 |
| C21：0 | 0.18 | 0.17 | 0.15 | 0.000 25 | 0.88 |
| C20：2 | 0.05 | 0.02 | 0.04 | 0.000 16 | 0.73 |
| C20：3c8 | 0.09 | 0.02 | 0.06 | 0.000 15 | 0.22 |

（续表）

| 项目Items（%） | 组别Groups（*n*=20） | | | 标准误SEM | *P*-值*P*-value |
|---|---|---|---|---|---|
| | 健康组H | 亚临床乳房炎组SM | 临床乳房炎组CM | | |
| C22：0 | 0.03 | 0.01 | 0.03 | 0.000 08 | 0.61 |
| C22：1 | 0.21[a] | 0.18[b] | 0.16[b] | 0.000 26 | 0.04 |
| C20：3c11 | 0.00 | 0.00 | 0.00 | 0.00 | — |
| C20：4 | 0.10 | 0.13 | 0.11 | 0.000 1 | 0.57 |
| C23 | 0.00 | 0.00 | 0.03 | 0.000 09 | 0.41 |
| C22：2 | 0.00 | 0.00 | 0.00 | 0.00 | — |
| C20：5 | 0.00 | 0.01 | 0.00 | 0.000 02 | 0.45 |
| C24：0 | 0.44[a] | 0.02[c] | 0.13[b] | 0.000 54 | <0.01 |
| C24：1 | 0.00 | 0.00 | 0.00 | 0.00 | — |
| C22：6 | 0.00 | 0.00 | 0.00 | 0.00 | — |

注：[a, b, c]，在一行中，不同的字母表示处理组之间的差异；[a, b, c]=within a row，different letters denote differences between treatment combinations（*P*<0.05）.

## 二、乳房炎对乳菌群落多样性及组成的影响

从60个牛奶样品中共获得了5 150 177个优化序列。在对2 859个OTU进行聚类后，获得了21个门和192个属。与H组相比，SM和CM乳中Chao1（*P*=0.007）、Shannon（*P*=0.013）、ACE（*P*=0.022）和Simpson（*P*=0.47）指数显著降低（表3-6）。进一步的PCoA分析表明，H、SM和CM组样本能够明显分开，组间差异显著（图3-1）。对相似度在97%以上的序列进行OTU分类鉴定的统计分析。在门水平上，变形菌门（Proteobacteria）、厚壁菌门（Firmicutes）、放线菌门（Actinobacteria）和拟杆菌门（Bacteroidetes）为主要的细菌门。与H组相比，CM组中Firmicutes的相对丰度显著增加（*P*=0.038），而Actinobacteria的相对丰度显著减少（*P*=0.002）。SM组中Actinobacteria（*P*=0.002）、Bacteroidetes（*P*=0.002）和Spirochaetes（*P*=0.029）显著富集（表3-7）。在属水平上，葡萄球菌属（*Staphylococcus*）（*P*=0.002）和链球菌属（*Streptococcus*）（*P*=0.025）在CM组显著富集。SM组不动杆菌属（*Acinetobacter*）（*P*=0.006）、棒状杆菌属（*Corynebacterium*）（*P*=0.022）和厌氧醋菌属（*Acetoanaerobium*）（*P*=0.039）的相对丰度显著增加。然而，乳房炎期间，乳中迪次氏菌属（*Dietzia*）、*Bifidobacterium*（*P*<0.001）、拟诺卡氏菌属（*Nocardiopsis*）（*P*=0.001）、*Reyranella*（*P*=0.003）、假单胞菌（*Pseudomonas*）（*P*=0.005）的丰度显著降低（表3-8）。

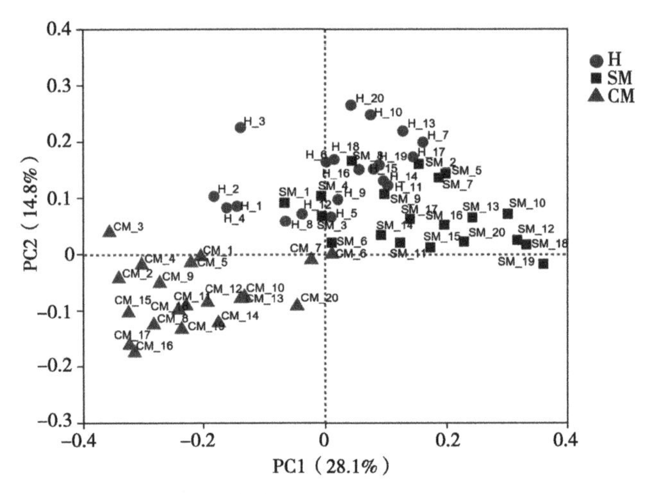

图3-1　乳菌群主成分分析（$n$=20）

H，健康组；SM，亚临床乳房炎组；CM，临床乳房炎组

表3-6　不同乳腺健康状态奶牛乳菌群α-多样性

| 项目Items | 组别Groups（$n$=20） | | | 标准误SEM | $P$-值$P$-value |
|---|---|---|---|---|---|
| | 健康组H | 亚临床乳房炎组SM | 临床乳房炎组CM | | |
| OTU | 85 989[a] | 36 652[b] | 24 902[b] | 8 501 | 0.001 |
| Goods coverage | 0.98 | 0.99 | 0.98 | 0.02 | 0.830 |
| Chao1 | 1 493[a] | 1 316[b] | 1 196[b] | 42.1 | 0.007 |
| ACE | 1 461[a] | 1 276[b] | 1 194[b] | 43.1 | 0.022 |
| Shannon | 11.9[a] | 10.5[b] | 7.77[c] | 0.459 | 0.013 |
| Simpson | 0.36[b] | 0.69[a] | 0.42[b] | 0.062 | 0.047 |

注：[a, b, c]，在一行中，不同的字母表示处理组之间的差异；[a, b, c]=within a row，different letters denote differences between treatment combinations（$P$<0.05）.

表3-7　不同乳腺健康状态奶牛乳菌群组成（门水平）

| 项目Items | 组别Groups（$n$=20） | | | 标准误SEM | $P$-值$P$-value |
|---|---|---|---|---|---|
| | 健康组H | 亚临床乳房炎组SCM | 临床乳房炎组CM | | |
| 变形菌门Proteobacteria | 73.5 | 67.5 | 68.6 | 5.52 | 0.901 |
| 厚壁菌门Firmicutes | 16.4[b] | 13.9[c] | 25.6[a] | 1.82 | 0.038 |
| 放线菌门Actinobacteria | 7.01[b] | 8.72[a] | 2.87[c] | 0.769 | 0.002 |
| 拟杆菌门Bacteroidetes | 2.31[b] | 7.53[a] | 2.19[b] | 0.939 | 0.002 |

（续表）

| 项目Items | 组别Groups（$n$=20） | | | 标准误 SEM | $P$-值 $P$-value |
|---|---|---|---|---|---|
| | 健康组H | 亚临床乳房炎组SCM | 临床乳房炎组CM | | |
| 埃普西隆杆菌门Epsilonbacteraeota | 0.30 | 1.20 | 0.26 | 0.259 | 0.251 |
| 螺旋体门Spirochaetes | $0.11^{b}$ | $0.47^{a}$ | $0.12^{b}$ | 0.068 | 0.029 |
| 梭杆菌门Fusobacteria | 0.10 | 0.01 | 0.04 | 0.028 | 0.431 |
| 软壁菌门Tenericutes | 0.09 | 0.26 | 0.16 | 0.054 | 0.459 |
| 芽单胞菌门Gemmatimonadetes | 0.05 | 0.09 | 0.05 | 0.022 | 0.676 |
| 黏胶球形菌门Lentisphaerae | 0.03 | 0.09 | 0.01 | 0.018 | 0.130 |
| Cloacimonetes | 0.03 | 0.09 | 0.02 | 0.021 | 0.400 |
| 纤维杆菌门Fibrobacteres | 0.03 | 0.08 | 0.05 | 0.018 | 0.518 |
| Thermi | 0.02 | 0.01 | 0.01 | 0.010 | 0.263 |
| 浮霉菌门Planctomycetes | 0.02 | 0.00 | 0.00 | 0.004 | 0.063 |
| 脱铁杆菌门Deferribacteres | 0.01 | 0.04 | 0.01 | 0.007 | 0.772 |
| 其他Others | 0.01 | 0.02 | 0.01 | 0.002 | 0.274 |

注：a，b，c，在一行中，不同的字母表示处理组之间的差异；a，b，c=within a row，different letters denote differences between treatment combinations（$P$<0.05）.

**表3-8　不同乳腺健康状态奶牛乳菌群组成（属水平）**

| 项目Items | 组别Groups（$n$=20） | | | 标准误 SEM | $P$-值 $P$-value |
|---|---|---|---|---|---|
| | 健康组H | 亚临床乳房炎组SCM | 临床乳房炎组CM | | |
| 迪次氏菌属*Dietzia* | $0.71^{a}$ | $0.34^{b}$ | $0.07^{c}$ | 0.073 | <0.001 |
| 双歧杆菌属*Bifidobacterium* | $0.35^{a}$ | $0.15^{b}$ | $0.01^{c}$ | 0.027 | <0.001 |
| 拟诺卡氏菌属*Nocardiopsis* | $0.18^{a}$ | $0.03^{b}$ | $0.03^{b}$ | 0.023 | 0.001 |
| 葡萄球菌属*Staphylococcus* | $0.12^{b}$ | $0.28^{b}$ | $0.51^{a}$ | 0.001 | 0.002 |
| *Reyranella* | $0.01^{a}$ | $<0.001^{b}$ | $<0.001^{b}$ | 0.002 | 0.003 |
| 假胞单菌属*Pseudomonas* | $0.53^{a}$ | $0.38^{a}$ | $0.19^{b}$ | 0.472 | 0.005 |
| 不动杆菌属*Acinetobacter* | $2.34^{b}$ | $9.19^{a}$ | $6.01^{b}$ | 0.010 | 0.006 |
| 贫油菌属*Anaerocella* | $0.02^{a}$ | $0.03^{a}$ | $<0.001^{b}$ | 0.004 | 0.008 |
| 鞘氨醇杆菌属*Sphingobacterium* | $0.09^{a}$ | $0.03^{b}$ | $<0.001^{b}$ | 0.013 | 0.009 |
| 嗜盐红盐杆菌*Rhodohalobacter* | $0.02^{a}$ | $<0.001^{b}$ | $<0.001^{b}$ | 0.003 | 0.015 |
| 气微菌属*Aeromicrobium* | $0.47^{a}$ | $0.33^{ab}$ | $0.07^{b}$ | 0.062 | 0.019 |

（续表）

| 项目Items | 组别Groups（$n$=20） | | | 标准误SEM | $P$-值 $P$-value |
|---|---|---|---|---|---|
| | 健康组H | 亚临床乳房炎组SCM | 临床乳房炎组CM | | |
| 棒状杆菌属*Corynebacterium* | $0.62^{b}$ | $2.08^{a}$ | $0.32^{b}$ | 0.297 | 0.022 |
| 链球菌属*Streptococcus* | $0.30^{b}$ | $0.50^{ab}$ | $0.66^{a}$ | 0.057 | 0.025 |
| 白色甜杆菌*Glycocaulis* | $0.05^{a}$ | $0.02^{b}$ | $0.01^{b}$ | 0.007 | 0.026 |
| 另枝菌属*Alistipes* | $0.45^{a}$ | $0.12^{b}$ | $0.03^{b}$ | 0.020 | 0.037 |
| 厌氧醋菌属*Acetoanaerobium* | $<0.001^{b}$ | $0.02^{a}$ | $<0.001^{b}$ | 0.003 | 0.039 |

注：$^{a,b,c}$，在一行中，不同的字母表示处理组之间的差异；$^{a,b,c}$=within a row，different letters denote differences between treatment combinations（$P<0.05$）.

## 三、乳房炎对乳代谢物结构的影响

QC样品的总离子流色谱图（TIC）（图3-2）证明了数据的可重复性和可靠性。对样品（包括QC样品）进一步的PCA分析，初步展示了组间代谢差异和组内变异程度（图3-3）。OPLS-DA提供了一种具有监督模式识别的多元统计分析方法，可最大限度地提高组间差异并有助于发现不同的代谢物。3组乳代谢物OPLS-DA评分图及排列检验结果见图3-4。在3组牛奶样品中总共鉴定到927种差异代谢物（分别为正负离子模式671和256种），其中673种差异显著（VIP≥1，$P$<0.05，FC≥2或≤0.5）。其种类主要为脂类、肽类、糖苷类、氨基酸类及其类似物、核苷类和核苷酸类、嘌呤类及其衍生物、生物碱类、微生物和植物的次生代谢产物。此外，大量的有机化合物（烷烃、烯烃、炔烃、芳烃、醇、羧酸、酯、胺、酮、酚、硝基化合物等）和少量的维生素及其代谢产物参与了代谢活动。3组差异代谢物富集分析结果见表3-9。主要代谢途径为脂质、维生素、嘌呤、嘧啶、氨基酸、不饱和脂肪酸的生物合成代谢、甾体激素的生物合成。

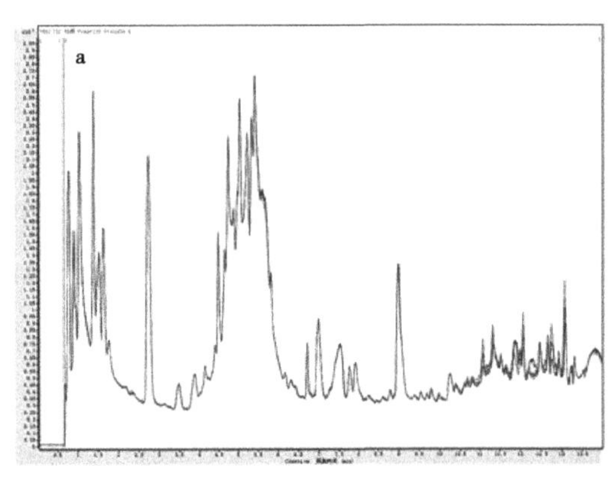

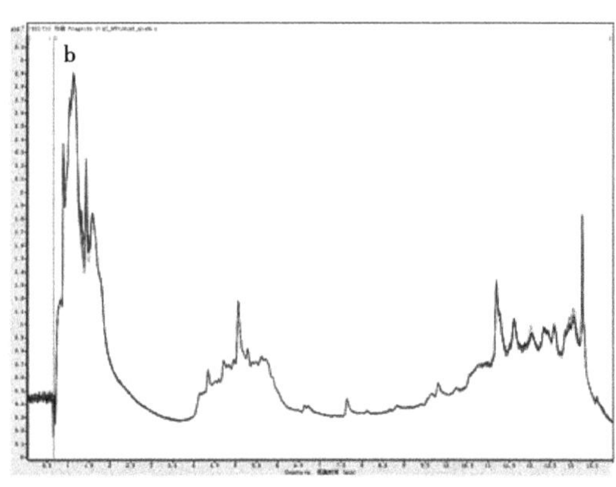


**图3-2　不同乳腺健康状态奶牛乳代谢物总离子色谱图**

（a）正离子模式；（b）负离子模式

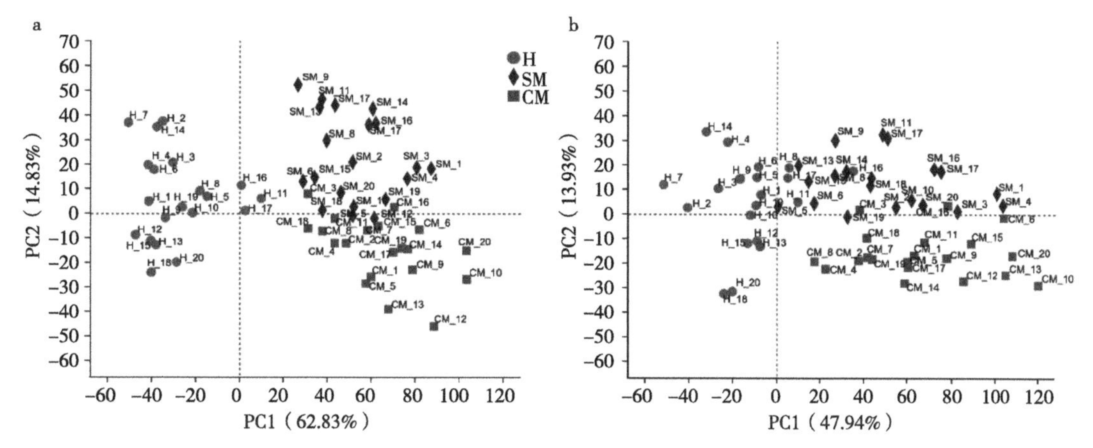


**图3-3　乳代谢产物在（a）阳离子模式和（b）阴离子模式下主成分分析评分（*n*=20）**

H，健康组；SM，亚临床乳房炎组；CM，临床乳房炎组

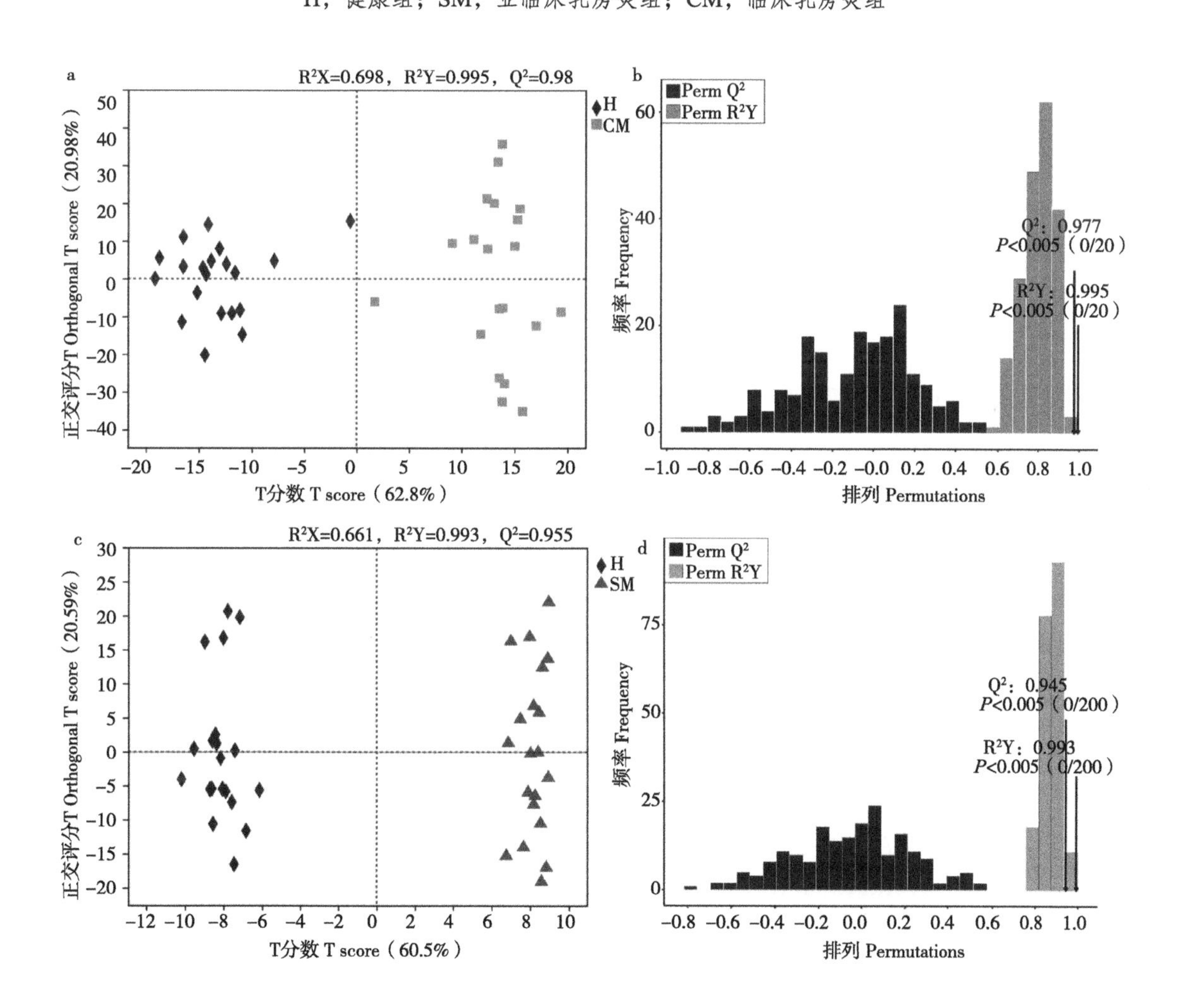

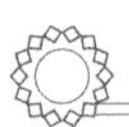

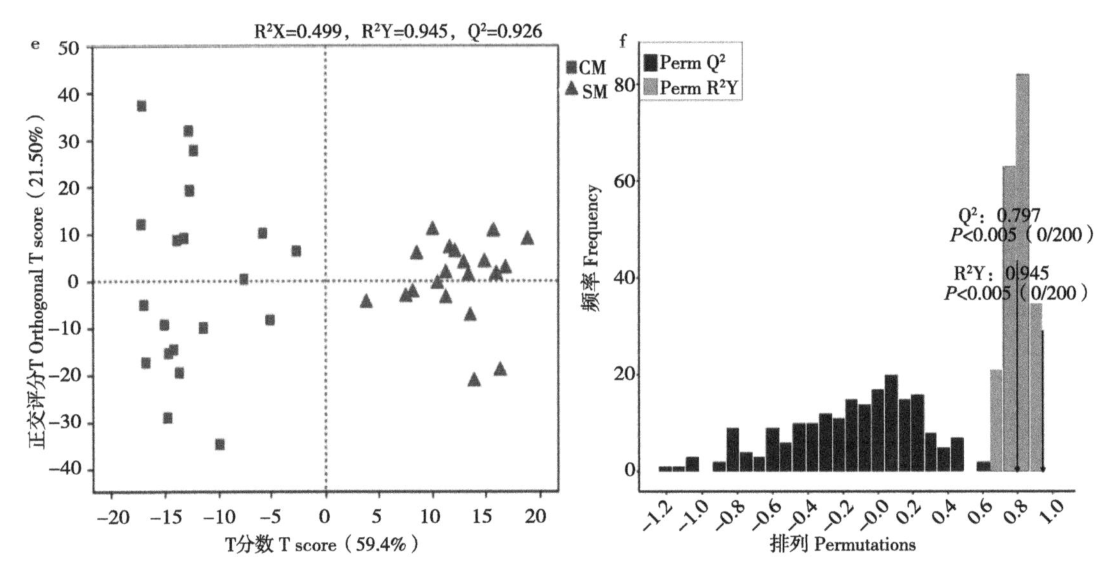


**图3-4　H、SM、CM组乳代谢物正交偏最小二乘判别分析（OPLS-DA）（a、c、e）及验证模型（b、d、f）**

H，健康；SM，亚临床性乳腺炎；CM，临床乳腺炎。评估OPLS-DA模型的预测参数为$R^2X$、$R^2Y$和$Q^2$。$R^2X$和$R^2Y$分别表示模型对X和Y矩阵的解释率，$Q^2$表示模型的预测能力。三个指标越接近1，模型越稳定可靠，6个模型的$Q^2$值均超过0.9，预测能力较高。对OPLS-DA模型进行验证，检验结果显示$Q^2$和$R^2Y$的*P*-值均小于0.05，说明该模型具有较好的有效性。

## 四、乳差异代谢物与差异微生物的相关性分析

通过计算Pearson相关系数，我们分别分析了3组之间差异菌与差异代谢物（图3-5）及与乳成分（图3-6）之间的相关性。CM组中占优势的Streptococcus和Staphylococcus与神经酰胺（d18：1/22：0）呈正相关，而与硫胺素、黄嘌呤和L-精氨酸磷酸盐呈负相关。SM组中相对丰度最高的Acinetobacter和Corynebacterium与睾酮葡萄糖苷、5-甲基四氢呋喃和神经酰胺（d18：1/22：0）呈正相关，但与其他代谢产物呈负相关。H组优势菌群，包括*Dietzia*、*Aeromicrobium*、*Pseudomonas*、*Bifidobacterium*和*Sphingobacterium*与硫胺素、5-氨基咪唑核糖核苷酸、黄嘌呤和L-精氨酸磷酸盐呈正相关。相比之下，这7个细菌属与神经酰胺（d18：1/22：0）呈负相关。此外，*Streptococcus*和*Staphylococcus*与SCC和乳蛋白呈正相关，而与乳糖、产奶量和F/P呈负相关。同样，Acinetobacter与产奶量和乳脂呈负相关。*Dietzia*，*Aeromicrobium*，*Alistipes*，*Pseudomonas*，*Bifidobacterium*及*Glycocaulis*与产奶量和乳糖呈正相关，但与SCC呈负相关。此外，*Sphingobacterium*与SCC和乳蛋白呈负相关。

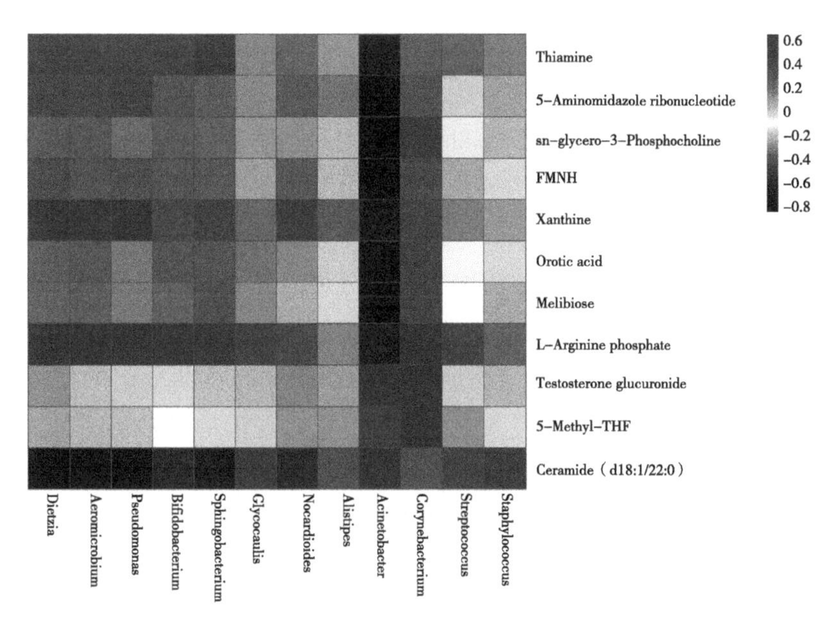


**图3-5　牛奶样品中差异细菌属与差异代谢物的相关性分析（彩图见文后彩插）**

行为代谢物，列为细菌。红色表示正相关，蓝色表示负相关。

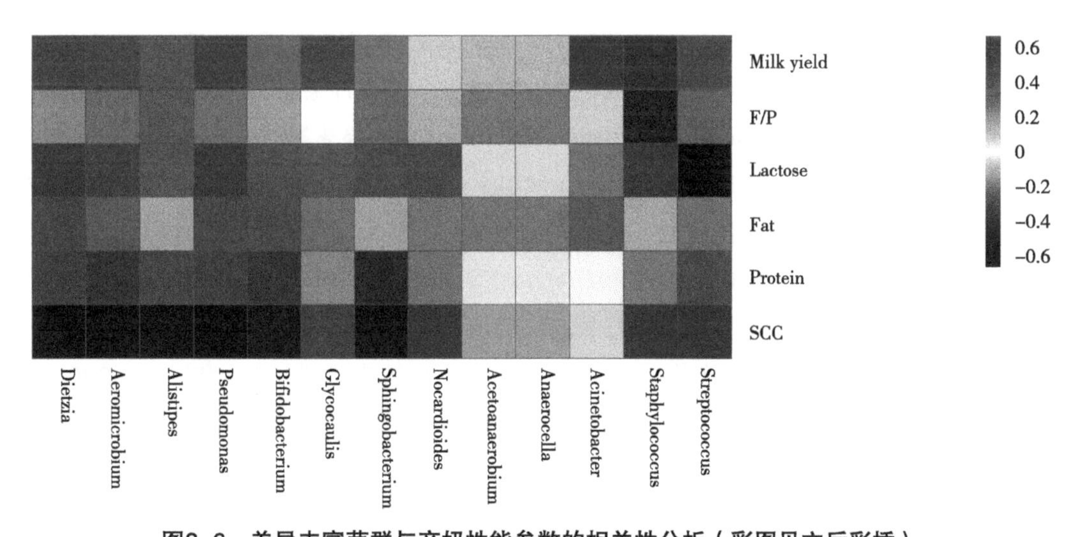


**图3-6　差异丰富菌群与产奶性能参数的相关性分析（彩图见文后彩插）**

行为泌乳性能参数，列为细菌属，红色表示正相关，蓝色表示负相关。

## 第四节　讨　论

乳房炎的复杂性体现在乳房中病原微生物的多样性及其伴随的复杂代谢反应。与大多数报道一致，本研究发现随着乳房炎的加深，乳SCC显著增加，而产奶量、乳脂和乳糖显著降低（Nyman等，2014）。SCC是乳房损伤程度的指标，其升高引起的产奶量减少可能是由于病原菌产生的内毒素破坏了泌乳组织的损伤以及从血液输送到牛奶的血液成分减少。由于乳腺合成和分泌能力在乳房炎期间下降，因而检测到较少的乳脂和乳糖，这与我们的发现一致。一些单不饱和和多不饱和脂肪酸的减少和两种反式脂肪酸的增加进一步说明乳房炎对乳脂造成的损失。据报道，在IMI期间，牛奶中大量的高丰度蛋白质，如酪蛋白和乳清蛋白显著减少。而乳脂球膜蛋白、免疫球蛋白、乳铁蛋白、血清蛋白、来自血清和尿液的蛋白水解酶增加。部分原因是血乳屏障受损导致通透性增加（Uallah等，2005）。然而，我们在目前的研究中没有观察到这种现象。

乳房炎期间，乳菌群失调表现为病原微生物累积和有益共生菌的损耗，导致微生物丰度和多样性显著下降。病原菌侵入乳房组织，破坏了原有的菌群平衡，引起外源病原菌的广泛增殖，产生有毒代谢产物，进一步破坏了原有共生菌的优势地位（Patel等，2017）。Li等（2016）发现CM奶牛采食量明显减少，营养代谢异常，不利于肠道共生菌的增殖，进一步影响了通过内源途径进入乳腺的有益共生菌的数量。此外，炎症组织中水分和血液水平的增加可能会导致稀释效应（Catozzi等，2017）。所有这些因素都可能导致IMI期间乳微生物群的丰富度和多样性部分丧失。Zhong等（2018）研究表明，在不同乳腺健康状况奶牛中发挥重要作用的优势菌在门水平上相对稳定，但在属水平上存在显著差异。本研究中，*Staphylococcus*和*Streptococcus*是CM组的优势菌，它们是常见的传染性病原体，具有很强的致病性（Ronco等，2018）。值得注意的是，CM组中*Dietzia*、*Aeromicrobium*、*Alistipes*、*Sphingobacterium*和*Glycocaulis*显著减少。这些菌群在以往的相关研究中很少见。Dietzia和Aeromicrobium均属于放线菌门。据报道*Dietzia*是一种益生菌，可防止鸟分枝杆菌副结核亚种（MAP）的发展，从而抑制MAP通过初乳或分娩引起的肠道炎症（Click等，2011）。虽然*Dietzia*在乳房炎相关研究还未见报道，我们的研究结果可能暗示了*Dietzia*或其亚种对奶牛乳房健康的益生菌作用。同样，*Aeromicrobium*能够产生大量活跃的次级代谢产物，具有很强的抗菌和抗炎活性（Lee和Kim，2007）。*Alistipes*是一种有益的肠道微生物，肠道微生物群在乳微生物多样性中起着至关重要的作用，这可能有利于后代肠道菌群的建立（Shkoporov等，2015）。*Sphingobacterium*是一种革兰氏阴性菌，很少引起感染。据统计，新生犊牛平均每天摄入800mL牛奶，其中含有约5～10个$\log_{10}$ CFU共生微生物，其中含有*Pseudomonas*和*Sphingobacterium*，从而通过长期哺乳逐渐产生小牛的独立肠道菌群（Choi等，2012）。因此，CM组中*Alistipes*和*Sphingobacterium*的减少可能会影响后代肠道菌群的发育。在本研究中，SM组中高丰度的*Acinetobacter*和*Corynebacterium*是乳房炎的继发病原体。Gonçalves等（2015）报道*Corynebacterium*是亚急性炎症的主要病原体之一，通过乳房外伤引起感染，周期性发病率高。*Acinetobacter*广泛分布于环境中，来自牧场环境的*Acinetobacter*很容易在奶牛潮湿的乳房中定植造成IMI（Tamang等，2014）。

与预期一致，*Streptococcus*、*Staphylococcus*及*Acinetobacter*等病原体对奶产量和

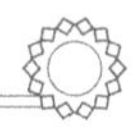

质量产生不利影响，这与大多数肠道有益菌和非致病性共生微生物相反（Nyman等，2014；Idriss等，2013）。Pan等（2016）表明IMI期间病原菌蛋白的活性增强会破坏乳糖合酶系统（β-半乳糖基转移酶-1和α-乳清蛋白）并导致乳糖合成受损。此外，*Acinetobacter*侵入乳腺会导致乳腺上皮细胞的细胞骨架重排、变形和裂解。随着入侵时间的延长，病原菌会影响雷帕霉素化合物1（rapamycin compound 1，mTORC1）信号通路的机制性靶标活性，以及转录因子甾醇调节元件结合蛋白、关键酶Lipin1和乙酰辅酶a羧化酶的表达，从而抑制乳脂合成（Tamang等，2014）。

代谢组学数据进一步表明，硫胺素和核黄素代谢在乳房炎期间被下调。奶牛体内大部分B族维生素是由瘤胃微生物合成（Pan等，2016）。瘤胃中的病原微生物，如*Staphylococcus*和*Streptococcus*会释放大量的硫胺素酶，然后通过瘤胃壁进入血液并增加硫胺素的降解（Ronco等，2018）。黄嘌呤是一种微生物核酸降解产物，被认为是微生物蛋白质合成的生物标志物（Crane等，2013）。此外，黄嘌呤可以增加牛乳腺干细胞的数量，从而可以提高产奶量和乳脂率。同时，它在抑制炎症信号通路和抗菌基因的上调方面发挥重要作用（Crane等，2013）。这可能解释了其与SCC的负相关关系。5-氨基咪唑核糖核苷酸是在脱氧过程中形成咪唑环的关键中间体（Bhat等，1990），它是嘌呤和硫胺素生物合成的前体物。因此，硫胺素和黄嘌呤的水平与5-氨基咪唑核糖核苷酸密切相关。此外，CM组乳中尿素的减少可能是由于乳房受损区域的大多数细菌和真菌可以产生尿素酶来降解乳中的尿素（Kananub等，2018）。乳清酸在乳腺中合成，是牛奶中酸溶性核苷酸的唯一成分。它是氨基甲酸酯和天冬氨酸合成尿苷的关键中间体（Harris等，1980）。此外，乳清酸含量也是牛奶脂肪酸的指标（Harris等，1980；Indy等，2019）。基于此，乳房炎期间5-氨基咪唑核糖核苷酸、尿素、黄嘌呤、乳清酸的减少可能表明炎症对核苷酸代谢和乳脂合成产生负面影响。此外，下调的L-精氨酸磷酸盐显示精氨酸和脯氨酸代谢在乳房炎期间受到抑制。据报道，Arg和Pro可促进乳腺吸收能量载体物质（葡萄糖）和乳脂合成底物（乙酸盐和丁酸盐），从而增加乳糖、乳脂和产奶量（Xi等，2017）。因此，这些氨基酸的减少直接影响奶产量和乳成分。

在本研究中，神经酰胺（d18：1/22：0）与乳SCC呈强正相关。神经酰胺主要通过酸性磷脂酰化酶从神经磷脂中释放出来。酸性鞘磷脂酶和神经酰胺介导*Staphylococcus*和*Streptococcus*内化到哺乳动物细胞中，并参与细胞内炎症信号通路的激活和细胞因子的释放（Hilvo等，2018）。对于大多数革兰氏阴性菌，内毒素可诱导上皮细胞凋亡细胞和内皮细胞通过激活酸性鞘磷脂衍生的神经酰胺。葡萄糖醛酸睾酮主要来源于肾上腺间充质细胞中的循环睾酮、雄烯二酮和脱氢表雄酮，已有研究表明，葡萄糖醛酸睾酮可抑制哺乳动物抗体反应并干扰淋巴细胞转化，降低抗应激能力和促进感染等症状（Tamimi等，2006）。此外，*Acinetobacter*具有很强的将睾酮降解为雄烯二酮和脱氢睾酮的能力（Tamang等，2014；Tamimi等，2006）。

本研究表明IMI对牛奶中的微生物结构和代谢物活性有直接影响。此外，牛奶中特定代谢物的变化可以直接反映IMI的程度和牛奶质量的变化。总之，乳汁中微生物群落和代谢物的变化和关联揭示了乳房炎期间乳房内环境的特征，这些变化也可能是导致乳汁成分恶化和乳房健康受损的关键因素。

## 小　结

本研究结合16S rRNA测序和非靶向代谢组学方法分析H、SM和CM奶牛之间乳微生物群和代谢物水平上的差异。结果表明，在以*Staphylococcus*和*Streptococcus*为主要病原体感染的牛奶中，神经酰胺（d18：1/22：0）显著增加。以*Acinetobacter*和*Corynebacterium*为感染源的牛奶中葡萄糖醛酸睾酮和5-甲基四氢呋喃水平显著增加。此外，本研究还发现*Dietzia*、*Aeromicrobium*、*Pseudomonas*、*Bifidobacterium*和*Sphingobacterium*及硫胺素、5-氨基咪唑核糖核苷酸、黄嘌呤和L-精氨酸磷酸盐的在乳房炎患病期间显著减少，这可能表明乳房炎其他组织和生理代谢反应的异常。应该指出，本研究中鉴定的几种显著不同的微生物群和代谢物在先前的研究中很少报道，值得作为乳房炎的潜在生物标志物进行研究。

### 参考文献

BHAT B，GROZIAK M P，LEONARD N J，1990. Cheminform Abstract：Nonenzymatic Synthesis and Properties of 5-Aminoimidazole Ribonucleotide（AIR）. Synthesis of Specifically 15N-Labeled 5-Aminoimidazole Ribonucleoside（AIRs）Derivatives[J]. J Cheminformatics，21（42）：4891-4897.

CATOZZI C，BONASTRE A S，FRANCINO O，et al.，2017. The microbiota of water buffalo milk during mastitis[J]. PLoS One，12（9）：e0184710.

CHOI H A，LEE S S，Microbiology E，2012. *Sphingobacterium kyonggiense* sp. nov.，isolated from chloroethene-contaminated soil，and emended descriptions of Sphingobacterium daejeonense and Sphingobacterium mizutaii[J]. Int J Syst evol Micr，62（Pt 11）：2559-2564.

CLICK R E，2011. A 60-day probiotic protocol with Dietzia subsp. C79793-74 prevents development of Johne’s disease parameters after in utero and/or neonatal MAP infection[J]. Virulence，2（4）：337-347.

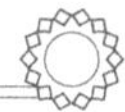

CRANE J K，NAEHER T M，BROOME J E，et al.，2013. Role of host xanthine oxidase in infection due to enteropathogenic and shiga-toxigenic *Escherichia coli*[J]. Infect Immun，81（4）：1129–1139.

FRANZOSA E A，MADI A S，PACHECO1 J A，et al.，2018. Gut microbiome structure and metabolic activity in inflammatory bowel disease[J]. Nat Microbiol，3（6）：1–16.

GEORGIOS O，SILVA M V，CARLOS S，et al.，2012. Microbial diversity of bovine mastitic milk as described by pyrosequencing of metagenomic 16S rDNA[J]. PLoS One，7（10）：e47671.

GONÇALVES J L，TOMAZI T，BARREIRO J R，et al.，2015. Effects of bovine subclinical mastitis caused by *Corynebacterium* spp. on somatic cell count，milk yield and composition by comparing contralateral quarters[J]. Vet J，209（8）：87–92.

GOODRICH J K，RIENZI S C D，POOLE A C，et al.，2014. Conducting a microbiome study[J]. Cell，158（2）：250–262.

HARRIS M L，OBERHOLZER V G，1980. Conditions affecting the colorimetry of orotic acid and orotidine in urine[J]. Clin Chem，26（3）：473–479.

HETTINGA K A，VALENBERG H J F V，LAM T J G M，et al.，2009. The origin of the volatile metabolites found in mastitis milk[J]. Vet Microbiol，137（3–4）：384–387.

HIENO A，LI M，AFANDI A，et al.，2019. Rapid detection of *Phytophthora nicotianae* by simple DNA extraction and real-time loop-mediated isothermal amplification assay[J]. J Phytopathol，167（3）：1–11.

HILVO M，SALONURMI T，HAVULINNA A S，et al.，2018. Ceramide stearic to palmitic acid ratio predicts incident diabetes[J]. Diabetologia，61（6）：1424–1434.

IDRISS S E A B，VLADIMÍR T，VLADIMÍR F，et al.，2013. Relationship between mastitis causative pathogens and somatic cell counts in dairy cows[J]. Potravinarstvo，7（1）：207–212.

ILIADIS N，PETRIDOU E N，FOUKOS A，2018. Clinical and subclinical bovine mastitis in area of kilkis[J]. J Hell Vet Med Soc，48（1）：32.

INDY H E，WOOLLAR D C，2019. Determination of orotic acid，uric acid，and creatinine in milk by liquid chromatography[J]. J Aoac Int，87（1）：116–122.

KANANUB S，JAWJAROENSRI W，VANLEEUWEN J，et al.，2018. Exploring factors associated with bulk tank milk urea nitrogen in Central Thailand[J]. Veterinary World，11（5）：642–648.

LEE S D，KIM S J，2007. *Aeromicrobium tamlense* sp. nov.，isolated from dried seaweed[J]. Int J Syst evol Micr，57（2）：337–341.

LI H L, HAN J Y, HE Z H, et al., 2016. Effects of supplementary feeding of high-quality feed on feed intake, lactation performance and incidence of mastitis of Holsteins in alpine area[J]. Anim Husb Feed Sci, 3: 33-37.

NYMAN A K, WALLER K P, BENNEDSGAARD T W, et al., 2014. Associations of udder-health indicators with cow factors and with intramammary infection in dairy cows[J]. J Dairy Sci, 97 (9): 5459-5473.

PAN X H, YANG L, XUE F G, et al., 2016. Relationship between thiamine and subacute ruminal acidosis induced by a high-grain diet in dairy cows[J]. J Dairy Sci, 99 (11): 8790-8801.

PATEL S H, VAIDYA Y H, PATEL R J, et al., 2017. Culture independent assessment of human milk microbial community in lactational mastitis[J]. Sci Rep-UK, 7 (1): 7804.

RITTER W, HANNI H, 1960. The application of gas chromatography in dairying. II. Detection and determination of volatile fatty acids in dairy products and cultures[J]. Milchwissenschaft, 15: 296-302.

RONCO T, KLAAS I C, STEGGER M, et al., 2018. Genomic investigation of *Staphylococcus aureus* isolates from bulk tank milk and dairy cows with clinical mastitis[J]. Vet Microbiol, 215 (2): 35-42.

SHKOPOROV A N, CHAPLIN A V, KHOKHLOVA E V, et al., 2015. Alistipes inops sp nov and *Coprobacter secundus* sp nov., isolated from human faeces[J]. Int J Syst Evol Micr, 65 (12): 4580-4588.

TAMANG M D, GURUNG M, NAM H M, et al., 2014. Short communication: Genetic characterization of antimicrobial resistance in *Acinetobacter* isolates recovered from bulk tank milk[J]. J Dairy Sci, 97 (2): 704-709.

TAMIMI R M, HANKINSON S E, CHEN W Y, et al., 2006. Combined estrogen and testosterone use and risk of breast cancer in postmenopausal women[J]. Arch Intern Med, 166 (14): 1483-1489.

TANJA M, SALZBERG S L, 2011. FLASH: fast length adjustment of short reads to improve genome assemblies[J]. Bioinformatics, 27 (21): 2957-2963.

THEODORIDIS G, GIKA H G, WILSON I D, 2008. LC-MS-based methodology for global metabolite profiling in metabonomics/metabolomics[J]. TrAC Trends in Analytical Chemistry, 27 (3): 251-260.

THÉVENOT E A, ROUX A, XU Y, et al., 2015. Analysis of the human adult urinary metabolome variations with age, body mass index, and gender by implementing a comprehensive workflow for univariate and OPLS statistical analyses[J]. J Proteome Res, 14

（8）：3322–3335.

UALLAH S，AHMAD T，BILAL M Q，et al.，2005. The effect of severity of mastitis on protein and fat contents of buffalo milk. Pak[J]. Vet J，25（1）：1–4.

WANG Y，FENG R，WANG R，et al.，2017. Wan JB. Enhanced MS/MS coverage for metabolite identification in LC-MS-based untargeted metabolomics by target-directed data dependent acquisition with time-staggered precursor ion list[J]. Anal Chim Acta，1（992）：67–75.

XI X，KWOK LY，WANG Y，et al.，2017. Ultra-performance liquid chromatography-quadrupole-time of flight mass spectrometry MSE-based untargeted milk metabolomics in dairy cows with subclinical or clinical mastitis[J]. J Dairy Sci，100（6）：4884–4896.

ZHONG Y，XUE M，LIU J，2018. Composition of rumen bacterial community in dairy cows with different levels of somatic cell counts[J]. Front Microbiol，9：1–10.

# 第四章　健康、亚临床及临床乳房炎奶牛胃肠道菌群及代谢产物结构差异

## 第一节　引　言

奶牛乳房炎通常被认为是由外源致病菌引起的乳房内感染。然而，最近的研究表明，胃肠道微生物群在肠道外组织（包括乳腺）的炎症中起着至关重要的作用（Lakritz等，2015；Yang等，2017；Clemente等，2018；Ma等，2018）。宿主的胃肠道寄居着大量的微生物，肠道菌群的一个关键作用是调节宿主的免疫反应（Kamada等，2013）。肠道菌群的失调已被证明会增加肠道通透性和全身细菌产物水平，从而导致慢性炎症（Frazier等，2011）。在宿主的多个器官，包括血清、脾脏、结肠和乳腺，都可以观察到肠道微生物失调诱导的炎症反应（Ma等，2018）。有研究将CM奶牛的粪便细菌移植到无菌小鼠，结果导致了小鼠乳房炎症状。据此推测，失调的肠道菌群可能诱发乳房炎（Ma等，2018）。有研究描述并支持了肠—乳腺通路的存在（Fernández等，2013；Jost等，2014；Young等，2015）。一些来自胃肠道的细菌在哺乳期能够扩散到乳腺，这主要依赖于单核免疫细胞特别是树突状细胞对肠道菌群的采样和携带能力（Rescigno等，2001；Perez等，2007）。研究发现，同一头奶牛的乳、血液和粪便中都存在瘤胃球菌（*Ruminococcus*）、*Bifidobacterium*和消化链球菌科（Peptostreptococcaceae family）。这些细菌通常被认为是肠道微生物群（Young等，2015）。在人类研究中，已证实胃肠道微生物与乳房炎和免疫调节之间存在直接或间接关系（Lakritz等，2015；Rao等，2007）。分布在胃肠道中的大量共生菌与奶牛的免疫调节密切相关（Ost等，2018）。益生菌能够穿透肠上皮，通过内循环到达乳房组织，起到有效的免疫增强剂的作用（Martin等，2014）。以往的研究引发了对胃肠道环境与乳腺健康状况关系的猜测，有待进一步调查验证。

与单胃动物不同，瘤胃微生物是奶牛胃肠道中最大的微生物群。然而，瘤胃微生物和代谢物的变化与奶牛乳房健康的相关性尚缺乏认识。为了探究健康与乳房炎奶牛胃肠道菌群和代谢物是否存在差异，本试验进一步分析了健康、亚临床和临床乳房炎奶牛瘤胃液及粪便菌群与代谢物结构。这些数据可能有助于进一步了解不同乳房健康状况奶牛胃肠道微生物群落和代谢物的特征，并为乳房炎的治疗提供新的视角。

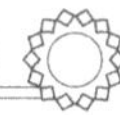

# 第二节　材料和方法

## 一、试验动物及试验设计

本试验所用奶牛及试验奶牛的饲养管理和分组信息同第三章。

## 二、样品采集及检测方法

1. 瘤胃液采集

使用瘤胃液采集管（GCYQ-1-A，中国上海贵地科学仪器有限公司）和200mL注射器于晨饲前1h进行瘤胃液样本采集。丢弃前两管瘤胃液以减少唾液污染。每头奶牛收集50mL瘤胃液。使用便携式pH计（8362sc；上海碧云天生物科技有限公司，上海，中国）立即检测瘤胃液pH值。将剩余的瘤胃液样品收集至无菌离心管，然后保存于液氮中。收集的瘤胃液样品用于检测挥发酸性脂肪酸（乙酸、丙酸、丁酸、异丁酸、戊酸、异戊酸）（GC-6890N气象色谱仪，安捷伦，美国）、氨氮（$NH_3$-N）［Multiskan FC酶标仪；赛默飞世尔科技（中国）有限公司］、瘤胃液尿素氮（rumen urea nitrogen，RUN）（GF-D200半自动生化分析仪；山东高密彩虹生物有限公司）、乳酸（lactic acid，LA）（牛乳酸ELISA试剂盒；北京莱博泰瑞科技发展有限公司，中国）的浓度及瘤胃微生物与代谢产物。

2. 血液及粪便样本采集与检测

每头奶牛于尾静脉采集两管（每管5mL）血液样本收集至促凝管中。血液样本在室温下放置45min（Dervish等，2016）。随后使用无菌手套从每头奶牛的直肠收集粪便样本，丢弃前几股粪便。采样的粪便被收集到无菌密封袋中，然后将其放置在带有冰袋的泡沫箱中（Xu等，2017）。血液样本在1 300 × *g*，4℃下离心15min，收集血清样品于3个3mL离心管中。其中两个血清样本于-20℃保存，使用牛ELISA试剂盒（北京莱博泰瑞科技发展有限公司，中国）和酶标仪（赛默飞科技有限公司，中国）于450nm处测定炎症细胞因子（IL-1β、IL-2、IL-4、IL-6、IL-10、TNF-α及IFN-γ）和LPS的浓度；使用自动生化分析仪（江苏泽成生物科技股份有限公司，美国）和分光光度计（梅特勒托莱多，瑞士）在500nm处测定血清脂质（TC、TG、HDL和LDL）及氧化应激指标（GSH-Px、MDA、SOD）。另一份血清样本储存在-80℃下，用于血清代谢组分析。将每头奶牛的粪便样本收集至两个5mL的无菌管中，在-80℃下保存，分别用于分析粪便微生物群和代谢物。

3. 瘤胃液及粪便微生物DNA提取，PCR扩增及测序

根据制造商的说明，使用FastDNA® Spin Kit for Soil（MP Biomedicals，美国）从瘤

胃液样品中提取微生物群落基因组DNA。取1mL瘤胃液和200mg粪便样本分别加入2个含有978μL磷酸钠缓冲液及122μL甲基转移酶缓冲液的裂解介质管中，并充分混合。在14 000r/min下离心10min。将上清液转移至1.5mL离心管中，并添加250μL PPS。于室温下14 000r/min离心5min后弃上清液。然后加入500μL 5.5mol/L异硫氰酸胍溶液，并将混合物转移到旋转过滤器中。加入500μL盐/乙醇洗涤溶液后，将过滤器在14 000r/min下离心1min，弃去滤液。干燥3min后，100μL DNA洗脱液—超纯水，在55℃下预热5min，加入自旋过滤器。最后，在14 000r/min下离心2min后获得总DNA（Henderson等，2013）。在1%琼脂糖凝胶上检测DNA提取物，使用Nano Drop 2000紫外可见分光光度计（赛默飞世尔科技有限公司，美国）测定DNA浓度和纯度。总共10ng DNA用于测序分析。使用ABI GeneAmp® 9700PCR热循环仪（赛默飞世尔科技有限公司，美国）对引物338F（5′-ACTCCTACGGGAGGCAGCAG-3′）和806R（5′-GGACTACHVGGGTWTCTAAT-3′）扩增细菌16S rRNA基因的高变V3—V4区。使用2%琼脂糖凝胶提取PCR产物，使用AxyPrep DNA凝胶提取试剂盒（Axygen Biosciences，美国）和Quantus™荧光计（普洛麦格，中国）进行PCR产物纯化和定量。在Illumina MiSeq平台（Illumina，美国）上以等摩尔和双端测序（2×300）汇集纯化的扩增子（Melanie等，2015）。

4. 测序数据的处理、注释和统计分析

使用Trimmomatic软件（v 0.32，http：//www.usadellab.org/cms/index.php?page=trimmo matic）对原始16S rRNA基因测序数据进行质控，使用FLASH软件（v 1.2.11，https：//ccb. jhu.edu/software/FLASH/index.shtml）进行拼接。使用UPARSE（v 7.1，http：//drive5. com/uparse/）对具有>97%相似性的OTU进行聚类，并删除嵌合序列（Langille等，2013）。利用RDP分类器（v 2.11，http：//rdp.cme.msu.edu/）对16S rRNA数据库（Silva SSU128）进行分类分析，置信阈值为0.7。通过MOTHUR（v 1.30.2，https：//www.mothur.org/ wiki/Download_mothur）分析基于OTU水平的瘤胃微生物群的Alpha多样性（Shannon、Simpson、Ace、Chao指数）。Beta多样性通过QIIME（v 1.9.1，http：//qiime.org/install/index. html）进行。根据微生物群落丰度，采用Kruskal-Wallis H检验对三组菌群进行假设检验，评价瘤胃细菌丰度对乳房健康状况的影响。使用OmicShare（http：//www.omicsshare. com/tools）进行层级聚类分析（Hierarchical clustering analysis，HCA）和组间相关分析。

5. 代谢产物提取及LC-MS/MS分析

取100μL瘤胃液和50mg粪便样品，分别加入400μL提取液（甲醇：水为4：1，*V*/*V*）涡旋混匀30s，在5℃ 40kHz下超声处理30min。然后将样品置于-20℃下30min后下以13 000×*g*，4℃离心15min，将上清液转移到进样中进行LC-MS/MS分析。取等体积的所有样本代谢物混合制备成质控样本（quality control，QC），在仪器分析过程中，

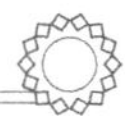

每10个样本中插入一个QC样本，以考察整个分析过程的重复性。在配备ACQUITY UPLC BEH $C_{18}$色谱柱（100mm×2.1mm，内径：1.7μm；沃特世，美国）的ExionLCTM AD系统（AB Sciex，美国）上对代谢物进行色谱分离。流动相由0.1%甲酸水溶液、甲酸（0.1%）（溶剂A）和0.1%甲酸乙腈溶液组成：异丙醇（1∶1，*V*/*V*）（溶剂B）组成。进样量为20μL，流速0.4mL/min。柱温保持在40℃。UPLC系统与四极杆飞行时间质谱仪（Triple TOFTM5600+，AB Sciex，USA）耦合，该质谱仪配备了正负离子下运行的电喷雾电离源。最佳条件设定为：源温度，500℃；气帘，30psi；离子源GS1和GS2，50psi；离子喷雾电压：正负离子模式下分别为5 000V和-4 000V，去簇电位，80V；碰撞能量（CE），20～60V滚动，用于MS/MS。检测在50～1 000m/z的质量范围内进行。

6. 代谢组学数据预处理和注释

LC-MS/MS分析后，将原始数据导入Progenesis QI 2.3（沃特世，美国）进行基线过滤、峰识别、积分、保留时间校正、峰对齐，最终得到一个保留时间、质荷比和峰强度的数据矩阵。保留至少一组样品中非零值80%以上的变量，再进行填补空缺值（原始矩阵中最小值填补空缺值），为减小样品制备及仪器不稳定带来的误差，用总和归一化法对样本质谱峰的响应强度进行归一化，得到归一化后的数据矩阵。将MS和MS/MS质谱信息与如人类代谢组数据库（HMDB）（http：//www.hmdb.ca/）和Metlin数据库（https：//metlin.scripps.edu/）进行比对得到代谢物信息。R软件包ropls（v 1.6.2）进行主成分分析（PCA）和OPLS-DA，并使用7次循环交互验证来评估模型的稳定性。此外，进行student’s T检验和差异倍数（FC）分析。显著差异代谢物的选择基于OPLS-DA模型得到的VIP值、student’s T检验*P*值以及FC值来确定，VIP>1，*P*<0.05，FC>1.2或<0.83的代谢物为显著差异代谢物。

### 三、数据统计分析

采用SPSS Statistics（v 22.0，IBM，美国）软件中的单因素方差分析和Student’s T检验对3组奶牛的基本信息、瘤胃发酵参数、血清细胞因子、脂质、氧化应激指标及Alpha多样性指数进行分析。在显著性差异设为*P*<0.05。

## 第三节　研究结果

### 一、不同乳腺健康状况奶牛瘤胃发酵参数

各组间瘤胃液pH值（*P*=0.214）、RUN浓度（*P*=0.851）、异丁酸（*P*=0.325）、

异戊酸（$P$=0.213）和乙/丙比（A/P）（$P$=0.111）均无显著。然而，CM组LA、TVFAs（$P$<0.01），乙酸、丙酸、丁酸和戊酸盐（$P$<0.001）含量显著低于H组和SM组。随着乳房炎程度的增加，瘤胃液$NH_3$-N浓度有下降的趋势（$P$=0.061）（表4-1）。

**表4-1　不同乳腺健康状况奶牛瘤胃发酵参数**

| 项目 Items | 组别Groups（$n$=20） | | | 标准误 SEM | $P$-值 $P$-value |
|---|---|---|---|---|---|
| | 健康组H | 亚临床乳房炎组SCM | 临床乳房炎组CM | | |
| pH | 6.68 | 6.71 | 6.73 | 0.03 | 0.214 |
| 氨态氮$NH_3$-N，mg/dL | 10.5 | 8.64 | 8.40 | 0.40 | 0.061 |
| 瘤胃尿素氮RUN，mg/dL | 5.90 | 5.73 | 6.02 | 0.20 | 0.851 |
| 乳酸LA，mmol/L | $0.86^b$ | $0.90^a$ | $0.80^c$ | 0.01 | <0.010 |
| 乙酸Acetate，mmol/L | $64.5^a$ | $60.1^a$ | $41.0^b$ | 1.67 | <0.010 |
| 丙酸Propionate，mmol/L | $27.7^a$ | $25.2^a$ | $19.2^b$ | 0.87 | <0.010 |
| 乙/丙A/P | 2.63 | 2.35 | 2.45 | 0.06 | 0.111 |
| 异丁酸Isobutyrate，mmol/L | 0.91 | 0.85 | 0.83 | 0.02 | 0.325 |
| 丁酸Butyrate，mmol/L | $12.1^a$ | $12.1^a$ | $8.36^b$ | 0.36 | <0.001 |
| 异戊酸Isovalerate，mmol/L | 1.58 | 1.46 | 1.38 | 0.05 | 0.213 |
| 戊酸Valerate，mmol/L | $1.54^a$ | $1.55^a$ | $1.15^b$ | 0.05 | <0.010 |
| 总挥发酸TVFAs，mmol/L | $109^a$ | $105^a$ | $76.2^b$ | 3.00 | <0.010 |

注：$^{a,b,c}$在一行中，不同的字母表示处理组之间的差异；$^{a,b,c}$values within a row，different letters denote differences between treatment combinations（$P$<0.05）.

## 二、不同乳腺健康状况奶牛瘤胃及粪便菌群结构

从60个瘤胃液和粪便样品中获得3 072 603个和3 851 623个优化序列。按97%相似性进行OTU聚类后，分别获得2 973个和2 081个OTU。H、SM和CM组的Good覆盖率均在98%以上。Alpha多样性指数分析表明，在瘤胃中，除Simpson指数外，其余各指标在OTU水平上均存在显著差异（$P$<0.05）。SM和CM组的Shannon（$P$=0.021）、Ace（$P$=0.011）和Chao（$P$=0.010）指标均显著低于H组。3组粪便样本微生物多样性也存在显著差异。与H组相比，SM组和CM组的ACE（$P$<0.01）和Sobs（$P$<0.01）指数均显著降低。此外，于H组相比，Chao指数在SM组显著降低（$P$<0.01），Shannon指数在CM组降低（$P$=0.045）（表4-2）。基于Alpha多样性指数绘制稀释曲线（图4-1），结

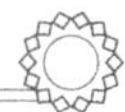

果表明随着reads数的增加，瘤胃及粪便菌群多样性指数不再增加，说明测序深度足够。瘤胃及粪便菌群Beta多样性分析结果表明，不同乳腺健康状况奶牛（H、SM和CM）瘤胃及粪便微生物结构存在一定差异（图4-2）。

**表4-2　不同乳腺健康状况奶牛瘤胃微生物Alpha多样性指数**

| 项目 Items | 组别Groups（$n$=20） | | | 标准误 SEM | $P$-值 $P$-value |
|---|---|---|---|---|---|
| | 健康组H | 亚临床乳房炎组SCM | 临床乳房炎组CM | | |
| 瘤胃液Rumen | | | | | |
| Shannon | $5.65^{a}$ | $5.39^{b}$ | $5.44^{b}$ | 0.04 | 0.021 |
| Simpson | 0.01 | 0.02 | 0.02 | 0.00 | 0.103 |
| Ace | $1\ 836^{a}$ | $1\ 671^{b}$ | $1\ 729^{b}$ | 22.3 | 0.011 |
| Chao | $1\ 858^{a}$ | $1\ 683^{b}$ | $1\ 749^{b}$ | 23.4 | 0.010 |
| 粪便Feces | | | | | |
| Sobs | $1\ 317^{a}$ | $1\ 223^{b}$ | $1\ 253^{b}$ | 10.1 | <0.01 |
| Ace | $1\ 567^{a}$ | $1\ 460^{c}$ | $1\ 507^{b}$ | 10.4 | <0.01 |
| Chao | $1\ 588^{a}$ | $1\ 482^{c}$ | $1\ 531^{b}$ | 11.0 | <0.01 |
| Shannon | $4.59^{a}$ | $4.02^{ab}$ | $3.70^{b}$ | 0.026 | 0.045 |
| Simpson | 0.07 | 0.05 | 0.05 | 0.002 | 0.072 |

注：a, b, c在一行中，不同的字母表示处理组之间的差异；a, b, c values within a row, different letters denote differences between treatment combinations（$P$<0.05）.

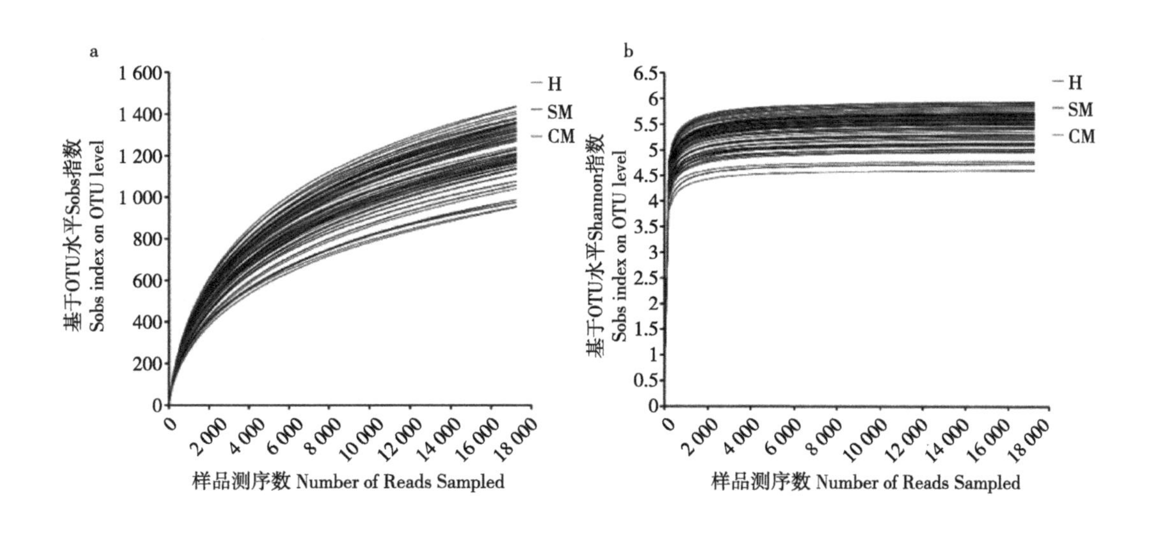

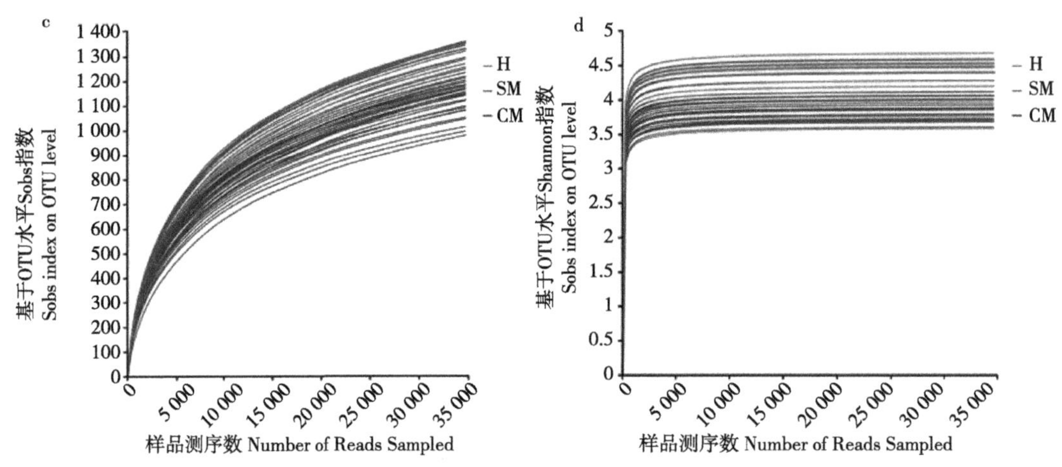


**图4-1　基于OTU水平和Alpha多样性指数的瘤胃（a，b）和粪便（c，d）微生物群稀释曲线（*n*=20）（彩图见文后彩插）**

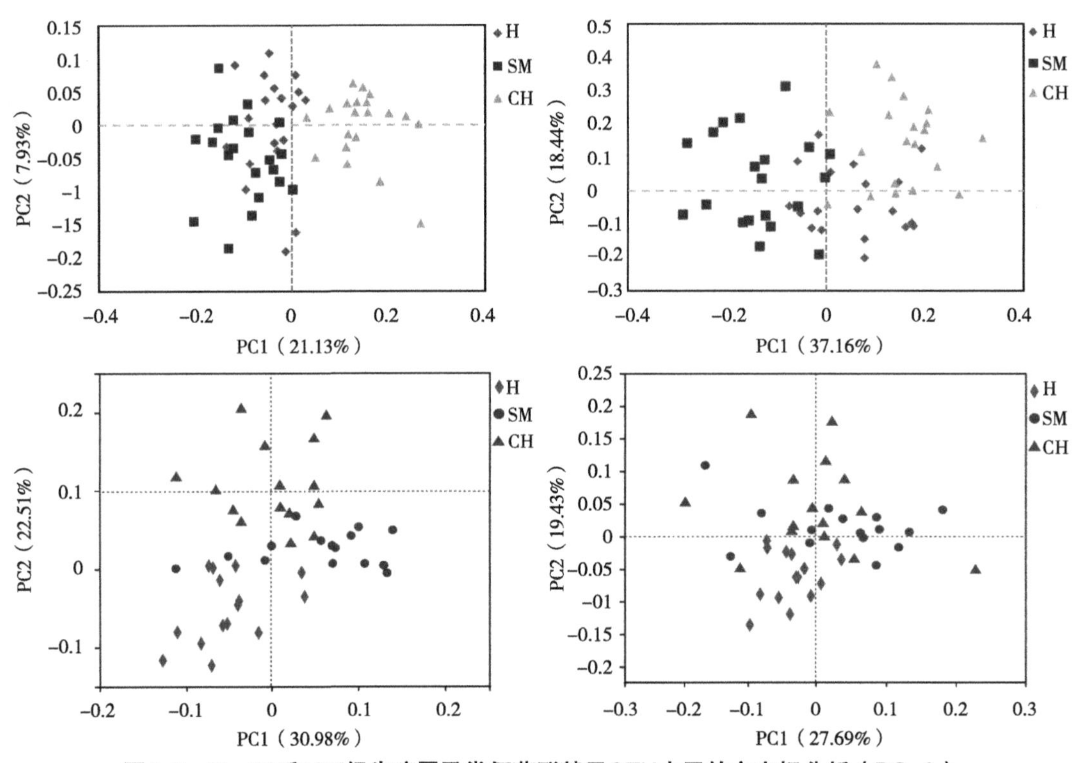


**图4-2　H、SM和CM奶牛瘤胃及粪便菌群基于OTU水平的主坐标分析（PCoA）**

在瘤胃样本中共获得21个细菌门356个细菌属细菌。在门水平上，瘤胃中的优势菌是厚壁菌门（Firmicutes；49.69% ± 0.57%）、拟杆菌门（Bacteroidetes；39.14% ± 0.42%）、变形菌门（Proteobacteria；4.65% ± 0.28%）和蓝藻菌门（Cyanobacteria；1.29% ± 0.04%）。在属水平上，普雷沃菌属_1（*Prevotella*_1；23.89% ± 0.43%）、琥珀酸菌属（*Succiniclasticum*；10.74% ± 0.11%），柔膜菌纲_RF39（Mollicutes_*RF*39；8.77% ± 0.10%），假丁酸弧菌属（*Pseudobutyrivibrio*；

4.67% ± 0.27%），琥珀酸弧菌科_UCG_001（succinivibrionaceae_UCG_001；3.82% ± 0.16%）和瘤胃球菌科_NK4A214_group（Ruminococcaceae_NK4A214_group；3.08% ± 0.25%）在3组中丰度较高。

利用Student' s T检验对3组间瘤胃菌群进行组间差异分析。CM组瘤胃中丰度较高的细菌主要为*Pseudobutyrivibrio*（FDR校正的$P$=0.047）、*Gastranaerophilales*（FDR校正的$P$=0.047）、莫拉菌属（*Moraxella*）（FDR校正的$P$=0.047）、奈瑟氏菌科（Neisseriaceae）（FDR校正的$P$=0.037）等。SM组中，瘤胃梭菌属_9（*Ruminiclostridium*_9）（FDR校正的$P$=0.042）、拟杆菌目_UCG-001（Bacteroidales_UCG-001）（FDR校正的$P$=0.038）和肠杆菌属（*Enterorhabdus*）（FDR校正的$P$=0.043）显著富集。与其他两组相比，毛螺菌科（Lachnospiraceae）（FDR校正的$P$=0.039）、*Prevotella*_1（FDR校正的$P$=0.045）、*Mollicutes*_*RF39*（FDR校正的$P$=0.047）、*Bifidobacterium*（FDR校正的$P$=0.035）等主要富集在H组（表4-3）。

**表4-3　不同乳腺健康状况奶牛瘤胃中显著差异菌群**

| 项目Items | 组别Groups（$n$=20） | | | 标准误SEM | $P$-值 $P$-value | FDR校正的$P$值 FDR-adjusted $P$-value |
|---|---|---|---|---|---|---|
| | 健康组H | 亚临床乳房炎组SCM | 临床乳房炎组CM | | | |
| 厚壁菌门Firmicutes | 43.4$^{c}$ | 48.3$^{b}$ | 54.0$^{a}$ | 11.3 | 0.001 | 0.030 |
| 毛螺菌科Lachnospiraceae | 0.48$^{a}$ | 0.33$^{b}$ | 0.23$^{bc}$ | 0.27 | 0.002 | 0.039 |
| 互营单胞菌属*Syntrophomonas* | 0.02$^{b}$ | 0.01$^{c}$ | 0.03$^{a}$ | 0.00 | 0.003 | 0.041 |
| *CAG-352* | 0.19$^{a}$ | 0.11$^{b}$ | 0.12$^{a}$ | 0.13 | 0.002 | 0.042 |
| 假丁酸弧菌属*Pseudobutyrivibrio* | 0.51$^{b}$ | 0.39$^{c}$ | 0.66$^{a}$ | 0.31 | 0.003 | 0.047 |
| 毛螺菌科_UCG-006 Lachnospiraceae_UCG-006 | 0.05$^{b}$ | 0.04$^{c}$ | 0.06$^{a}$ | 0.02 | 0.003 | 0.047 |
| 瘤胃梭菌属_9 *Ruminiclostridium*_9 | 0.13$^{b}$ | 0.23$^{a}$ | 0.10$^{b}$ | 0.18 | 0.003 | 0.042 |
| 鸟氨酸芽孢杆菌属*Ornithinibacillus* | <0.01$^{b}$ | 0.01$^{a}$ | <0.01$^{b}$ | 0.00 | 0.003 | 0.043 |
| 拟杆菌门Bacteroidetes | 38.1$^{a}$ | 36.4$^{b}$ | 40.3$^{a}$ | 6.94 | 0.003 | 0.035 |
| 拟杆菌目Bacteroidales | 0.08$^{a}$ | 0.05$^{b}$ | 0.05$^{b}$ | 0.06 | 0.002 | 0.031 |
| 拟杆菌目_UCG-001 Bacteroidales_UCG-001 | 0.03$^{b}$ | 0.05$^{a}$ | 0.03$^{b}$ | 0.03 | 0.001 | 0.038 |
| 普氏菌属_1 *Prevotella*_1 | 25.1$^{a}$ | 21.2$^{b}$ | 17.3$^{b}$ | 5.35 | 0.002 | 0.045 |
| 变形菌门Proteobacteria | 10.3$^{a}$ | 8.60$^{b}$ | 7.45$^{b}$ | 10.8 | 0.003 | 0.032 |
| 莫拉氏菌属*Moraxella* | <0.01$^{b}$ | <0.01$^{b}$ | 0.04$^{a}$ | 0.00 | 0.002 | 0.011 |
| 奈瑟氏菌科Neisseriaceae | 0.02$^{b}$ | 0.01$^{c}$ | 0.05$^{a}$ | 0.00 | <0.001 | 0.036 |

（续表）

| 项目Items | 组别Groups（*n*=20） | | | 标准误SEM | *P*-值 *P*-value | FDR校正的*P*值 FDR-adjusted *P*-value |
|---|---|---|---|---|---|---|
| | 健康组H | 亚临床乳房炎组SCM | 临床乳房炎组CM | | | |
| 罗尔斯通菌属*Ralstonia* | 0.01[b] | 0.01[b] | 0.05[a] | 0.00 | 0.002 | 0.041 |
| 巴斯德氏菌科Pasteurellaceae | <0.01[b] | <0.01[b] | 0.03[a] | 0.00 | 0.003 | 0.036 |
| 蓝藻菌门Cyanobacteria | 4.39[b] | 3.73[c] | 5.38[a] | 0.63 | 0.003 | 0.033 |
| Gastranaerophilales | 0.21[c] | 0.33[b] | 0.44[a] | 0.27 | 0.002 | 0.037 |
| 柔膜菌门Tenericutes | 1.11[a] | 0.82[c] | 0.92[b] | 0.39 | 0.002 | 0.031 |
| Izimaplasmatales | 0.07[a] | 0.04[b] | 0.02[c] | 0.03 | 0.002 | 0.045 |
| 柔膜菌_*RF*39 *Mollicutes_RF*39 | 0.91[a] | 0.66[c] | 0.70[b] | 0.35 | 0.002 | 0.047 |
| 放线菌门Actinobacteria | 0.85[a] | 0.55[b] | 0.38[c] | 0.00 | 0.003 | 0.034 |
| Enterorhabdus | 0.08[b] | 0.11[a] | 0.05[c] | 0.06 | 0.003 | 0.043 |
| 双歧杆菌*Bifidobacterium* | 0.49[a] | 0.24[b] | 0.12[c] | 0.38 | 0.003 | 0.035 |

注：[a, b, c]在一行中，不同的字母表示处理组之间的差异；[a, b, c] values within a row，different letters denote differences between treatment combinations（$P<0.05$）.

在粪便样本中鉴定到在17个细菌门中，Firmicutes（55.4%±0.58%）、Actinobacteriota（21.7±0.52%）、Bacteroidota（11.1±0.24%）、Proteobacteria（6.40±1.09%）丰度最高。在属水平上，共检出331个细菌属，其中Bifidobacterium（19.7±1.33%）、UCG-005（10.3±0.20%）、罗姆布茨菌（Romboutsia）（8.88±1.00%）、索氏梭菌属（*Paeniclostridium*）（7.21±1.22%）、理研菌科（Rikenellaceae_RC9_gut_group）（4.67±0.26%）、产粪甾醇真杆菌（norank_f__Eubacterium_copro stano ligenes_group）（3.22±0.25%）、Turicibacter（3.19±0.15%）、梭菌属（*Clostridium_sensu_stricto_1*）（3.00±0.15%）等在3组的粪便样品中为占优势菌群。使用Kruskal-Wallis H和LEfSe分析3组粪便样本中的差异菌群。结果显示，CM组中*Proteobacteria*（FDR校正的$P$=0.04）丰度更高，而*Actinobacteriota*呈下降趋势（FDR校正的$P$=0.051）。在属水平上，*Bifidobacterium*（FDR校正的$P$=0.035），*Romboutsia*（FDR校正的$P$=0.040）、*Monoglobus*（FDR校正的$P$=0.044）、*Lachnospiraceae_NK3A20_group*（FDR校正的$P$=0.046）、*Coprococcus*（FDR校正的$P$=0.045）、*Prevotellaceae_UCG-003*（FDR校正的$P$=0.046）及*Alistipes*（FDR校正的$P$=0.042）在H组显著增高。此外，*Succiniclasticum*（FDR校正的$P$=0.053）、乳酸菌属（*Lactobacillus*）（FDR校正的$P$=0.055）、*Lachnospiraceae_NK4A136_group*（FDR校正的$P$=0.060）、*Roseburia*（FDR校正的$P$=0.063）及*Eubacterium_ruminantium_group*（FDR校正的$P$=0.063）在H组有富集趋

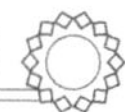

势。*Paeniclostridium*（FDR校正的*P*=0.043）和Klebsiella（FDR校正的*P*=0.044）显著富集于SM组，而*Corynebacterium*（FDR校正的*P*=0.052和肠球菌属*Enterococcus*（FDR校正的*P*=0.061）在SM组呈现富集趋势。在CM组中，*Escherichia-Shigella*（FDR校正的*P*=0.043）、瘤胃球菌（*Ruminococcus*）（FDR校正的*P*=0.041）及*Paeniclostridium*（FDR校正的*P*=0.043）显著富集，而链球菌属（*Streptococcus*）（FDR校正的*P*=0.058）非分类瘤胃球菌（*unclassified_f__Ruminococcaceae*）（FDR校正的*P*=0.065）和柠檬酸杆菌（*Citrobacter*）（FDR校正的*P*=0.091）呈现富集趋势（图4-3）。

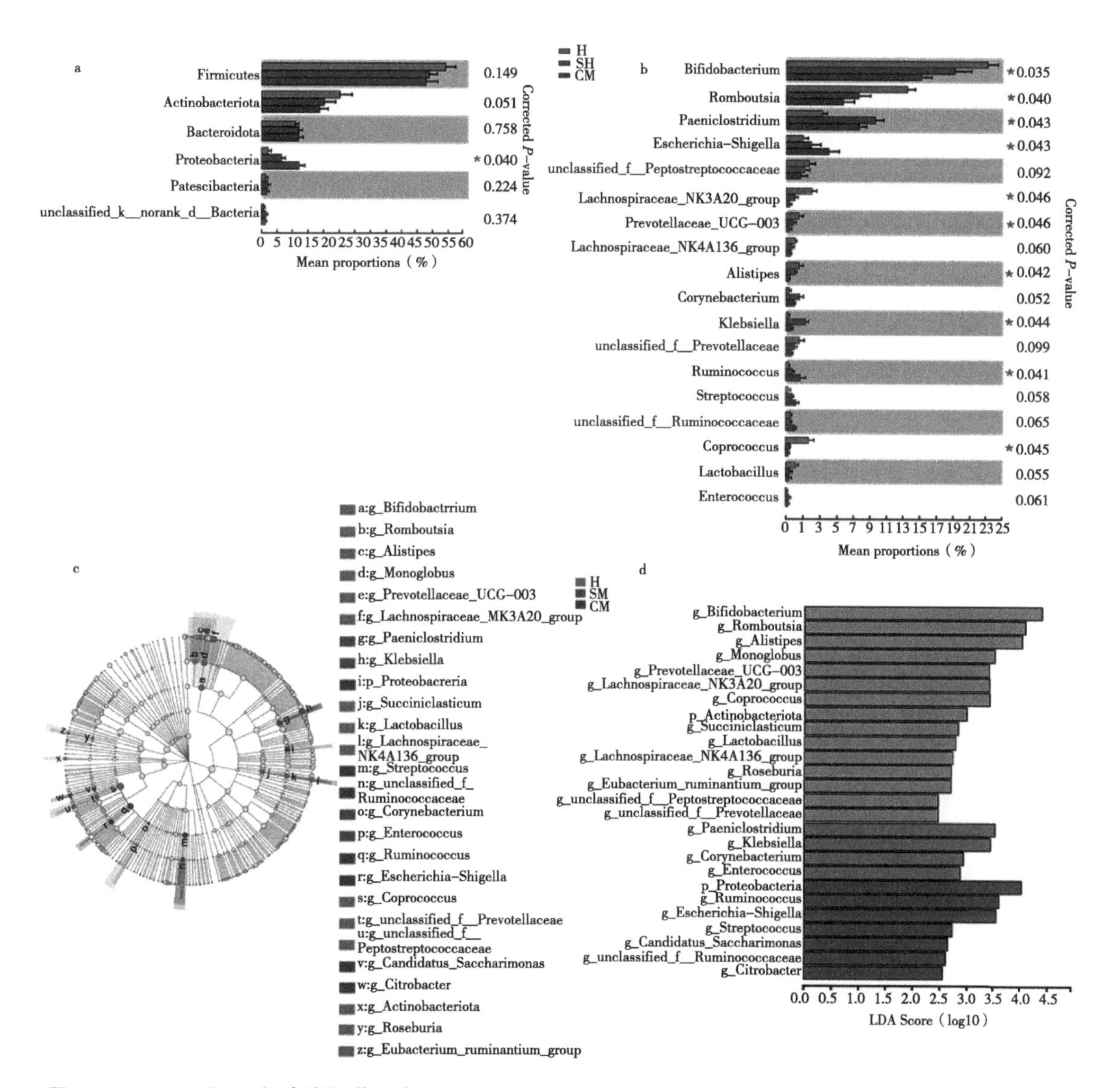


**图4-3　H、SM和CM奶牛粪便菌群在（a）门水平和（b）属水平的组成。*$P$<0.05。（c）3组粪便样本差异菌群线性判别分析效应大小（LEfSe）分析（从门到属水平）。（d）线性判别分析（LDA）评分图，显示不同菌群对健康组、亚临床组和临床组乳房炎差异的影响（彩图见文后彩插）**

H，健康；SM，亚临床性乳房炎；CM，临床乳房炎

## 三、不同乳腺健康状况奶牛瘤胃、粪便及血清代谢物组成

瘤胃液、粪便及血清QC样本在正负离子模式下的总离子图谱如图4-4所示。不同QC样本的保留时间和总离子强度基本重叠，表明本研究中代谢组学数据的可靠性。为了显示组间及组内各样本中代谢物的总体差异和变异性程度，分别在正负离子模式下进行PCA分析。如图4-5所示，3种样本中，代表3组代谢物的符号分布在不同区域，说明H、SM和CM奶牛瘤胃、粪便及血清中代谢产物存在显著差异。为进一步鉴别组间代谢产物差异，对数据进行OPLS-DA分析。瘤胃液、粪便及血清样品OPLS-DA评分图显示任意两组代谢产物分布差异（图4-6、图4-7、图4-8）。模型参数$R^2X$（cum）、$R^2Y$（cum）和$Q^2$（cum）表示X和Y矩阵的累积解释率，模型的预测能力均接近1，预测能力较高。响应排列检验（response permutation testing，RPT）是一种检验OPLS-DA模型准确性的随机排序方法。RPT中的$R^2Y$（cum）和$Q^2$（cum）值小于OPLS-DA模型，说明OPLS-DA模型没有过度拟合。

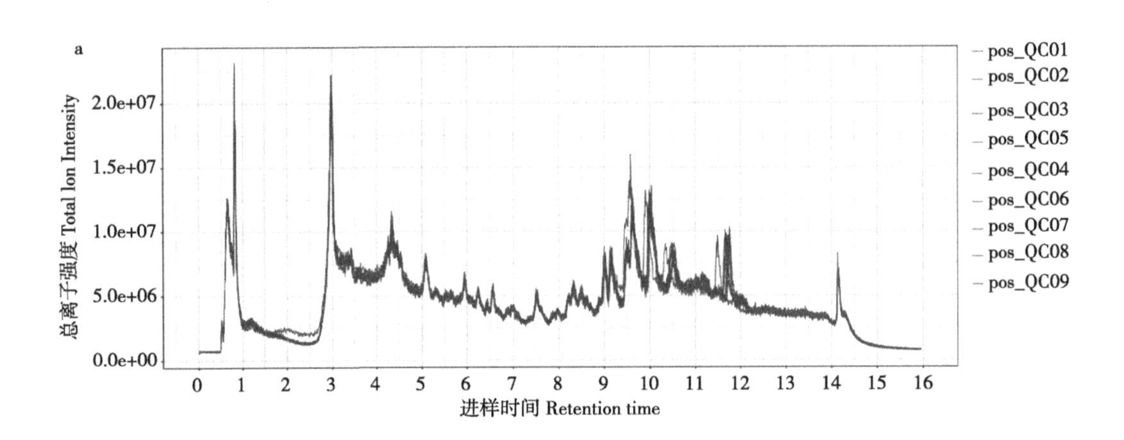


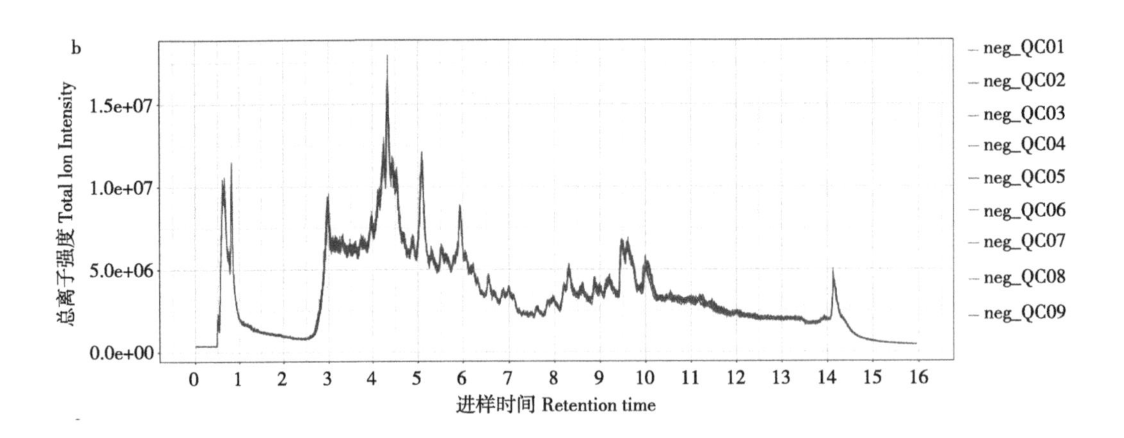

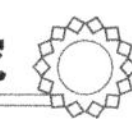

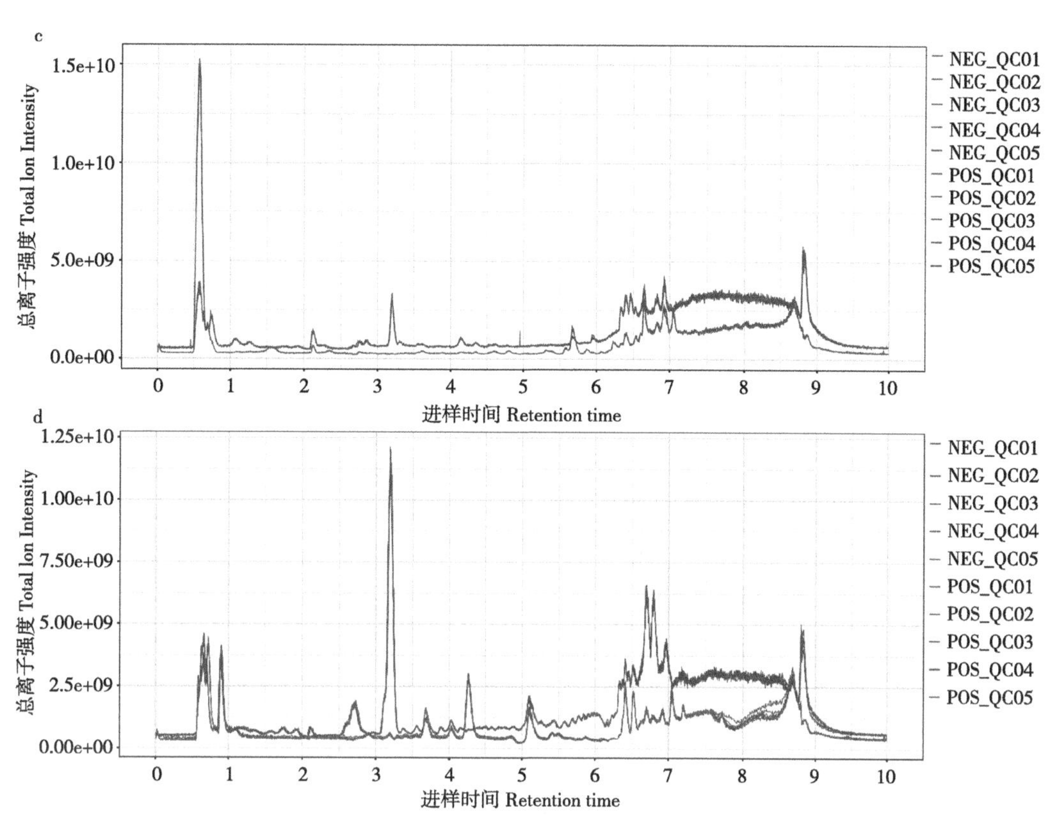


**图4-4　健康、亚临床和临床乳腺炎奶牛（a，b）瘤胃液（c）粪便和（d）血清质控（QC）样品在正负离子模式下的总离子色谱图（彩图见文后彩插）**

Pos，正离子模式；Neg，负离子模式

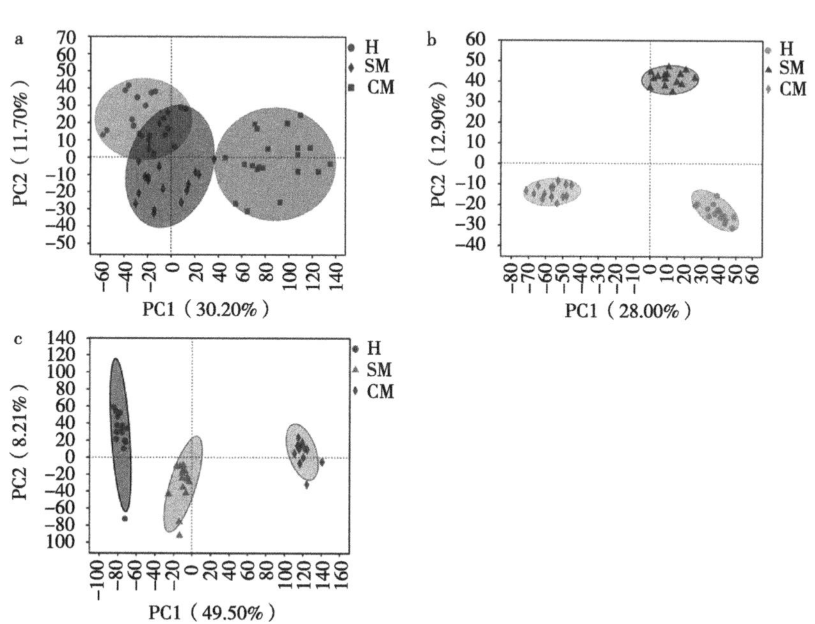


**图4-5　不同乳腺健康状况奶牛（a）瘤胃、（b）粪便及（c）血清代谢组主成分分析**

H，健康组；SM，亚临床乳房炎组；CM，临床乳房炎组

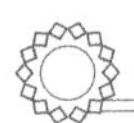

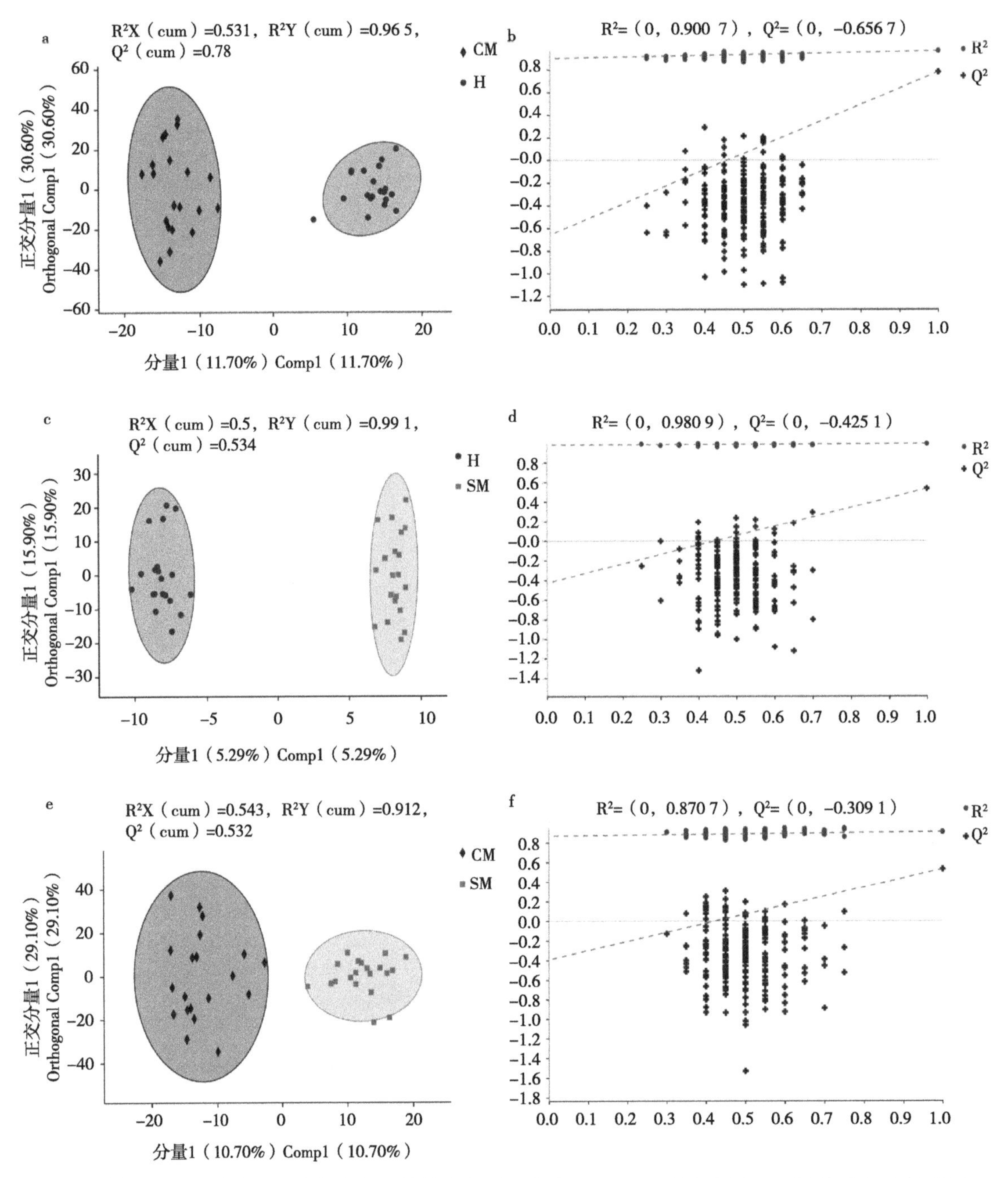


**图4-6　健康、亚临床及临床乳房炎奶牛瘤胃代谢产物的（a、c、e）正交偏最小二乘判别分析（OPLS-DA）和（b、d、f）响应排列试验（RPT）**

H，健康；SM，亚临床乳房炎；CM，临床乳腺炎。$R^2X$、$R^2Y$分别表示所建模型对X、Y矩阵的解释率，$R^2X$（cum）、$R^2Y$（cum）表示累积解释率；$Q^2$表示模型的预测能力

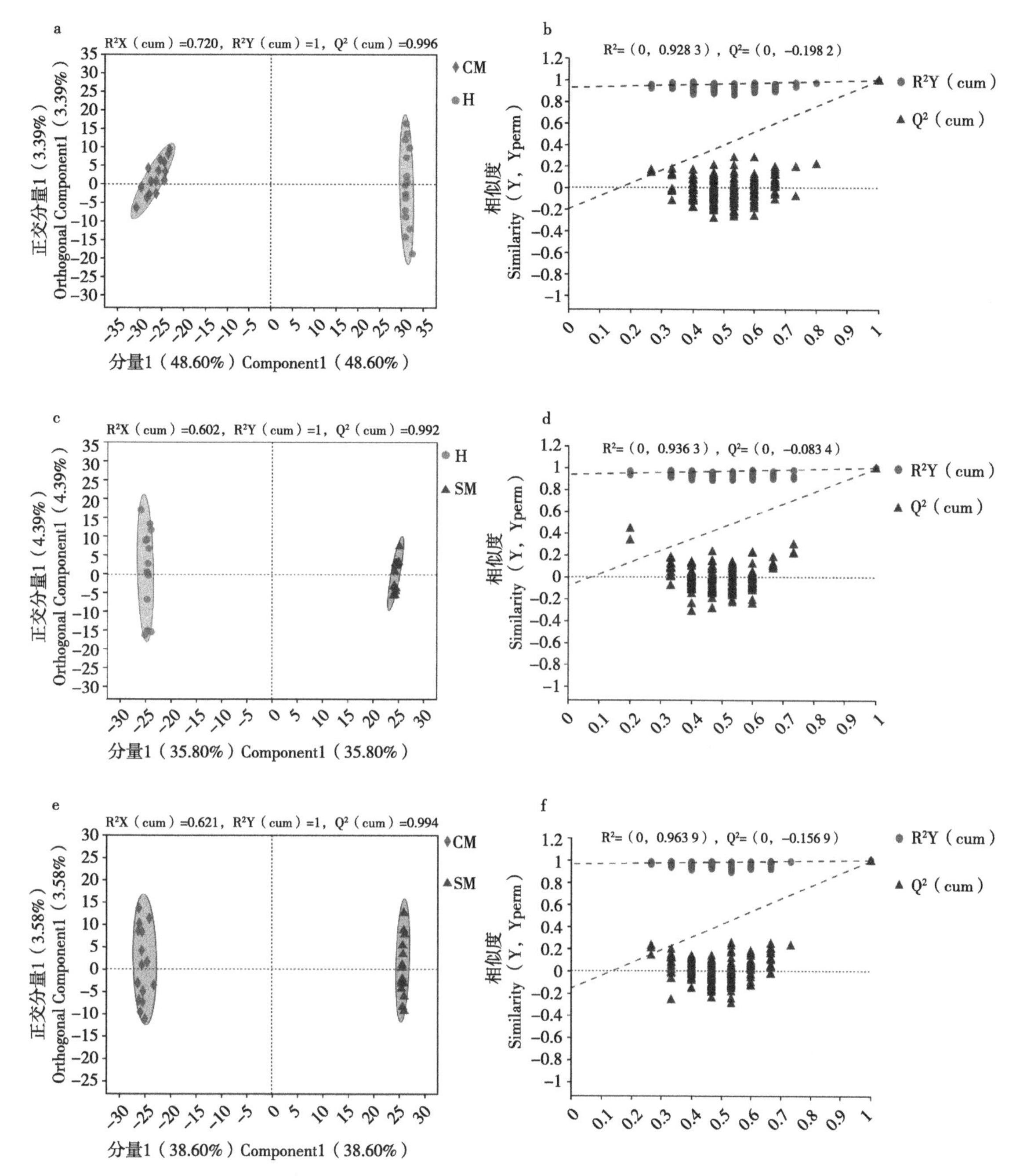


**图4-7　H组与CM组、H组与SM组、SM组与CM组粪便代谢产物的（a、c、e）正交偏最小二乘判别分析（OPLS-DA）评分图和（b、d、f）OPLS-DA排列检验**

$R^2X$（cum）和$R^2Y$（cum）分别表示模型X和Y矩阵的累积解释率；$Q^2$（cum）表示模型的预测能力。这三个指标越接近1，模型越稳定可靠。$Q^2$>0.5表明模型的预测能力较好。H，健康；SM，亚临床性乳腺炎；CM，临床性乳腺炎

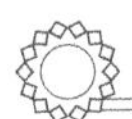

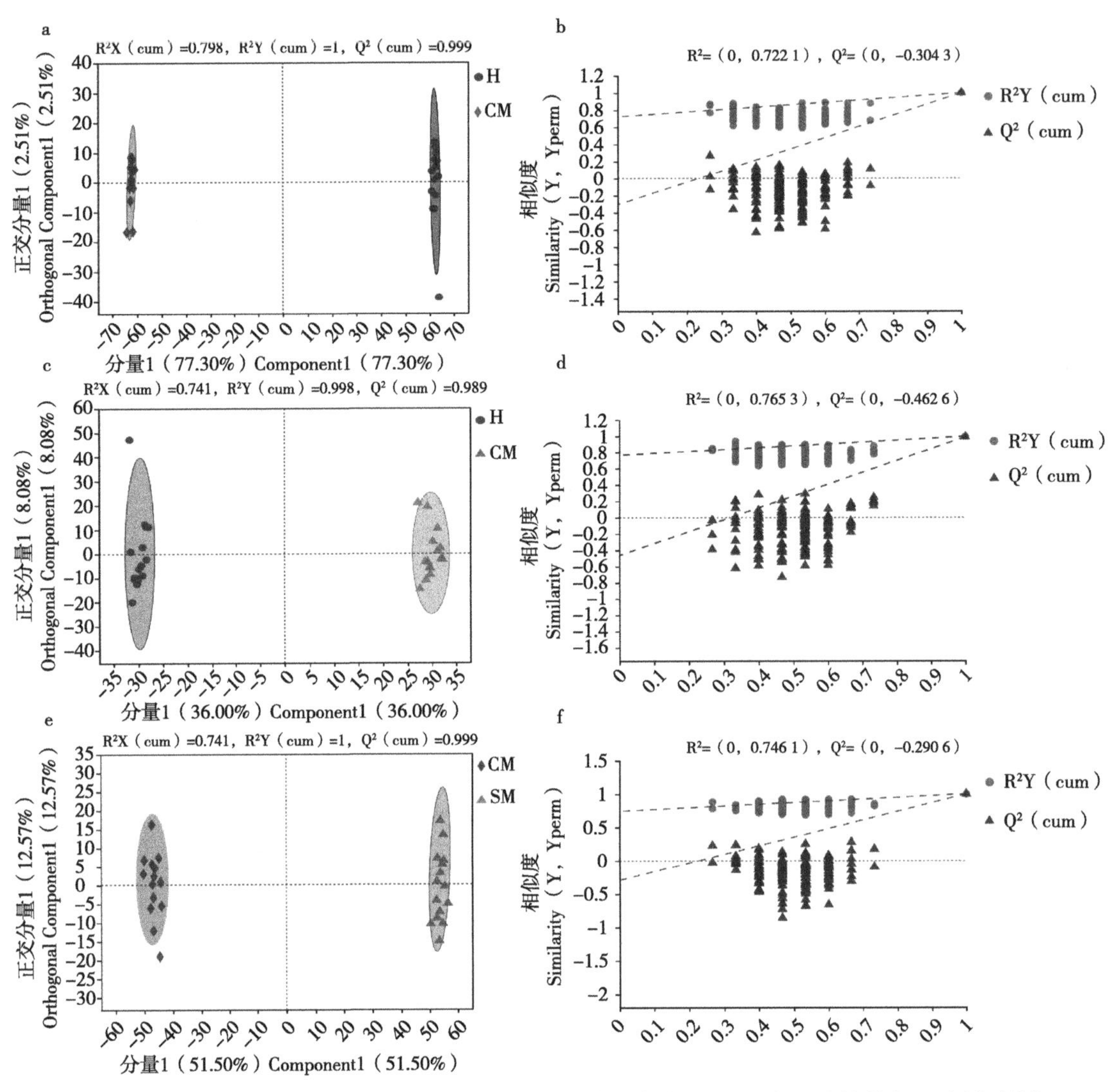


**图4-8 健康、亚临床及临床乳房炎奶牛血清代谢产物的（a、c、e）正交偏最小二乘判别分析（OPLS-DA）评分图和（b、d、f）OPLS-DA排列检验**

$R^2X$（cum）和$R^2Y$（cum）分别表示模型X和Y矩阵的累积解释率；$Q^2$（cum）表示模型的预测能力。这三个指标越接近1，模型越稳定可靠。$Q^2$>0.5表明模型的预测能力较好。H，健康；SM，亚临床乳腺炎；CM，临床乳腺炎

在瘤胃样品中，CM组的10β-羟基-6β-异丁基呋喃亚甲基（FDR校正的$P$<0.001）和12-氧-20-二羟基白三烯B4（FDR校正的$P$<0.001）较H组分别增加12.23和16.36倍；与SM组相比，分别提高了2.88和3.64倍。5-羟甲基-2-呋喃甲醛（FDR校正的$P$<0.001）和6-甲氧基蜂毒毒素（FDR校正的$P$<0.001）在CM组和SM组中的丰度均高于H组。与H组比较，SM组中六亚甲基四胺（FDR校正的$P$<0.001）丰度较高。CM组中2-苯基丁酸丰度较H组显著降低（FDR校正的$P$<0.001）。CM组N-乙酰尸胺（FDR校正的$P$=0.020）与（3R，5Z）-5-辛烯-1，3-二醇（FDR校正的$P$=0.011）较SM组减少（表4-4）。

**表4-4 不同乳腺健康状况奶牛瘤胃差异代谢产物**

| 超类Superclass[1] | 亚类Subclass | 代谢物Metabolites | 差异权重贡献值VIP[2] | 差异倍数FC[3] | *P*-值 *P*-value | FDR校正的*P*值FDR-adjusted *P*-value |
|---|---|---|---|---|---|---|
| 临床乳房炎组/健康组CM/H | | | | | | |
| LL | 倍半萜类Sesquiterpenoids | 10β-羟基-6β-异丁基呋喃亚甲基 10beta-Hydroxy-6beta-isobutyrylfuranoeremophilane | 5.27 | 12.23 | $3.41 \times 10^{-13}$ | $3.88 \times 10^{-10}$ |
| | 花生酸类Eicosanoids | 12-氧代-20-二羟基白三烯B4 12-oxo-20-dihydroxy-leukotriene B4 | 4.53 | 16.36 | $3.82 \times 10^{-12}$ | $5.97 \times 10^{-9}$ |
| OC | 1，3，5-三嗪1，3，5-triazinanes | 六亚甲基四胺Methenamine | 3.74 | 4.08 | $1.40 \times 10^{-11}$ | $4.92 \times 10^{-9}$ |
| | 醛类Aldehydes | 5-羟甲基-2-呋喃甲醛 5-Hydroxymethyl-2-furancarboxaldehyde | 3.07 | 4.89 | $6.11 \times 10^{-11}$ | $1.86 \times 10^{-8}$ |
| | 2-苯并吡喃类 2-benzopyrans | 6-甲氧基蜂毒毒素6-Methoxymellein | 2.51 | 3.30 | $1.63 \times 10^{-10}$ | $4.13 \times 10^{-8}$ |
| PP | — | 2-苯基丁酸2-Phenylbutyric acid | 2.83 | 0.26 | $2.24 \times 10^{-8}$ | $4.37 \times 10^{-6}$ |
| 亚临床乳房炎组/健康组SCM/H | | | | | | |
| OC | 1，3，5-三嗪1，3，5-triazinanes | 六亚甲基四胺Methenamine | 5.15 | 4.85 | $1.07 \times 10^{-8}$ | $6.95 \times 10^{-6}$ |
| | 醛类Aldehydes | 5-羟甲基-2-呋喃甲醛 5-Hydroxymethyl-2-furancarboxaldehyde | 4.76 | 4.80 | $1.33 \times 10^{-9}$ | $2.02 \times 10^{-6}$ |
| | 2-苯并吡喃类 2-benzopyrans | 6-甲氧基蜂毒毒素6-Methoxymellein | 3.37 | 3.23 | $5.64 \times 10^{-8}$ | $2.57 \times 10^{-5}$ |

（续表）

| 超类Superclass[1] | 亚类Subclass | 代谢物Metabolites | 差异权重贡献值VIP[2] | 差异倍数FC[3] | P-值 P-value | FDR校正的P值FDR-adjusted P-value |
|---|---|---|---|---|---|---|
| PP | 肉桂酸Cinnamic acids | 肉桂酸Cinnamic acid | 2.75 | 1.27 | $4.61 \times 10^{-4}$ | 0.042 |
| LL | 脂肪醇Fatty alcohols | 香菇毒素Lentialexin | 3.09 | 1.48 | $9.70 \times 10^{-4}$ | 0.041 |
| — | — | Xestoaminol C | 3.57 | 1.21 | $8.78 \times 10^{-5}$ | 0.016 |
| 临床乳房炎组/亚临床乳房炎组CM/SCM | | | | | | |
| LL | 倍半萜类Sesquiterpenoids | 10β-羟基-6β-异丁基呋喃亚甲基10beta-Hydroxy-6beta-isobutyrylfuranoeremophilane | 4.09 | 2.88 | $4.25 \times 10^{-6}$ | 0.003 |
| | 花生酸类Eicosanoids | 12-氧代-20-二羟基白三烯B4 12-oxo-20-dihydroxy-leukotriene B4 | 3.24 | 3.64 | $2.63 \times 10^{-6}$ | 0.002 |
| | 脂肪醇Fatty alcohols | （3R，5Z）-5-Octene-1，3-diol | 2.66 | 0.51 | $9.97 \times 10^{-5}$ | 0.011 |
| OC | 羧酸衍生物Carboxylic acid derivatives | N-乙酰尸胺N-Acetylcadaverine | 2.71 | 0.61 | $6.96 \times 10^{-4}$ | 0.020 |

注：[1]LL，脂类和类脂分子Lipids and lipid-like molecules；OC，杂环化合物Organoheterocyclic compounds；PP，糖类多酮类化合物Phenylpropanoids and polyketides；—：无分类信息no classification information. H，健康；SM，亚临床性乳房炎CM，临床乳房炎

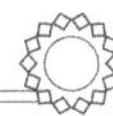

在粪便样本中，与H组相比，CM组和SM组的花生四烯酸类化合物（20-三羟基白三烯-B4（FDR校正的$P$<0.001；FDR校正的$P$<0.001），13，14-二氢-15-酮-前列腺素$E_2$（FDR校正的$P$<0.001；FDR校正的$P$<0.001）、亚麻酸及其衍生物［9，10-DiHODE（FDR校正的$P$<0.001），13-HpODE（FDR校正的$P$=0.026），13（S）-HODE（FDR校正的$P$=0.001）］丰度均增加。而环磷酸腺苷（FDR校正的$P$=0.013；FDR校正的$P$<0.001）、尿酸（FDR校正的$P$=0.005；FDR校正的$P$=0.002）、柠檬酸（FDR校正的$P$<0.001；FDR校正的$P$=0.001）、1-亚油酰甘油磷胆碱（FDR校正的$P$=0.012；FDR校正的$P$=0.005）、3-羟基己醇肉碱（FDR校正的$P$<0.001；FDR校正的$P$<0.001）丰度均下降。CM组中去氧胆酸（FDR校正的$P$=0.006）和12-酮胆酸（FDR校正的$P$=0.029）均低于H组（表4-5）。

血清样品中，CM组和SM组中花生四烯酸类化合物12-羰基-20-二羟基白三烯B4（FDR校正的$P$<0.001；FDR校正的$P$=0.001）和甘油磷酸胆碱类化合物｛LysoPC（18：0）（$P$=0.041）、PE［15：0/20：4（5Z，8Z，11Z，14Z）］（FDR校正的$P$=0.018）和PE［14：0/24：1（15Z）］（FDR校正的$P$=0.004）｝均较H组增加。此外，与H组相比，CM组中鞘氨醇1-磷酸（FDR校正的$P$=0.004）和乳糖神经酰胺［d18：1/18：1（9Z）］（FDR校正的$P$<0.001）含量显著增加，柠檬酸（FDR校正的$P$=0.005）和3-羟基异戊基肉碱含量较低（FDR校正的$P$=0.016）。SM组SBAs代谢物（脱氧胆酸（FDR校正的$P$=0.002）、牛磺鹅去氧胆酸（FDR校正的$P$=0.003）、7-酮脱氧胆酸（FDR校正的$P$=0.021）、脱氧胆酸甘氨酸缀合物（FDR校正的$P$=0.019）和甘氨胆酸（FDR校正的$P$=0.034））丰度显著降低（表4-6）。

## 四、差异代谢物代谢通路富集分析

代谢途径富集分析表明，瘤胃样品中，CM组显著增加的12-oxo-20-二羟基白三烯B4和10β-羟基-6β-异丁基呋喃亚甲基分别在花生四烯酸代谢途径和柠檬烯和蒎烯降解途径中富集。SM组显著增加的六亚甲基四胺和6-甲氧基蜂毒毒素分别在甲醛生物合成及植物次级代谢产物的生物合成途径中富集。5-羟甲基-2-呋喃甲醛参与糠醛降解。CM组显著降低的2-苯基丁酸主要参与丁酸代谢（表4-7）。在粪便样本中，CM组和SM组的花生四烯酸代谢、精氨酸生物合成和亚油酸代谢通路的代谢产物均上调。SM组主要初级胆汁酸生物合成代谢产物上调。而嘧啶代谢、肉碱代谢、甘油磷胆碱代谢和柠檬酸循环（TCA循环）相关代谢产物在CM组和SM组的均下调。此外，CM组SBAs生物合成代谢产物下调（表4-8）。在血清样品中，CM组和SM组均发现花生四烯酸代谢产物增加，半乳糖代谢产物、胆固醇代谢产物和SBAs生物合成代谢产物减少。此外，CM组参与色氨酸代谢、鞘脂信号通路和甘油磷脂代谢的化合物较多，而参与TCA循环、丙氨酸、谷氨酸、谷氨酸代谢和肉碱代谢的化合物较少。SM组中，参与初级胆囊酸生物合成和甘油磷脂代谢的代谢物较为丰富，而参与嘌呤和甘油磷脂代谢的代谢物较少（表4-9）。

**表4–5　不同乳腺健康状况奶牛粪便差异代谢产物**

| 超类 Superclass[1] | 亚类Subclass | 代谢物Metabolites | 差异权重贡献值VIP | 差异倍数 FC | *P*-值 *P*-value | FDR校正的*P*值FDR-adjusted *P*-value |
|---|---|---|---|---|---|---|
| 临床乳房炎组/健康组 CM/H | | | | | | |
| LL | 花生酸类Eicosanoids | 20-羟基白三烯B4<br>20-Trihydroxy-leukotriene-B4 | 5.14 | 7.09 | $5.98 \times 10^{-6}$ | $2.69 \times 10^{-4}$ |
| | | 13，14-二氢-15-酮-前列腺素PGE2<br>13，14-Dihydro-15-keto-PGE2 | 4.81 | 5.56 | $1.37 \times 10^{-6}$ | $1.45 \times 10^{-4}$ |
| | 亚麻酸及其衍生物<br>Lineolic acids and derivatives | 9，10-DiHODE | 4.25 | 4.08 | $5.91 \times 10^{-6}$ | $1.21 \times 10^{-4}$ |
| OD | 氨基酸、多肽和类似物Amino acids，peptides，and analogues | Ac-Ser-Asp-Lys-Pro-OH | 4.10 | 3.81 | $9.19 \times 10^{-5}$ | 0.004 |
| | | L-（+）-精氨酸<br>L-（+）-Arginine | 4.02 | 3.94 | $5.42 \times 10^{-5}$ | 0.002 |
| LL | 甘油磷脂Glycerophosphates | 溶血磷脂酸（0：0/16：0）<br>LysoPA（0：0/16：0） | 2.53 | 2.82 | 0.001 | 0.016 |
| | 甘油磷酸乙醇胺<br>Glycerophosphoethanolamines | 溶血磷脂酰乙醇胺（18：0/0：0）<br>LysoPE（18：0/0：0） | 2.47 | 2.33 | 0.001 | 0.015 |
| NNA | 环嘌呤核苷酸<br>Cyclic purine nucleotides | 环磷酸腺苷CAMP | 4.85 | 0.28 | $1.00 \times 10^{-4}$ | 0.013 |
| LL | 胆汁酸，醇和衍生物<br>Bile acids，alcohols and derivatives | 脱氧胆酸Deoxycholic acid | 4.14 | 0.27 | $9.58 \times 10^{-5}$ | 0.006 |
| | | 12-酮石胆酸<br>12-ketolithocholic acid | 3.86 | 0.35 | $1.05 \times 10^{-4}$ | 0.029 |

（续表）

| 超类 Superclass[1] | 亚类Subclass | 代谢物Metabolites | 差异权重贡献值VIP | 差异倍数 FC | *P*-值 *P*-value | FDR校正的*P*值FDR-adjusted *P*-value |
|---|---|---|---|---|---|---|
| OC | 嘌呤及其衍生物 Purines and purine derivatives | 黄嘌呤Xanthine | 3.85 | 0.45 | $1.01\times10^{-4}$ | 0.006 |
| | | 尿酸Uric acid | 3.75 | 0.32 | $3.90\times10^{-5}$ | 0.005 |
| OD | 三羧酸及其衍生物 Tricarboxylic acids and derivatives | 柠檬酸Citric acid | 5.18 | 0.21 | $2.71\times10^{-6}$ | $1.54\times10^{-4}$ |
| LL | 脂肪酸酯Fatty acid esters | 3-羟基己基肉碱 3-hydroxyhexanoyl carnitine | 3.27 | 0.33 | $3.55\times10^{-4}$ | 0.003 |
| OD | 氨基酸、多肽和类似物Amino acids，peptides，and analogues | L-谷氨酸L-Glutamic acid | 2.99 | 0.40 | $2.80\times10^{-4}$ | 0.011 |
| LL | 甘油磷酸胆碱Glycerophosphocholines | 1-亚油酸甘油磷酸胆碱 1-Linoleoylglycerophosphocholine | 2.97 | 0.31 | 0.001 | 0.012 |
| OOC | 碳水化合物和碳水化合物缀合物Carbohydrates and carbohydrate conjugates | 乳糖Lactose | 2.18 | 0.31 | 0.001 | 0.006 |
| 亚临床乳房炎组/健康组SCM/H | | | | | | |
| LL | 花生酸类 Eicosanoids | 20-羟基白三烯B4 20-Trihydroxy-leukotriene-B4 | 5.03 | 4.02 | $2.36\times10^{-6}$ | $3.58\times10^{-4}$ |
| | | 13，14-二氢-15-酮基-PGE 2 13，14-Dihydro-15-keto-PGE2 | 4.13 | 3.95 | $7.80\times10^{-6}$ | $1.93\times10^{-4}$ |
| | 亚麻酸及其衍生物 Lineolic acids and derivatives | 13-HpODE | 3.77 | 2.79 | 0.001 | 0.026 |
| | | 13（S）-HODE | 3.54 | 3.46 | $1.46\times10^{-4}$ | 0.001 |

（续表）

| 超类 Superclass[1] | 亚类Subclass | 代谢物Metabolites | 差异权重贡献值VIP | 差异倍数 FC | *P*-值 *P*-value | FDR校正的*P*值FDR-adjusted *P*-value |
|---|---|---|---|---|---|---|
| OD | 氨基酸、多肽和类似物Amino acids，peptides，and analogues | L-（+）-精氨酸 L-（+）-Arginine | 3.62 | 2.96 | $1.07 \times 10^{-4}$ | 0.008 |
| LL | 胆汁酸，醇和衍生物 Bile acids，alcohols and derivatives | 牛磺胆酸Taurocholic acid | 3.17 | 3.02 | 0.001 | 0.026 |
| | 甘油磷酸酯Glycerophosphates | 溶血磷脂酸［0：0/18：1（9Z）］ LysoPA［0：0/18：1（9Z）］ | 2.79 | 2.46 | 0.002 | 0.035 |
| | 甘油磷酸胆碱Glycerophosphocholines | 溶血磷脂胆碱［18：1（11Z）］ LysoPC［18：1（11Z）］ | 2.43 | 2.58 | 0.004 | 0.011 |
| OD | 三羧酸及其衍生物 Tricarboxylic acids and derivatives | 柠檬酸Citric acid | 4.92 | 0.26 | $1.14 \times 10^{-5}$ | 0.001 |
| | 氨基酸、多肽和类似物Amino acids，peptides，and analogues | L-谷氨酸L-Glutamic acid | 3.63 | 0.35 | $1.85 \times 10^{-4}$ | 0.059 |
| NNA | 三羧酸及其衍生物 Cyclic purine nucleotides | 环磷酸腺苷CAMP | 3.53 | 0.32 | $1.23 \times 10^{-5}$ | $1.87 \times 10^{-4}$ |
| LL | 甘油磷酸胆碱Glycerophosphocholines | 1-亚油酸甘油磷酸胆碱 1-Linoleoylglycerophosphocholine | 3.40 | 0.38 | $2.18 \times 10^{-4}$ | 0.005 |
| | 脂肪酸酯Fatty acid esters | 3-羟基己基肉碱 3-hydroxytridecanoyl carnitine | 3.11 | 0.38 | $1.01 \times 10^{-5}$ | 0.002 |

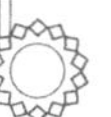

（续表）

| 超类 Superclass[1] | 亚类Subclass | 代谢物Metabolites | 差异权重贡献值VIP | 差异倍数 FC | *P*-值 *P*-value | FDR校正的*P*值FDR-adjusted *P*-value |
|---|---|---|---|---|---|---|
| OOC | 碳水化合物和碳水化合物缀合物Carbohydrates and carbohydrate conjugates | 乳糖Lactose | 3.33 | 0.41 | $1.40\times10^{-4}$ | 0.004 |
| OC | 嘌呤及其衍生物 Purines and purine derivatives | 尿酸Uric acid | 3.11 | 0.35 | $2.27\times10^{-4}$ | 0.002 |
| NNA | 嘌呤2′-脱氧核糖核苷 Purine 2′-deoxyribonucleosides | 脱氧次黄苷Deoxyinosine | 2.77 | 0.33 | 0.001 | 0.038 |
| 临床乳房炎组/亚临床乳房炎组CM/SCM | | | | | | |
| OD | 氨基酸、多肽和类似物 Amino acids，peptides，and analogues | 肌酸Creatine | 4.37 | 3.22 | $8.75\times10^{-5}$ | 0.004 |
| | | Ac-Ser-Asp-Lys-Pro-OH | 3.75 | 2.82 | $3.65\times10^{-5}$ | 0.002 |
| | | L-天冬氨酸L-Aspartic acid | 3.36 | 0.38 | $8.00\times10^{-5}$ | 0.006 |
| NNA | 嘌呤2′-脱氧核糖核苷Pyrimidine 2′-deoxyribonucleosides | 胸腺嘧啶Thymidine | 3.36 | 0.39 | $1.20\times10^{-4}$ | 0.001 |

注：[1]LL，脂类和类脂分子lipids and lipid-like molecules；OD，有机酸及其衍生物organic acids and derivatives；NNA，核苷、核苷酸和类似物nucleosides，nucleotides，and analogues；OC，有机杂环化合物organoheterocyclic compounds.

**表4-6 不同乳腺健康状况奶牛血清差异代谢产物**

| 超类 Superclass[1] | 亚类Subclass | 代谢物Metabolites | 差异权重贡献值VIP | 差异倍数 FC | P-值 P-value | FDR校正的P值FDR-adjusted P-value |
|---|---|---|---|---|---|---|
| 临床乳房炎组/健康组 CM/H | | | | | | |
| LL | 花生酸类 Eicosanoids | 12-氧代-20-二羟基白三烯B4 12-oxo-20-dihydroxy-leukotriene B4 | 4.17 | 7.73 | $1.16 \times 10^{-6}$ | $1.16 \times 10^{-5}$ |
| | | 20-羟基白三烯B4 20-Trihydroxy-leukotriene-B4 | 4.03 | 7.14 | $4.52 \times 10^{-6}$ | $1.71 \times 10^{-4}$ |
| | 鞘糖脂类 Glycosphingolipids | 半乳糖神经酰［d18：1/18：1（9Z）］ Lactosyceramide［d18：1/18：1（9Z）］ | 4.02 | 5.11 | $1.27 \times 10^{-5}$ | $1.13 \times 10^{-3}$ |
| OC | 羟基吲哚Hydroxyindoles | N-乙酰羟色胺N-Acetylserotonin | 3.13 | 4.84 | 0.001 | 0.002 |
| LL | 神经鞘磷脂Phosphosphingolipids | 1-磷酸鞘氨醇 Sphingosine 1-phosphate | 2.99 | 3.71 | $1.18 \times 10^{-4}$ | 0.004 |
| | 甘油磷酸胆碱Glycerophosphocholines | 溶血磷脂胆碱（18：0）LysoPC（18：0） | 2.25 | 2.89 | 0.001 | 0.041 |
| OD | 三羧酸及其衍生Tricarboxylic acids and derivatives | 柠檬酸Citric acid | 3.51 | 0.22 | $1.15 \times 10^{-4}$ | 0.005 |
| LL | 脂肪酸酯Fatty acid esters | 3-羟基己基肉碱 3-hydroxyisovalerylcarnitine | 3.28 | 0.30 | 0.001 | 0.016 |
| NNA | 环嘌呤核苷酸Cyclic purine nucleotides | 环磷酸鸟苷CGMP | 2.10 | 0.47 | 0.006 | 0.011 |

（续表）

| 超类 Superclass[1] | 亚类Subclass | 代谢物Metabolites | 差异权重贡献值VIP | 差异倍数 FC | *P*-值 *P*-value | FDR校正的*P*值FDR-adjusted *P*-value |
|---|---|---|---|---|---|---|
| OC | 嘌呤及其衍生物Purines and purine derivatives | 次黄嘌呤Hypoxanthine | 1.99 | 0.35 | 0.003 | 0.042 |
| NNA | — | 肌苷Inosine | 1.82 | 0.37 | 0.007 | 0.042 |
| 亚临床乳房炎组/健康组SCM/H | | | | | | |
| LL | 花生酸类Eicosanoids | 12-氧代-20-二羟基白三烯B4 12-oxo-20-dihydroxy-leukotriene B4 | 4.09 | 5.52 | $1.97 \times 10^{-5}$ | 0.001 |
| | 胆汁酸，醇和衍生物 Bile acids，alcohols and derivatives | 牛磺胆酸Taurocholic acid | 3.93 | 3.90 | $2.93 \times 10^{-4}$ | 0.014 |
| | | 胆酸Cholic acid | 3.73 | 3.72 | $3.55 \times 10^{-4}$ | 0.014 |
| LL | 胆汁酸，醇和衍生物 Bile acids，alcohols and derivatives | 脱氧胆酸Deoxycholic acid | 3.38 | 0.30 | $3.46 \times 10^{-5}$ | 0.002 |
| | | 牛磺鹅去氧胆酸 Taurochenodeoxycholic acid | 3.02 | 0.32 | $1.25 \times 10^{-5}$ | 0.003 |
| | | 7-酮脱氧胆酸 7-ketodeoxycholic acid | 2.91 | 0.35 | $3.91 \times 10^{-4}$ | 0.021 |
| OC | 嘌呤及其衍生物Purines and purine derivatives | 次黄嘌呤Hypoxanthine | 2.84 | 0.42 | $3.46 \times 10^{-4}$ | 0.013 |
| LL | 甘油磷酸胆碱Glycerophosphocholines | 1-亚油酸甘油磷酸胆碱 1-Linoleoylglycerophosphocholine | 2.73 | 0.37 | $1.43 \times 10^{-4}$ | 0.010 |
| | 胆汁酸，醇和衍生物 Bile acids，alcohols and derivatives | 脱氧胆酸甘氨酸缀合物Deoxycholic acid glycine conjugate | 2.68 | 0.38 | $4.61 \times 10^{-4}$ | 0.019 |
| | | 甘氨胆酸Glycocholic acid | 2.66 | 0.37 | $4.81 \times 10^{-4}$ | 0.034 |

（续表）

| 超类 Superclass[1] | 亚类Subclass | 代谢物Metabolites | 差异权重贡献值VIP | 差异倍数 FC | $P$-值 $P$-value | FDR校正的$P$值FDR-adjusted $P$-value |
|---|---|---|---|---|---|---|
| NNA | — | 肌苷Inosine | 2.61 | 0.51 | 0.006 | 0.044 |
| OC | Purines and purine derivatives | 鸟嘌呤Guanine | 2.46 | 0.45 | 0.002 | 0.044 |
| | | 临床乳房炎组/亚临床乳房炎组CM/SCM | | | | |
| LL | 鞘糖脂Glycosphingolipids | 半乳糖神经酰［d18：1/18：1（9Z）］Lactosyceramide［d18：1/18：1（9Z）］ | 3.56 | 3.48 | $6.88 \times 10^{-5}$ | $3.80 \times 10^{-4}$ |
| | 花生酸类Eicosanoids | 20-Trihydroxy-leukotriene-B4 | 2.84 | 4.10 | 0.001 | 0.005 |
| | 神经鞘磷脂Phosphosphingolipids | 1-磷酸鞘氨醇 Sphingosine 1-phosphate | 3.01 | 2.89 | 0.001 | 0.004 |
| | 甘油磷酸胆碱 Glycerophosphocholines | 溶血磷脂胆碱（17：0）LysoPC（17：0） | 2.82 | 2.92 | 0.001 | 0.006 |
| | | 溶血磷脂胆碱［18：3（6Z，9Z，12Z）］LysoPC［18：3（6Z，9Z，12Z)］ | 2.76 | 2.94 | 0.001 | 0.002 |
| OD | 三羧酸及其衍生物Tricarboxylic acids and derivatives | 柠檬酸Citric acid | 2.90 | 0.38 | 0.004 | 0.018 |
| OC | 嘌呤及其衍生物Purines and purine derivatives | 次黄嘌呤Hypoxanthine | 1.90 | 0.83 | 0.002 | 0.026 |
| NNA | — | 肌苷Inosine | 1.83 | 0.73 | 0.002 | 0.023 |

注：[1]LL，脂类和类脂分子lipids and lipid-like molecules；OD，有机酸及其衍生物organic acids and derivatives；NNA，核苷、核苷酸和类似物nucleosides，nucleotides，and analogues；OC，有机杂环化合物organoheterocyclic compounds；OOC，含氧有机化合物organic oxygen compounds.

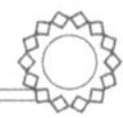

表4-7　不同乳腺健康状况奶牛瘤胃显著差异代谢物代谢途径富集分析

| 代谢物Metabolites | KEGG代谢途径 KEGG pathway | *P*-值*P*-value | | |
|---|---|---|---|---|
| | | 临床组/健康组CM/H | 亚临床组/健康组SM/H | 临床组/亚临床组CM/SM |
| 10β-羟基-6β-异丁基呋喃亚甲基 10beta-Hydroxy-6beta-isobutyrylfuranoeremophilane | 柠檬烯和蒎烯的降解 Limonene and pinene degradation | 0.008 | — | 0.025 |
| 12-氧代-20-二羟基白三烯B4 12-oxo-20-dihydroxy-leukotriene B4 | 花生四烯酸代谢 Arachidonic acid metabolism | 0.026 | — | 0.029 |
| 六亚甲基四胺Methenamine | 甲醛生物合成 Formaldehyde biosynthesis | 0.036 | 0.037 | — |
| 5-羟甲基-2-呋喃甲醛 5-Hydroxymethyl-2-furancarboxaldehyde | 糠醛降解Furfural degradation | 0.032 | 0.036 | — |
| 6-甲氧基蜂毒毒素 6-Methoxymellein | 植物次生代谢产物的生物合成Biosynthesis of plant secondary metabolites | 0.045 | 0.047 | — |
| 2-苯基丁酸2-Phenylbutyric acid | 丁酸甲酯代谢 Butanoate metabolism | 0.042 | — | — |
| 肉桂酸Cinnamic acid | 苯基环氧丙烷降解Phenylpropylene degradation | — | 0.058 | — |
| 香菇毒素Lentialexin | 植物次生代谢产物的生物合成Biosynthesis of plant secondary metabolites | — | 0.178 | — |
| （3R，5Z）-5-辛烯-1，3-二醇（3R，5Z）-5-Octene-1，3-diol | 脂肪酶解Fat hydrolysis | — | — | 0.063 |
| N-乙酰尸胺N-Acetylcadaverine | 赖氨酸降解Lysine degradation | — | — | 0.034 |

**表4–8　不同乳腺健康状况奶牛粪便显著差异代谢物代谢途径富集分析**

| 代谢物<br>Metabolites | KEGG代谢途径<br>KEGG Pathway | *P*-值*P*-value | | |
|---|---|---|---|---|
| | | 临床组/健康组CM/H | 亚临床组/健康组SM/H | 临床组/亚临床组CM/SM |
| L-（+）-精氨酸<br>L-（+）-Arginine | 精氨酸合成<br>Arginine biosynthesis | 0.006 | 0.015 | 0.045 |
| Ac-Ser-Asp-Lys-Pro-OH | 氨基酸及多肽<br>Amino acids and peptides | 0.030 | | 0.035 |
| Cyclo（Leu-Phe） | | 0.038 | — | 0.031 |
| 组氨酸—苯丙氨酸<br>Histidinyl-Phenylalanine | | — | | 0.053 |
| 甘氨酸—组氨酸Glycyl-Histidine | | 0.071 | 0.074 | 0.033 |
| 异亮氨酸—酪氨酸Isoleucyl-Tyrosine | | — | — | 0.041 |
| 肌酸Creatine | 甘氨酸、丝氨酸和苏氨酸代谢<br>Glycine，serine and threonine metabolism | 0.048 | — | 0.092 |
| 牛磺胆酸Taurocholic acid | 初级胆汁酸生物合成<br>Primary bile acid biosynthesis | — | 0.037 | 0.062 |
| 20-三羟基-白三烯B4<br>20-Trihydroxy-leukotriene-B4 | 花生四烯酸代谢<br>Arachidonic acid metabolism | 0.001 | 0.018 | 0.075 |
| 13，14-二氢-15-酮前列腺素E2<br>13，14-Dihydro-15-keto-PGE2 | | 0.046 | 0.063 | 0.267 |
| 9，10-DiHODE | 亚油酸代谢<br>Linoleic acid metabolism | 0.046 | — | 0.043 |
| 13-HpODE | | — | 0.041 | — |
| 13（S）-HODE | | 0.082 | 0.342 | 0.105 |
| L-谷氨酸L-Glutamic acid | 丙氨酸，天冬氨酸和谷氨酸代谢 Alanine，aspartate and glutamate metabolism | 0.001 | $2.00 \times 10^{-4}$ | — |
| | 谷胱甘肽代谢Glutathione metabolism | 0.026 | 0.027 | |

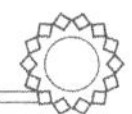

（续表）

| 代谢物 Metabolites | KEGG代谢途径 KEGG Pathway | *P*-值*P*-value | | |
|---|---|---|---|---|
| | | 临床组/健康组CM/H | 亚临床组/健康组SM/H | 临床组/亚临床组CM/SM |
| 去氧胆酸Deoxycholic acid | 次级胆汁酸生物合成 Secondary bile acid biosynthesis | 0.009 | — | 0.003 |
| 3a，7a，12a-三羟基-5b-胆酸-26-al 3a，7a，12a-Trihydroxy-5b-cholestan-26-al | | 0.029 | — | — |
| 环腺苷酸CAMP | 嘌呤代谢Purine metabolism | $2.58\times10^{-4}$ | $4.84\times10^{-4}$ | 0.002 |
| | 胆汁分泌Bile secretion | 0.009 | 0.012 | 0.003 |
| 尿酸Uric acid | 胆汁分泌Bile secretion | 0.009 | 0.012 | 0.013 |
| | 嘌呤代谢Purine metabolism | 0.002 | 0.004 | 0.020 |
| 胸腺嘧啶Thymidine | 嘧啶代谢Pyrimidine metabolism | $1.87\times10^{-4}$ | 0.001 | 0.002 |
| 3-羟基已基肉碱 3-hydroxyhexanoyl carnitine | 肉碱代谢Carnitine metabolism | 0.041 | 0.071 | — |
| 1-亚油酸甘油磷酸胆碱 1-Linoleoylglycerophosphocholine | 甘油磷酸胆碱代谢 Glycerophosphocholines metabolism | 0.041 | 0.045 | — |
| 柠檬酸Citric acid | 柠檬酸循环Citrate cycle（TCA cycle） | 0.002 | 0.019 | 0.011 |
| 乳糖Lactose | 半乳糖代谢Galactose metabolism | 0.009 | 0.041 | 0.068 |
| 蜜二糖Melibiose | | 0.012 | 0.040 | 0.068 |

**表4-9　不同乳腺健康状况奶牛血清显著差异代谢物代谢途径富集分析**

| 代谢物Metabolite | KEEG代谢途径 KEGG Pathway | *P*-值P-value | | |
|---|---|---|---|---|
| | | 临床组/健康组CM/H | 亚临床组/健康组SM/H | 临床组/亚临床组CM/SM |
| 12-氧代-20-二羟基白三烯B4 12-oxo-20-dihydroxy-leukotriene B4 | 花生四烯酸代谢 Arachidonic acid metabolism | 0.003 | 0.012 | — |
| 20-三羟基-白三烯B4 20-Trihydroxy-leukotriene-B4 | | 0.008 | — | 0.026 |
| N-乙酰羟色胺N-Acetylserotonin | 色氨酸代谢Tryptophan metabolism | 0.032 | | 0.055 |

（续表）

| 代谢物Metabolite | KEEG代谢途径 KEGG Pathway | *P*-值P-value | | |
|---|---|---|---|---|
| | | 临床组/健康组CM/H | 亚临床组/健康组SM/H | 临床组/亚临床组CM/SM |
| 牛磺胆酸Taurocholic acid | 初级胆酸生物合成Primary bile acid biosynthesis | — | $1.00 \times 10^{-4}$ | — |
| 胆酸Cholic acid | | | $1.00 \times 10^{-4}$ | |
| 一磷酸鞘氨醇 Sphingosine 1-phosphate | 鞘脂类信号通路Sphingolipid signaling pathway | 0.020 | — | 0.024 |
| 半乳糖神经酰胺（d18：1/18：1（9Z））Lactosyceramide（d18：1/18：1（9Z）） | 鞘脂类代谢Sphingolipid metabolism | 0.020 | | 0.024 |
| PE［14：0/24：1（15Z）］ | 甘油磷脂代谢 Glycerophospholipid metabolism | — | 0.012 | — |
| 溶血磷脂酰胆碱LysoPC（17：0） | | | — | 0.022 |
| 溶血磷脂酰胆碱［16：1（9Z）/0：0］ LysoPC［16：1（9Z）/0：0］ | | | | 0.023 |
| 溶血磷脂酰胆碱 LysoPC［18：3（6Z，9Z，12Z）］ | | | | 0.035 |
| 溶血磷脂酰胆碱［18：3（6Z，9Z，12Z）］ LysoPC［20：2（11Z，14Z）］ | | | | 0.025 |
| 柠檬酸Citric acid | 柠檬酸循环Citrate cycle（TCA cycle） | 0.011 | — | 0.068 |
| | 丙氨酸，天冬氨酸和谷氨酸代谢 Alanine，aspartate and glutamate metabolism | 0.055 | | 0.035 |
| 3-羟基异戊基肉碱 3-Hydroxyisovalerylcarnitine | 肉碱代谢Carnitine metabolism | 0.057 | — | — |
| 鸟嘌呤Guanine<br>次黄嘌呤Hypoxanthine<br>肌苷Inosine | 嘌呤代谢Purine metabolism | — | $1.00 \times 10^{-4}$ | — |
| 1-亚油酸甘油磷酸胆碱 1-Linoleoylglycerophosphocholine | 甘油磷酸胆碱代谢 Glycerophosphocholines metabolism | — | $1.00 \times 10^{-4}$ | — |

（续表）

| 代谢物Metabolite | KEEG代谢途径 KEGG Pathway | P-值P-value | | |
|---|---|---|---|---|
| | | 临床组/健康组CM/H | 亚临床组/健康组SM/H | 临床组/亚临床组CM/SM |
| 脱氧胆酸Deoxycholic acid | 次级胆汁酸代谢 Secondary bile acid biosynthesis | | | |
| 牛磺鹅去氧胆酸 Taurochenodeoxycholic acid | | — | $1.00\times10^{-4}$ | — |
| 7-酮脱氧胆酸7-ketodeoxycholic acid | | | | |
| 脱氧胆酸甘氨酸缀合物 Deoxycholic acid glycine conjugate | | 0.003 | 0.018 | 0.005 |
| 甘氨胆酸Glycocholic acid | | | | |

## 五、不同乳腺健康状况奶牛血清炎症因子、抗氧化指数、脂质和脂多糖浓度

在CM奶牛血清中，IL-1β（*P*=0.038）、IL-2（*P*=0.031）、TNF-α（*P*=0.046）、TC（*P*=0.039）和TG（*P*=0.026）浓度增加，IL-10（*P*=0.044、GSH-Px（*P*=0.042）、HDL（*P*=0.041）浓度下降。CM组和SM组的TNF-α浓度差异无统计学意义（表4-10）。此外，在血清、瘤胃液及粪便样本中，CM奶牛的LPS浓度较健康奶牛（*P*=0.007；*P*=0.005；*P*=0.014）和SM奶牛（*P*=0.041；*P*=0.023；*P*=0.037）增加。SM奶牛血清和瘤胃液中LPS水平也高于健康奶牛（*P*=0.025；*P*=0.033）（图4-9）。

**表4-10　健康奶牛、亚临床乳房炎和临床乳房炎奶牛血清炎症因子、抗氧化指标和血脂水平**

| 项目Items | 分组Groups（*n*=20） | | | 标准误 | *P*-值 |
|---|---|---|---|---|---|
| | 健康组H | 亚临床乳房炎组SCM | 临床乳房炎组CM | SEM | *P-value* |
| 白细胞介素-1β IL-1β，ng/L | 57.0[b] | 63.3[ab] | 68.9[a] | 0.99 | 0.038 |
| 白细胞介素-2 IL-2，pg/mL | 161[b] | 166[b] | 208[a] | 2.1 | 0.031 |
| 白细胞介素-4 IL-4，ng/L | 11.0 | 10.7 | 10.5 | 0.13 | 0.205 |
| 白细胞介素-6 IL-6，ng/L | 488[c] | 597[b] | 531[a] | 4.5 | 0.022 |
| 白细胞介素-10 IL-10，pg/mL | 33.6[a] | 30.6[ab] | 27.8[b] | 0.44 | 0.044 |
| 肿瘤坏死因子-α TNF-α，ng/L | 203[b] | 236[a] | 241[a] | 3.7 | 0.046 |
| 干扰素-γ IFN-γ，pg/mL | 98.1 | 99.2 | 101.2 | 0.47 | 0.112 |

（续表）

| 项目Items | 分组Groups（$n$=20） | | | 标准误SEM | $P$-值 $P$-value |
|---|---|---|---|---|---|
| | 健康组H | 亚临床乳房炎组SCM | 临床乳房炎组CM | | |
| 谷胱甘肽过氧化物酶GSH-Px，μmol/L | $6.94^{a}$ | $6.15^{a}$ | $5.77^{b}$ | 0.263 | 0.042 |
| 丙二醛MDA，nmol/mL | 1.47 | 1.52 | 1.64 | 0.080 | 0.682 |
| 超氧化物歧化酶SOD，U/mL | $54.3^{a}$ | $50.0^{ab}$ | $46.1^{b}$ | 0.54 | 0.041 |
| 总胆固醇TC，mmol/L | $6.04^{b}$ | $6.94^{ab}$ | $7.49^{a}$ | 0.194 | 0.039 |
| 甘油三酯TG，mmol/L | $0.11^{c}$ | $0.18^{b}$ | $0.26^{a}$ | 0.006 | 0.026 |
| 高密度脂蛋白HDL，mmol/L | $4.16^{a}$ | $3.69^{ab}$ | $3.26^{b}$ | 0.152 | 0.041 |
| 低密度脂蛋白LDL，mmol/L | 3.98 | 4.45 | 4.50 | 0.127 | 0.087 |

注：a, b, c在一行中，不同的字母表示处理组之间的差异；a, b, c values within a row，different letters denote differences between treatment combinations（$P$<0.05）.

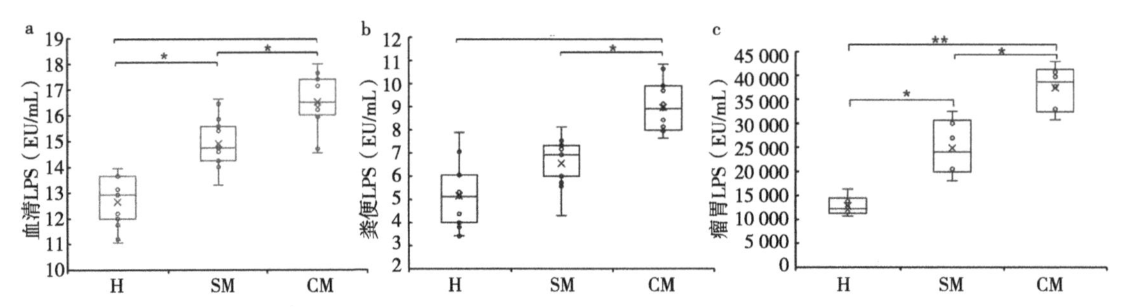


**图4-9　不同乳腺健康状况奶牛（a）血清、（b）粪便及（c）瘤胃液样品中脂多糖（LPS）浓度**

H，健康组；SM，亚临床乳房炎组；CM，临床乳房炎组

## 第四节　讨　论

本试验以H、SM及CM组奶牛为研究对象，通过比较胃肠道（瘤胃及粪便）菌群及代谢产物结构差异，探讨乳房炎期间胃肠道内环境的变化。研究表明，胃肠道菌群在全身性炎症疾病中具有重要作用（Clemente等，2018；Nagaraja等，2016）。瘤胃菌群失调导致内毒素LPS浓度的转移和全身扩散（Nagaraja等，2016）。在本试验中，瘤胃中主要的细菌门，Firmicutes、Proteobacteria和Bacteroidetes在不同乳腺健康状况奶牛瘤胃中没有显著差异。然而随后的PCoA分析显示，H和SM组奶牛瘤胃微生物仅存在部分差异，与CM奶牛瘤胃菌群结构与存在差异显著。本研究中，乳房炎期间瘤胃微生物菌群失衡的特点是共生菌大量减少以及潜在促炎菌的大量增加。在CM组中显著增加的*Neisseriaceae*和*Gastranaerophilales*与肠道炎症密切相关（Mulks等，1978；Zhang

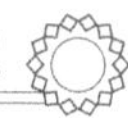

等，2017）。此外，Ferreira等（2018）也发现*Gastranaerophilales*在CM组奶牛的牛奶中显著富集。*Moraxella*是引起呼吸道感染、喉炎和肠炎的主要病原体，与瘤胃壁损伤（Nagaraja等，2016）有很强的相关性。我们观察到，CM组瘤胃中*Pseudobutyrivibrio*的丰度升高。瘤胃中大量的*Pseudobutyrivibrio*产生丁酸盐，增强肠黏膜免疫屏障功能，进一步阻止细菌及其代谢物进入血流（Kopecny等，2003）。据此推测，炎症发生时，*Pseudobutyrivibrio*可能起到了益生作用。SM组中富集的*Enterorhabdus*是一种常见的条件致病菌，可引起肠道感染。它在乳房炎奶牛的乳中也有显著的富集（Blum等，2018）。综上所述，上述微生物在CM期间在奶牛瘤胃中显著增加，已报道对人或其他动物具有一定的致病性，但其在奶牛瘤胃中的致病性仍需进一步研究。乳房炎期间显著减少的瘤胃菌主要为共生菌和肠道益生菌，如*Prevotella_1*，*Bifidobacterium*，*Lachnospiraceae* and *Mollicutes_RF*39。Jami和Mizrahi（2012）发现，*Mollicutes*门是瘤胃中数量最多的门之一，仅次于*Bacteroidetes*和*Firmicutes*。同样，*Lachnospiraceae*被认为是健康奶牛乳中的核心菌群之一（Biddle等，2013）。*Ruminiclostridium_*9能够降解肠上皮细胞黏液蛋白，产生SCFAs，维持肠道环境的稳定性（Ravachol等，2016），但其在瘤胃中的功能尚不清楚。

研究表明，宿主全身性炎症疾病，如关节炎、脊柱炎、乳房炎等都与胃肠道中SCFAs产生菌的缺失有关（Clemente等，2018）。与Zhong等（2018）研究一致，本试验中高SCC奶牛瘤胃SCFAs（主要为乙酸、丙酸、丁酸）浓度有所降低，这可能反映了乳房炎期间瘤胃内环境异常。本研究发现H组高丰度*Prevotella_*1、*Lachnospiraceae*和*Bifidobacterium*是主要的丙酸和丁酸产生菌。然而，这些菌群在CM组中显著减少。瘤胃SCFAs为泌乳提供能量基质，同时抑制胃肠道中病原菌的增殖（Hippe等，2015）。丙酸可以通过破坏细菌的pH稳定性来增强沙门氏菌的定殖抗性（Hippe等，2015）。丁酸可以限制致病性肠杆菌的生长（Sho等，2018）。综上，乳房炎奶牛瘤胃中SCFAs浓度的降低与瘤胃菌群结构的改变有关。

在粪便样本中，*Proteobacteria*在H、SM和CM组奶牛之间存在显著差异。研究表明*Proteobacteria*的异常扩张促进肠道炎症，这可能与免疫反应失调有关。因此，*Proteobacteria*的增加被认为是肠道失调的微生物信号（Shin等，2015）。本试验发现，*Proteobacteria*中两种主要的条件致病菌*Escherichia-Shigella*和*Klebsiella*在SM和CM组富集，它们是常见的乳房炎致病菌（Pang等，2018）。CM组奶牛粪便中*Ruminococcus*的显著富集与Ma等（2018）的观察结果一致。类似地，增加的*Paeniclostridium*被认为是一种与肠道炎症相关疾病有关的致病菌（Kim等2017）。虽然这些肠道微生物群与乳房炎之间的相关性尚不清楚，但目前的研究结果表明，乳房炎奶牛肠道中富集的潜在致病菌可能参与乳房炎的调节。与健康奶牛相比，SM组奶牛和CM组奶牛的粪便菌群多样性和丰富度较低。减少的粪便微生物主要来自*Firmicutes*、*Actinomycetes*和

*Bacteroidetes*。*Firmicutes*的菌群，包括*Romboutsia*、*Lachnospiraceae_NK3A20_group*、*Lachnospiraceae_NK4A136_group*、*Coprococcus*和*Eubacterium_ruminantium_group*是主要的丁酸生产细菌（Gasaly等，2021；Duncan等，2002）。丁酸盐在肠道中能够显著抑制中性粒细胞产生的促炎细胞因子和中性粒细胞迁移，从而改善炎症反应（Li等，2021）。这表明来自厚壁菌门的丁酸盐产生菌的减少可能增加疾病的易感性。此外，在本试验中，乳房炎奶牛粪便中检测到的*Lactobacillus*含量较低。这与Ma等报道的乳房炎奶牛的乳和粪便中均存在*Lactobacillus*缺乏的现象一致（Ma等，2016）。此外，*Bifidobacterium*也被发现在乳房炎奶牛肠道中减少。我们在乳房炎奶牛乳中也观察到类似的结果（Wang等，2020）。表明粪便和乳微生物群结构的变化可能存在一些相似之处。据此推测肠道中*Bifidobacterium*和*Lactobacillus*这两种益生菌的减少可能促进了乳房炎的保护。此外，减少的*Prevotellaceae_UCG*-003和*Alitipes*是健康肠道内的共生细菌（Accetto和Avguštin，2019；Shkoporov等2015）。共生菌群可通过诱导抗炎细胞因子IL-10，在免疫反应中防止感染或炎症（Mazmanian等，2008）。

炎症和感染通常伴随着氧化应激（Atroshi等，1996；Sordillo和Aitken，2009）和脂质代谢的变化（Memon等，2000）。我们发现乳房炎奶牛血清中观察到GSH-Px和SOD的浓度较低。在乳房炎期间，氧化应激水平的增加可能与炎症过程中中性粒细胞产生更多的活性氧有关（Sordillo和Aitken，2009）。SOD和GSH-Px降低可能与氧化损伤有关（El-Deeb，2013）。另外，在乳房炎奶牛中观察到高水平的血清TG、TC和低水平的HDL，这在以往的乳房炎研究中也有观察到（Xiao等2017；El-Deeb，2013）。乳房炎期间血脂的变化可能涉及以下两点，首先，LPS作为一种典型的炎症诱变剂，通过刺激肝脏VLDL的产生，降低TC的清除，从而迅速提高血清TC水平（Memon等，2000；Xiao等，2012）。本研究观察到乳房炎奶牛血清和粪便中LPS浓度升高。此外，一项研究报告了血液循环中TC、HDL水平与肠道菌群之间的相关性（Vojinovic等，2019）。他们发现血清HDL与*Lachnospiraceae*呈正相关，与*Ruminococcus*负相关。TG与*Ruminococcus*呈正相关，与*Coprococcus*呈负相关（Vojinovic等，2019）。*Ruminococcus*被认为与肠道微生物丰度低有关（Le Chatelier等，2013）。*Lachnospiraceae*是肠道微生物的主要类群之一，参与维持肠道健康和初级胆汁酸向SBAs的转化（Jia等，2018）。肠道微生物群影响循环脂质水平的可能机制与细菌来源并吸收入血的胆汁酸的调节有关（Fu等，2015；Ghazalpour等，2016）。

代谢组学数据显示，瘤胃代谢产物的显著变化主要与炎症和抗菌活性有关。在乳房炎期间发现5种显著增加的瘤胃代谢产物，包括12-oxo-20-二羟基白三烯B4、10β-羟基-6β-异丁基呋喃亚甲基、5-甲基四氢叶酸、六亚甲基四胺及6-甲氧基蜂毒毒素。12-羰基-20-二羟基白三烯B4是白三烯B4的一种异构体。病原体分泌的脂加氧酶启动花生四烯酸向白三烯B4的转化，进而引发炎症反应（Boutet等，2014）。10β-羟基-6β-异丁基呋

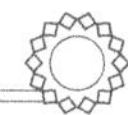

喃亚甲基是一种倍半萜，参与柠檬烯和蒎烯降解。这两种挥发性物质均具有抗炎抗菌作用（Basholli-Salihu等，2017）。CM组10β-羟基-6β-异丁基呋喃亚甲基显著增加，可能加速了柠檬烯和蒎烯的降解，降低了其抗菌和抗炎活性。然而，关于10β-羟基-6β-异丁基呋喃亚甲基与乳房炎的报道相当有限。高浓度的5-甲基四氢叶酸通过诱导DNA损伤具有细胞毒性（Janzowski等，2000）。此外，5-甲基四氢叶酸还能诱导促炎因子的产生，如TNF-α和IL-1β（Du等，2015）。6-甲氧基蜂毒毒素和六亚甲基四胺均具有抑制组织细胞生长或产生有害代谢物的作用，但也具有一定的抗菌活性（Marinelli等，1996；Musher等，1974）。此外，与H组相比，CM组中丁酸的衍生物，2-苯基丁酸显著下调。2-苯基丁酸在感染过程中对宿主黏膜防御有保护作用，可以增加肠道*Lactobacillus*的数量，减少促炎细胞因子IL-23的诱导（Jellbauer等，2016）。

另外，乳房炎奶牛粪便和血清中差异代谢物表现出相似性和差异性。SM奶牛的粪便和血清中初级胆汁酸（牛磺胆酸和胆酸）升高，SBAs（脱氧胆酸、3a，7a，12a-三羟基-5b-胆酸-26-al、牛磺鹅脱氧胆酸、7α-酮去氧胆酸和甘胆酸）降低。SBAs具有广泛的抗炎作用，能够抑制参与炎症的关键细胞因子和趋化因子的表达，这主要与胆酸信号受体FXR、TGR5等有关（Sinha等，2020；Hylemon等，2009）。参与初级胆汁酸转化为SBAs的肠道微生物包括*Bifidobacterium*，*Lactobacillus*，*Lacetospiraceae*和*Bacteroides*（Jia等，2018；Gérard，2013）。因此，我们有理由推测乳房炎牛SBAs水平降低与上述肠道菌群微生物的减少。

与健康奶牛相比，乳房炎奶牛肠道和血清中检测到更多花生四烯酸和亚油酸代谢相关代谢产物，其中大多数是促炎介质。20-三羟基白三烯B4和12-氧-20-二羟基白三烯B4分别在粪便和血清中观察到。它们是中性粒细胞多形核白细胞脂质氧化白三烯B4的代谢产物。白三烯B4是中性粒细胞多形核白细胞的主要代谢产物（Toda等，2002）。瘤胃中的观察结果类似。此外，粪便中的13，14-二氢-15-酮-$PGE_2$是前列腺素$E_2$代谢物之一，可引起发热、痛觉、炎症等反应（Kawahara等，2015）。此外，参与亚油酸代谢的高丰度9，10-DiHODE、13-HPODE和13（S）-HODE属于促炎脂质氧化产物，参与TNF-α和IL-1信号通路，进而介导炎症（Friedrichs，1999）。本研究在CM奶牛血清中检测到高浓度的TNF-α和IL-1β。与SM奶牛相比，CM奶牛肠道中发现更多的寡肽（Ac-Ser-Asp-Lys-Pro-OH、甘氨酸—组氨酸、异亮氨酸—酪氨酸）。据报道，肠道中寡肽和游离氨基酸的升高与内源性或细菌源蛋白水解酶的活性有关（Moussaoui等，2002年）。在乳房炎奶牛的奶中也观察到了类似的现象（Larsen等，2010）。

在血清中，CM奶牛有较高水平的参与鞘脂和甘油磷脂代谢的代谢物，其中大部分是脂质促炎介质。溶血磷脂参与白细胞的分化和活化，并刺激巨噬细胞中IL-1β和TNF-α的表达（Lee等，2002）。此外，鞘氨醇-1-磷酸诱导IL-6分泌和环氧化酶-2表达，并诱导花生四烯酸类促炎介质的产生（Hsu等，2015；Völzke等，2014）。同样，乳神经酰胺［d18：1/18：1（9Z）］是由促炎因子激活的乳酸神经酰胺合成酶产生，并参与中性粒细胞的迁移和吞噬（Iwabuchi，2018）。血清中这些脂质促炎代谢物的增加反映了乳房炎期间机体存在强烈的炎症过程。同时，在本研究中，乳房炎奶牛血清中IL-1β、TNF-α和IL-6水平的升高可能与这些高水平的促炎介质有关。另一方面，乳房炎奶牛粪便和血清中被下调的代谢物主要参与柠檬酸循环、肉碱和嘌呤代谢。柠檬酸和肉碱分别参与TCA循环和长链脂肪酸的β-氧化（Akram，2014；Longo等，2016），提示乳房炎期间能量代谢受阻。一些嘌呤代谢物，如肌苷等，能够抑制多器官炎症（da Rocha Lapa等，2021）。

## 小　结

本试验分析了H、SM、CM组奶牛胃肠道（瘤胃及粪便）菌群及代谢产物的差异。CM组奶牛瘤胃及粪便中发现了病原菌和潜在促炎菌（*Pseudobutyrivibrio*、*Gastranaerophilales*、*Moraxella*、*Paeniclostridium*、*Eschericia-Shigella*和*Klebsiella*）的富集。同时促炎代谢产物（12-oxo-20-二羟基白三烯B4和10β-羟基-6β-异丁基呋喃亚甲基、20-三羟基-白三烯-B4、13-HPODE、13（S）-HODE和鞘氨醇-1-磷酸）水平高含量增加。乳房炎奶牛胃肠道内SCFAs产生菌及有益共生菌（*Prevoterotoella*_1、*Bifidobacterium*、*Romboutsia*、*Lachnospiraceae_NK3A20_group*、*Coprococcus*、*Prevotell aceae_UCG*-003和*Alistipes*）丰度降低。在乳房炎奶牛粪便和血清发现低丰度的SBAs代谢物（脱氧胆酸、牛磺鹅脱氧胆酸和7-酮脱氧胆酸）以及参与能量和嘌呤代谢的化合物（柠檬酸、3-羟基异戊基肉碱及肌苷）。综上所述，与健康奶牛相比，乳房炎奶牛胃肠道中潜在的致病微生物及促炎代谢产物的丰度富集，表明乳房炎房与胃肠道内环境可能存在的关联性，但具体机制仍有待进一步研究。

### 参考文献

ACCETTO T，AVGUŠTIN G，2019. The diverse and extensive plant polysaccharide degradative apparatuses of the rumen and hindgut Prevotella species：a factor in their ubiquity[J]? Syst Appl Microbiol，42：107–116.

AKRAM M，2014. Citric acid cycle and role of its intermediates in metabolism[J]. Cell Biochem Biophys，68：475–478.

ATROSHI F，PARANTAINEN J，SANKARI S，et al.，1996. Changes in inflammation-

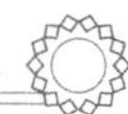

related blood constituents of mastitic cows[J]. Vet Res，27（2）：125–132.

BASHOLLI-SALIHU M，SCHUSTER R，HAJDARI A，et al.，2017. Phytochemical composition，anti-inflammatory activity and cytotoxic effects of essential oils from three Pinus spp. [J]. Pharmaceutical Biology，55：1553–1560.

BIDDLE A，STEWART L，BLANCHARD J，et al.，2013. Untangling the genetic basis of fibrolytic specialization by *Lachnospiraceae* and *Ruminococcaceae* in diverse gut communities[J]. Diversity，5（3）：627–640.

BOUTET P，BUREAU F，DEGAND G，et al.，2014. Imbalance between lipoxin A4 and leukotriene B4 in chronic mastitis-affected cows[J]. J Dairy Sci，86：3430–3439.

CLEMENTE J C，MANASSON J，SCHEr J U，2018. The role of the gut microbiome in systemic inflammatory disease[J]. BMJ，360（5145）：1–16.

DA ROCHA L F，DA SILVA M D D，DE ALMEIDA C，et al.，2021. Anti-inflammatory effects of purine nucleosides，adenosine and inosine，in a mouse model of pleurisy：evidence for the role of adenosine A2 receptors[J]. Purinergic Signal，8：693–704.

DERVISHI E，ZHANG G，DUNN S M，et al.，2017. GC–MS Metabolomics Identifies Metabolite Alterations That Precede Subclinical Mastitis in the Blood of Transition Dairy Cows[J]. J Proteome Res，16（2）：433–446.

DU Y，PAN K，ZHANG W，et al.，2005. 5-（hydroxyethyl）furfural and derivatives as inhibitors of TNF-α and IL-1β production：US，20050124684 A1[P] 6：1–9.

DUNCAN S H，BARCENILLA A，STEWART C S，et al.，2002. Acetate utilization and butyryl coenzyme A（CoA）：acetate-CoA transferase in butyrate-producing bacteria from the human large intestine[J]. Appl Environ Microbiol，68（10）：5186–5190.

EL-DEEB W M，2013. Clinicobiochemical investigations of gangrenous mastitis in does：immunological responses and oxidative stress biomarkers[J]. J Zhejiang Univ Sci B，14：33–39.

FERNÁNDEZ L，LANGA S，MARTÍN V，et al.，2013. The human milk microbiota：Origin and potential roles in health and disease[J]. Pharmacological Research，69：1–10.

FERREIRA L S，SOUZA B M L D，CARVALHO B R，et al.，2018. Evaluation of milk sample fractions for characterization of milk microbiota from healthy and clinical mastitis cows[J]. PLoS One，13（3）：e0193671.

FRAZIER T H，DIBAISE J K，MCCLAIN C J，2011. Gut microbiota，intestinal permeability，obesity-induced inflammation，and liver injury[J]. J pen-Parenter Enter，35：14S–20S.

FRIEDRICHS B，TOBOREK M，HENNIG B，et al.，1999. 13-HPODE and 13-HODE modulate cytokine-induced expression of endothelial cell adhesion molecules differently[J]. Biofactors，9：61–72.

FU J，BONDER M J，CENIT M C，et al.，2015. The gut microbiome contributes to a substantial proportion of the variation in blood lipids[J]. Circ Res，117（9）：817–824.

GASALY N，HERMOSO M A，GOTTELAND M，2021. Butyrate and the Fine-Tuning of Colonic Homeostasis：Implication for Inflammatory Bowel Diseases[J]. Int J Mol Sci，22（6）：3061.

GÉRARD P，2013. Metabolism of cholesterol and bile acids by the gut microbiota[J]. Pathogens，3：14–24.

GHAZALPOUR A，CESPEDES I，BENNETT B J，et al.，2016. Expanding role of gut microbiota in lipid metabolism[J]. Curr Opin Lipidol，27（2）：141–147.

HENDERSON G，COX F，KITTELMANN S，et al.，2013. Effect of DNA extraction methods and sampling techniques on the apparent structure of cow and sheep rumen microbial communities[J]. PLoS One，8（9）：e74787.

HIPPE B，REMELY M，AUMUELLER E，et al.，2015. SCFA Producing gut microbiota and its effects on the epigenetic regulation of inflammation[M]. In book：Beneficial Microorganisms in Medical and Health Applications，9：181–189.

HSU C K，LEE I T，LIN C C，et al.，2015. Sphingosine-1-phosphate mediates COX-2 expression and PGE2 /IL-6 secretion via c-Src-dependent AP-1 activation[J]. J Cell Physiol，230（3）：702–715.

HYLEMON P B，ZHOU H，PANDAK W M，et al.，2009. Bile acids as regulatory molecules[J]. J Lipid Res，50（8）：1509–1520.

IWABUCHI K，2018. Lactosylceramide-enriched lipid raft-mediated infection immunity[J]. Med Mycol J，59：J51–J61.

JAMI E，MIZRAHI I，2012. Composition and similarity of bovine rumen microbiota across individual animals[J]. PLoS One，7（3）：e33306.

JANZOWSKI C，GLAAB V，SAMIMI E，et al.，2000. 5-hydroxymethylfurfural：assessment of mutagenicity，dna-damaging potential and reactivity towards cellular glutathione[J]. Food Chem Toxicol，38：801–809.

JELLBAUER S，PEREZ LOPEZ A，BEHNSEN J，et al.，2016. Beneficial effects of sodium phenylbutyrate administration during infection with salmonella enterica serovar typhimurium[J]. Infect Immun，84（9）：2639–2652.

JIA W，XIE G，JIA W，2018. Bile acid-microbiota crosstalk in gastrointestinal inflammation and carcinogenesis[J]. Nat Rev Gastroenterol Hepatol，15（2）：111–128.

KAMADA N，SEO S U，CHEN G Y，et al.，2013. Role of the gut microbiota in immunity and inflammatory disease[J]. Nat Rev Immunol，13（5）：321–35.

KAWAHARA K，HOHJOH H，INAZUMI T，et al.，2015. Prostaglandin E2-induced inflammation：Relevance of prostaglandin E receptors[J]. Biochim Biophys Acta，1851（4）：414–421.

KIM J Y，KIM Y B，SONG H S，et al.，2017. Genomic Analysis of a Pathogenic Bacterium，Paeniclostridium sordellii CBA7122 Containing the Highest Number of rRNA Operons，Isolated from a Human Stool Sample[J]. Front Pharmacol，8：840.

KOPECNY J，2003. *Butyrivibrio* hungatei *sp. nov.* and *Pseudobutyrivibrio* xylanivorans sp. nov. Butyrate-producing bacteria from the rumen[J]. Int J Syst Evol Micr，53（1）：201–209.

LAKRITZ J R，POUTAHIDIS T，MIRABAL S，et al.，2015. Gut bacteria require neutrophils to promote mammary tumorigenesis[J]. Oncotarget，6（11）：9387–9396.

LANGILLE M G，ZANEVELD J，CAPORASO J G，et al.，2013. Predictive functional profiling of microbial communities using 16S rRNA marker gene sequences[J]. Nat Biotechnol，31（9）：814–821.

Le CHATELIER E，NIELSEN T，QIN J，et al.，2013. Richness of human gut microbiome correlates with metabolic markers[J]. Nature，500：541–546.

LEE H，LIAO J J，GRAELER M，et al.，2002. Lysophospholipid regulation of mononuclear phagocytes[J]. Biochim Biophys Acta，1582（1–3）：175–177.

LI G，LIN J，ZHANG C，et al.，2021. Microbiota metabolite butyrate constrains neutrophil functions and ameliorates mucosal inflammation in inflammatory bowel disease[J]. Gut Microbes，13（1）：1968257.

LONGO N，FRIGENI M，PASQUALI M，2016. Carnitine transport and fatty acid oxidation[J]. Biochim Biophys Acta，1863（10）：2422–2435.

MA C，ZHAO J，XI X，et al.，2016. Bovine mastitis may be associated with the deprivation of gut Lactobacillus[J]. Benef Microbes，7：95–102.

MA C，SUN Z，ZENG B H，et al.，2018. Cow-to-mouse fecal transplantations suggest intestinal microbiome as one cause of mastitis[J]. Microbiome，6：200–217.

MARINELLI F，ZANELLI U，RONCHI V N，1996. Toxicity of 6-methoxymellein and 6-hydroxymellein to the producing carrot cells[J]. Phytochemistry，42：641–643.

MARTIN R，LANGA S，REVIRIEGO C，et al.，2004. The commensal microflora of human milk：new perspectives for food bacteriotherapy and probiotics. Trends Food Sci Tech，15（3–4）：121–127.

MAZMANIAN S K，ROUND J L，KASPER D L，2008. A microbial symbiosis factor prevents intestinal inflammatory disease[J]. Nature，453（7195）：620–625.

MELANIE S，IJAZ U Z，ROSALINDA D，et al.，2015. Insight into biases and sequencing errors for amplicon sequencing with the illumina miseq platform[J]. Nucleic Acids Res，43（6）：e37.

MEMON R A，STAPRANS I，NOOR M，et al.，2000. Infection and inflammation induce LDL oxidation in vivo[J]. Arterioscler Thromb Vasc Biol，20（6）：1536–1542.

MOUSSAOUI F，MICHELUTTI I，LE ROUX Y，et al.，2002. Mechanisms involved in milk endogenous proteolysis induced by a lipopolysaccharide experimental mastitis[J]. J Dairy Sci，85（10）：2562–2570.

MULKS M H，PLAUT A G，1978. IgA protease production as a characteristic distinguishing pathogenic from harmless Neisseriaceae[J]. New Engl J Med，299（18）：973–976.

MUSHER D M，GRIFFITH D P，1974. Generation of Formaldehyde from methenamine：effect of pH and concentration，and antibacterial effect[J]. Antimicrob Agents Ch，6：708–711.

NAGARAJA T G，2016. Ruminal microbes，microbial products，and systemic inflammation[J]. J Anim Sci，94（suppl 5）：90–94.

OST K S，ROUND J L，2018. Communication between the microbiota and mammalian immunity[J]. Annu Rev Microbiol，72：399–422.

PANG M，XIE X，BAO H，et al.，2018. Insights into the bovine milk microbiota in dairy farms with different incidence rates of subclinical mastitis[J]. Front Microbiol，9：2379.

PEREZ PF，DORÉ J，LECLERC M，et al.，2007. Bacterial imprinting of the neonatal immune system：lessons from maternal cells[J]? Pediatrics，119（3）：e724–732.

RAO V P，POUTAHIDIS T，FOX J G，et al.，2007. Breast cancer：should gastrointestinal bacteria be on our radar screen[J]? Cancer Res，67：847–850.

RAVACHOL J，DE PHILIP P，BORNE R，et al.，2016. Mechanisms involved in xyloglucan catabolism by the cellulosome-producing bacterium Ruminiclostridium cellulolyticum[J]. Sci Rep，6：22770.

RESCIGNO M，URBANO M，VALZASINA B，et al.，2001. Dendritic cells express tight junction proteins and penetrate gut epithelial monolayers to sample bacteria[J]. Nat Immunol，2：361–367.

SHIN N R，WHON T W，BAE J W，2015. Proteobacteria：microbial signature of dysbiosis in gut microbiota[J]. Trends Biotechnol，33（9）：496–503.

SHKOPOROV A N，CHAPLIN A V，KHOKHLOVA E V，et al.，2015. *Alistipes inops* sp. nov. and *Coprobacter secundus* sp. nov.，isolated from human faeces[J]. Int J Syst Evol

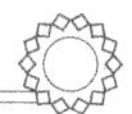

Microbiol，65（12）：4580–4588.

SHO N，SATOSHI H，KOJI K，et al.，2018. Propionate and butyrate induce gene expression of monocarboxylate transporter 4 and cluster of differentiation 147 in cultured rumen epithelial cells derived from preweaning dairy calves1[J]. J Anim Sci（11）：1–10.

SINHA S R，HAILESELASSIE Y，NGUYEN L P，et al.，2020. Dysbiosis-Induced Secondary Bile Acid Deficiency Promotes Intestinal Inflammation[J]. Cell Host Microbe，27（4）：659–670.

SORDILLO L M，AITKEN S L，2009. Impact of oxidative stress on the health and immune function of dairy cattle[J]. Vet Immunol Immunopathol，128（1–3）：104–109.

TODA A，YOKOMIZO T，SHIMIZU T，2002. Leukotriene B4 receptors[J]. Prostaglandins Other Lipid Mediat，68–69：575–585.

VOJINOVIC D，RADJABZADEH D，KURILSHIKOV A，et al.，2019. Relationship between gut microbiota and circulating metabolites in population-based cohorts[J]. Nat Commun，10（1）：5813.

VÖLZKE A，KOCH A，MEYER Z U，et al.，2014. Sphingosine 1-phosphate（S1P）induces COX-2 expression and PGE2 formation via S1P receptor 2 in renal mesangial cells[J]. Biochim Biophys Acta，1841（1）：11–21.

WANG Y，NAN X M，ZHAO Y G，et al.，2020. Coupling 16S rDNA Sequencing and Untargeted Mass Spectrometry for Milk Microbial Composition and Metabolites from Dairy Cows with Clinical and Subclinical Mastitis[J]. J Agric Food Chem，68：8496–8508.

XIAO H B，WANG J Y，SUN Z L，2017. ANGPTL3 is part of the machinery causing dyslipidemia majorily via LPL inhibition in mastitis mice[J]. Exp Mol Pathol，103（3）：242–248.

XIAO H B，SUN Z L，ZHANG H B，et al.，2012. Berberine inhibits dyslipidemia in C57BL/6 mice with lipopolysaccharide induced inflammation[J]. Pharmacol Rep，64：889–895.

YANG J，TAN Q，FU Q，et al.，2017. Gastrointestinal microbiome and breast cancer：correlations，mechanisms and potential clinical implications[J]. Breast Cancer，24（2）：220–228.

YOUNG W，HINE B C，WALLACE O A，et al.，2015. Transfer of intestinal bacterial components to mammary secretions in the cow[J]. Peer J，3：e888.

ZHANG Q，ZHOU Z，REN X，et al.，2017. Comparision of faecal microbiota in rats with type 2 diabetes and non-diabetic rats using miseq high-throughput sequencing[J]. J Chinese I of Food Sci Technol，17（6）：232–239.

ZHONG Y，XUE M，LIU J，2018. Composition of rumen bacterial community in dairy cows with different levels of somatic cell counts[J]. Front Microbiol，9（321）：1–10.

# 第五章　基于瘤胃体外模拟技术探究菊粉在奶牛瘤胃中的适宜添加范围

## 第一节　引　言

菊粉是一种广泛存在于植物中的低聚果糖（也称为果寡糖）。例如，菊芋（*Helianthus tuberosus* L.）被报道含有丰富的菊粉（Roberfroid，2007；Barkhatova等，2015）。菊粉不仅是植物能量储存的来源，也被报道为功能性食品添加剂，具有多种健康益处，如改善肠道环境、促进钙吸收、增强免疫调节、改善糖脂代谢（Jenkins和Vuksan，1999；Abrams等，2007；Ryz，2007）。菊粉作为一种可溶性膳食纤维，已被证明能够促进*Bifidobacterium*和*Lactobacillus*等有益菌增殖并抑制病原菌生长，因而具有益生元活性（Miremadi和Shah，2012；García-Peris等，2012）。然而，这些研究结果主要来自对人类和单胃动物的研究，而关于菊粉对反刍动物生理和生产性能影响的相关研究很少。据报道，添加菊粉可以通过改善瘤胃发酵和瘤胃微生物菌群来改善肥育肉牛的生长性能和饲料转化率（Tian等，2019）。此外，其他相关研究表明，低聚果糖具有提高奶牛产奶量的作用（Sánchez等，2009）。Ghosh和Mehla（2012）研究表明，在犊牛日粮中添加4g甘露寡糖，持续8周后，干物质采食量增加了7%，促进犊牛生长，同时有效减少腹泻，因此有希望成为减少和替代抗生素使用的一种方法（Heinrichs等，2003）。菊粉中果糖单体的异头碳为β构型，不能被单胃动物口腔和胃中的消化酶分解。因此，菊粉通常在单胃动物的结肠中被微生物利用，刺激益生菌的增殖（Roberfroid，2007）。在反刍动物中，菊粉有望在瘤胃中被微生物发酵（Öztürk，2008；Zhao等，2014）。基于前期试验结果，我们试图通过菊粉调控SCM奶牛胃肠道菌群以缓解炎症症状。目前菊粉在奶牛中的研究相对较少，结果也并不一致。要探究补充菊粉对奶牛的影响首先需要明确其适宜的添加量范围。因此，本试验的目的是通过体外瘤胃模拟试验初步筛选出合适的菊粉添加量范围，为后续试验奠定基础。

## 第二节　材料和方法

### 一、试验日粮、动物及设计

体外试验采用精粗比为40：60的全混合日粮（total mixed ration，TMR）作为培养底物。TMR组成及营养成分见表5-1。TMR的化学成分［干物质（DM）、粗蛋白质

（CP）、粗脂肪（EE）和灰分］是根据官方分析化学家协会（AOAC）的方法进行分析的（Helrich，1990）。NDF和ADF含量使用ANKOM A 2000i光纤分析仪（ANKOM Technology，New York）进行分析。采用电感耦合等离子体原子发射光谱法（ICP-AES）分析Ca和P的浓度（iCAP6300，Thermo Fisher，New York）。泌乳净能（NEL）是根据NRC（2001）计算的。试验所用菊粉提取自菊芋块茎（纯度>90%），由中国河北省廊坊市农林科学院提供。在体外试验中，选择4头健康、体况相近的泌乳中期荷斯坦奶牛作为瘤胃液供体。参照绵羊上相似的体外试验方法（Öztürk，2008），设置8个菊粉添加水平，分别为0（对照）、0.2%、0.4%、0.6%、0.8%、1.0%、1.2%和1.4%。本试验所用菊粉（纯度>85%）提取自菊芋块茎，由中国河北省廊坊市农林科学院提供。TMR样品经过干燥研磨，并通过2mm筛网过滤。准确称取0.5g TMR样本置于72个培养瓶（100mL）。每个菊粉水平设9个培养瓶（3个重复×3个培养时间）培养时间为24h、48h和72h。

**表5-1　总混合日粮（TMR）成分和营养成分（%DM，其他状态除外）**

| 组成<br>Ingredient | 含量<br>Content | 营养成分Nutrient composition<br>（%，unless other stated） | 含量<br>Content |
|---|---|---|---|
| 豆粕Soya meal | 8.74 | 粗蛋白质CP | 17.0 |
| 大豆皮Soybean hull | 2.17 | 中性洗涤纤维NDF | 29.4 |
| 甜菜颗粒Beet granules | 2.17 | 酸性洗涤纤维ADF | 16.6 |
| 棉籽Cotton seed | 3.48 | 粗脂肪Ether extract | 4.22 |
| 玉米皮Corn bran | 3.04 | 钙Ca | 0.24 |
| 苜蓿叶粉Alfalfa leaf meal | 2.17 | 磷P | 0.09 |
| 燕麦草Oat grass | 8.39 | 产奶净能NEL，Mcal/kg[3] | 1.74 |
| 苜蓿干草Alfalfa hey | 4.37 | | |
| 玉米青贮Corn silage | 44.2 | | |
| 玉米Corn | 6.48 | | |
| 蒸汽压片玉米Steam-flaked corn | 5.22 | | |
| 菜籽粉Rapeseed meal | 2.13 | | |
| 膨化大豆Extruded soybean | 1.74 | | |
| 美加仑Megalac [1] | 0.87 | | |

（续表）

| 组成 Ingredient | 含量 Content | 营养成分Nutrient composition（%，unless other stated） | 含量 Content |
|---|---|---|---|
| 脂肪粉Fatty powder | 0.48 | | |
| 5%预混料5% Premix [2] | 4.35 | | |

注：[1]美加仑，一种保护瘤胃的脂肪酸钙（VOLAC国际有限公司，英国）。Megalac，a rumen protected fatty acid calcium（VOLAC International Ltd.，UK）.

[2]5%预混料（每千克），包括400 000IU的维生素A、320 000IU的维生素$D_3$，1 200IU的维生素E，1 400mg的铜、12 000mg的锌、60 000mg的铁，12 000mg的锰、40mg的硒，400mg的碘，160mg的钴，28%的钙和5.4%的磷。

5% Premix，including（per kg of DM）400 000IU of vitamin A，320 000IU of vitamin $D_3$，1 200IU of vitamin E，1 400mg of Cu，12 000mg of Zn，60 000mg of Fe，12 000mg of Mn，40mg of Se，400mg of I，160mg of Co，28% of Ca and 5.4% of P.

[3]NEL，产奶净能，根据NRC（2001）计算的。NEL，net energy for lactation，which was calculated referred to NRC（2001）.

## 二、指标检测方法

1. 缓冲液配制

所需溶液如下：（1）微量元素溶液A：准确称取13.2g $CaCl_2$-$2H_2O$、10.0g $MnCl_2$-$4H_2O$、1.0g $CoCl_2$-$6H_2O$、8.0g $FeCl_3$-$6H_2O$，加入双蒸水定容至100mL。（2）碳酸盐缓冲液B：称取4.0g $NH_4HCO_3$和35.0g $NaHCO_3$，加入双蒸水定容至1 000mL。（3）磷酸盐缓冲液C：称取5.7g $Na_2HPO_4$和6.2g $KH_2PO_4$，加入双蒸水定容至1 000mL。（4）刃天青指示剂（0.1%，*W*/*V*）：称取刃天青0.1g，加入双蒸水定容至100mL。（5）还原液：160mg NaOH和625mg Na2S-9$H_2O$，加双蒸水定容至100mL。上述溶液配制好后，按顺序依次加入400mL蒸馏水、100μL微量元素A溶液、200mL碳酸盐缓冲液B、200mL磷酸盐缓冲液C、1mL刃天青指示剂和40mL还原液（现用现配）。充分混匀后持续通入$CO_2$，直至溶液颜色由粉红变为无色透明，pH值调整至6.80为止。使用前，在39℃水浴中预热。

2. 瘤胃液体取样

于晨饲前1h，使用胃管式瘤胃液采样器（GCYQ-1-A，上海硅狄科学仪器有限公司）和200mL注射器，采集每头奶牛的瘤胃液样本。为了减少唾液污染，丢弃前两管瘤胃液，每头奶牛收集瘤胃液250mL。瘤胃液通过4层纱布过滤到经预热达39℃且通有$CO_2$的保温瓶中。将4头奶牛的瘤胃液样品充分混合后密封，并立即转入实验室。然后将它们置于温度为39℃的恒温水浴中，并将$CO_2$置于液体表面，直至接种瘤胃液完成（Öztürk，2008）。

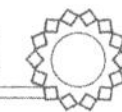

3. 瘤胃液培养与发酵

提前准备水浴锅（39℃）、$CO_2$充气装置、25mL注射器及50mL移液器。将瘤胃液经四层纱布过滤，置于39℃水浴锅中，持续通入$CO_2$保持厌氧环境。用25mL注射器准确抽取25mL瘤胃液于每个发酵瓶中，再用50mL移液器抽取50mL缓冲液于每个发酵瓶中，发酵液上方通入$CO_2$，保持瓶内厌氧环境，用橡胶塞封口。使用"AGRS-Ⅲ型64通路微生物发酵微量产气全自动记录装置与软件系统"记录产气量（gas production，GP），提前半小时打开仪器预热到39℃；根据指导手册，设置程序；连接发酵瓶与相应管道，点击发酵按钮；发酵过程中，轻轻摇晃瓶子，将发酵液上下摇匀；发酵36h后，关闭发酵管道步骤参考操作手册（杨红建等，2007）。

4. 样品采集与分析

分别在24h、36h和48h取出培养瓶置于冰水中以停止发酵。使用pH计（8362sc；上海碧云天生物科技有限公司，上海，中国）测定瘤胃液pH值。然后将每个瓶子里的液体摇匀，通过尼龙袋过滤，收集残渣，烘干后用于测量干物质消失率（*in vitro* dry matter digestibility，IVDMD）。将滤液并全部转移至100mL离心管中，于150×*g*离心15min。将上清液分装并置于−20℃保存，用于挥发性脂肪酸（volatile fatty acids，VFA）、氨态氮（$NH_3$−N）及微生物蛋白（microbial protein，MCP）浓度的测定。

挥发性脂肪酸浓度：使用气相色谱（Agilent 5975C，安捷伦）检测VFA浓度。取5mL上述瘤胃液样品在10 000×*g*离心10min，移取1.5mL上清液至离心管中，涡旋混匀后静置30min，在10 000×*g*下离心15min，取1.5mL上清液于进样品瓶中加入0.15mL 25%偏磷酸，涡旋混匀后供气相色谱仪测定。气相色谱测定参考条件为：色谱柱：DB-FFAP（15m×0.32mm×0.25μm）；柱温：100℃，2℃/min至120℃，保持10min；进样口温度：250℃；检测器温度：280℃；恒压：21.8kPa；分流比：1：50；进样量：2μL。

氨态氮浓度：瘤胃液中的氨与次氯酸钠及苯酚试剂在亚硝基铁氰化钠［$Na_3Fe(CN)_5NO_2H_2O$］催化下反应生成蓝色靛酚A。通过测定蓝色靛酚A的吸光度可以得到样品中氨的浓度。所需试剂：（1）A液（苯酚显色剂）：称取0.1g亚硝基铁氰化钠［$Na_3Fe(CN)_5NO_2 \cdot H_2O$］、20g苯酚（$C_6H_5OH$），蒸馏水定容至2L，溶液放入棕色瓶中2～10℃避光保存，保质期6个月。（2）B液（次氯酸盐试剂）：称取10g NaOH、75.7g $Na_2HPO_4 \cdot 7H_2O$溶于蒸馏水中，待冷却后，加入100mL次氯酸钠（含氯5.25%）混匀后定容至2L，溶液使用滤纸过滤后2～10℃避光保存，保质期6个月。（3）氨标准溶液：准确称取1.004 5g $NH_4Cl$溶于适量蒸馏水中，用稀HCl调节pH值至2.0，用蒸馏水定容至1L，得到含氨浓度为32mg/dL的标准储备溶液（Cone等，1996）。

用蒸馏水稀释氨标准储备溶液，得到$NH_3$−N浓度分别为32mg/dL、16mg/dL、8mg/dL、4mg/dL、2mg/dL、1mg/dL和0mg/dL的系列工作溶液。取系列标准工作溶液各

40μL至贴好标签的试管中，依次加入2.5mL A液和2.0mL B液。将样品放至37℃水浴中发色30min。用分光光度计在波长550nm处测定吸光度。用标准工作液浓度和测定的吸光度作为横、纵坐标，绘制标准曲线并计算回归方程。

取上述分装保存的瘤胃液样品6mL于10mL离心管中。12 000×*g*离心20min，取出上清液40μL至试管中，分别加入2.5mL A液和2.0mL B液，充分混匀。将样品放至37℃水浴显色30min，使用分光光度计在波长550nm处测定样品吸光度。

微生物粗蛋白质测定：分别取供测微生物粗蛋白质的各降解时间的两管各8mL滤液，500×*g*离心15min后，每管分别吸取6mL上清液，加入2mL 77.6%的三氯乙酸（终浓度达到19.4%），冰浴静置45min；其中一管经27 000×*g*离心15min，取上清液进行凯氏定氮，未离心的另一管整管液体进行凯氏定氮，二者差值即为微生物蛋白浓度。

### 三、数据统计分析

体外试验的数据分析使用SPSS 22.0（IBM，芝加哥）统计软件中一般线性模型中的重复测量定义因子分析。时间为受试者内因子，菊粉剂量为受试者间因子。使用线性和二次对比来检验不同剂量菊粉的反应。线性和二次对比也被用来检查对时间的反应。结果以最小二乘平均值表示。显著差异性表示为$P<0.05$，改变趋势表示为$0.05 \leq P<0.10$。菊粉剂量与时间之间的显著交互作用（$P<0.05$）在本研究中以图显示。

## 第三节　研究结果

### 一、菊粉添加对体外瘤胃产气量、pH值、挥发酸及氨态氮浓度的影响

瘤胃液体外培养结果见表5-2。GP（$P$=0.03）、乙酸（$P$=0.02）、丙酸（$P$=0.03）和TVFA（$P$=0.02）及MCP浓度（$P$=0.03）在0.8%菊粉组中显著增加，而$NH_3$-N浓度（$P$=0.02）在0.2%和0.8%菊粉组中最低。乙酸与丙酸盐的比值（$P$=0.04）在2%剂量水平下最大。就培养时间而言，pH值随培养时间的增加降低（$P$=0.02），$NH_3$-N浓度随培养时间呈下降趋势（$P$=0.07），而GP（$P<0.01$）、乙酸（$P<0.01$）、TVFA（$P<0.01$）显著增加。MCP浓度在培养36h达到最大值（$P$=0.02）。此外，GP（$P$=0.02）、MCP（$P<0.01$）、乙酸（$P<0.01$）、丙酸（$P<0.01$）和TVFA（$P<0.01$）存在菊粉剂量和培养时间的交互作用。0.6%菊粉组中乙酸、丙酸和TVFA浓度在36h时首先下降，然后在48h时增加（图5-1c，d和e）。同时，产气量在36h时首先增加，然后在48h时下降（图5-1a）。此外，1%菊粉组的MCP浓度在36h时最大，但低于1.5%菊粉组在48h的浓度（图5-1b）。

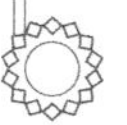

表5-2　菊粉剂量和时间对体外瘤胃液培养的影响

| 项目Items[1] | 菊粉添加剂量，%（干物质）Inulin dose，%DM | | | | | | | | 标准误 SEM | *P*-值 *P*-value | 培养时间Time（h） | | | 标准误 SEM | *P*-值 *P*-value |
|---|---|---|---|---|---|---|---|---|---|---|---|---|---|---|---|
| | 0 | 0.2 | 0.4 | 0.6 | 0.8 | 1.0 | 1.2 | 1.4 | | | 24 | 36 | 48 | | |
| pH | 6.67 | 6.65 | 6.66 | 6.63 | 6.61 | 6.61 | 6.63 | 6.63 | 0.005 | 0.08 | 6.66 | 6.67 | 6.61 | 0.005 | 0.02 |
| 干物质消失IVDMD，% | 80.2 | 80.3 | 83.5 | 84.2 | 84.9 | 84.9 | 84.0 | 83.2 | 1.05 | 0.58 | 80.3 | 84.5 | 86.5 | 1.05 | 0.04 |
| 产气量GP，mL | 46.6 | 52.1 | 52.9 | 53.3 | 56.7 | 50.9 | 50.2 | 50.1 | 1.30 | 0.03 | 47.1 | 52.0 | 55.8 | 1.30 | <0.01 |
| 氨态氮$NH_3$-N，mg/dL | 15.3 | 13.2 | 19.7 | 14.5 | 13.6 | 18.6 | 14.4 | 16.7 | 0.70 | 0.02 | 15.9 | 15.6 | 13.9 | 0.70 | 0.07 |
| 微生物蛋白MCP，mg/mL | 1.64 | 2.19 | 2.22 | 2.29 | 2.89 | 2.97 | 2.77 | 2.48 | 0.083 | 0.03 | 2.25 | 2.96 | 2.71 | 0.083 | 0.02 |
| 乙酸Acetate，mmol/L | 57.9 | 59.8 | 54.7 | 59.4 | 68.6 | 63.3 | 62.6 | 64.9 | 2.23 | 0.02 | 46.7 | 50.6 | 71.9 | 2.23 | <0.01 |
| 丙酸Propionate，mmol/L | 17.8 | 20.6 | 17.7 | 18.7 | 22.0 | 21.1 | 20.5 | 19.9 | 0.29 | 0.03 | 19.7 | 19.8 | 19.7 | 0.29 | 0.94 |
| 丁酸Butyrate，mmol/L | 9.93 | 9.56 | 8.57 | 8.76 | 10.7 | 9.67 | 10.0 | 9.74 | 0.198 | 0.39 | 8.55 | 9.77 | 10.6 | 0.198 | <0.01 |
| 异丁酸Isobutyrate，mmol/L | 1.49 | 1.49 | 1.41 | 1.47 | 1.52 | 1.47 | 1.40 | 1.41 | 0.071 | 0.98 | 1.12 | 1.36 | 1.45 | 0.071 | <0.01 |
| 戊酸Valerate，mmol/L | 2.55 | 2.59 | 2.57 | 2.53 | 2.64 | 2.55 | 2.67 | 2.72 | 0.123 | 0.86 | 1.61 | 2.64 | 2.35 | 0.123 | 0.03 |
| 异戊酸Isovalerate，mmol/L | 2.77 | 2.69 | 2.56 | 2.48 | 2.64 | 2.55 | 2.58 | 2.67 | 0.813 | 0.51 | 1.75 | 2.62 | 3.27 | 0.813 | <0.01 |
| 总挥发酸TVFA，mmol/L | 92.4 | 96.7 | 87.5 | 93.3 | 108 | 101 | 99.8 | 101 | 3.12 | 0.02 | 79.0 | 84.4 | 123 | 3.12 | <0.01 |
| 乙丙比A/P | 3.25 | 2.90 | 3.09 | 3.18 | 3.12 | 3.00 | 3.05 | 3.26 | 1.119 | 0.04 | 2.38 | 2.56 | 3.44 | 1.119 | 0.08 |

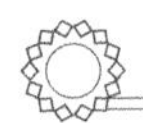

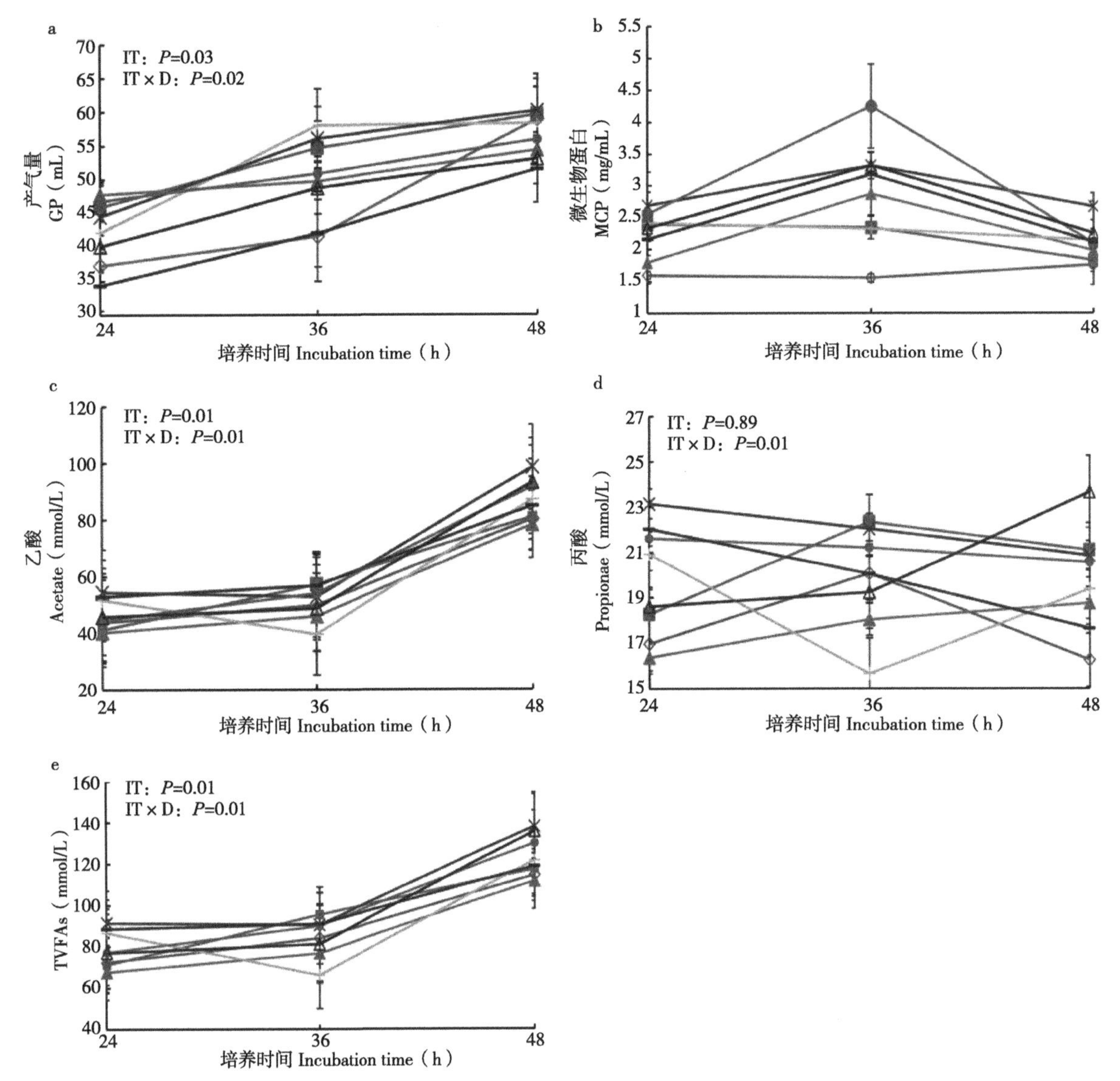


**图5-1　体外瘤胃发酵液中菊粉剂量与培养时间在（a）产气量（GP），（b）微生物蛋白（MCP），（c）乙酸，（d）丙酸和（e）总挥发性脂肪酸中的交互作用（彩图见文后彩插）**

## 二、体外瘤胃液培养中菊粉最佳剂量的评价

为初步筛选瘤胃中菊粉的适宜添加范围，采用单因素联合效应指数（SFAEI）和多因素联合效应指数（MFAEI）评价不同菊粉剂量下体外瘤胃液培养参数（pH、GP、IVDMD、$NH_3$-N、MCP和TVFA）。以未添加菊粉的基础TMR为对照。结果表明，pH、GP、IVDMD、$NH_3$-N、MCP和TVFA的SFAEI值分别在1.2%、0.8%、1.0%、1.0%、1.4%和0.8%菊粉组最高。通过计算，多项组合效应指数以0.8%添加水平最高，其次为0.6%、1.2%、0.2%和1%（表5-3）。

表5-3 菊粉添加量对瘤胃体外发酵影响的综合评定

| 项目Items | 菊粉添加水平，% DM Inulin addition level，% DM | | | | | | |
|---|---|---|---|---|---|---|---|
| | 0.2 | 0.4 | 0.6 | 0.8 | 1.0 | 1.2 | 1.4 |
| 单项组合效应指数SFAEI[1] | | | | | | | |
| pH | −0.001 9 | −0.000 5 | −0.004 1 | −0.005 8 | −0.001 6 | 0.000 2 | −0.001 2 |
| 产气量GP | 0.092 1 | 0.119 5 | 0.111 6 | 0.170 3 | −0.218 1 | 0.055 8 | 0.078 3 |
| 体外干物质降解率IVDMD | 0.000 7 | −0.006 4 | −0.004 1 | −0.006 5 | 0.011 1 | 0.001 4 | −0.041 9 |
| 氨态氮$NH_3$-N | −0.028 5 | −0.161 1 | 0.009 6 | −0.042 6 | 0.054 2 | −0.013 6 | −0.205 1 |
| 微生物蛋白MCP | 0.038 6 | 0.040 7 | 0.041 9 | 0.045 4 | 0.054 5 | 0.051 2 | 0.055 7 |
| 总挥发酸TVFA | 0.017 1 | −0.076 2 | −0.006 2 | 0.100 6 | 0.080 0 | 0.040 2 | 0.055 0 |
| 多项组合效应指数MFAEI[2] | 0.118 0 | −0.083 9 | 0.148 7 | 0.261 4 | −0.019 9 | 0.135 2 | −0.059 3 |

注：[1]单项组合效应指数=$\frac{\sum_{n=1}^{6} A2-A1}{A3}$ 其中，$A1$为每一项的值在每个时间点菊粉添加量0.0%；$A2$为每一项的值在每个时间点为0.2%，0.4%，0.6%，0.8%，1.0%，1.5%和2.0%菊粉添加剂量；$A3$为$A2$在每个时间点总和的平均值。SFAEI=$\frac{\sum_{n=1}^{6} A2-A1}{A3}$，in which，$A1$=the value of each item at each time point at 0.0% inulin addition dose，$A2$=the value of each item at each time point at 0.2%，0.4%，0.6%，0.8%，1.0%，1.2% and 1.4% inulin addition doses，$A3$=the average of the sum of $A2$ at each time point.

[2]多项组合效应指数，各菊粉剂量下各单项组合效应指数之和。MFAIE=the sum of SFAEI of each item at each addition dose of inulin.

## 第四节 讨 论

在体外试验中，随着菊粉剂量和培养时间的增加，培养液pH值呈现下降趋势（在0.8%添加水平下数值达到最低）。pH值的降低通常表明产生更多的VFA，这在0.8%剂量下各挥发酸及总挥发酸浓度最大的结果中得到印证。另外，体外培养时间的延长导致产酸积累并降低pH值（Winichayakul等，2020）。菊粉添加后，$NH_3$-N的浓度降低可能是由于菊粉具有固定细菌氮的能力（Zhao等，2014）。$NH_3$-N可作为MCP合成的前体物质和瘤胃细菌发酵的氮源。据报道，在羊中添加菊粉可降低瘤胃中的氨浓度（Öztürk，2008）。这可能是因为菊粉通过提供更多的能量来掺入$NH_3$-N以合成MCP，从而促进了瘤胃中微生物的增殖（Umucalilar等，2010）。然而，菊粉促进MCP合成的机制仍有待进一步探索。

随着菊粉剂量的增加，GP和TVFA浓度增加可能是由于菊粉的高溶解度和菊粉中可溶性膳食纤维的增加（Golder等，2012）。Zhao等（2014）报道菊粉在体外模拟瘤胃条件下的产气速率和程度与淀粉相似，但比蔗糖和葡萄糖慢得多。此外，菊粉的添加可以增加瘤胃中可发酵的碳水化合物（Tian等，2019）。GP主要由较高的可溶性非结构化碳水化合物和饲料有机物的消化率增加而产生（Winichayakul等，2020）。瘤胃培养液中乙酸、丙酸和丁酸盐浓度都随着菊粉剂量的增加而增加，这与Mc Cormick等（2001）的研究一致。乙酸和丁酸的增加可能是菊粉分解代谢产生的乙酰辅酶A增加所致（Lin等，2014），乙酰辅酶A可以进一步被瘤胃细菌分解产生乙酸和丁酸。此外，菊粉降解产生的果糖会通过瘤胃微生物产生更多的丙酮酸，丙酮酸可以进一步转化为丙酸（McCormick等，2001；Umucalilar等，2010）。因此，在当前研究中，各VFA浓度的增加导致TVFA增加。

## 小　结

本试验基于瘤胃体外模拟技术，初步探究了菊粉添加对奶牛瘤胃pH值、产气量、挥发酸及氨态氮浓度的影响。结果表明，菊粉在瘤胃中能够被微生物降解，导致产气量增加，挥发酸浓度增加，进而引起pH值的降低。此外，在本试验所设条件下菊粉在瘤胃中的适宜添加量为0.8%。

### 参考文献

杨红建，宋正河，祝仕平，等，2007. 一种发酵微量气体产生量数据自动采集存储装置及方法：CN 100355873C[P].

ABRAMS S A，HAWTHORNE K M，ALIU O，et al.，2007. An Inulin-type fructan enhances calcium absorption primarily via an effect on colonic absorption in humans[J]. J Nutr，137：2208–2212.

BARKHATOVA T V，NAZARENKO M N，KOZHUKHOVA M A，et al.，2015. Obtaining and identification of inulin from Jerusalem artichoke（*Helianthus tuberosus*）tubers[J]. Foods Raw Mater，3：13–22.

CoNE J W，GELDER A，VISSCHER G，et al.，1996. Influence of rumen fluid and substrate concentration on fermentation kinetics measured with a fully automated time related gas production apparatus[J]. Anim Feed Sci Tech，61（1–4），113–128.

GARCÍA-PERIS P C，VELASCO M A，LOZANO Y，et al.，2012. Effect of a mixture of

inulin and fructo-oligosaccharide on *Lactobacillus* and *Bifidobacterium* intestinal microbiota of patients receiving radiotherapy：a randomised，double-blind，placebo-controlled trial[J]. Nutr Hosp，27：1908–1915.

GHOSH S，MEHLA R K，2012. Influence of dietary supplementation of prebiotics（mannanoligosacch aride）on the performance of crossbred calves[J]. Trop Anim Health Pro，44：617–622.

GOLDER H M，CELI P，RABIEE A R，et al.，2012. Effects of grain，fructose，and histidine on ruminal pH and fermentation products during an induced subacute acidosis protocol[J]. J Dairy Sci，95：1971–1982.

HELRICH K，1990. Official methods of analysis of the Association of Official Analytical Chemists：2. Food composition；additives；natural contaminants[M]. 15th Edition. AOAC，Arlington，VA.

JENKINS D J，KENDALL C W，VUKSAN V，1999. Inulin，oligofructose and intestinal function[J]. J Nutr，129：1431S–1433S.

LIN Z B，ZHANG X，LIU R，et al.，2014. Effects of chicory inulin on serum metabolites of uric acid，lipids，glucose，and abdominal fat deposition in quails induced by purine-rich diets[J]. J Med Food，17：1214–1221.

MCCORMICK M E，REDFEARN D D，WARD J D，et al.，2001. Effect of protein source and soluble carbohydrate addition on rumen fermentation and lactation performance of Holstein cows[J/OL]. J Dairy Sci，84：1686–1697. https：//doi. org/10. 3168/jds. S0022-0302（01）74604-8.

MIREMADI F，SHAH N P，2012. Applications of inulin and probiotics in health and nutrition[J]. Int Food Res J，19：1337–1350.

National Research Council（NRC），2001. Nutrient Requirements of Dairy Cattle：Seventh Revised Edition[M]. Washington DC：The National Academies Press .

ÖZTÜRK H，2008. Effects of inulin on rumen metabolism *in vitro*[J]. Ankara Üniv Vet Fak Derg，55：79–82.

ROBERFROID M B，2007. Inulin-type fructans：functional food ingredients[J]. J Nutr，137：2493S–2502S.

RYZ N，2007. Investigating the role of inulin for enhancing immune function in zinc deficient rats. MS Thesis. Department of Human Nutritional Sciences，University of Manitoba，Winnipeg，Manitoba，Canada.

SÁNCHEZ J A，PINOS-RODRÍGUEZ J M，GONZÁLEZ S S，et al.，2010. Influence of supplemental amino oligosaccharides on *in vitro* disappearance of diets for dairy cattle and its effects on milk yield[J]. S Afr J Anim Sci，40：294–300.

TIAN K，LIU J，SUN Y，et al.，2019. Effects of dietary supplementation of inulin on rumen fermentation and bacterial microbiota，inflammatory response and growth performance in finishing beef steers fed high or low-concentrate diet[J]. Anim Feed Sci Technol，258：114299.

UMUCALILAR H D，GULSEN N，HAYIRLI A，et al.，2010. Potential role of inulin in rumen fermentation[J]. Revue Méd Vét，161：3–9.

WINICHAYAKUL S，BEECHEY-GRADWELL Z，MUETZEL S，et al.，2020. In vitro gas production and rumen fermentation profile of fresh and ensiled genetically modified high-metabolizable energy ryegrass[J]. J Dairy Sci，103：2405–2418.

ZHAO X H，GONG J M，ZHOU S，et al.，2014. The effect of starch，inulin，and degradable protein on ruminal fermentation and microbial growth in rumen simulation technique[J]. Ital J Anim Sci，13：1，3121.

# 第六章　日粮添加菊粉对奶牛泌乳性能、瘤胃发酵特性及微生物组成的影响

## 第一节　引　言

作为一种可溶性膳食纤维，菊粉在人类和单胃动物中得到了广泛的研究。菊粉可促进*Bifidobacterium*、乳杆菌等益生菌的生长，抑制肺炎梭菌、肠球菌、霉菌等致病性和腐败菌的增殖（Roberfroid，2007），菊粉发酵引起的肠道菌群变化可调节肠淋巴组织的免疫功能（Schley和Field，2002）。Chen等（2017）研究表明，菊粉可以通过调节肠道菌群的稳态来延缓急性胰腺炎等免疫疾病的发生。菊粉可促进内源性活性物质导管素相关抗菌肽的产生，这种效果取决于SCFAs的产生。菊粉在结肠内发酵产生的大量SCFA和乳酸（lactic acid，LA）不仅能刺激肠道蠕动，预防便秘（Roberfroid，2007），还能降低肠道pH值，促进矿物质吸收（Lopez等，2000）。此外，菊粉还被证明具有抑制脂肪分解酶降解摄入脂肪的功能，从而降低血脂（Williams，1999）。其降脂作用也可能与菊粉发酵产生的SCFA对血液中胆固醇和甘油三酯的调节有关（Causey等，2000）。总之，菊粉可以通过改变微生物种群和代谢过程来改善人类和单胃动物的肠道环境和身体健康。

然而，对反刍动物，尤其在奶牛中菊粉的研究非常有限。菊粉在单胃动物结肠中的发酵过程基本上类似于在反刍动物瘤胃中发生的过程（Biggs和Hancock，1998）。羊体外瘤胃发酵试验表明，在含有1g基础日粮的发酵瓶中加入1.5g DM菊粉可显著降低$NH_3$-N浓度，表明菊粉具有提高瘤胃氮利用率的潜力（Gndz，2009）。Zhao等（2014）通过瘤胃模拟技术研究了菊粉对山羊瘤胃发酵和微生物生长的影响。结果表明，菊粉处理降低了乙酸盐的浓度、乙酸与丙酸的比值和甲烷产量，但增加了丁酸盐的浓度。此外，*Fibrobacter succinogenes*和*Ruminococcus flavefaciens*的丰度降低，表明菊粉可能抑制某些瘤胃纤维素分解菌的生长。另一项关于育肥牛的研究表明，在日粮中添加菊粉使瘤胃发酵模式从乙酸型转向丙酸和丁酸型。此外，瘤胃菌群α多样性指数增加，其中拟杆菌门（Bacteroides）和厚壁菌门（Firmicutes）的丰度显著增加，牛体重和饲料利用率也显著增加（Tian等，2019）。以往关于菊粉对反刍动物影响的研究大多集中在体外试验上，这可能会限制菊粉对反刍动物实际生理调节和生产性能影响的认识和深入研究。

菊粉在单胃动物肠道环境改善方面的成功应用引起了人们对其在瘤胃功能、反刍动物生理和生产性能方面的潜在作用的极大兴趣。然而，目前有关菊粉对奶牛泌乳性能、

免疫能力、瘤胃微生物组成和代谢物活性影响的相关研究很少或结果不一致。本试验基于上述体外试验结果，旨在初步探究菊粉对奶牛瘤胃发酵、泌乳性能及瘤胃菌群结构等正常生理及生产性能的影响，在评估菊粉作为奶牛饲料添加剂的可行性的同时为后续试验奠定一定的基础。

## 第二节　材料和方法

### 一、试验动物、日粮及设计

本试验在北京郊区一个管理良好的大型奶牛场进行，此牛场拥有约560头成年泌乳牛。牛卧床由海绵橡胶垫和消毒过的稻壳组成，牛舍配备了电动刮粪板和电动牛体刷，奶牛拥有干净舒适的环境。本试验于9月中旬至10月下旬开展，预饲期1周，试验期5周。试验选取16头体况相近［胎次（1.83 ± 0.91）、体重（553kg ± 17.3kg）、泌乳天数（166d ± 48.8d）、产奶量（33.7kg/d ± 2.64kg/d）、乳SCC（338 ± 64.5）× $10^3$个/mL］的荷斯坦奶牛，随机分为2组。包括对照组和菊粉组（每组8头）。奶牛被饲养在单独的牛棚中，每天分别在07：00、13：00和19：00提供TMR日粮（TMR组成及营养成分同第三章）。奶牛自由采食TMR并自由饮水。收集每天剩余饲料用于计算采食量。在TMR基础上，对照组和菊粉组菊粉添加量分别为0g/（d・头）和200g/（d・头）。本研究中菊粉添加水平是通过瘤胃模拟技术独立体外试验确定的。体外结果表明，TMR中添加0.8%DM菊粉对奶牛瘤胃液培养发酵性能有显著影响。因此，本试验菊粉添加量是根据每头牛平均干物质采食量［25kg/（d・头）］的0.8%计算，结果为200g/（d・头）。由于菊粉具有吸湿性，准确称取菊粉［200g/（d・头）］，制成相同形状和大小的丸状。使用约1.5m长的不锈钢投药枪（Boehringer-Ingelheim，Biblach，德国）于每天晨饲期间通过口腔投喂菊粉。

### 二、样品采集及分析

1. 牛奶样本采集和体重测量

试验奶牛于每天6：00、12：00和18：00使用自动挤奶系统挤奶3次（Afimilk，以色列）。在最后一个试验周连续7d采集牛奶样本并记录产奶量，并以这7d的平均产奶量代表试验期产奶量。每次从每头奶牛采集2管的牛奶样本（每管50mL），立即放入装有冰袋的泡沫盒中并带回实验室。将每天3次的牛奶样品以4：3：3的比例混合（Wang等，2017）。在其中一份混合牛奶样品中加入0.6mg/mL重铬酸钾混合作为防腐剂，保存在4℃，用于分析牛奶成分。另一份混合牛奶样品的保存在-20℃，用于牛奶脂肪酸（fatty acids，FA）的分析。奶牛体重于每天晨饲前通过地磅称重。

2. 牛奶成分和脂肪酸分析

乳蛋白质、脂肪、乳糖、乳尿素氮（milk urea nitrogen，MUN）和SCC在北京奶牛中心（中国北京）通过牛奶成分分析仪（Lactoscan SP，Funke Gerber，德国柏林）检测。牛奶FA的检测采用乙酰氯—甲醇甲酯化法。甲苯萃取后，采用气相色谱仪（Agilent 8860GC，CA，USA）分离检测，并通过外标法定量。牛奶样品前处理按照Wang等（2006）进行。将4.5mL甲苯加入0.5mL脂肪酸甘油三酯中并充分混合用作标准测量溶液。色谱参考条件如下：使用二氰丙基聚硅氧烷色谱柱（100mm × 0.25mm，内径：0.20μm）；柱温箱温度为140℃加热5min，然后以4℃/min升至240℃并持续5min；进样口和检测器温度分别为260℃和280℃（Wang等，2006）。将FA标准测量溶液（1.0μL）和甲基化牛奶样品（1.0μL）移入进样瓶中进行色谱分析。平行测定至少进行两次，以色谱峰面积进行定量。在色谱数据工作站中，采用一阶导数法确定色谱峰的起点、终点和顶点。色谱峰面积由积分法求得，保留时间由一阶导数的正负变化确定（Wang等，2006）。

3. 血液采集和分析

在试验期最后一天于晨饲前1h通过尾静脉从每头奶牛中采集2管血液样本并收集至促凝管中（赛奥安伟业科技发展有限公司，北京，中国）（每管含有5mL）。将血样置于装有冰袋的泡沫箱中，带回实验室后以3 000 × *g*离心15min。收集每头奶牛的分离血清并储存在-20℃，用于进一步分析生化指标。分别使用血清甘油三酯（triglyceride，TG）测定试剂盒（TR 0100，Sigma-Aldrich，MO，USA）和胆固醇定量试剂盒（MAK043，Sigma-Aldrich，MO，USA）分析血清TG和总胆固醇（total cholesterol，TC）浓度。使用总蛋白检测试剂盒（北京百奥莱博科技有限公司），通过双缩脲特异性吸光度比色法确定总蛋白（total protein，TP）浓度。使用BCG白蛋白测定试剂盒（MAK124，Sigma-Aldrich，MO，USA）通过溴甲酚绿方法检测血清白蛋白（albumin，ALB）浓度。血清球蛋白（globulin，GLO）浓度由TP和ALB浓度之差计算。血尿素氮（BUN）浓度采用尿素氮试剂盒（MS 1812，北京雷根生物科技有限公司）测定。使用紫外可见分光光度计（UV5Nano，Mettler-Toledo，Zurich，Switzerland）对上述血清指标进行定量。

4. 瘤胃液采样

在试验的最后一天采集瘤胃液样本。晨饲前1h，使用胃管式瘤胃液采样器（MDW15，科利博设备有限公司，武汉，中国）和200mL注射器采集每头奶牛的瘤胃液样本。丢弃前两管瘤胃液以避免唾液污染，每头奶牛收集100mL瘤胃液样本（Liu等，2019）。瘤胃液样品采集后立即用便携式pH计（8362sc；上海碧云天生物科技有限公司，上海，中国）测定pH值。每个瘤胃液样品经4层纱布过滤后分装，分别用于分析瘤胃液VFAs、$NH_3$-N、RUN、LA、瘤胃菌群和代谢产物。上述指标检测方法同。

### 三、数据统计分析

采用SPSS 22.0统计软件中的单因素方差分析和Student's T检验对奶牛体况信息［胎次、体重、干物质采食量（dry matter intake，DMI）和SCC］、产奶量、乳成分、乳FA、瘤胃发酵参数及α多样性指数进行分析，$P<0.05$表示差异具有统计学意义，$0.05<P<0.10$表示具有变化趋势。

## 第三节　研究结果

### 一、菊粉补充对泌乳性能的影响

产奶量和乳成分如表6-1所示。日粮中添加菊粉后，产奶量（$P=0.001$）、能量校正乳（energy corrected milk，ECM；$P<0.001$）、乳脂校正乳（fat corrected milk，FCM；$P<0.001$）、乳蛋白（$P=0.042$）和乳糖（$P=0.004$）增加，乳脂呈增加趋势（$P=0.075$）。MUN（$P=0.023$）、SCC（$P=0.036$）和脂肪蛋白比（fat/protein；F/P）下降（$P=0.027$）。

添加菊粉对乳FA水平的影响见表6-2。与对照组相比，菊粉组饱和脂肪酸（Saturated fatty acid，SFA）比例增加（$P<0.001$），主要包括C6：0（$P=0.034$）、C8：0（$P=0.006$）、C10：0（$P=0.038$）、C12：0（$P=0.001$）和C16：0（$P=0.001$）的增加。而C18：0（$P=0.002$）和C22：0（$P=0.031$）的比例有所降低。菊粉组不饱和脂肪酸（Unsaturated fatty acid，UFA）比例下降（$P=0.041$），主要原因是多不饱和脂肪酸（polyunsaturated fatty acids，PUFA）含量下降（$P=0.013$）。在PUFAs中，C18：2 cis-6（$P=0.011$）和C18：3n3（$P<0.001$）减少。此外，菊粉组中短链脂肪酸（short and medium-chain fatty acids，SMCFAs）水平升高（$P<0.001$）。

**表6-1　菊粉补充对产奶量和乳成分的影响**

| 项目Items | 分组Groups | | 标准误SEM | P-值 P-value |
|---|---|---|---|---|
| | 对照组Con（n=8） | 菊粉组Inulin（n=8） | | |
| 干物质采食量DMI，kg | 25.1 | 25.4 | 0.07 | 0.103 |
| 体重BW，kg | 551 | 554 | 1.5 | 0.079 |
| 产奶量Milk yield，kg/d | 34.4[b] | 37.2[a] | 0.55 | 0.001 |
| 能量校正乳ECM，kg/d[2] | 34.0[b] | 37.8[a] | 0.79 | <0.001 |

（续表）

| 项目Items | 分组Groups | | 标准误SEM | *P*-值*P*-value |
|---|---|---|---|---|
| | 对照组Con（*n*=8） | 菊粉组Inulin（*n*=8） | | |
| 乳脂校正乳FCM，kg/d[3] | 34.8[b] | 38.0[a] | 0.70 | <0.001 |
| 乳脂Milk fat，% | 4.08 | 4.14 | 0.034 | 0.075 |
| 乳蛋白Milk protein，% | 3.12[b] | 3.39[a] | 0.068 | 0.032 |
| 脂蛋比F/P | 1.31[a] | 1.22[b] | 0.033 | 0.027 |
| 乳糖Milk lactose，% | 4.85[b] | 5.19[a] | 0.066 | 0.004 |
| 乳尿素氮MUN，mmol/L | 5.99[a] | 5.18[b] | 0.186 | 0.023 |
| 体细胞数SCC，×10³个/mL | 340[a] | 302[b] | 14.1 | 0.036 |

注：[a, b]在一行内，不同字母的平均值差异显著（$P<0.05$）；[a, b]within a row，different letters mean differed significantly（$P<0.05$）.

能量校正乳（kg/d）=产奶量（kg/天）×（383×乳脂%+242×乳蛋白%+783.2）/3140；ECM（kg/d）=milk yield（kg/d）×（383×fat%+242×protein%+783.2）/3 140（Sjaunja et al.，1990）；乳脂校正乳（kg/天）=0.4×产奶量（kg/天）+15×产奶量（kg/天）×乳脂%；FCM（kg/d）=0.4×milk yield（kg/d）+ 15×milk yield（kg/d）×% fat（Gaines，1928）.

**表6-2　菊粉补充对乳脂肪酸组成的影响**

| 脂肪酸Fatty acids（%）[1] | 名称Name | 分组Groups | | 标准误SEM | *P*-值*P*-value |
|---|---|---|---|---|---|
| | | 对照组Con（*n*=8） | 菊粉组Inulin（*n*=8） | | |
| 饱和脂肪酸SFA | | 65.9[b] | 70.1[a] | 1.37 | <0.001 |
| C4：0 | 丁酸Butyric acid | 3.11 | 3.38 | 0.064 | 0.99 |
| C6：0 | 己酸甲酯Methyl hexanoate | 2.08[b] | 2.72[a] | 0.060 | 0.034 |
| C8：0 | 辛酸Methyl octanoate | 1.28[b] | 1.37[a] | 0.042 | 0.006 |
| C10：0 | 癸酸Capric acid | 2.81[b] | 3.02[a] | 0.088 | 0.038 |
| C11：0 | 十一酸甲酯Methyl undecanoate | 0.040 | 0.069 | 0.010 3 | 0.175 |
| C12：0 | 十二烷酸Dodecane lauric acid | 2.58[b] | 3.64[a] | 0.179 | 0.001 |
| C13：0 | 十三烷酸甲酯Methyl tridecanote | 0.10 | 0.11 | 0.006 | 0.295 |
| C14：0 | 肉豆蔻酸Myristoic acid | 9.65 | 9.97 | 0.368 | 0.546 |
| C15：0 | 十五酸甲酯Methyl pentadecanoate | 0.090 | 0.090 | 0.030 5 | 0.427 |
| C16：0 | 棕榈酸Palmitic acid | 33.2[b] | 37.3[a] | 0.65 | 0.001 |

（续表）

| 脂肪酸Fatty acids（%）[1] | 名称Name | 分组Groups | | 标准误SEM | *P*-值 *P*-value |
|---|---|---|---|---|---|
| | | 对照组Con（*n*=8） | 菊粉组Inulin（*n*=8） | | |
| C17：0 | 十七酸甲酯Methyl heptadecanoate | 0.47 | 0.43 | 0.007 | 0.54 |
| C18：0 | 十八烷酸Octadecanoic acid | 9.77[a] | 7.45[b] | 0.421 | 0.002 |
| C20：0 | 二十烷酸Eicosanoic acid | 0.095 | 0.068 | 0.005 9 | 0.273 |
| C21：0 | 二十一烷酸甲酯Methyl heneicosanoate | 0.42 | 0.33 | 0.015 | 0.101 |
| C22：0 | 二十二烷酸Behenic acid | 0.17[a] | 0.13[b] | 0.013 | 0.031 |
| 不饱和脂肪酸UFA | | 27.8[a] | 26.4[b] | 0.65 | 0.041 |
| 单不饱和脂肪酸MUFA | | 24.1 | 23.3 | 0.64 | 0.066 |
| C14：1 | 肉豆蔻酸甲酯Methyl myristoleate | 1.24 | 1.29 | 0.056 | 0.410 |
| C15：1 | 顺式10-十五碳烯酸甲酯Methyl cis-10-pentadecenoate | 0.27[b] | 0.32[a] | 0.009 | 0.039 |
| C16：1 | 棕榈烯酸Palmitoleic acid | 1.43[b] | 1.57[a] | 0.065 | 0.031 |
| C17：1 | 顺式10-十七烯酸甲酯Methyl cis-10-heptadecenoate | 0.18 | 0.15 | 0.004 | 0.071 |
| C18：1 trans-9 | 反式-9-十八碳烯酸trans-9-octadecanoic acid（elaidic acid） | 0.53[a] | 0.48[b] | 0.012 | 0.043 |
| C18：1 cis-9 | 顺式9-十八碳烯酸cis-9-octadecanoic acid（oleicacid） | 19.9 | 19.0 | 0.66 | 0.533 |
| C20：1 | Cis-11-二十碳烯酸Cis-11-eicosenoic acid | 0.39 | 0.32 | 0.012 | 0.098 |
| C22：1 | Cis-13-十二十碳烯酸Cis-13-decosahedaenoic acid | 0.19 | 0.15 | 0.010 | 0.064 |
| 多不饱和脂肪酸PUFA | | 3.65[a] | 3.08[b] | 0.096 | 0.013 |
| C18：2trans-6 | 反式-9，12-十八碳二烯酸transcis-9，12-octadecadienoic acid | 0.086 | 0.073 | 0.007 8 | 0.407 |
| C18：2cis-6 | 反式-9，12-十八碳二烯酸cis-9，12-octadecadienoic acid | 2.45[a] | 2.12[b] | 0.046 | 0.011 |
| C18：3n6 | γ-亚麻酸 | 0.45 | 0.32 | 0.044 | 0.162 |

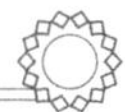

（续表）

| 脂肪酸Fatty acids（%）[1] | 名称Name | 分组Groups | | 标准误SEM | P-值P-value |
|---|---|---|---|---|---|
| | | 对照组Con（n=8） | 菊粉组Inulin（n=8） | | |
| C18：3n3 | α-亚麻酸 | 0.34[a] | 0.29[b] | 0.017 | 0.031 |
| C20：2 | 顺，顺，11，14-二十碳二烯酸 Cis，cis，11，14-eicosadienoic acid | 0.078 | 0.073 | 0.006 8 | 0.076 |
| C20：3n3 | 顺-11，14，17-二十碳五烯酸 Cis-11，14，17-eicosapentaenoic acid | 0.12 | 0.09 | 0.005 | 0.054 |
| C20：4n6 | 花生四烯酸Arachidonic acid | 0.13 | 0.11 | 0.008 | 0.089 |
| 中短链脂肪酸SMCFA | | 11.9[b] | 14.2[a] | 0.24 | <0.001 |
| 长链脂肪酸LCFA | | 81.7 | 82.2 | 1.07 | 0.071 |

注：[a, b]在一行内，不同字母的平均值差异显著（$P<0.05$）；[a, b]within a row，different letters mean differed significantly（$P<0.05$）.

## 二、菊粉补充对血清指标及瘤胃发酵参数的影响

由表6-3可见，与对照组相比，菊粉组TC（$P$=0.008）、TG（$P$=0.01）浓度降低，TP、ALB、GLO、BUN水平无显著差异（$P$>0.05）。另外，与对照组相比，菊粉组瘤胃pH值降低（$P$=0.040），乙酸浓度显著升高（$P$<0.001）、丙酸（$P$=0.003）、丁酸（$P$<0.001）、异丁酸（$P$=0.002）、戊酸（$P$=0.001）、异戊酸（$P$<0.001）和LA（$P$=0.043）。同时，菊粉组$NH_3$-N浓度也显著降低（$P$=0.024）（表6-4）。

**表6-3　菊粉补充对血清指标的影响**

| 项目Items[1] | 分组Groups | | 标准误SEM | P-值P-value |
|---|---|---|---|---|
| | 对照组Con（n=8） | 菊粉组Inulin（n=8） | | |
| 总胆固醇TC，mmol/L | 8.01[a] | 6.49[b] | 0.434 | 0.008 |
| 甘油三酯TG，mmol/L | 0.479[a] | 0.409[b] | 0.015 2 | 0.01 |
| 总蛋白TP，g/L | 69.9 | 71.8 | 1.20 | 0.084 |
| 白蛋白ALB，g/L | 34.8 | 36.6 | 0.83 | 0.086 |
| 球蛋白GLO，g/L | 35.1 | 34.2 | 0.99 | 0.648 |
| 血液尿素氮BUN，mmol/L | 5.84 | 5.32 | 0.332 | 0.051 |

注：[a, b]在一行内，不同字母的平均值差异显著（$P<0.05$）；[a, b]within a row，different letters mean differed significantly（$P<0.05$）.

表6-4　菊粉补充对瘤胃发酵参数的影响

| 项目Items[1] | 分组Groups | | 标准误SEM | *P*-值*P*-value |
|---|---|---|---|---|
| | 对照组Con（*n*=8） | 菊粉组Inulin（*n*=8） | | |
| pH值pH | 6.56[a] | 6.30[b] | 0.015 | 0.040 |
| 乙酸Acetate，mmol/L | 67.3[b] | 87.1[a] | 3.131 | <0.001 |
| 丙酸Propionate，mmol/L | 25.8[b] | 31.1[a] | 0.98 | 0.003 |
| 乙/丙A/P | 2.61 | 2.80 | 0.08 | 0.179 |
| 丁酸Butyrate，mmol/L | 11.3[b] | 17.5[a] | 0.86 | <0.001 |
| 异丁酸Isobutyrate，mmol/L | 1.05[b] | 1.25[a] | 0.037 | 0.002 |
| 戊酸Valetate，mmol/L | 1.58[b] | 2.53[a] | 0.170 | 0.001 |
| 异戊酸Isovaletate，mmol/L | 2.08[b] | 2.69[a] | 0.101 | <0.001 |
| 乳酸LA，mmol/L | 0.71[b] | 0.99[a] | 0.027 | 0.043 |
| 瘤胃尿素氮RUN，mmol/L | 5.26 | 5.30 | 0.332 | 0.837 |
| 氨态氮$NH_3$-N，mg/dL | 12.1[a] | 9.30[b] | 1.07 | 0.024 |

注：[a, b]在一行内，不同字母的平均值差异显著（$P<0.05$）；[a, b]within a row，different letters mean differed significantly（$P<0.05$）.

## 三、菊粉补充对瘤胃细菌丰富度、多样性和组成的影响

在16份瘤胃液样本中共检测到1 349 120条有效16S rRNA序列，按照97%的相似性对非重复序列进行OTU聚类，获得2 337个OTU。稀释曲线（图6-1）表明，目前的测序深度和样本大小足以评估瘤胃液样本的微生物多样性与总物种丰富度。α多样性分析表明，菊粉组中ACE（$P$=0.031）、Chao（$P$=0.017）和Shannon（$P$=0.026）指数增加，说明了菊粉补充增加了奶牛瘤胃微生物群落丰富度和多样性（表6-5）。

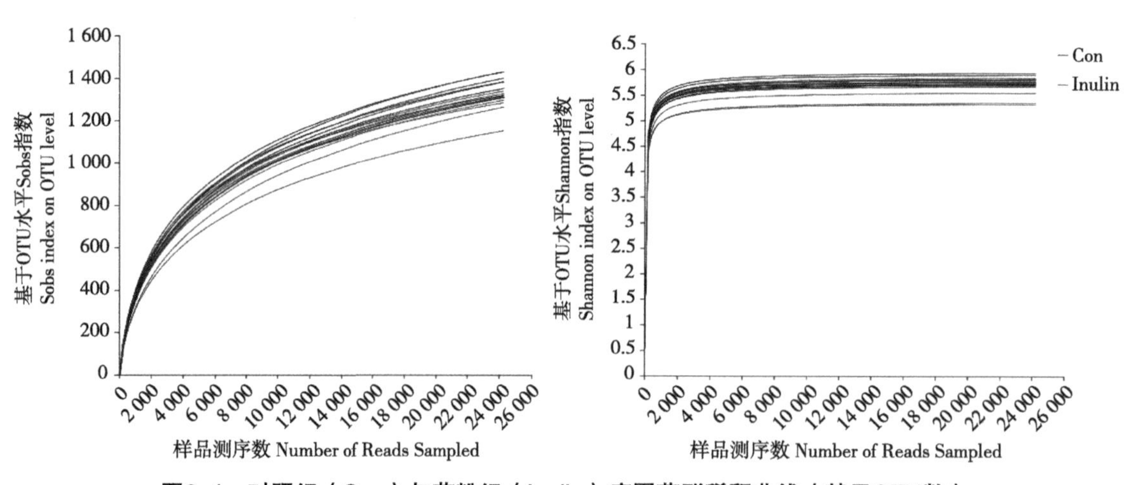


图6-1　对照组（Con）与菊粉组（Inulin）瘤胃菌群稀释曲线（基于OTU数）

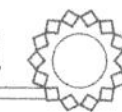

表6-5　菊粉补充对瘤胃菌群α-多样性的影响

| 项目Items[1] | 分组Groups（$n$=8） | | 标准误SEM | $P$-值$P$-value |
|---|---|---|---|---|
| | 对照组Con | 菊粉组Inulin | | |
| Sobs | 1446 | 1480 | 28.5 | 0.568 |
| ACE | 1 726[b] | 1 801[a] | 27.9 | 0.031 |
| Chao | 1 742[b] | 1 813[a] | 27.9 | 0.017 |
| Shannon | 5.66[b] | 6.19[a] | 0.044 | 0.026 |
| Simpson | 0.010 | 0.012 | 0.000 6 | 0.071 |
| Coverage | 0.98 | 0.99 | 0.001 | 0.765 |

注：[a, b]在一行内，不同字母的平均值差异显著（$P$<0.05）；[a, b]within a row，different letters mean differed significantly（$P$<0.05）.

对OTU代表性序列进行分类分析，从16个瘤胃液样品中获得21个细菌门和304个属。其中，拟杆菌门［Bacteroidota，（48.4±0.47）%和（51.7±0.36）%］、厚壁菌门［Firmicutes，（46.3±0.41）%和（42.3±0.38）%］、Patescibacteria［（1.81±0.13）%和（1.85±0.11）%］及Actinobacteriota［（1.43±0.25）%和（1.82±0.17%）］在两组样本中占主导地位。在属水平上，两组的优势菌主要包括普氏菌属［*Prevotella*，（36.8±0.41）%和（39.5±0.37）%］、*Oscillospirales_NK4A*214_*group*［（4.70±0.11）%和（5.39±0.24）%］、琥珀酸菌属［*Succiniclasticum*，（3.89±0.24）%和（3.78±0.20）%］、瘤胃球菌属［*Ruminococcus*，（4.15±0.32）%和（3.90±0.17）%］和*Muribaculaceae*［（2.18±0.10）%和（5.59±0.15）%］（图6-2）。

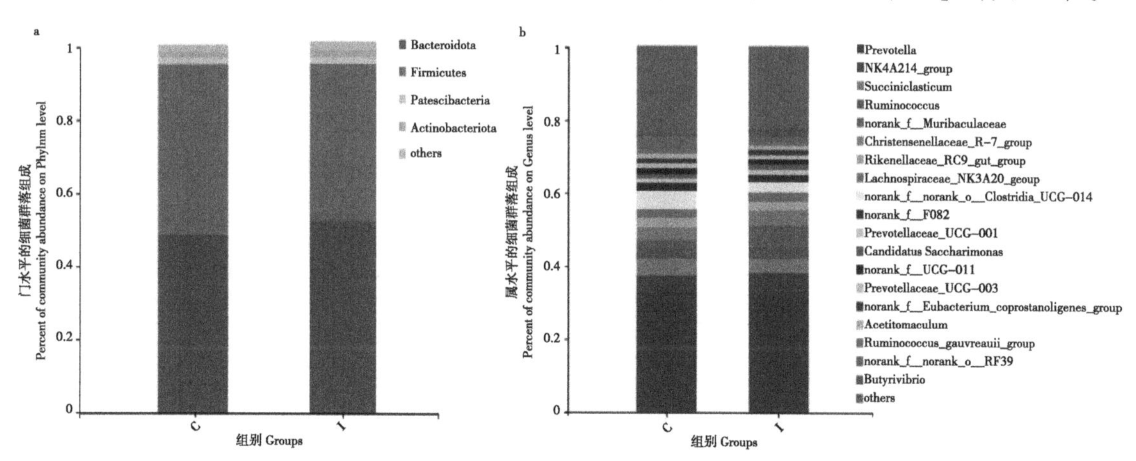


图6-2　对照组和菊粉组在（a）门水平和（b）属水平下瘤胃细菌群落组成（彩图见文后彩插）

C，对照组；I，菊粉组。条形的不同颜色代表不同的物种，条形的长度代表物种所占的比例

## 四、对照组和菊粉组瘤胃差异菌群

进一步的β-多样性分析显示了两组之间的瘤胃微生物群落的差异（图6-3）。

基于Bray-Curtis距离矩阵的PCoA和NMDS图显示代表两组样本的点分布在不同的象限说明菊粉摄入对瘤胃微生物种类和丰度有显著影响。

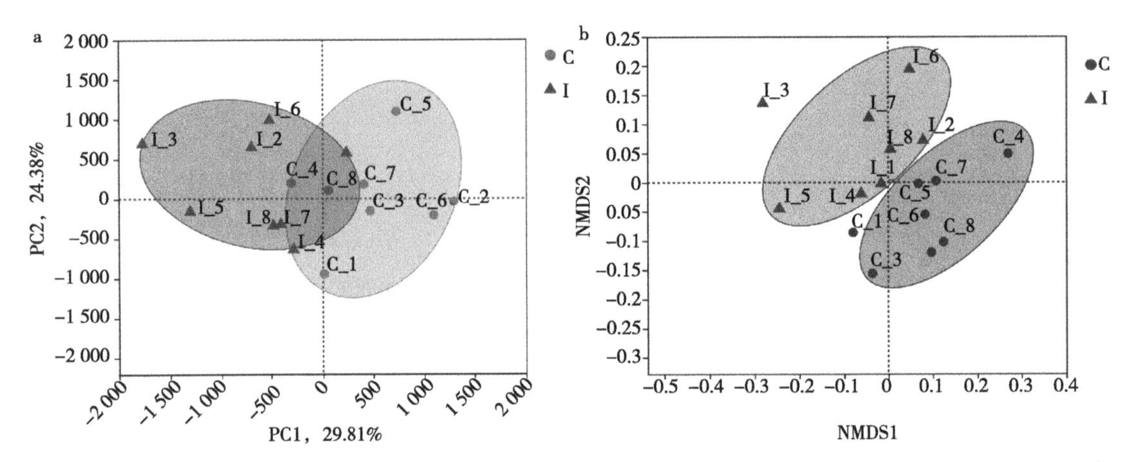


图6-3　瘤胃菌群β-多样性的分析。（a）主坐标分析（PCoA）和（b）非度量多维尺度分析（NMDS）

C，对照组；I，菊粉组

通过LEfSe和LDA分析两组样本之间的差异菌群（图6-4a和b）。与对照组相比，菊粉组中*Muribaculaceae*（FDR-校正的*P*<0.01）丁酸弧菌（*Butyrivibrio*；FDR-校正的*P*=0.036）、*Prevotellaceae_NK3B31_group*（FDR-校正的*P*=0.032）、*Eubacterium_cop rostanoligenes_group*（FDR-校正的P=0.043）、*Lachnospiraceae_XPB* 1014*_group*（FDR-校正的*P*=0.035）、*Acetitomaculum*（FDR-校正的*P*=0.043）、*Eubacterium_hallii_group*（FDR-校正的*P*=0.031）、*Lachnospiraceae*（FDR-校正的*P*=0.026）和*Veillonell aceae_UCG*-001（FDR-校正的*P*=0.036）显著增加。相比之下，*Ersipelotr ichaceae__UCG*-004（FDR-校正的*P*<0.01）、*Erysipelotrichaceae__UCG*-008（FDR-校正的*P*<0.01），*Escherichia-Shigella*（FDR-校正的*P*=0.022）、厌氧螺旋菌（*Anaerobiospirillum*；FDR-校正的*P*=0.041）的丰度在菊粉组中下降。

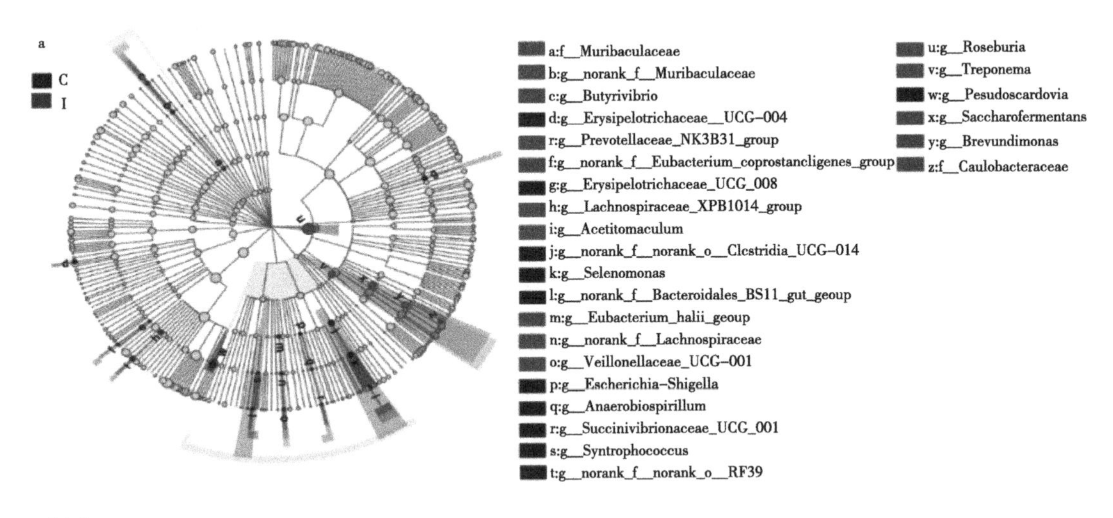

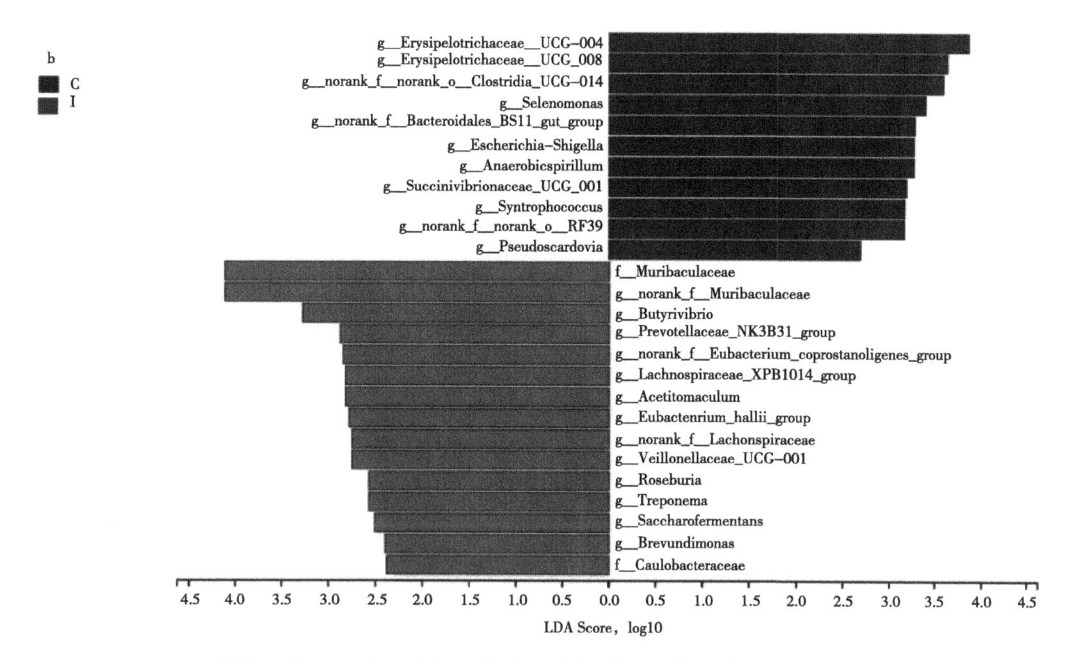


**图6-4　对照组和菊粉组瘤胃差异菌群的线性判别分析效应量（LEfSe）分析。（a）进化分枝图显示细菌在门到属水平上存在显著差异。不同颜色的节点代表对应组中显著富集的微生物，对两组差异有显著影响。黄色的节点代表两组之间没有显著差异的微生物；（b）线性判别分析（LDA）bar显示了各物种丰度对两组间差异的影响（彩图见文后彩插）**

假定值比；0. LDA评分>；2.5为显著差异。C，对照组；I，菊粉组

## 五、菊粉补充对瘤胃代谢产物的影响

通过非靶向代谢组学技术分析瘤胃代谢产物。正负离子模式下的QC样品的TIC图如图6-5所示。QC样品的重叠显示出良好的重复性和较高的准确性。OPLS-DA分析显示了对照组和菊粉组瘤胃代谢产物的差异（图6-6）。在OPLS-DA图中，分别使用$R^2Y$和$Q^2$评价OPLS-DA模型的建模和预测能力。$R^2Y$的累计值和$Q^2$正（0.995和0.806）和负（0.907和0.839）离子模型都高于0.80，说明模型的稳定性和可靠性（图6-6a和c）。置换检验是一种随机测序方法评估OPLS-DA模型的准确性。如图6-6b和d所示，$R^2$（0.953、0.931）和$Q^2$（-0.006 7、-0.082<0），说明在正离子和负离子模型中，OPLS-DA模型具有较好的准确性。

在对照组和菊粉组之间共检测到99种差异代谢产物（正离子模型64种，负离子模型35种）。在这些代谢产物中，脂类及类脂分子、有机酸及其衍生物、有机氧化合物和有机杂环化合物分别占（37.0 ± 0.48）%、（22.2 ± 0.32）%、（16.7 ± 0.11）%和（14.8 ± 0.24）%。

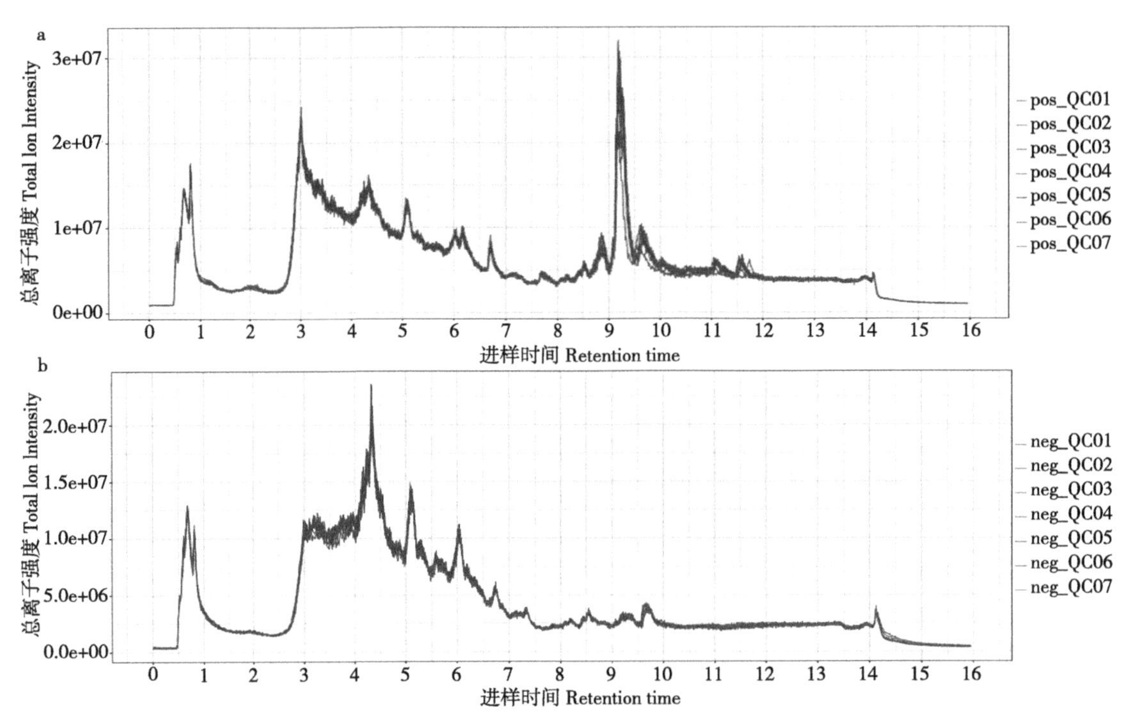


**图6-5　质量控制样品在（a）正离子模式和（b）负离子模式下的总离子色谱图（彩图见文后彩插）**

QC，质量控制

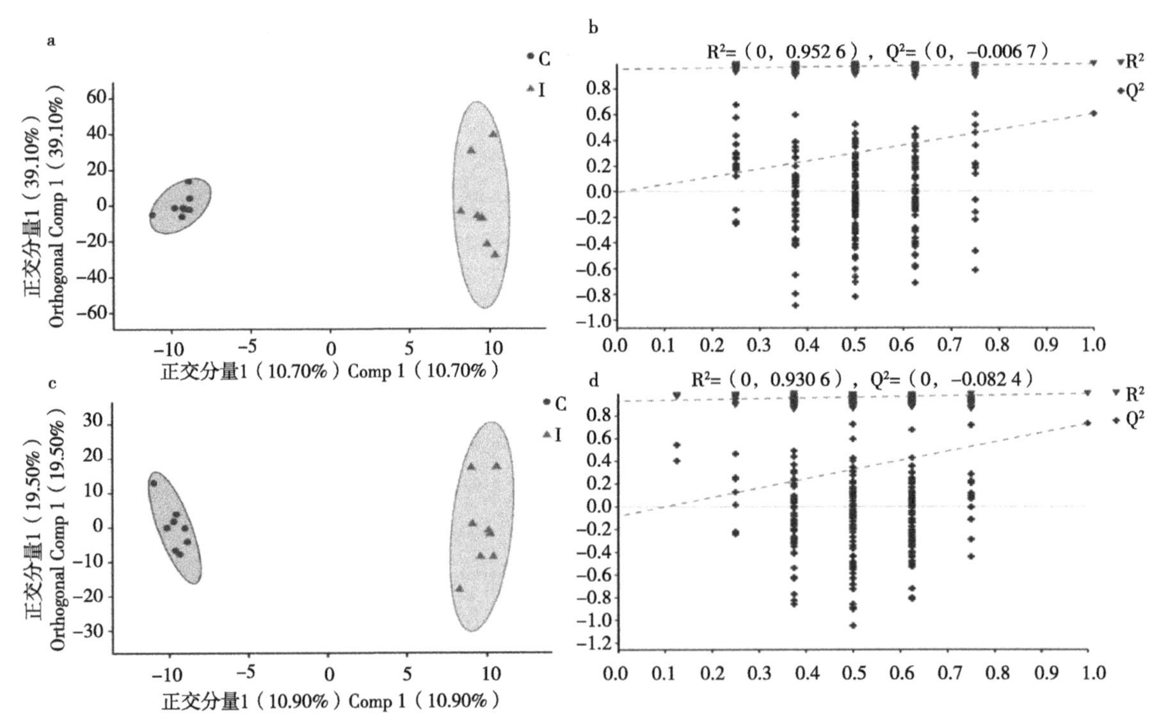


**图6-6　正负电离模式下对照组和菊粉组瘤胃代谢产物的正交偏最小二乘判别分析（OPLS-DA）（a，c）和响应排列检验（RPT）（b，d）**

$R^2Y$（cum）和$Q^2$分别表示模型的累积解释能力和预测能力。C，对照组；I，菊粉组

此外，从两组之间筛选出几种显著差异的瘤胃代谢产物（VIP>2和FDR-校正的$P<0.05$）。与对照组比较，LysoPC［18：1（9Z）］（FDR-校正的$P=1.03\times10^{-3}$）、LysoPC（16：0）（FDR-校正的$P=0.010\,8$）、LysoPC［18：2（9Z，12Z）］（FDR校正的$P=1.65\times10^{-3}$）、苯甲基甘酸酯（FDR-校正的$P=1.19\times10^{-3}$）、N-乙酰尸胺（FDR-校正的$P=0.035\,3$）和8-甲基壬烯酸（FDR-校正的$P=1.60\times10^{-3}$）丰度在菊粉组中下调。而L-赖氨酸（FDR-校正的$P=4.24\times10^{-3}$）、L-脯氨酸（FDR-校正的$P=0.015\,8$）、L-苯丙氨酸（FDR-校正的$P=0.027$）、大豆苷元（FDR-校正的$P=0.013\,0$）、尿嘧啶（FDR-校正的$P=0.039\,6$）及L-酪氨酸（FDR-校正的$P=0.035\,3$）的丰度在菊粉组增加。KEGG途径富集分析表明，菊粉补充主要影响奶牛瘤胃内脂代谢和氨基酸代谢、维生素代谢、植物次生代谢物的生物合成和蛋白质代谢（表6–6）。

**表6–6　瘤胃差异代谢物及其代谢途径富集分析**

| 超类Super pathway | 亚类Sub pathway[1] | 差异代谢物 Different metabolites | *P*-值 *P*-value |
|---|---|---|---|
| 在菊粉组中下调的Downregulated in inulin group | | | |
| 脂代谢 Lipid metabolism | 甘油磷脂代谢 Glycerophospholipid metabolism | 溶血性磷脂酰胆碱［18：1（9Z）］ | 0.006 |
| | 胆碱代谢Choline metabolism | LysoPC［18：1（9Z）］ | 0.011 |
| | 甘油磷脂代谢Glycerophospholipid metabolism | 溶血性磷脂酰胆碱（16：0） | 0.004 |
| | 胆碱代谢Choline metabolism | LysoPC（16：0） | 0.014 |
| | 甘油磷酸胆碱代谢 Glycerophosphocholines metabolism | 溶血性磷脂酰胆碱［18：2（9Z，12Z）］ LysoPC［18：2（9Z，12Z）］ | 0.018 |
| 氨基酸代谢 Amino acid metabolism | / | 苯基甲基甘酸酯 Phenylmethylglycidic ester | 0.018 |
| | 赖氨酸降解Lysine degradation | N-乙酰尸胺 N-Acetylcadaverine | 0.013 |
| | 亮氨酸和缬氨酸途径Leucine and valine pathway | 8-甲基壬烯酸 8-Methylnonenoate | 0.030 |
| 在菊粉组中上调的Upregulated in inulin group | | | |
| 维生素代谢 Vitamin metabolism | 生物素代谢Biotin metabolism | L-赖氨酸L-Lysine | 0.017 |
| | 赖氨酸生物合成Lysine biosynthesis | | 0.023 |

（续表）

| 超类Super pathway | 亚类Sub pathway[1] | 差异代谢物 Different metabolites | *P*-值 *P*-value |
|---|---|---|---|
| 氨基酸代谢 Amino acid metabolism | 精氨酸和脯氨酸代谢Arginine and proline metabolism | L-脯氨酸L-Proline | 0.006 |
| | 氨酰-tRNA生物合成Aminoacyl-tRNA biosynthesis | | 0.013 |
| | 苯丙烷代谢Phenylalanine metabolism | L-苯丙氨酸 L-Phenylalanine | 0.025 |
| | 苯丙氨酸、酪氨酸和色氨酸的生物合成Phenylalanine，tyrosine and tryptophan biosynthesis | | 0.036 |
| | 苯丙烷生物合成Phenylpropanoid biosynthesis | | 0.017 |
| | 酪氨酸代谢Tyrosine metabolism | L-酪氨酸L-Tyrosine | 0.001 |
| | 莽草酸酯途径的生物合成 Biosynthesis of shikimate pathway | | 0.013 |
| 核苷酸代谢 Nucleotide metabolism | 嘧啶代谢Pyrimidine metabolism | 尿嘧啶Uracil | 0.008 |
| 维生素代谢 Vitamin metabolism | 泛酸和辅酶a生物合成Pantothenate and CoA biosynthesis | | 0.006 |
| 植物次生代谢产物生物合成代谢 Biosynthesis of plant secondary metabolites | 类固醇合成Steroid synthesis | 三角叶薯蓣皂Deltonin | 0.034 |
| | 异黄酮生物合成Isoflavonoid biosynthesis | 大豆苷元Daidzein | 0.029 |

注：[1]/=代谢途径未注释；[1]/=the metabolic pathway was not annotated.

## 第四节　讨　论

目前关于菊粉在反刍动物中的作用的信息有限，结果也不一致（Biggs和Hancock，1998；Zhao等，2014；Gndz，2009；Umucalilar等，2010；Samanta等，2013）。在本研究中，日粮中添加菊粉提高产奶量的原因可能是添加菊粉后瘤胃VFAs浓度增加，为泌乳提供了充足的能量（Samanta等，2013）。在本研究中，乳蛋白比例的增加可能是由于以下两个原因：（1）菊粉补充提供了能量底物，这降低了用作能量供应的氨基

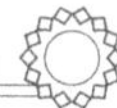

酸的量，因而更多的氨基酸可用于微生物蛋白的合成。与此同时，菊粉补充增加了瘤胃微生物对氮的利用，进而导致MUN和$NH_3$-N浓度的降低，这与Zhao等（2014）研究一致。而更多的微生物蛋白进入小肠促进了乳腺中乳蛋白的合成（Emery，1978）。（2）菊粉补充后瘤胃丙酸浓度的增加可以刺激胰岛素的分泌，从而增加乳腺对氨基酸的吸收，提高乳蛋白比例（Samanta等，2013；Emery，1978）。在本试验的代谢组学结果中，观察到菊粉组氨基酸水平有所增加。乳腺对葡萄糖的吸收直接影响乳中的乳糖含量。在补充菊粉后，瘤胃中糖异生前体如丙酸、乳酸和氨基酸通过瘤胃壁被吸收到血液中，这可能会促进乳腺从血液中获得更多的葡萄糖（Sunehag等，2003）。

进一步分析乳脂肪酸组成可知，随着菊粉的添加，饱和脂肪酸的比例显著增加，尤其是中短链脂肪酸（C6：0、C8：0、C10：0和C12：0），而C18：0和C22：0的比例降低。中短链脂肪酸含量的增加可能是由于瘤胃中乙酸和丁酸盐浓度的增加，它们是乳腺上皮细胞从头合成乳脂肪酸的底物（Cozma等，2013）。乳脂中约有一半的C16：0和其他长链脂肪酸是直接从血脂中吸收的（Cozma等，2013）。然而，本研究的代谢组学结果表明，添加菊粉显著降低了奶牛的脂质代谢。饱和脂肪酸比例的增加导致不饱和脂肪酸比例的下降（Cozma等，2013）。C18：1反式-9和C18：2顺式-6含量的降低可能与瘤胃微生物的氢化作用有关，氢化作用可降低不饱和脂肪酸的毒性（Lock和Bauman，2004）。此外，有研究报道牛奶中的乳脂率与反式C18：1呈负相关（Matitashvili和Bauman，2000）。反式脂肪酸可以抑制乳脂合酶基因的表达，如乙酰辅酶A羧化酶和脂肪酸合酶（Matitashvili和Bauman，2000）。

本研究观察到菊粉补充增加了瘤胃微生物区系的相对丰度和多样性。增加的Bacteroides可调节多糖等外源物质的营养吸收和代谢（Ivarsson等，2014）。此外，菊粉的摄入主要增加了瘤胃内几种益生菌和产SCFAs菌的相对丰度。*Muribaculaceae*（也称为S24-7）属于拟杆菌属，在多项研究中被发现作为一种益生菌或与先天免疫系统相关（Bunker等，2015）。此外，*Muribaculaceae*具有降解复杂结构碳水化合物的功能，并与肠道乙酸、丙酸和丁酸浓度呈正相关（Zhao等，2018）。丁酸弧菌是主要的产丁酸菌，其次是乳酸（Kopecny，2003）。类似的SCFAs生产菌还包括*Prevotellaceae_NK3B31_group*，其发酵低聚果糖主要产生是乙酸以及少量的异丁酸、异戊酸和乳酸（Zhao等，2018）。*Acetitomaculum*是另一种产乙酸和乳酸的细菌（Ress等，1995）。*Eubacterium_hallii_group*属于*Lacettospirillum*家族，也可以降解果糖和纤维二糖，促进瘤胃中丙酸和乳酸的产生（Engels等，2016）。此外，*Eubacterium_hallii_group*可以将甘油转化为3-羟基丙醛，并在称为reuterin的水溶液中形成多重化合物体系，具有抗菌性能（Engels等，2016）。*Treponema*和*Saccharofermentans*都能降解纤维素和半纤维素生成大量的丙酸（Binek和Szynkiewicz，1984；Perea等，2017）。因此，上述细菌的显著增加可能是瘤胃中几种主要SCFAs升高的主要原因。

相比之下，菊粉补充后显著减少的瘤胃菌群主要是一些条件致病菌、在高脂饮食中报道的高丰度细菌和参与脂肪酸氢化的菌群。*Escherichia-Shigella*、*Anaerobiospirillum*和*Clostridia*已被报道可引起胃肠道感染或炎症（Chen等，2014；Misawa等，2002；De等，2010）。同样，*Erysipelotrichaceae*作为一种条件病原体，被报道主要存在于动物口腔和肠道中，可导致内源性感染，在结肠癌患者肠道中显著增加（Kaakoush，2015）。此外，据报道*Erysipelotrichaceae*、*Clostridia*及*Syntrophococcus*在高脂饮食中显著增加。研究表明，长期饲喂高脂肪或西方饮食的大鼠肠道中*Erysipelotrichaceae*的丰度较对照组增加了2.5倍（Kaakoush，2015）。Martinez等（2009）证明*Erysipelotrichaceae*水平与宿主胆固醇代谢产物呈正相关。喂食高脂肪食物的大鼠肠道中*Clostridia*数量的增加可能与低纤维含量有关（De等，2010）。此外，一项关于*Syntrophococcus*在瘤胃液中生长需求的研究表明，TG和磷脂可以促进*Syntrophococcus*的增殖（Doré and Bryant，1989）。另外，*Selenomonas*和*Bacteroidales_BS*11_*gut_group*被报道分别参与了C18：3n3和C18：2n6c的氢化。可能的原因是它们为这两种脂肪酸的氢化提供了能量物质ATP（Benz等1980；Solden等，2016）。

代谢组学结果进一步表明，菊粉补充影响了奶牛氨基酸和脂质代谢。本研究中，菊粉组LysoPC［18：1（9Z）］、LysoPC（16：0）和LysoPC［18：2（9Z，12Z）］水平的降低下调了甘油磷脂和胆碱代谢途径。LysoPC来源于卵磷脂的水解或极低密度脂蛋白的氧化。研究表明菊粉能够减少血浆中极低密度脂蛋白数量，并抑制脂质合成相关酶的表达，如肝脏中的乙酰辅酶a羧化酶、脂肪酸合酶和苹果酸脱氢酶等，从而减少脂肪酸的从头合成和血清中TG和胆固醇的水平（Beylot和Michel，2005）。这些结论与我们的结果一致。此外，有报道称LysoPC具有促炎活性，这与胞质磷脂酶A2介导磷脂酰胆碱（PCs）产生花生四烯酸有关（You等，2015）。另外，8-甲基壬烯酸是一种来自亮氨酸/缬氨酸途径的长链脂肪酸衍生物，是脂肪酸酰基的组成部分（Markai等，2010）。在本研究中，8-甲基壬烯酸水平的下降与牛奶中长链脂肪酸比例的下降是一致的。因此，上述瘤胃代谢产物水平的降低可能表明菊粉具有降低奶牛脂质代谢的潜力。N-乙酰尸胺是由赖氨酸脱羧形成的多胺尸胺的乙酰化形式（Ma等，2017）。另外，N-乙酰尸胺主要是*Escherichia coli*的代谢物。此外，在*Bacillus species*中也发现了N-乙酰尸胺的变体。N-乙酰尸胺的在体内的大量积累与细菌毒素的生产有关，也对炎症因子有特定的诱导作用（Ma等，2017）。

瘤胃内的氨基酸主要来源于瘤胃微生物对饲料蛋白质的降解。本研究中，菊粉补充增加了奶牛瘤胃氨基酸（如L-赖氨酸、L-脯氨酸、L-苯丙氨酸和L-酪氨酸）的丰度，这可能与有菌群丰度的增加有关，促进饲料蛋白质的分解和微生物蛋白的合成，并进一步促进了牛奶蛋白质的合成（Liu等，2019）。Lykos等（1997）认为，瘤胃非结构性碳水化合物的增加会增加血液中非必需氨基酸水平。然而，菊粉被认为是一种益生

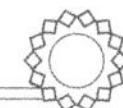

元，可以为肠道菌群生成SCFAs提供基质（Davila等，2013）。Davila等（2013）提出氨基酸可以通过益生元激活的肠道菌群合成SCFAs。赖氨酸、苯丙氨酸和酪氨酸可作为乙酸和丁酸的前体。丁酸由谷氨酸和赖氨酸合成，丙酸由丙氨酸和苏氨酸合成（Davila等，2013）。同时，脯氨酸降解产生了异丁酸、异戊酸和戊酸等异构酸（Andries等，1987）。本研究中，尿嘧啶核酸代谢上调的增加从另一方面说明菊粉补充可能促进瘤胃微生物蛋白的合成（Liu等，2019）。此外，尿嘧啶的分解产物是β-丙氨酸，β-丙氨酸可以进一步合成丙酸（West等，1985）。据报道，大豆苷元在血清中具有抗肿瘤活性和抑制炎症因子（Tong等，2011；Shen等，2019），这些化合物的增加有助于增强奶牛的抗病能力。但菊粉对瘤胃内植物次生代谢产物的影响仍需进一步探讨。

# 小 结

奶牛日粮添加200g/（d·头）菊粉可提高瘤胃内共生菌和SCFAs产生菌的丰度，促进氨基酸合成和代谢，抑制脂质代谢，降低血清TC和TG浓度。瘤胃内环境的改变进一步提高了奶牛的泌乳性能。然而菊粉在奶牛瘤胃内的代谢过程和作用机制值得进一步研究。综上所述，菊粉补充引起的瘤胃微生物组组成和丰度的变化以及瘤胃代谢产物的浓度和活性的变化可能是影响奶牛生产性能和生理指标的关键因素。

## 参考文献

ANDRIES J I，BUYSSE F X，BRABANDER D L D E，et al.，1987. Isoacids in ruminant nutrition：Their role in ruminal and intermediary metabolism and possible influences on performances-A review[J]. Anim Feed Sci Tech，18（3）：169-180.

BENZ J，WOLF C，RÜDIGER W，1980. Chlorophyll biosynthesis：hydrogenation of geranylgeraniol[J]. Plant Sci Lett，19（3）：225-230.

BEYLOT M，2005. Effects of inulin-type fructans on lipid metabolism in man and in animal models[J]. Brit J Nutr，93（S1）：S163-S168.

BIGGS D R，HANCOCK K R，1998. In vitro digestion of bacterial and plant fructans and effects on ammonia accumulation in cow and sheep rumen fluids[J]. J Gen Appl Microbiol，44（2）：167-171.

BUNKER J J，FLYNN T M，KOVAL J C，et al.，2015. Innate and Adaptive Humoral Responses Coat Distinct Commensal Bacteria with Immunoglobulin A[J]. Immunity，43（3）：541-553.

CAUSEY J L，FEIRTAG J M，GALLAHER D D，et al.，2000. Effects of dietary inulin on serum lipids，blood glucose and the gastrointestinal environment in hypercholesterolemic men[J]. Nutr Res，20（2）：191-201.

CHEN K，CHEN H，FAAS M M，et al.，2017. Specific inulin-type fructan fibers protect against autoimmune diabetes by modulating gut immunity，barrier function，and microbiota homeostasis[J]. Mol Nutr Food Res，61（8）：1601006.

CHEN L，WANG W，ZHOU R，et al.，2014. Characteristics of fecal and mucosa-associated microbiota in chinese patients with inflammatory bowel disease[J]. Medicine，93（8）：e51-60.

COZMA A，MIERE D，FILIP L，et al.，2013. A review of the metabolic origins of milk fatty acids[J]. Not Sci Biol，5（3）：270-274.

DAVILA A M，BLACHIER F，GOTTELAND M，et al.，2013. Intestinal luminal nitrogen metabolism：role of the gut microbiota and consequences for the host[J]. Pharmacol Res，68（1）：95-107.

DE LA SERRE C B，ELLIS C L，LEE J，et al.，2010. Propensity to high-fat diet-induced obesity in rats is associated with changes in the gut microbiota and gut inflammation[J]. AM J Physiol-Gastr L，299（2）：G440-448.

DORÉ J，BRYANT M P，1989. Lipid growth requirement and influence of lipid supplement on fatty acid and aldehyde composition of Syntrophococcus sucromutans[J]. Appl Environ Microbiol，55（4）：927-933.

EMERY R S，1978. Feeding for increased milk protein1[J]. J Dairy Sci，61（6）：825-828.

ENGELS C，RUSCHEWEYH H J，BEERENWINKEL N，et al.，2016. The common gut microbe Eubacterium hallii also contributes to intestinal propionate formation[J]. Front Microbiol，7（13）：1-12.

GNDZ N，2009. Effects of chicory inulin on ruminal fermentation in vitro[J]. Ankara Üniv Vet Fak Derg，56（3）：171-175.

IVARSSON E，ROOS S，LIU H Y，et al.，2014. Fermentable non-starch polysaccharides increases the abundance of bacteroides-prevotella-porphyromonas in ileal microbial community of growing pigs[J]. Animal，8（11）：1777-1787.

KAAKOUSH N O，2015. Insights into the role of Erysipelotrichaceae in the human host[J]. Front Cell Infect Microbiol，5（84）：1-4.

KOPECNY J，2003. Butyrivibrio hungatei sp. nov. and Pseudobutyrivibrio xylanivorans sp. nov. butyrate-producing bacteria from the rumen[J]. Int J Syst Evol Micr，53（1）：201-209.

LIU C，WU H，LIU S，et al.，2019. Dynamic alterations in yak rumen bacteria community and metabolome characteristics in response to feed type[J]. Front Microbiol，10：1-19.

LOCK A L，BAUMAN D E，2004. Modifying milk fat composition of dairy cows to enhance fatty acids beneficial to human health[J]. Lipids，39（12）：1197–1206.

LOPEZ H W，COUDRAY C，LEVRAT-VERNY M A，et al.，2000. Fructooligosaccharides enhance mineral apparent absorption and counteract the deleterious effects of phytic acid on mineral homeostasis in rats[J]. J Nutr Biochem，11（10）：500–508.

LYKOS T，VARGA G A，1997. Varying degradation rates of total nonstructural carbohydrates：effects on nutrient uptake and utilization by the mammary gland in high producing Holstein cows[J]. J Dairy Sci，80（12）：3356–3367.

MA W C，CHEN K Q，LI Y，et al.，2017. Advances in cadaverine bacterial production and its applications[J]. Engineering，3：308–317.

MARKAI S，MARCHAND P A，MABON F，et al.，2010. Natural deuterium distribution in branched-chain medium-length fatty acids is nonstatistical：a site-specific study by quantitative 2H NMR spectroscopy of the fatty acids of capsaicinoids[J]. Chembiochem，3（2–3）：212–218.

MARTÍNEZ I，WALLACE G，ZHANG C，et al.，2009. Diet-induced metabolic improvements in a hamster model of hypercholesterolemia are strongly linked to alterations of the gut microbiota[J]. Appl Environ Microbiol，75（12）：4175–4184.

MATITASHVILI E A，BAUMAN D E，2000. Effeet of different isomers of C18：1 and C18：2 fatty acids on lipogenesis in bovine mammary eipthelial cells[J]. J Dairy Sci，83（suppl. 1）：165.

MISAWA N，KAWASHIMA K，KONDO F，et al.，2002. Isolation and characterization of Campylobacter，Helicobacter，and Anaerobiospirillum strains from a puppy with bloody diarrhea[J]. Vet Microbiol，87（4）：353–364.

PEREA K，PERZ K，OLIVO S K，et al.，2017. Feed efficiency phenotypes in lambs involve changes in ruminal，colonic，and small-intestine-located microbiota[J]. J Anim Sci，95（6）：2585–2592.

REES EMR，DAVID L，WILLIAMS A G，1995. The effects of co-cultivation with the acetogen Acetitomaculum ruminis on the fermentative metabolism of the rumen fungi neocallimastix patriciarum and neocallimastix sp. strain l2[J]. Fems Microbiology Letters，（1–2）：175–180.

ROBERFROID M B，2007. Inulin-type fructans：functional food ingredients[J]. J Nutr，137（11）：2493S–2502S.

SAMANTA A K，NATASHA J，SENANI S，et al.，2013. Prebiotic inulin：useful dietary adjuncts to manipulate the livestock gut microflora[J]. Braz J Microbiol，44（1）：1–14.

SCHLEY P D，FIELD C J，2002. The immune-enhancing effects of dietary fibres and prebiotics[J]. Brit J Nutr，87（2）：221–230.

SHEN JL，LI N，ZHANG X，2019. Daidzein ameliorates dextran sulfate sodium-induced experimental colitis in mice by regulating NF-κB signaling[J]. J Environ Pathol Toxicol Oncol，38（1）：29–39.

SOLDEN L，HOYT D W，COLLINS W，et al.，2016. New roles in hemicellulosic sugar fermentation for the uncultivated Bacteroidetes family BS11[J]. ISME J，11（3）：691–703.

SUNEHAG A，TIGAS S，HAYMOND M W，2003. Contribution of plasma galactose and glucose to milk lactose synthesis during galactose ingestion[J]. J Clin Endocr Metab，88（1）：225–229.

TIAN K，LIU J，SUN Y，et al.，2019. Effects of dietary supplementation of inulin on rumen fermentation and bacterial microbiota，inflammatory response and growth performance in finishing beef steers fed high or low-concentrate diet[J]. Anim Feed Sci Tech，258：114229.

TONG Q Y，QING Y，SHU D，et al.，2011. Deltonin，a steroidal saponin，inhibits colon cancer cell growth in vitro and tumor growth in vivo via induction of apoptosis and antiangiogenesis[J]. Cell Physiol Biochem，27（3–4）：233–242.

UMUCALILAR H D，GLEN N，HAYIRLI A，et al.，2010. Potential role of inulin in rumen fermentation[J]. Rev Med Vet，161（1）：3–9.

WANG X，SHEN X，HAN H，et al.，2006. Analysis of cis-9，trans-11-conjugated linoleic acid in milk fat by capillary gas chromatography[J]. Chinese J Chromatogr，24（6）：645.

WEST T P，TRAUT TW，SHANLEY M S，et al.，1985. A salmonella typhimurium strain defective in uracil catabolism and β-alanine synthesis[J]. Microbiology，131（5）：1083–1090.

WILLIAMS C M，1999. Effects of inulin on lipid parameters in humans[J]. J Nutr，129（7）：1471–1473.

YOU J C，YANG J，FANG R P，et al.，2015. Analysis of phosphatidylcholines（PCs）and lysophosphatidylcholines（LysoPCS）in metastasis of breast cancer cells[J]. Prog Biochem Biophys，42（6）：563–573.

ZHAO L，ZHANG F，DING X，et al.，2018. Gut bacteria selectively promoted by dietary fibers alleviate type 2 diabetes[J]. Science，359（6380）：1151–1156.

ZHAO X H，GONG J M，ZHOU S，et al.，2014. The effect of starch，inulin，and degradable protein on ruminal fermentation and microbial growth in rumen simulation technique[J]. Ital J Anim Sci，13（1）：189–195.

# 第七章 菊粉补充对亚临床乳房炎奶牛瘤胃及粪便菌群与代谢物的调控

## 第一节 引 言

奶牛乳房炎是全球乳品行业中造成严重经济损失的主要疾病之一（Xi等，2017）。在实际生产中，由于SCM隐蔽性高、潜伏期长，其发病率约占乳房炎的90%～95%，远高于临床乳房炎（clinical mastitis，CM）（Youssif等，2020）。由于没有明显的临床症状，SCM往往等不到及时的诊治因而极易发展为CM。SCM奶牛也很可能成为健康牛群中的感染源，引起群体的继发性感染（Youssif等，2020）。尽管SCM奶牛的乳房和乳汁没有肉眼可见的变化，但炎症的发生导致泌乳性能、免疫功能和正常的代谢活动已经发生改变（Batavani和Asri，2007）。因此，在SCM阶段实施必要的预防和控制措施是防止炎症进一步加重的关键。鉴于抗生素治疗的负面影响（例如，抗生素残留和多种耐药菌株的生产）（Pilon和Duarte，2010）和疫苗的有效性（Finch等，1997），需要采取更安全有效的SCM预防措施。

最近的研究表明，胃肠道菌群可能影响全身性炎症疾病的发生（Kamada等，2013；Honda等，2011；Littman等，2011）。共生群体诱导的肠道免疫反应可以调节微生物群的组成（Honda等，2011；Littman等，2011）。相反，正常微生物群落的破坏增加了病原体感染的风险，有害病原体的过度生长和炎症性疾病（Kamada等，2013）。Ma等（2018）将乳房炎奶牛的粪便移植到无菌小鼠的肠道中，结构造成小鼠乳房炎症状。我们前期的研究发现，与健康奶牛相比，SCM和CM奶牛瘤胃内与炎症相关的细菌和代谢产物丰度显著增加，而有益共生菌和产SCFAs菌群丰度减少（Wang等，2021）。此外，肠道菌群失调引起的肠道内SCFAs的减少，进一步增加了血乳屏障的通透性，从而加重了乳房炎（Hu等，2020）。胃肠道菌群对乳房炎的影响可能基于微生物的内源性"肠道—乳腺通路"（Addis等，2016）。

菊粉作为一种公认的益生元产品，具有促进*Bifidobacterium*和*Lactobacillus*等益生菌增殖，并通过竞争性抑制减少肠道病原体，进一步促进宿主免疫和防御系统的功能（Khuenpet等，2017；Samanta等，2013）。其机制可能涉及有益微生物代谢物的产生和微生物代谢途径的改变，特别是SCFAs。胃肠道微生物群的抗炎特性与炎症细胞因子的产生能力有关（Schirmer等，2016）。我们前期的试验（第四章）已经证明，乳房炎奶牛的胃肠道菌群及代谢产物结构同健康奶牛相比存在明显差异。

因此，本试验旨在探讨补充菊粉对SCM奶牛胃肠道（瘤胃和粪便）微生物群及其代谢产物的影响，进而探究其对SCM症状能否起到一定的缓解作用。

## 第二节　材料和方法

### 一、试验动物、日粮及设计

本试验在北京市某奶牛场进行，与第三章和第四章在同一奶牛场，且所选奶牛来自第四章的群体。根据乳SCC、CMT结果和乳房临床症状（Wang等，2021），并结合奶牛基本体况信息，挑选40头泌乳中期SCM荷斯坦奶牛（乳SCC=684 000个/mL ± 27.7个/mL；CMT结果为弱阳性或阳性（Wang等，2021）；乳房无临床症状；泌乳天数=137d ± 8.7d；胎次=3.43 ± 0.38；产奶量=29.7kg/d ± 1.96kg/d），随机分为5组（$n$=8），菊粉添加水平分别为0（对照组）、100（Inu-1组）、200（Inu-2组）、300（Inu-3组）和400（Inu-4组）g/（d · 头）。本试验所用菊粉及菊粉的补充方式同第四章。各组饲喂相同的TMR日粮，精粗比为40：60。TMR组成和营养成分同第三章和第四章。TMR分别在每天07：30、13：30和19：30提供3次，奶牛自由采食和饮水。奶牛每天分别在06：30、12：30和18：30通过自动挤奶系统（阿菲金，以色列）挤奶3次。试验总共进行8周。

### 二、样本采集及检测

1. 牛奶样本采集与分析

试验前一周连续7d采集奶样、记录产奶量并进行CMT检测。于每天06：30、12：30和18：30使用自动挤奶系统（阿菲金，以色列）采集每头奶牛的奶样，将奶样收集至无菌离心管中（每头奶牛每次收集2管，每管50mL），将早中晚采集的奶样以4：3：3的比例混合。将每头奶牛的混合乳样品分别装入2个50mL无菌离心管中，4℃保存。使用MilkoScan FT2牛奶成分分析仪（福斯，哥本哈根，丹麦）检测SCC。试验奶牛基本信息见表7-1。

**表7-1　5组SCM奶牛的初始体况信息**

| 分组 Groups（$n$=8） | 泌乳天数 Days in milk（d） | 胎次Parity | 平均产奶量 Average milk yield（kg/d） | 乳体细胞数 Milk SCC（$\times 10^3$） | CMT结果 CMT results | 乳房临床症状 Clinical symptoms of udder |
|---|---|---|---|---|---|---|
| 对照组Con | 134 ± 4.5 | 3.41 ± 0.678 | 29.0 ± 1.99 | 722 ± 17.8 | +或++ | 否 |
| 菊粉-1组Inu-1 | 135 ± 6.7 | 3.20 ± 0.860 | 28.8 ± 1.37 | 723 ± 12.1 | +或++ | 否 |

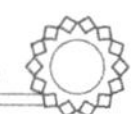

（续表）

| 分组 Groups（$n$=8） | 泌乳天数 Days in milk（d） | 胎次Parity | 平均产奶量 Average milk yield（kg/d） | 乳体细胞数 Milk SCC（$\times 10^3$） | CMT结果 CMT results | 乳房临床症状 Clinical symptoms of udder |
|---|---|---|---|---|---|---|
| 菊粉-2组Inu-2 | 137 ± 9.2 | 3.04 ± 0.333 | 30.3 ± 1.75 | 713 ± 18.4 | +或++ | 否 |
| 菊粉-3组Inu-3 | 132 ± 7.6 | 3.00 ± 0.683 | 29.9 ± 1.33 | 714 ± 16.1 | +或++ | 否 |
| 菊粉-4组Inu-4 | 133 ± 7.2 | 2.97 ± 0.494 | 30.2 ± 1.16 | 719 ± 10.5 | +或++ | 否 |

注：+和++分别表示乳房炎诊断结果为弱阳性和阳性；+and++represent the diagnosis results of mastitis as weakly positive and positive，respectively.

2. 血清收集和分析

于试验最后一天（第56天）晨饲前1h采集血液样本。从每头奶牛尾静脉采集2管血样，每管5mL。于室温下静置45min，待血液凝固分层后，将血液样本在3 000 × $g$、4℃条件下离心15min，收集血清样本置于-20℃保存，用于检测血清TP、ALB、GLB、炎症因子和LPS浓度。血清TP和ALB浓度分别使用TP比色试剂盒（双缩脲法）（北京莱博泰瑞科技发展有限公司）和ALB比色试剂盒（溴甲酚绿比色法）（北京莱博泰瑞科技发展有限公司）检测。用TP与ALB的差值计算GLB浓度。采用相应的牛ELISA试剂盒（北京莱博泰瑞科技发展有限公司）检测IL-6、IL-8、IL-10、IL-4、IL-2、TNF-α、LPS、前列腺素$E_2$（prostaglandin $E_2$，$PGE_2$）、GSH-Px、SOD和MDA的浓度。采用牛免疫球蛋白ELISA试剂盒（北京莱博泰瑞科技发展有限公司）免疫比浊法检测血清IgA、IgG、IgM浓度。采用比色试剂盒（Sigma-Aldrich，Darmstadt，Germany）和比色皿测定血清TC、TG、LDL和HDL。TC和TG的检测波长为500nm，HDL和LDL的检测波长为546nm。

3. 瘤胃液和粪便的取样和测量

瘤胃液的采集与分析方法同第二章。瘤胃液收集后，使用无菌手套从直肠采集粪便样本，放入无菌袋内，立即置于冰上，直至整个采样过程完成。使用便携式pH计（8362sc；上海碧云天生物科技有限公司，上海，中国）直接插入粪便样品中测量pH值。每头奶牛取粪便10g，放入2个5mL无菌离心管中，每管5g，-80℃保存，分别用于粪便微生物区系分析和代谢产物分析。为了定量VFAs、LA和$NH_3$-N，将20g新鲜粪便样品加入50mL无菌离心管和20mL双蒸馏水中，充分混合。将4mL上述溶液转移至10mL无菌离心管中，加入1mL 25%偏磷酸，混匀，-20℃保存（Mainardi等，2011）。使用Agilent 7890N气相色谱仪（安捷伦科技有限公司，美国）分析VFAs的浓度，包括乙酸、丙酸、丁酸、异丁酸、戊酸、异戊酸。用碱性次氯酸钠—苯酚分光光度法测定$NH_3$-N的浓度。使用牛乳酸ELISA试剂盒（北京莱博泰瑞科技发展有限公司）检测LA浓度。

4. 瘤胃液及粪便样本微生物多样性分析

采用16S rRNA测序技术检测瘤胃液及粪便样本微生物多样性结构，具体方法同第四章。

5. 瘤胃液及粪便样本代谢组学分析

使用基于液相色谱—质谱（LC-MS）的非靶向代谢组学方法对瘤胃及粪便代谢产物进行分析，具体方法同第四章。

6. 相关性分析

采用MetaboAnalyst 4.0软件计算差异微生物与差异代谢物的Pearson相关系数。相关性系数$r$的取值范围是（-1，0）或（0，1）。$r<0$表示为负相关；$r>0$表示为正相关。

### 三、数据统计分析

采用SPSS 22.0统计软件中的单因素方差分析（one-way ANOVA）和Student' s T检验对血清炎症细胞因子和氧化应激指标、瘤胃及粪便发酵参数进行分析。$P<0.05$表示差异具有统计学意义，$0.05<P<0.10$表示具有变化趋势。

## 第三节　研究结果

### 一、菊粉补充对SCM奶牛血清炎症因子及LPS浓度的影响

如表7-2所示，菊粉补充增加了血清中IL-4（$P$=0.042）和SOD（$P$=0.041）浓度，降低了IgG（$P$=0.013）、IL-6（$P$=0.035）、IL-8（$P$=0.034）、TNF-α（$P$=0.042）、PGE2（$P$=0.036）及MDA（$P$=0.022）浓度。其中，SOD的最大值以及IgG、TNF-α和MAD的最低值在Inu-2和Inu-3组之间无显著差异。PGE2的最低值在Inu-3和Inu-4组之间无显著差异。IL-4的最大值和IL-6和IL-8的最低值均出现在Inu-3组。与对照组相比，Inu-3组血清TG（$P$=0.037）和LDL（$P$=0.020）降低（TG浓度在200g/d的Inu-2组、400g/d的Inu-3组和400g/d的Inu-4组间无显著差异）（图7-1）。与对照组相比，Inu-3组瘤胃液（$P$=0.040）及血清（$P$=0.045）LPS浓度降低，粪便样品中LPS浓度无显著变化（图7-2）。

表7-2　菊粉补充对SCM奶牛血清炎症因子和氧化应激指标的影响

| 项目Items | 分组Groups（$n$=8） | | | | | 标准误 SEM | $P$-值 $P$-value |
|---|---|---|---|---|---|---|---|
| | Con | Inu-1 | Inu-2 | Inu-3 | Inu-4 | | |
| 总蛋白TP，g/L | 62.1 | 63.4 | 63.7 | 63.8 | 62.6 | 0.15 | 0.152 |

（续表）

| 项目Items | 分组Groups（$n$=8） | | | | | 标准误 SEM | $P$-值 $P$-value |
|---|---|---|---|---|---|---|---|
| | Con | Inu-1 | Inu-2 | Inu-3 | Inu-4 | | |
| 血清白蛋白ALB，g/L | 40.2 | 42.8 | 42.6 | 42.7 | 41.0 | 0.33 | 0.274 |
| 血清球蛋白GLB，g/L | 21.9 | 20.6 | 21.1 | 21.1 | 21.6 | 0.31 | 0.692 |
| 免疫球蛋白A IgA，μg/mL | 11.7 | 10.6 | 13.8 | 11.3 | 10.2 | 0.46 | 0.284 |
| 免疫球蛋白G IgG，mg/mL | 6.04$^{a}$ | 5.73$^{ab}$ | 4.99$^{b}$ | 4.87$^{b}$ | 5.72$^{ab}$ | 0.053 | 0.013 |
| 免疫球蛋白M IgM，mg/mL | 72.2 | 72.7 | 70.3 | 71.1 | 69.6 | 0.81 | 0.220 |
| 白细胞介素-6 IL-6，ng/L | 425$^{a}$ | 325$^{b}$ | 300$^{bc}$ | 294$^{c}$ | 341$^{b}$ | 7.7 | 0.035 |
| 白细胞介素-8 IL-8，ng/L | 322$^{a}$ | 325$^{a}$ | 294$^{bc}$ | 277$^{c}$ | 302$^{bc}$ | 4.9 | 0.034 |
| 白细胞介素-10 IL-10，pg/mL | 15.1 | 14.2 | 17.6 | 16.7 | 16.1 | 0.40 | 0.075 |
| 白细胞介素-4 IL-4，pg/mL | 34.8$^{c}$ | 35.7$^{c}$ | 39.5$^{b}$ | 42.3$^{a}$ | 38.2$^{b}$ | 0.93 | 0.042 |
| 白细胞介素-12 IL-2，pg/mL | 56.7 | 54.5 | 51.3 | 52.7 | 53.2 | 0.68 | 0.067 |
| 肿瘤坏死因子-α TNF-α，ng/L | 217$^{a}$ | 206$^{b}$ | 182$^{c}$ | 180$^{c}$ | 205$^{b}$ | 4.4 | 0.042 |
| 前列腺素$E_2$PG$E_2$，pg/mL | 94.4$^{a}$ | 85.1$^{b}$ | 84.6$^{b}$ | 80.1$^{c}$ | 81.2$^{c}$ | 1.43 | 0.036 |
| 谷胱甘肽过氧化物酶GSH-Px，μmol/L | 4.33 | 4.28 | 4.30 | 4.56 | 4.48 | 0.083 | 0.174 |
| 超氧化物歧化酶SOD，U/mL | 45.8$^{c}$ | 50.9$^{b}$ | 52.7$^{a}$ | 53.2$^{a}$ | 50.2$^{b}$ | 0.35 | 0.041 |
| 丙二醛MDA，nmol/mL | 2.57$^{a}$ | 2.51$^{a}$ | 1.87$^{c}$ | 1.85$^{c}$ | 2.01$^{b}$ | 0.053 | 0.022 |

注：a，b，c同一行内不同的字母差异显著（$P$<0.05）；a，b，c=within a row，different letters differed significantly（$P$<0.05）.

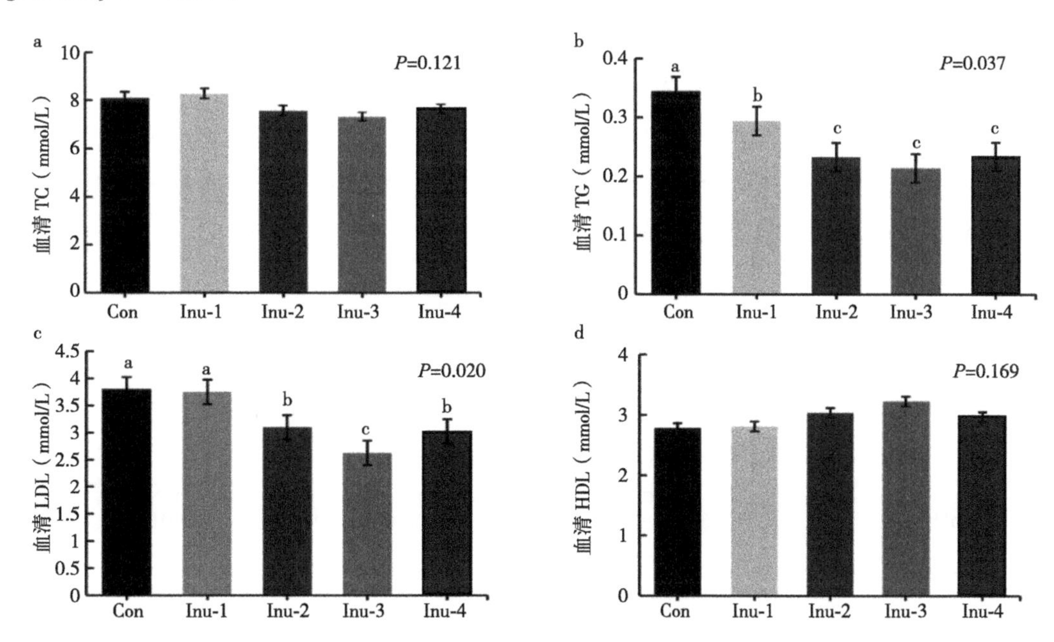


**图7-1 菊粉补充对SCM奶牛血清脂质浓度的影响**

TG，甘油三酸酯；TC，总胆固醇；LDL，低密度脂蛋白；HDL，高密度脂蛋白

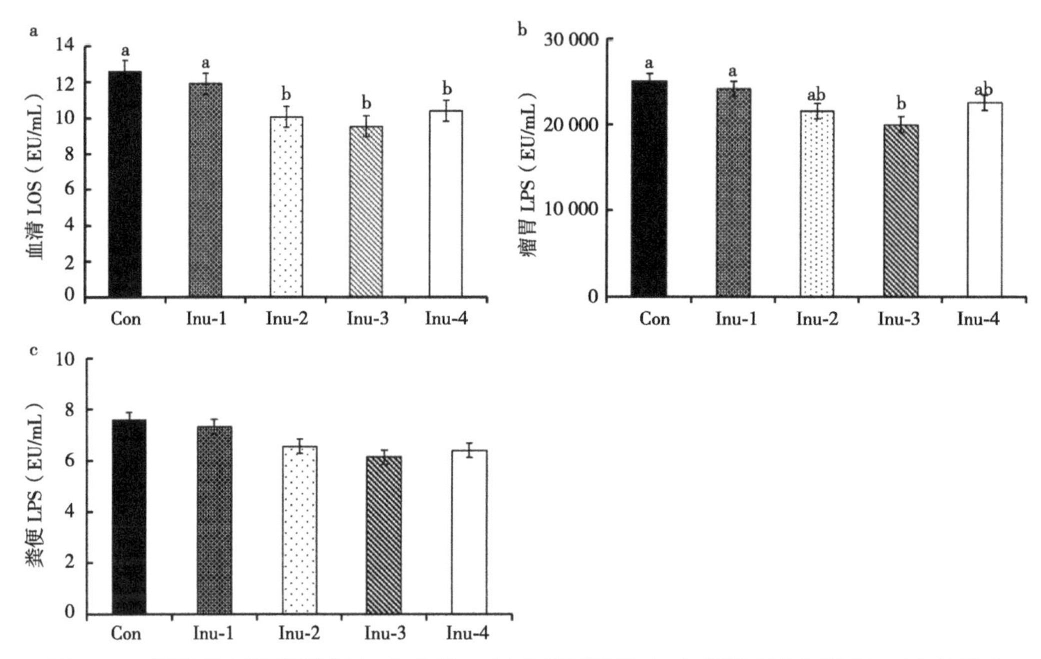


**图7-2　对照组和不同菊粉组（a）血清、（b）瘤胃液及（c）粪便中脂多糖（LPS）的浓度**

## 二、菊粉补充对SCM奶牛瘤胃和粪便中的发酵参数的影响

在瘤胃液样品中，与对照组相比，Inu-3组丙酸（$P$=0.021）、丁酸（$P$=0.034）、TVFA（$P$=0.041）及LA（$P$=0.037）浓度均升高，其中LA浓度在Inu-2和Inu-3组间无显著差异。异丁酸浓度随菊粉的补充有增加的趋势（$P$=0.084）。$NH_3$-N浓度（$P$<0.01）和A/P（$P$=0.041）在Inu-3组降低（A/P在Inu-2和Inu-3组间无显著差异）。此外，添加菊粉后瘤胃pH（$P$=0.083）呈下降趋势。在粪便样品中，与对照组相比，Inu-3和Inu-4组丙酸（$P$=0.041）和丁酸（$P$=0.047）浓度升高，TVFA（$P$=0.058）浓度有升高的趋势。粪便pH（$P$=0.086）和A/P（$P$=0.061）呈现降低趋势。然而，菊粉补充对SCM奶牛粪便中LA和其他VFAs无显著影响（表7-3）。

**表7-3　添加菊粉对SCM奶牛瘤胃和粪便发酵的影响**

| 项目Items | 分组Groups（$n$=8） | | | | | 标准误SEM | $P$-值 $P$-value |
|---|---|---|---|---|---|---|---|
| | Con | Inu-1 | Inu-2 | Inu-3 | Inu-4 | | |
| 瘤胃发酵参数Rumen fermentation parameters | | | | | | | |
| pH值pH | 6.76 | 6.77 | 6.64 | 6.69 | 6.67 | 0.019 | 0.083 |
| 氨态氮$NH_3$-N，mg/dL | 10.5[a] | 9.41[b] | 9.13[b] | 8.93[bc] | 9.13[b] | 0.096 | <0.01 |
| 乳酸LA，mmol/L | 1.33[c] | 1.37[c] | 1.54[a] | 1.57[a] | 1.48[b] | 0.023 | 0.037 |

（续表）

| 项目Items | 分组Groups（$n$=8） | | | | | 标准误 SEM | $P$-值 $P$-value |
|---|---|---|---|---|---|---|---|
| | Con | Inu-1 | Inu-2 | Inu-3 | Inu-4 | | |
| 乙酸Acetate，mmol/L | 71.4 | 70.8 | 72.6 | 73.1 | 72.3 | 0.35 | 0.115 |
| 丙酸Propionate，mmol/L | $20.1^{c}$ | $20.9^{c}$ | $22.8^{b}$ | $23.2^{a}$ | $22.3^{b}$ | 0.19 | 0.021 |
| 乙/丙 A/P | $3.55^{a}$ | $3.39^{b}$ | $3.18^{c}$ | $3.15^{c}$ | $3.24^{b}$ | 0.029 | 0.041 |
| 丁酸Butyrate，mmol/L | $10.4^{c}$ | $12.6^{c}$ | $13.5^{b}$ | $14.2^{a}$ | $13.1^{b}$ | 0.20 | 0.034 |
| 异丁酸Isobutyrate，mmol/L | 0.68 | 0.71 | 0.75 | 0.73 | 0.74 | 0.012 | 0.084 |
| 戊酸Valerate，mmol/L | 1.39 | 1.34 | 1.43 | 1.46 | 1.46 | 0.023 | 0.311 |
| 异戊酸Isovalerate，mmol/L | 1.38 | 1.31 | 1.39 | 1.44 | 1.4 | 0.022 | 0.164 |
| 总挥发酸TVFA，mmol/L | $105^{c}$ | $108^{c}$ | $112^{b}$ | $114^{a}$ | $111^{b}$ | 0.54 | 0.041 |
| 粪便发酵参数Feces fermentation parameters | | | | | | | |
| pH值pH | 7.03 | 6.80 | 6.91 | 6.73 | 6.75 | 0.025 | 0.086 |
| 氨态氮$NH_3$-N，mg/dL | 9.14 | 9.66 | 9.29 | 9.05 | 9.11 | 0.085 | 0.525 |
| 乳酸LA，mmol/L | 0.99 | 1.02 | 1.13 | 1.02 | 1.15 | 0.014 | 0.141 |
| 乙酸Acetate，mmol/L | 58.7 | 58.0 | 60.7 | 62.4 | 60.6 | 0.350 | 0.134 |
| 丙酸Propionate，mmol/L | $10.3^{c}$ | $10.6^{c}$ | $13.1^{b}$ | $14.8^{a}$ | $14.4^{a}$ | 0.420 | 0.041 |
| 乙/丙A/P | 5.70 | 5.47 | 4.63 | 4.22 | 4.21 | 0.140 | 0.061 |
| 丁酸Butyrate，mmol/L | $6.02^{b}$ | $6.08^{b}$ | $6.87^{ab}$ | $7.92^{a}$ | $7.64^{a}$ | 0.174 | 0.047 |
| 异丁酸Isobutyrate，mmol/L | 0.7 | 0.75 | 0.74 | 0.82 | 0.76 | 0.009 | 0.855 |
| 戊酸Valerate，mmol/L | 0.88 | 1.02 | 0.77 | 0.95 | 1.09 | 0.025 | 0.264 |
| 异戊酸Isovalerate，mmol/L | 0.51 | 0.59 | 0.58 | 0.57 | 0.6 | 0.007 | 0.736 |
| 总挥发酸TVFA，mmol/L | 75.3 | 76.3 | 83.5 | 85.2 | 85.4 | 0.989 | 0.058 |

注：$^{a,b,c}$=within a row，different letters differed significantly（$P$<0.05）.

## 三、瘤胃和粪便微生物群落的多样性、丰富度和组成

从40份瘤胃液和粪便样本中分别获得有效的16S rRNA基因序列1 303 222条和1 245 375条。Alpha多样性结果表明，与对照组相比，Inu-3组瘤胃和粪便菌群多样性（Shannon，$P$=0.037；$P$<0.01）和丰富度（Chao1，$P$=0.035；$P$=0.047）增加。（粪便样本的Chao1指数在Inu-2和Inu-3组无显著差异）（图7-3）。基于Alpha多样性指数

绘制的稀释曲线显示，随着reads数的增加，曲线逐渐趋于平缓（图7-4），说明了足够的测序深度。经序列聚类和质量过滤后，瘤胃和粪便中共获得2 151和1 419个相似度>97%的OTU。对97%相似的OTU代表序列进行分类分析，在瘤胃和粪便样本中分别获得18个和14个细菌门，266个和239个细菌属。瘤胃和粪便中微生物群落相对丰度各不相同，但门水平前6位均为Bacteroidota［（51.5 ± 1.65）%；（30.0 ± 0.89%）］、Firmicutes［（36.8 ± 1.47）%；（60.3 ± 1.07%）］、Proteobacteria［（6.85 ± 0.94）%；（0.16 ± 0.01）%］、Patescibacterium［（2.00 ± 0.10）%；（0.44 ± 0.03）%］，Actinobacteriota［（1.43 ± 0.07）%；（6.69 ± 0.14）%］和Spirochaetota［（0.48 ± 0.04）%；（2.11 ± 0.13）%］（图7-5a，b）。属水平上，*Rikenellaceae*_RC9_gut_group［（3.34 ± 0.17）%；（9.14 ± 0.08）%］、*Christensenellaceae*_R-7_group［（3.47 ± 0.18）%；（3.08 ± 0.09）%］、*Muribaculaceae*［（4.05 ± 0.13）%；（2.93 ± 0.06）%］、*Prevotellaceae*_UCG-003［（1.17 ± 0.07）%；（3.72 ± 0.11）%］、*Ruminococcaceae*［（7.25 ± 0.21）%；（0.96 ± 0.01）%］、*Clostridia*_UCG-014［（2.23 ± 0.08）%；（1.42 ± 0.10）%］、*Lachnospiraceae*_NK3A20_group［（1.56 ± 0.11）%；（1.08 ± 0.09）%］及*Bacteroidales*_RF16_group［（1.99 ± 0.11）%；（1.05 ± 0.02）%］等在瘤胃和粪便样品中均检测到（图7-5c，d）。基于Bray-Curtis距离算法进一步对菌群进行Beta多样性分析。结果表明，菊粉补充对瘤胃（$R$=0.471，$P$=0.001）及粪便（$R$=0.498，$P$=0.001）菌群结构产生了一定影响（图7-6）。

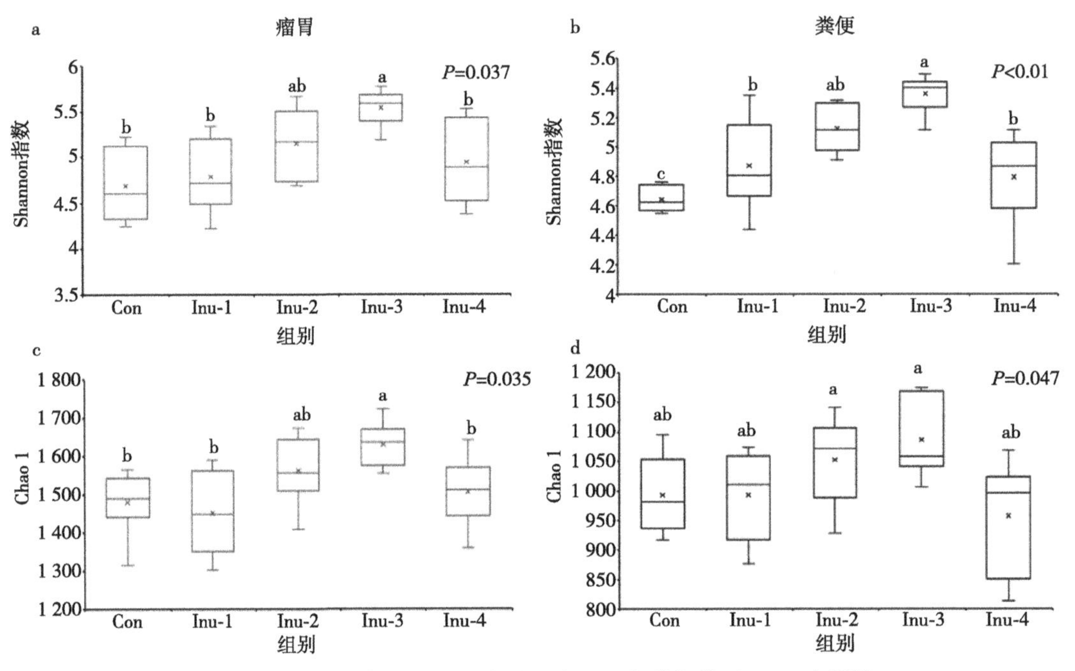


图7-3　SCM奶牛（a，c）瘤胃和（b，d）粪便菌群Alpha多样性

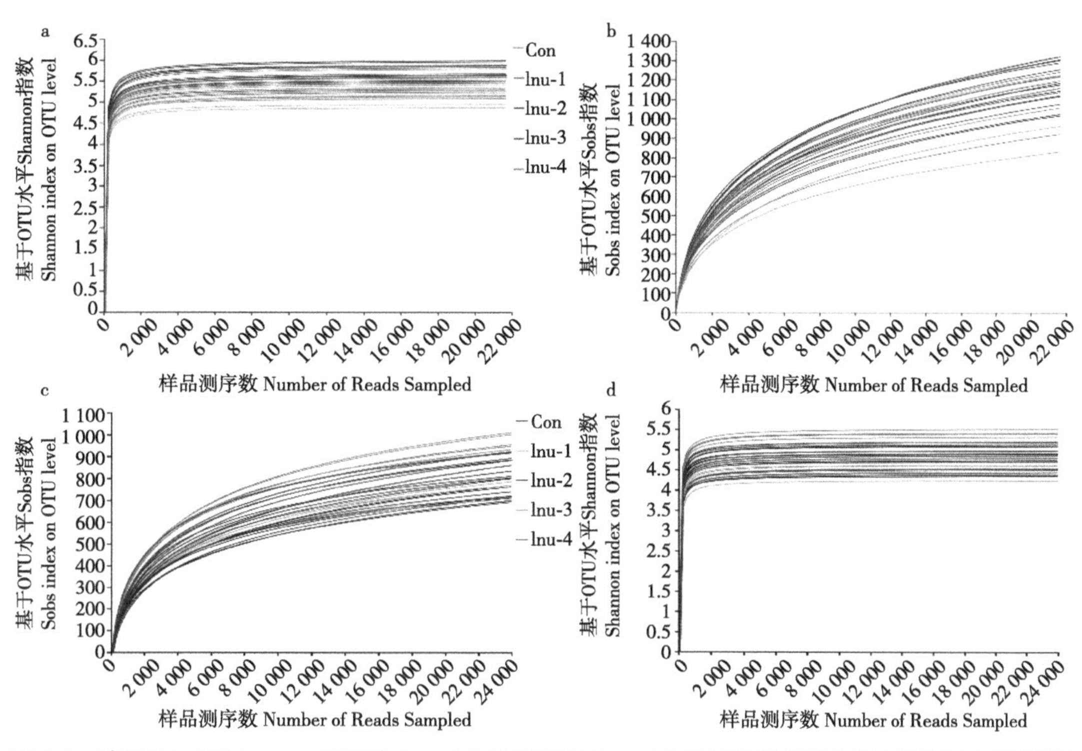


**图7-4　基于Sobs和Shannon指数的（a，b）瘤胃液与（c，d）粪便菌群稀释曲线（彩图见文后彩插）**

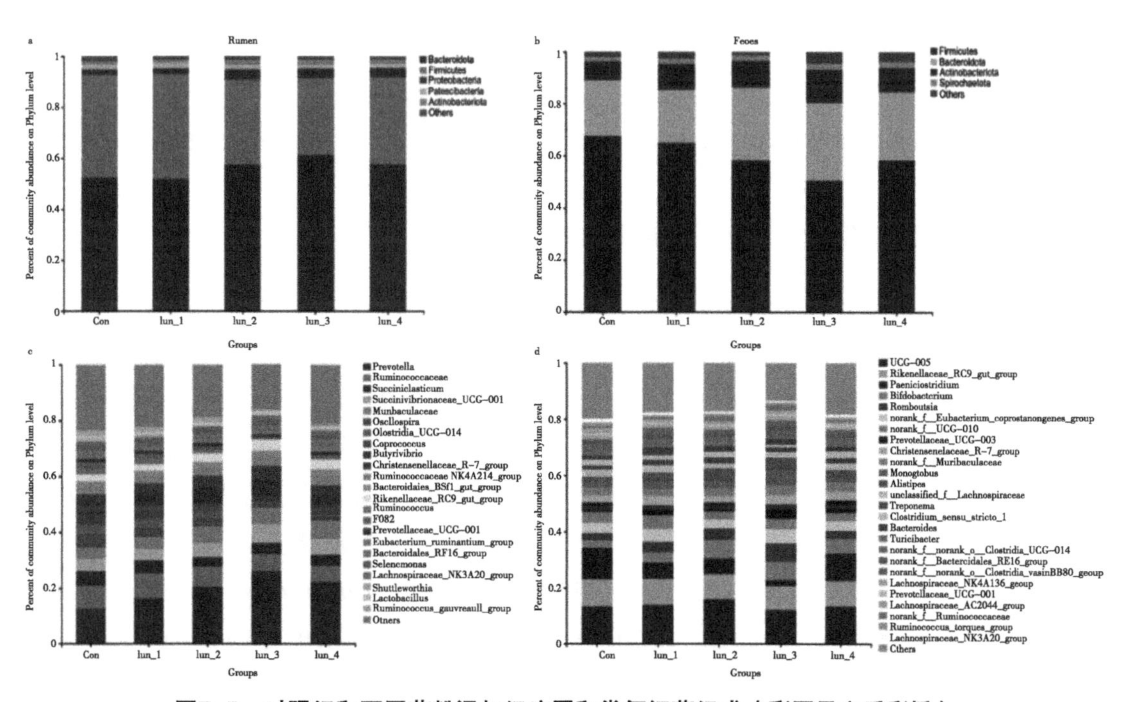


**图7-5　对照组和不同菊粉添加组瘤胃和粪便细菌组成（彩图见文后彩插）**

（a，c）瘤胃菌群门水平和属水平；（c，d）粪便菌群门水平和属水平

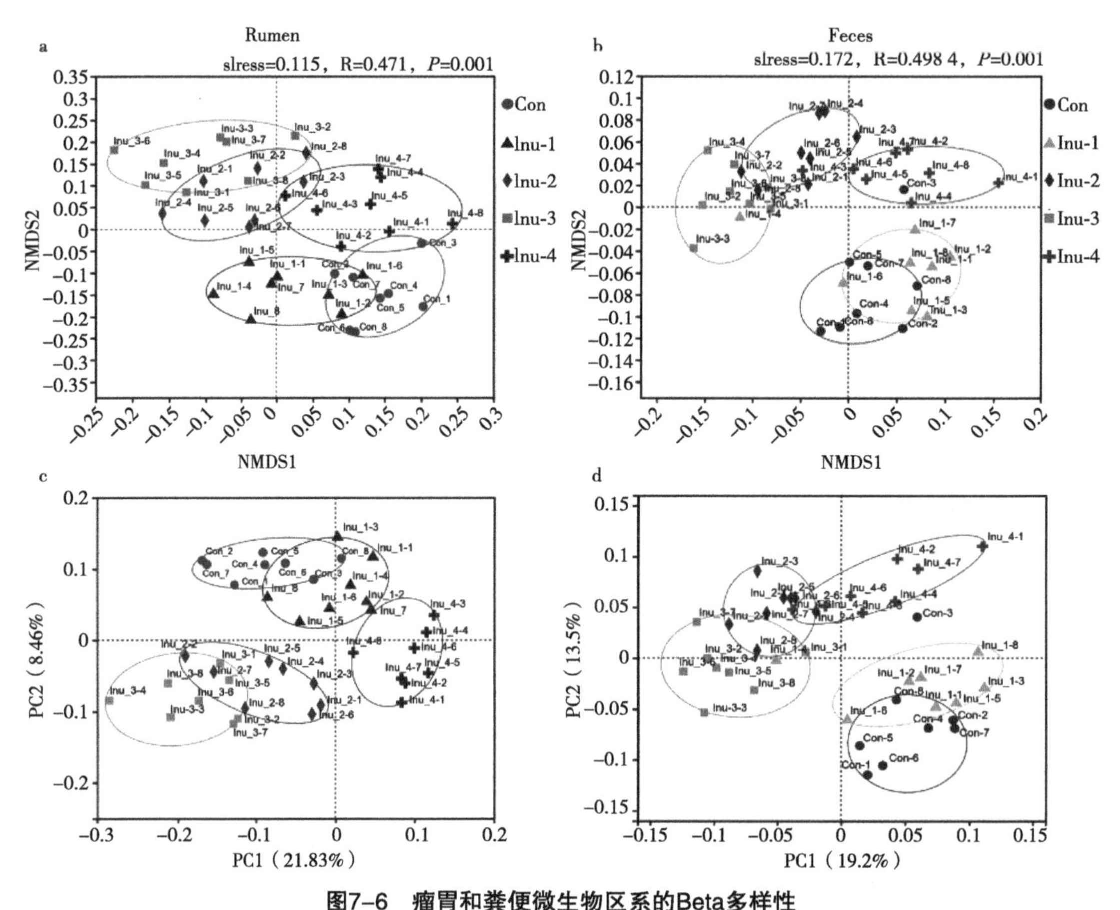


**图7-6　瘤胃和粪便微生物区系的Beta多样性**

基于组间Bray-Curtis距离算法的（a、c）主坐标分析（PCoA）和（b、d）非度量多维尺度分析（NMDS）

## 四、对照组和菊粉组瘤胃及粪便中差异菌群

如图7-7a和b所示，在门水平上，与对照组相比，瘤胃和粪便样本Inu-3组中的Bacteroidota（FDR校正的$P$=0.033；FDR校正的$P$=0.048）相对丰度均有所增加。而Firmicutes丰度（FDR校正的$P$=0.037；FDR校正的$P$=0.047）均降低（粪便样品中的Firmicutes在Inu-2、Inu-3和Inu-4组差异不显著）。此外，与对照组相比，瘤胃样本中的Proteobacteria（FDR校正的$P$=0.048）和Actinobacteriota（FDR校正的$P$=0.037）相对丰度在Inu-3组均增加（Proteobacteria在Inu-2和Inu-3组间无显著差异）。

在属水平上，与对照组相比，瘤胃和粪便样本中*Bifidobacterium*（FDR校正的$P$=0.043；FDR校正的$P$=0.032）和*Lachnospiraceae_NK3A20_group*（FDR校正的$P$=0.046；FDR校正的$P$=0.034）的相对丰度在Inu-3组均升高（*Bifidobacterium*在Inu-2组和Inu-3组间差异不显著），而*Coprococcus*（FDR校正的$P$=0.036；FDR校正的$P$=0.039）丰度在瘤胃和粪便样本Inu-3组中均减少。此外，瘤胃菌群包括*Prevotella*（FDR校正的$P$=0.013）、*Muribaculaceae*（FDR校正的$P$=0.033）、*Bacteroidales_BS11_gut_*

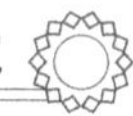

*group*（FDR校正的*P*=0.042）、*Bacteroidales_RF*16*_group*（FDR校正的*P*=0.045）、*Butyrivibrio*（FDR校正的*P*=0.031）、*Lactobacillus*（FDR校正的*P*=0.042）和*Acetobacter*（FDR校正的*P*=0.048）等随菊粉添加而丰度增加，其中大部分在Inu-3组最高。而*Ruminococcaceae*（FDR校正的*P*=0.035）、*Oscillospira*（FDR校正的*P*=0.042）、*Clostridia__UCG*-014（FDR校正的*P*=0.035）、*Streptococcus*（FDR校正的*P*=0.048）、*Staphylococcus*（FDR校正的*P*=0.045）、*Neisseriaceae*（FDR校正的*P*=0.046）和*Escherichia-Shigella*（FDR校正的*P*=0.045）在Inu-3组也检测到相对丰度降低（图7-7c）。在粪便中，Inu-3组*Romboutsia*（FDR校正的*P*=0.040）、*Monoglobus*（FDR校正的*P*=0.042）、*Alistipes*（FDR校正的*P*=0.046）及*unclassified_o_Bacteroidales*（FDR校正的*P*=0.040）的相对丰度较对照组均增加（*Alistipes*在Inu-2组和Inu-3组无显著差异）。另一方面，*Paeniclostridium*（FDR校正的*P*=0.034）、*norank_f__Rumino coccaceae*（FDR校正的*P*=0.047）、*unclassified_c__Clostridia*（FDR校正的*P*=0.034）和*unclassified_f__Peptostreptococcaceae*（FDR校正的*P*=0.040）相对丰度在Inu-3组均下降（*unclassified_c__Clostridia*在Inu-2和Inu-3组之间的无显著差异）（图7-7d）。

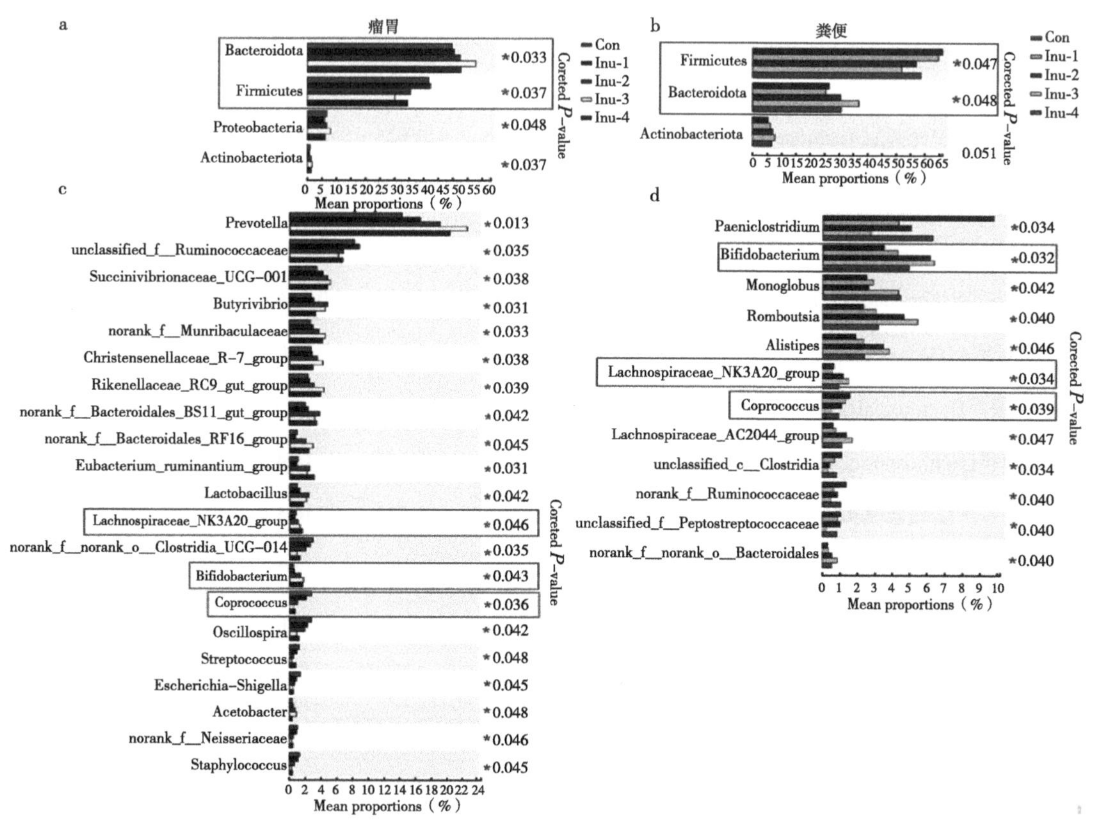


**图7-7　对照组和不同菊粉处理组SCM奶牛瘤胃和粪便差异菌群（彩图见文后彩插）**

（a，c）瘤胃菌群门水平和属水平；（b，d）粪便菌群门水平和属水平

## 五、瘤胃差异菌群与发酵参数的相关性分析

Spearman相关分析显示，*Acetobacter*（*r*=0.625，FDR校正的*P*=0.028）与乙酸呈正相关。*Muribaculaceae*（*r*=0.546，FDR校正的*P*=0.021）、*Prevotella*（*r*=0.589，FDR校正的*P*=0.029）、*Rikenellaceae_RC9_gut_group*（*r*=0.615，FDR校正的*P*=0.030）、*Bacteroidales_RF16_group*（*r*=0.615，FDR校正的*P*<0.01）、*Bacteroidales_BS11_gut_group*（*r*=0.551，FDR校正的*P*<0.01）与丙酸呈正相关。*Lachnospiraceae_NK3A20_group*（*r*=0.574，FDR校正的*P*=0.021）、*Butyrivibrio*（*r*=0.533，FDR校正的*P*=0.022）、*Eubacterium_ruminantium_group*（*r*=0.527，FDR校正的*P*=0.028）及*Christensenellaceae_R-7_group*（*r*=0.475，FDR校正的*P*=0.043）与丁酸呈正相关。*Bifidobacterium*（*r*=0.517，FDR校正的*P*=0.024）与*Lactobacillus*（*r*=0.577，FDR校正的*P*<0.01）与LA呈正相关。而*Streptococcus*（*r*=−0.621，FDR校正的*P*=0.025）、*Staphylococcus*（*r*=−0.561，FDR校正的*P*=0.033）和*Escherichia-Shigella*（*r*=−0.583，FDR校正的*P*=0.032）与LA呈负相关（表7-4）。

**表7-4 瘤胃差异菌群与瘤胃发酵参数的相关性矩阵**

| Ruminal microbiota | 挥发酸VFA | 相关系数*r* | *P*-值<br>*P*-value | FDR校正的*P*值<br>FDR-adjusted *P*-value |
|---|---|---|---|---|
| 醋酸杆菌属*Acetobacter* | 乙酸Acetate | 0.625 | 0.009 7 | 0.028 |
| *Muribaculaceae* | 丙酸Propionate | 0.546 | 0.004 5 | 0.021 |
| 普雷沃氏菌属*Prevotella* | 丙酸Propionate | 0.589 | 0.009 0 | 0.029 |
| 理研菌科Rikenellaceae_RC9_gut_group | 丙酸Propionate | 0.615 | 0.014 6 | 0.030 |
| 拟杆菌目Bacteroidales_RF16_group | 丙酸Propionate | 0.673 | 0.000 1 | <0.01 |
| 拟杆菌目Bacteroidales_BS11_gut_group | 丙酸Propionate | 0.551 | 0.000 5 | <0.01 |
| 毛螺菌科Lachnospiraceae_NK3A20_group | 丁酸Butyrate | 0.574 | 0.004 9 | 0.021 |
| 丁酸弧菌属*Butyrivibrio* | 丁酸Butyrate | 0.533 | 0.005 4 | 0.022 |
| 反刍真杆菌*Eubacterium_ruminantium_group* | 丁酸Butyrate | 0.527 | 0.007 6 | 0.028 |
| 克里斯滕森菌科Christensenellaceae_R-7_group | 丁酸Butyrate | 0.475 | 0.016 7 | 0.043 |
| 双歧杆菌属*Bifidobacterium* | 乳酸LA | 0.517 | 0.007 7 | 0.024 |
| 乳酸杆菌属*Lactobacillus* | 乳酸LA | 0.603 | 0.001 3 | <0.01 |
| 链球菌属*Streptococcus* | 乳酸LA | −0.621 | 0.007 9 | 0.025 |
| 葡萄球菌属*Staphylococcus* | 乳酸LA | −0.561 | 0.009 2 | 0.033 |
| 大肠杆菌属*Escherichia-Shigella* | 乳酸LA | −0.683 | 0.009 3 | 0.032 |

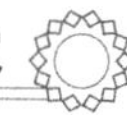

## 六、瘤胃和粪便样本的代谢谱分析

QC样品正负离子模式下TIC如图7-8所示。通过重叠比较，发现各色谱峰的响应强度和保留时间基本重叠，反映了数据质量的可靠性。为了反映各组之间的整体差异以及组内样本间的变异程度，我们采用无监督多变量统计分析方法进行PCA分析。为了进一步直观显示各组间代谢产物的差异，采用监督判别分析方法进行OPLS-DA，分别在正离子模式和负离子模式下进行多组方差分析和两两比较（图7-9、图7-10）。如图7-11所示，在正负离子模式下，瘤胃和粪便样品中对照组与不同菊粉处理组之间基本可以分离。在OPLS-DA评分图中，$R^2X$（cum）和$R^2Y$（cum）分别表示模型X和Y矩阵的累积解释率；Q2（cum）表示模型的预测能力。这三个指标越接近1，模型的预测能力越强。在本试验中，$R^2X$（cum）、$R^2Y$（cum）、$Q^2$（cum）均大于0.7。置换检验中$R^2Y>0.7$，$Q^2Y<0$，表明模型具有良好的稳定性和可靠性。

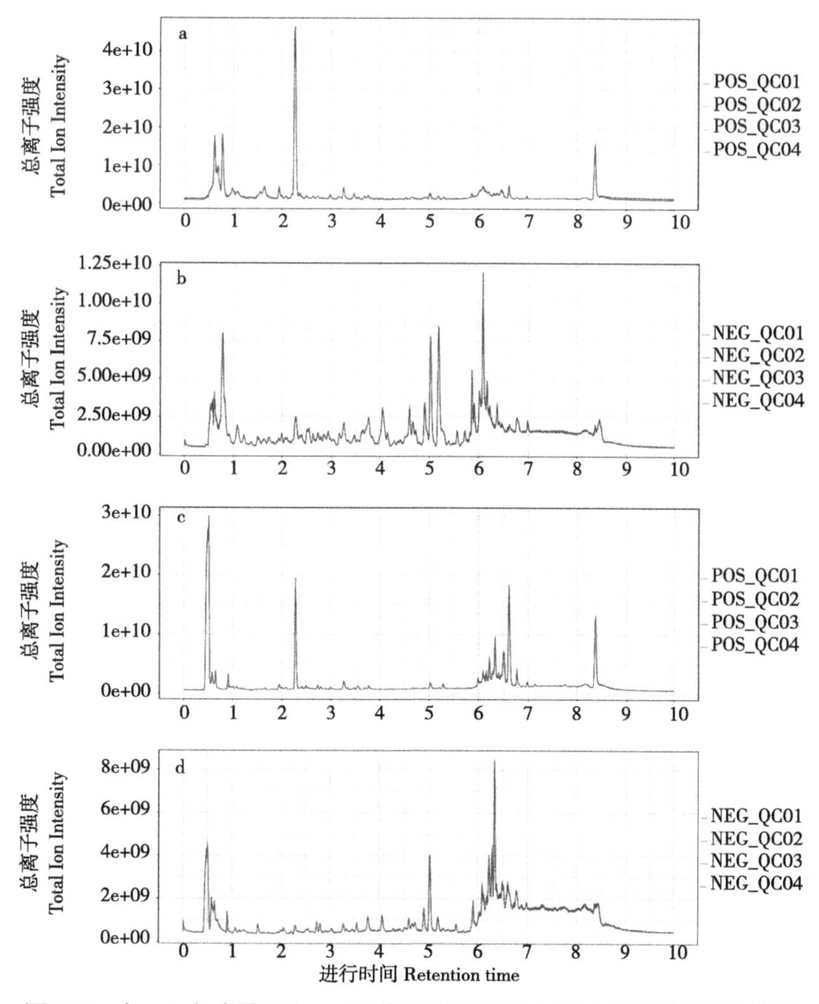


**图7-8　（a、b）瘤胃和（c、d）粪便质量控制（QC）样品总离子色谱图**

（a和c）正离子模式；（b和d）负离子模式

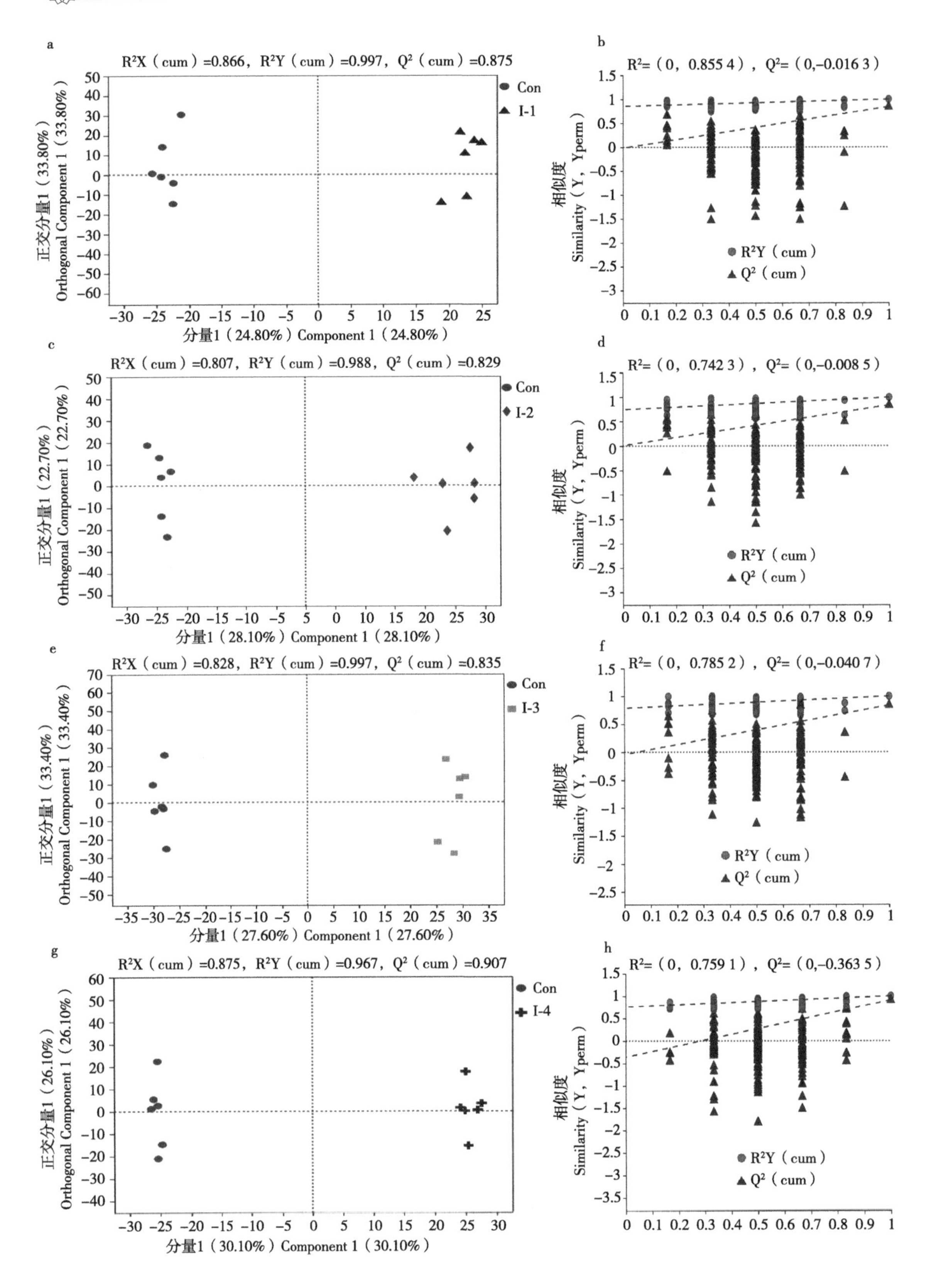
a
R²X（cum）=0.866，R²Y（cum）=0.997，Q²（cum）=0.875
Con
I-1
正交分量1（33.80%）Orthogonal Component 1（33.80%）
分量1（24.80%）Component 1（24.80%）
b
R²=（0，0.855 4），Q²=（0,-0.016 3）
R²Y（cum）
Q²（cum）
相似度 Similarity（Y，Yperm）
c
R²X（cum）=0.807，R²Y（cum）=0.988，Q²（cum）=0.829
Con
I-2
正交分量1（22.70%）Orthogonal Component 1（22.70%）
分量1（28.10%）Component 1（28.10%）
d
R²=（0，0.742 3），Q²=（0,-0.008 5）
R²Y（cum）
Q²（cum）
相似度 Similarity（Y，Yperm）
e
R²X（cum）=0.828，R²Y（cum）=0.997，Q²（cum）=0.835
Con
I-3
正交分量1（33.40%）Orthogonal Component 1（33.40%）
分量1（27.60%）Component 1（27.60%）
f
R²=（0，0.785 2），Q²=（0,-0.040 7）
R²Y（cum）
Q²（cum）
相似度 Similarity（Y，Yperm）
g
R²X（cum）=0.875，R²Y（cum）=0.967，Q²（cum）=0.907
Con
I-4
正交分量1（26.10%）Orthogonal Component 1（26.10%）
分量1（30.10%）Component 1（30.10%）
h
R²=（0，0.759 1），Q²=（0,-0.363 5）
R²Y（cum）
Q²（cum）
相似度 Similarity（Y，Yperm）

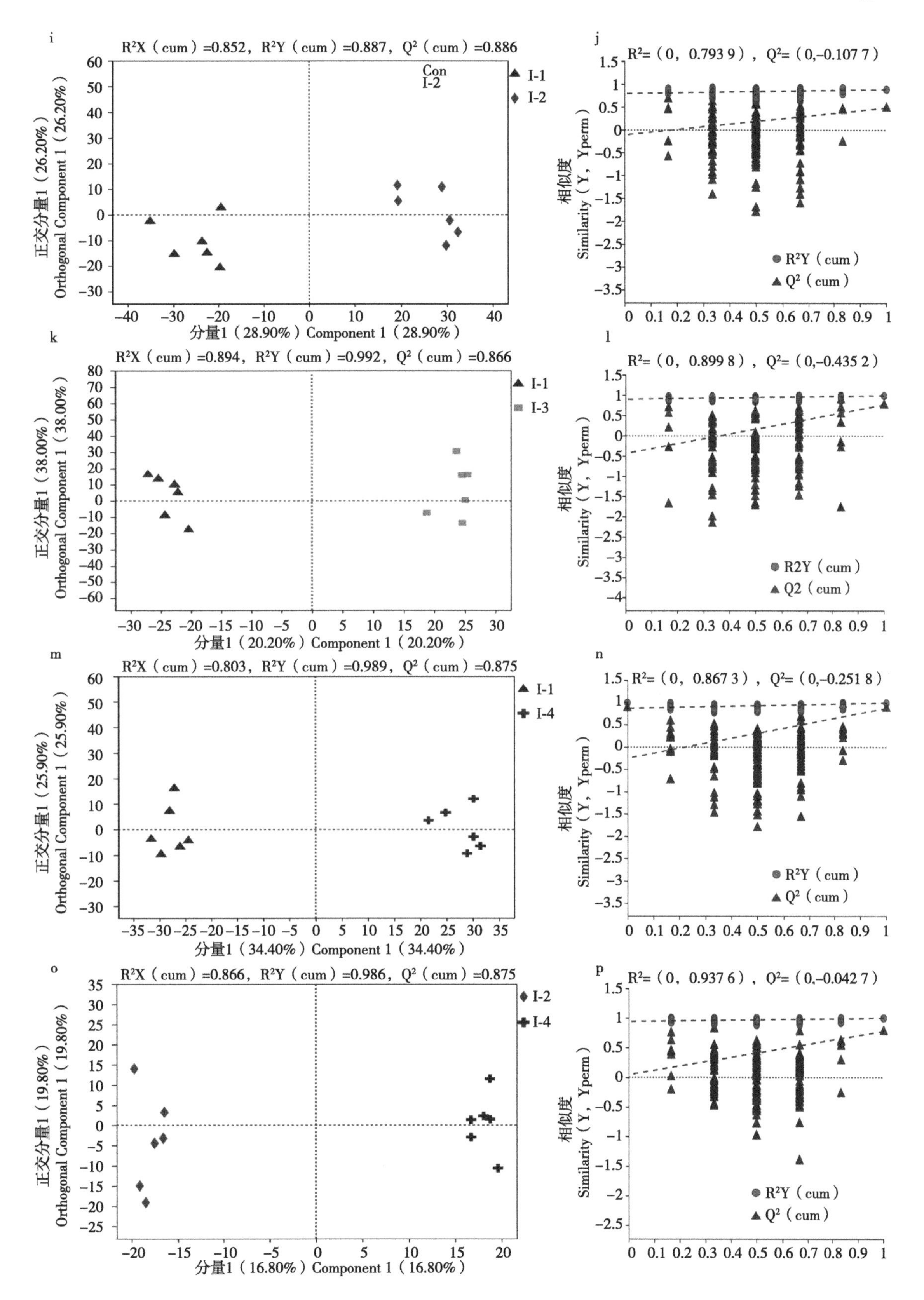
i
R²X（cum）=0.852，R²Y（cum）=0.887，Q²（cum）=0.886
Con
I-2
I-1
I-2
正交分量1（26.20%）Orthogonal Component 1（26.20%）
分量1（28.90%）Component 1（28.90%）
j
R²=（0，0.793 9），Q²=（0,-0.107 7）
相似度 Similarity（Y，Yperm）
R²Y（cum）
Q²（cum）
k
R²X（cum）=0.894，R²Y（cum）=0.992，Q²（cum）=0.866
I-1
I-3
正交分量1（38.00%）Orthogonal Component 1（38.00%）
分量1（20.20%）Component 1（20.20%）
l
R²=（0，0.899 8），Q²=（0,-0.435 2）
相似度 Similarity（Y，Yperm）
R2Y（cum）
Q2（cum）
m
R²X（cum）=0.803，R²Y（cum）=0.989，Q²（cum）=0.875
I-1
I-4
正交分量1（25.90%）Orthogonal Component 1（25.90%）
分量1（34.40%）Component 1（34.40%）
n
R²=（0，0.867 3），Q²=（0,-0.251 8）
相似度 Similarity（Y，Yperm）
R²Y（cum）
Q²（cum）
o
R²X（cum）=0.866，R²Y（cum）=0.986，Q²（cum）=0.875
I-2
I-4
正交分量1（19.80%）Orthogonal Component 1（19.80%）
分量1（16.80%）Component 1（16.80%）
p
R²=（0，0.937 6），Q²=（0,-0.042 7）
相似度 Similarity（Y，Yperm）
R²Y（cum）
Q²（cum）

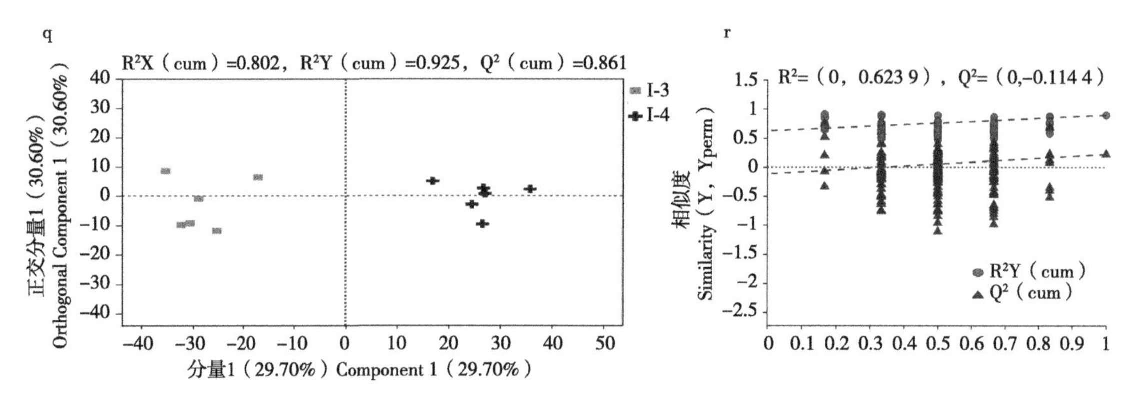


**图7-9　SCM奶牛瘤胃代谢产物的正交偏最小二乘判别分析（OPLS-DA）评分图（a、c、e、g、i、k、m、o、q）和OPLS-DA排列检验（b、d、f、h、j、l、n、p、r）**

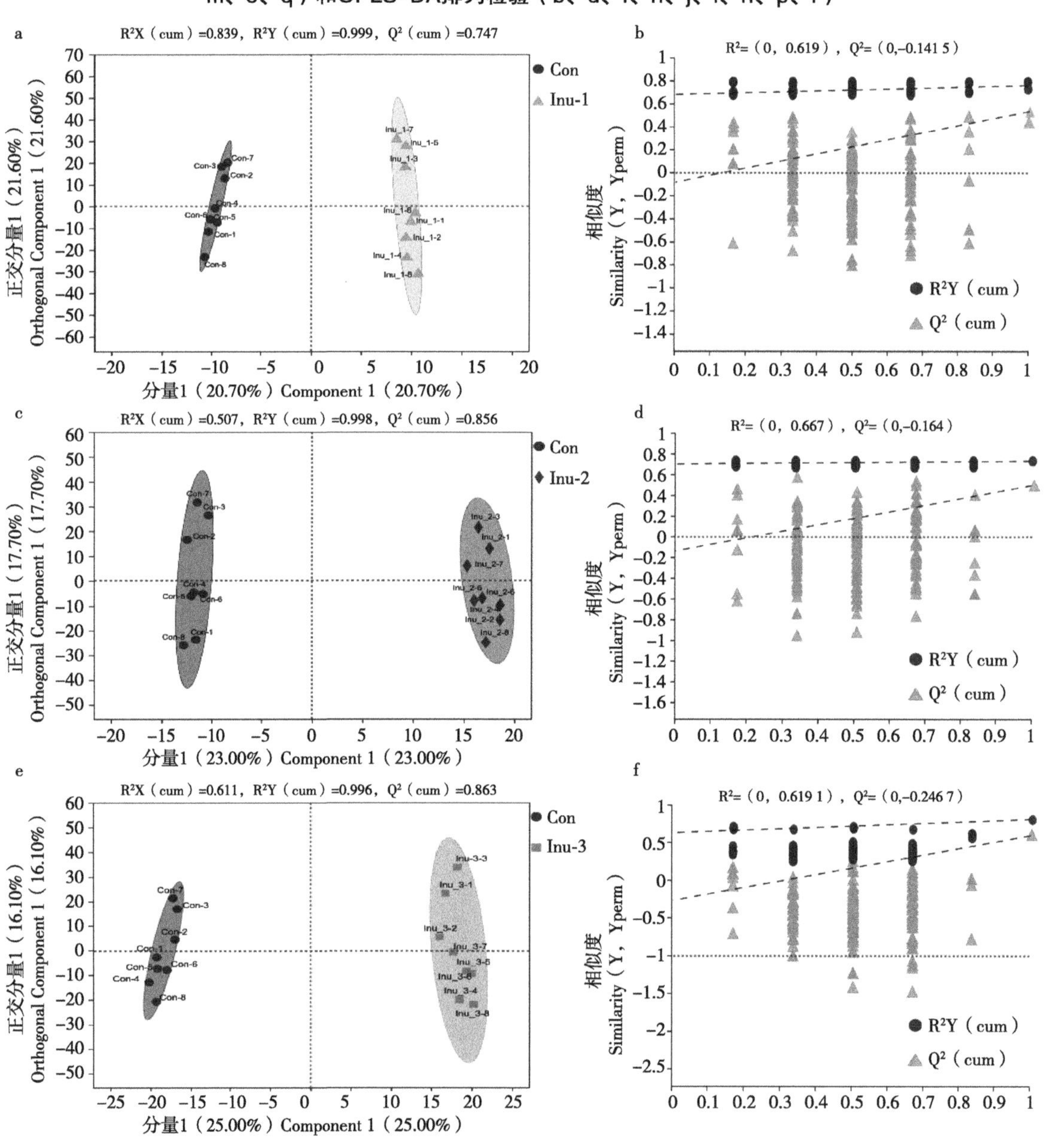

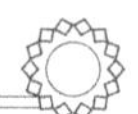

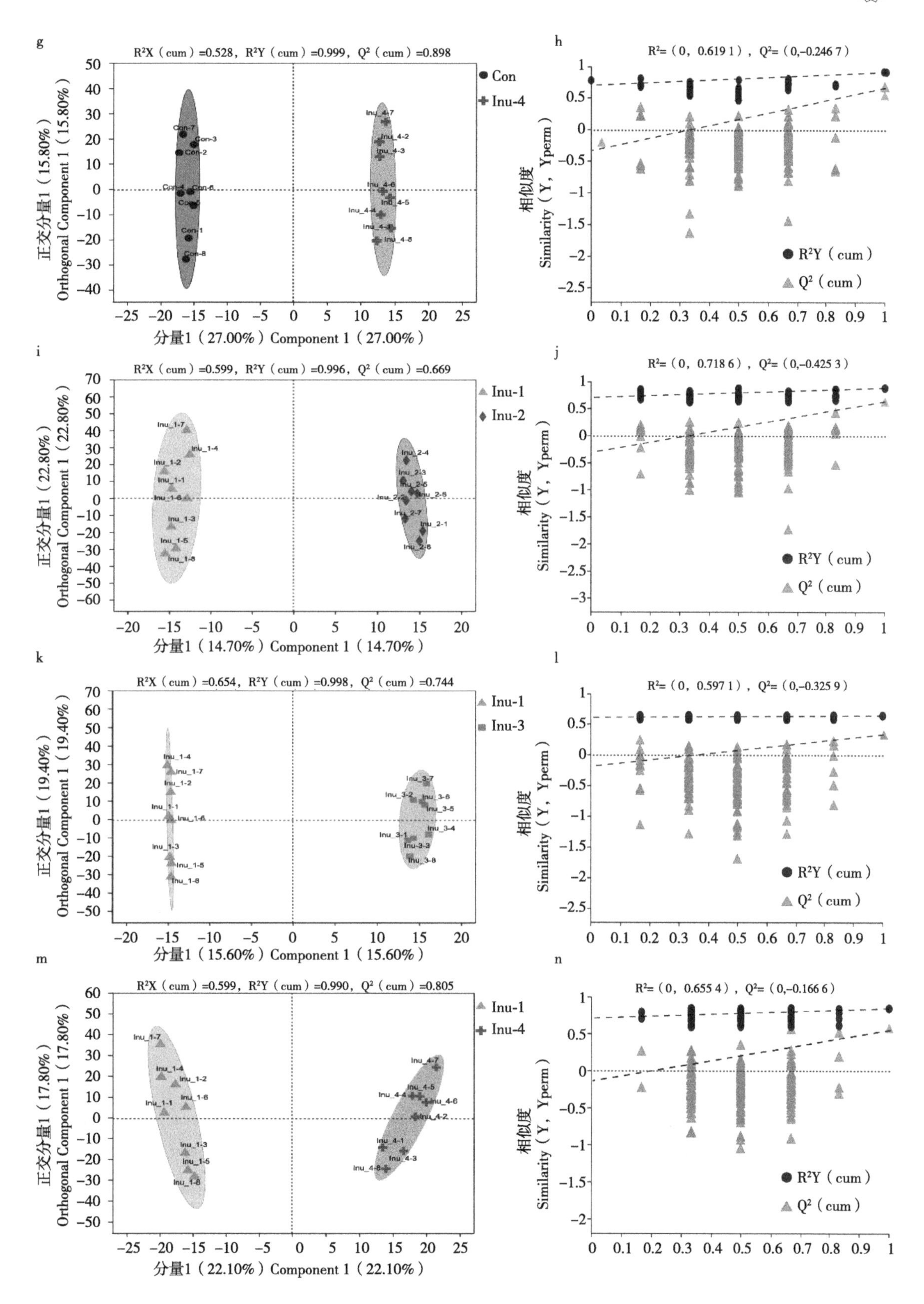

g
R²X（cum）=0.528，R²Y（cum）=0.999，Q²（cum）=0.898
Con
Inu-4
正交分量1（15.80%）Orthogonal Component 1（15.80%）
分量1（27.00%）Component 1（27.00%）
h
R²=（0，0.619 1），Q²=（0，-0.246 7）
相似度 Similarity（Y，Yperm）
R²Y（cum）
Q²（cum）
i
R²X（cum）=0.599，R²Y（cum）=0.996，Q²（cum）=0.669
Inu-1
Inu-2
正交分量1（22.80%）Orthogonal Component 1（22.80%）
分量1（14.70%）Component 1（14.70%）
j
R²=（0，0.718 6），Q²=（0，-0.425 3）
相似度 Similarity（Y，Yperm）
R²Y（cum）
Q²（cum）
k
R²X（cum）=0.654，R²Y（cum）=0.998，Q²（cum）=0.744
Inu-1
Inu-3
正交分量1（19.40%）Orthogonal Component 1（19.40%）
分量1（15.60%）Component 1（15.60%）
l
R²=（0，0.597 1），Q²=（0，-0.325 9）
相似度 Similarity（Y，Yperm）
R²Y（cum）
Q²（cum）
m
R²X（cum）=0.599，R²Y（cum）=0.990，Q²（cum）=0.805
Inu-1
Inu-4
正交分量1（17.80%）Orthogonal Component 1（17.80%）
分量1（22.10%）Component 1（22.10%）
n
R²=（0，0.655 4），Q²=（0，-0.166 6）
相似度 Similarity（Y，Yperm）
R²Y（cum）
Q²（cum）

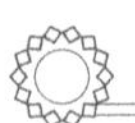


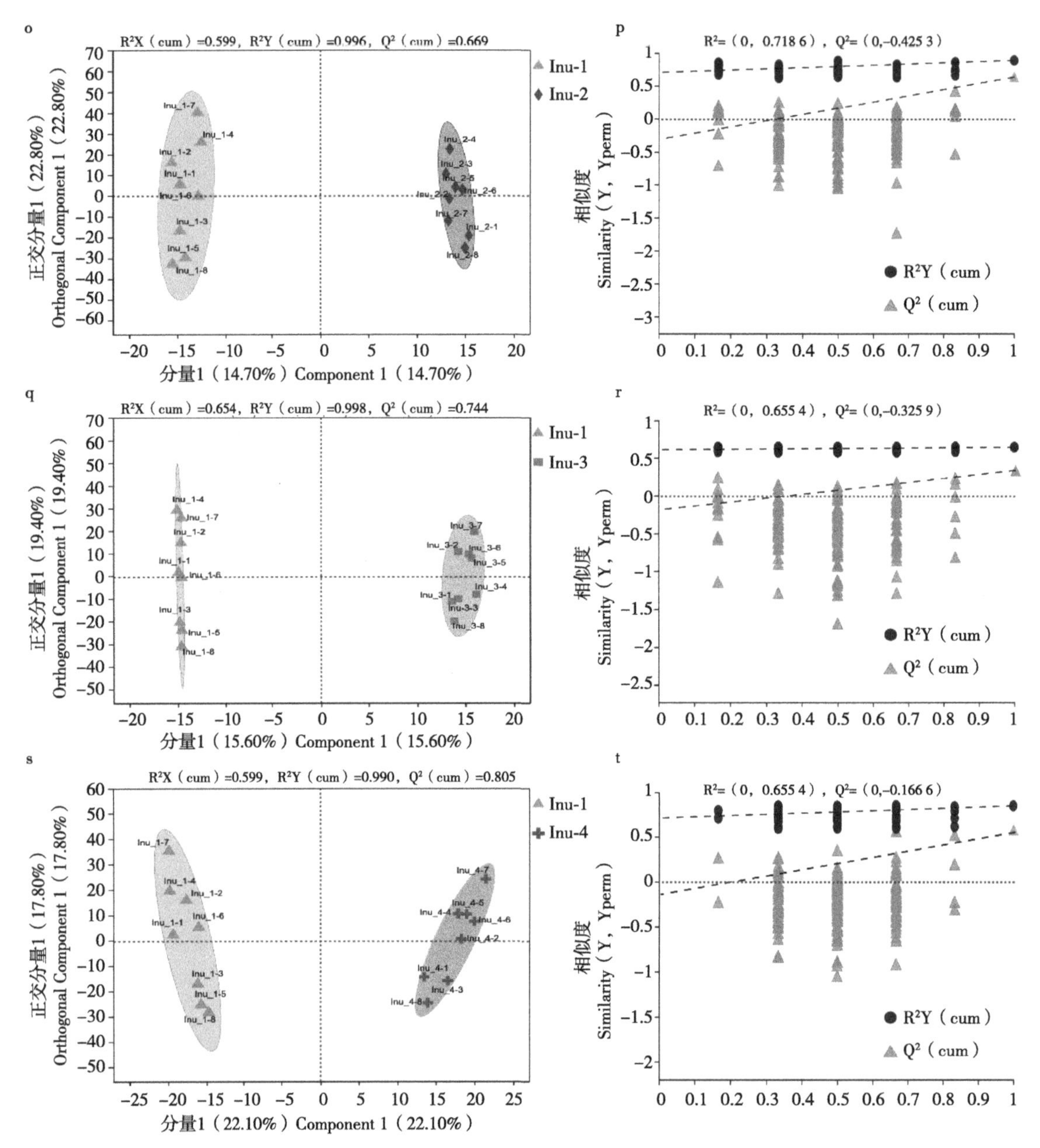

图7-10 SCM奶牛粪便代谢产物的正交偏最小二乘判别分析（OPLS-DA）评分图（a、c、e、g、i、k、m、o、q、s）和OPLS-DA排列检验（b、d、f、h、j、l、n、p、r、t）

经过筛选和优化，从瘤胃和粪便样品中分别筛选出1 637种（正、负离子模式分别为748种和889种）和1 298种（正、负离子模式分别为715种和583种）代谢物。通过与HMDB 4.0数据库比较，得到代谢物的分类信息。在超类水平上，瘤胃和粪便中的代谢物主要是脂类和类脂分子（28.45%；34.76%）、有机酸及其衍生物（19.86%；16.04%）、有机杂环化合物（14.95%；14.04%）、苯丙素和聚酮类化合物（14.19%；11.45%）、有机氧化合物（10.43%；10.56%）。在亚类水平上，氨基酸、多肽和类似物（16.95%；13.84%）、碳水化合物和碳水化合物缀合物（7.59%；6.18%）及脂肪酸和共轭物（3.99%；4.98%）为主要成分（图7-12）。

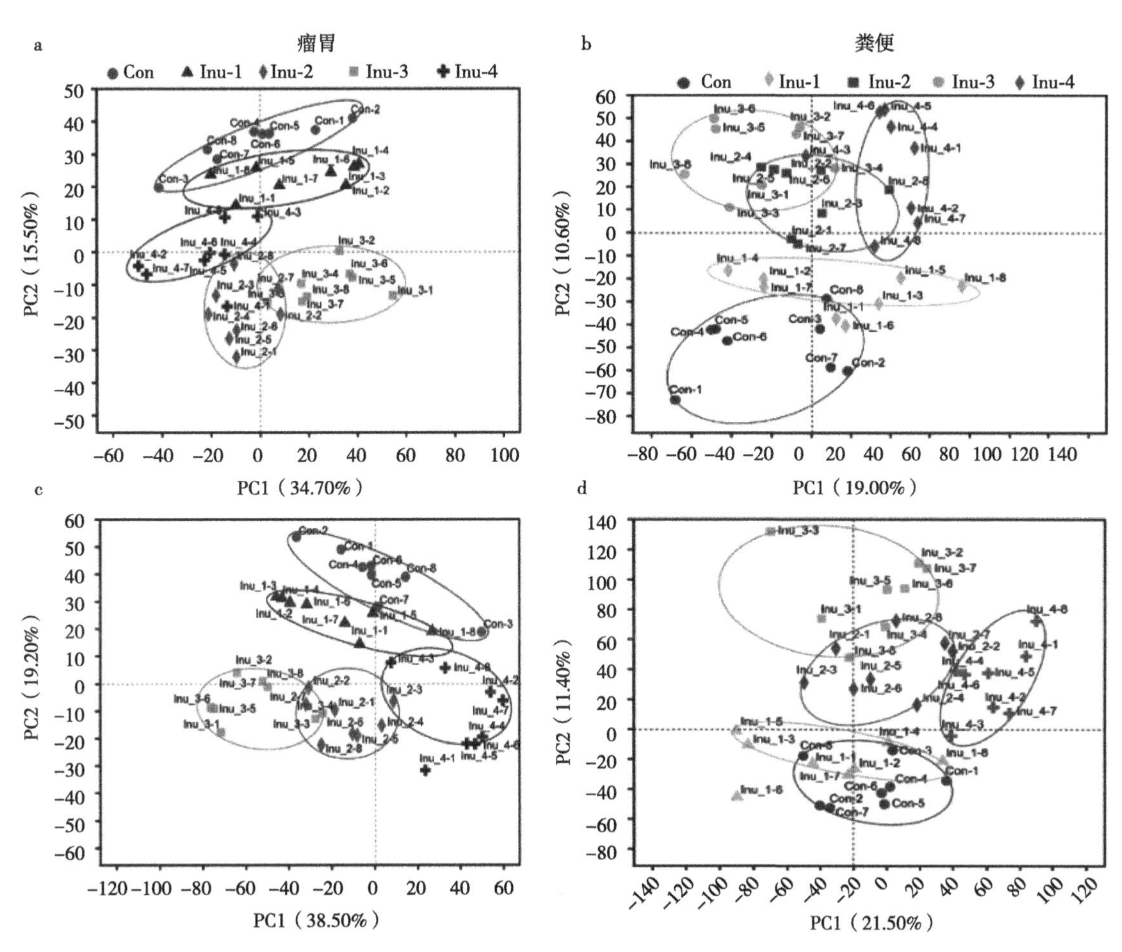


**图7-11　瘤胃和粪便样本代谢组主成分分析**

（a、c）正负离子模式下瘤胃代谢产物。（b、d）正负离子模式下的粪便代谢物

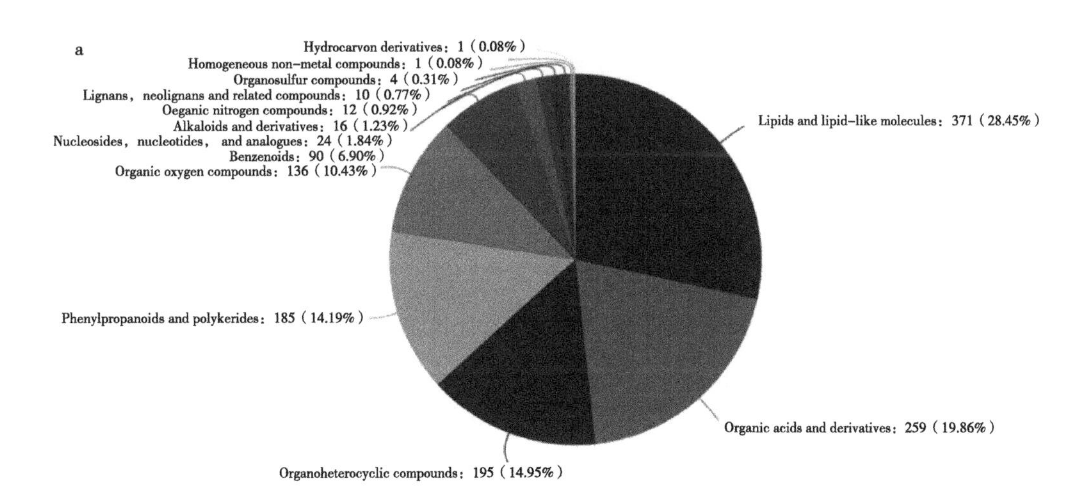

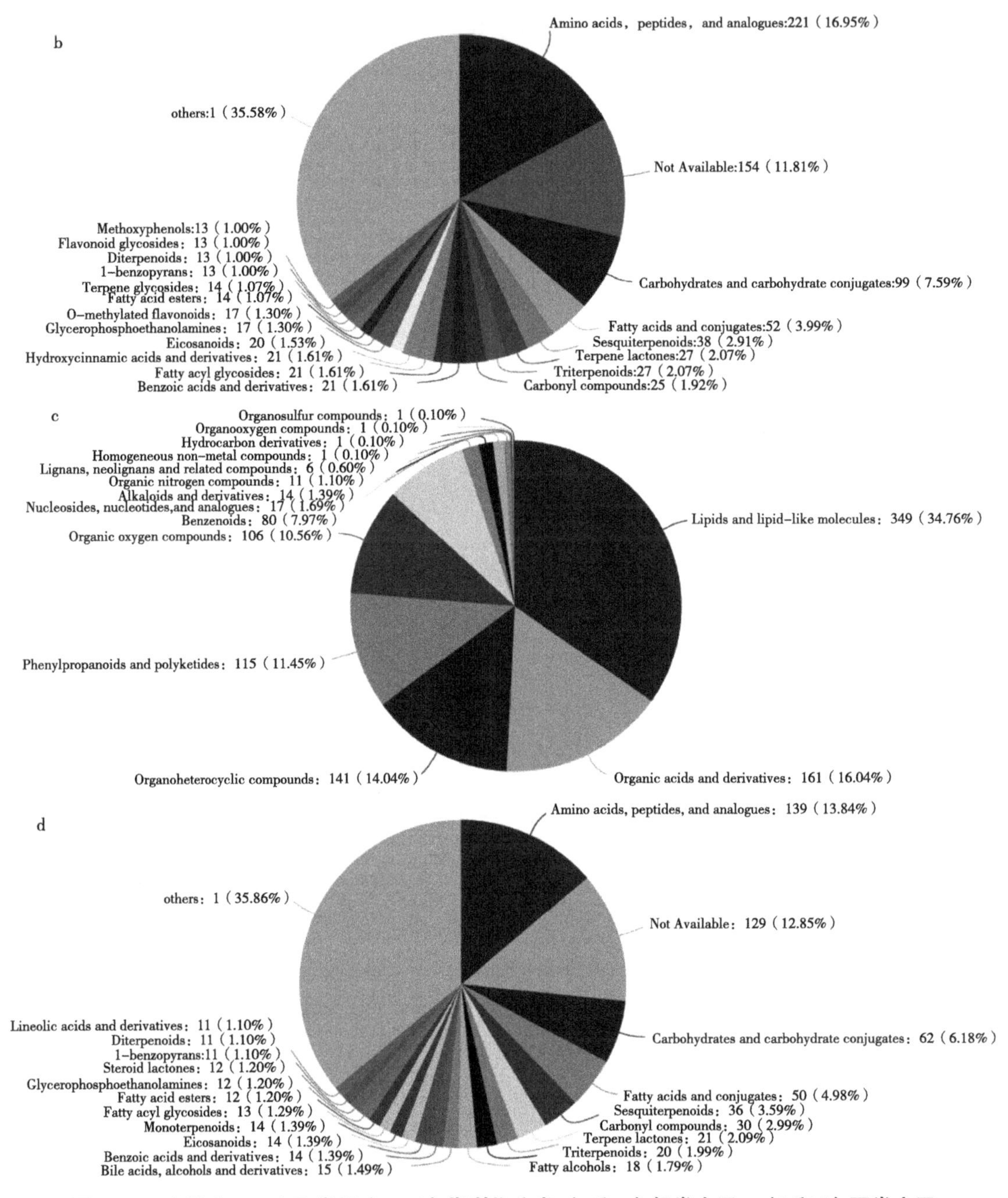


**图7-12　瘤胃（a、b）和粪便（c、d）代谢物分类.（a和c）超类水平；（b和d）亚类水平**

## 七、瘤胃和粪便中的代谢物差异显著

瘤胃和粪便样本中，不同处理组之间的差异代谢产物（VIP>1，FC>1.5或者<0.67，FDR校正的$P$<0.05）如图7-13所示。与对照组比较，蜜二糖（校正$P$=0.006；校正$P$=0.003）和L-谷氨酸（FDR校正的$P$=0.017；FDR校正的$P$=0.046）在瘤胃和粪便样本的Inu-2和Inu-3组均有所增加。而神经酰胺（d18：0/13：0）（FDR校正的$P$=0.001；

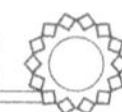

FDR校正的$P$=0.01）和12-氧代-20-三羟基白三烯B4（FDR校正的$P$=0.019；FDR校正的$P$=0.046）在瘤胃和粪便均减少（瘤胃中12-氧代-20-三羟基白三烯B4和粪便中的神经酰胺（d18/0/13：0）在Inu-2和Inu-3组间无显著差异）。此外，在瘤胃代谢产物中，与对照组相比，Inu-3组的D-果糖FDR（校正的$P$=0.018）、N-乙酰乳糖胺（校正的$P$=0.018）、L-酪氨酸（校正的$P$=0.024）、苯甲酸（校正的$P$=0.023）、磷酸二羟丙酮（10：0）（校正的$P$=0.045）及（±）-肠内酯（校正的$P$=0.007）的丰度显著增加。其中，D-果糖、N-乙酰乳糖胺和（±）-肠内酯丰度在Inu-2和Inu-3组差异不显著。相反，神经酰胺（d18：0/15：0）（校正的$P$=0.004）、17-苯基-18，19，20-三硝基前列腺素E2（校正的$P$=0.039）、LysoPC（18：1（11Z））（校正的$P$=0.018）、9，12，13-TriHOME（校正的$P$=0.046）、戊酰异亮氨酸（校正的$P$=0.038）及苯丙氨酸基赖氨酸（校正的$P$=0.021）丰度在Inu-3组显著降低。其中，17-苯基-18，19，20-三硝基前列腺素$E_2$、戊酰异亮氨酸及苯丙氨酸基赖氨酸在Inu-2、Inu-3和Inu-4组中无显著差异。神经酰胺（d18/0/15/0）、12-氧代-20-三羟基白三烯B4和LysoPC［18/1（11Z）］丰度在Inu-2和Inu-3组间无显著差异（图7-13a）。在粪便代谢产物中，去氧胆酸（校正的$P$=0.006）、牛磺去氧胆酸（校正的$P$=0.040）和粪甾烷酸（校正的$P$=0.032）丰度在Inu-3和Inu-4组较对照组升高。而13-L-羟基过氧化亚油酸（校正的$P$=0.020）和12、13-diHOME（校正的$P$=0.009）丰度在Inu-3组中较对照组下降（图7-13b）。

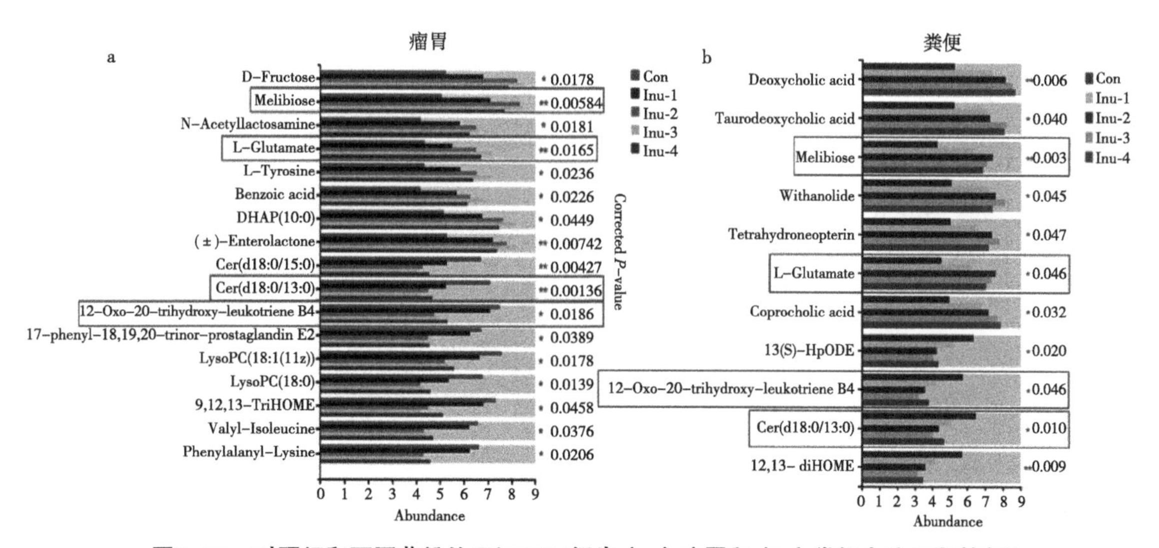


**图7-13　对照组和不同菊粉处理组SCM奶牛（a）瘤胃和（b）粪便中差异代谢产物**

*0.01<FDR校正的$P$<0.05；**，FDR校正的$P$<0.01。

## 八、差异丰富代谢物代谢途径分析

利用KEGG数据库对差异代谢物参与的代谢途径进行注释（表7-5）。在瘤胃中，菊粉补充后上调的代谢途径主要有半乳糖代谢、氨基酸代谢及生物合成、蛋白质消化吸收和糖酵解途径等。另外，鞘脂代谢、花生四烯酸代谢、胆碱代谢、甘油磷脂代谢、氨基酸/肽水解等均被下调。在粪便中，菊粉组胆汁酸和二级胆汁酸生物合成、D-谷氨酰胺和D-谷氨酸代谢以及半乳糖代谢途径上调，与瘤胃相似，亚油酸、花生四烯酸和鞘脂代谢途径在粪便样本中也被观察到下调。

**表7–5　瘤胃和粪便中差异代谢物代谢途径富集分析**

| 代谢物Metabolites | KEGG代谢途径KEGG pathway | *P*-值<br>*P*-value | FDR校正的*P*值<br>FDR-adjusted *P*-value |
|---|---|---|---|
| 瘤胃Rumen | | | |
| 在菊粉组上调的代谢物Upregulated in inulin treatment groups | | | |
| D-果糖<br>D-Fructose | 碳水化合物的消化和吸收Carbohydrate digestion and absorption | 0.000 1 | 0.020 |
| | 果糖和甘露糖代谢<br>Fructose and mannose metabolism | 0.005 | 0.045 |
| | ATP结合盒转运蛋白ABC transporters | 0.003 | 0.046 |
| | 半乳糖代谢Galactose metabolism | 0.002 | 0.023 |
| 蜜二糖Melibiose | 半乳糖代谢Galactose metabolism | 0.005 | 0.005 |
| | ATP结合盒转运蛋白ABC transporters | 0.013 | 0.048 |
| N-乙酰乳糖胺<br>N-Acetyllactosamine | 半乳糖代谢Galactose metabolism | 0.007 | 0.039 |
| 磷酸二羟丙酮（10：0）<br>DHAP（10：0） | 糖酵解途径Glycolytic pathway | 0.003 | 0.042 |
| L-谷氨酸<br>L-Glutamate | 蛋白质消化吸收<br>Protein digestion and absorption | 0.000 4 | 0.013 |
| | 氨酰生物合成Aminoacyl-tRNA biosynthesis | 0.001 7 | 0.017 |
| | 丙氨酸、天冬氨酸和谷氨酸代谢<br>Alanine，aspartate and glutamate metabolism | 0.005 | 0.036 |
| | 谷胱甘肽代谢Glutathione metabolism | 0.014 | 0.048 |
| | D-谷氨酰胺和D-谷氨酸代谢<br>D-Glutamine and D-glutamate metabolism | 0.003 | 0.024 |

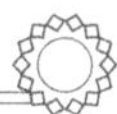

（续表）

| 代谢物Metabolites | KEGG代谢途径KEGG pathway | *P*-值<br>*P*-value | FDR校正的*P*值<br>FDR-adjusted *P*-value |
|---|---|---|---|
| L-酪氨酸<br>L-Tyrosine | 催乳素信号通路<br>Prolactin signaling pathway | 0.002 | 0.043 |
| | 硫胺素代谢<br>Thiamine metabolism | 0.002 | 0.030 |
| | 苯丙氨酸、酪氨酸和色氨酸的生物合成<br>Phenylalanine，tyrosine and tryptophan biosynthesis | 0.002 | 0.038 |
| | 酪氨酸代谢Tyrosine metabolism | 0.013 | 0.035 |
| | 氨酰生物合成<br>Aminoacyl-tRNA biosynthesis | 0.002 | 0.017 |
| | 蛋白质降解与吸收<br>Protein digestion and absorption | 0.000 | <0.001 |
| | 苯基丙氨酸代谢Phenylalanine metabolism | 0.000 | <0.001 |
| 苯甲酸Benzoic acid | 苯基丙氨酸代谢<br>Phenylalanine metabolism | 0.000 | <0.001 |
| 菊粉处理组中下调的代谢物Downregulated in inulin treatment groups | | | |
| 神经酰胺（d18：0/15：0）<br>Cer（d18：0/15：0） | 鞘脂类代谢<br>Sphingolipid metabolism | 0.001 | 0.035 |
| 神经酰胺（d18：0/13：0）<br>Cer（d18：0/13：0） | 鞘脂类代谢<br>Sphingolipid metabolism | 0.004 | 0.042 |
| 12-氧代-20-三羟基白三烯B4<br>12-Oxo-20-trihydroxy-leukotriene B4 | 花生四烯酸代谢<br>Arachidonic acid metabolism | 0.006 | 0.036 |
| 17-苯基-18，19，20-三硝基前列腺素E2<br>17-phenyl-18，19，20-trinor-prostaglandin E2 | 花生四烯酸代谢<br>Arachidonic acid metabolism | 0.003 | 0.042 |
| 溶血磷脂酰胆碱［18：1（11Z）］<br>LysoPC［18：1（11Z）］ | 胆碱代谢Choline metabolism | 0.002 | 0.019 |
| | 甘油磷脂代谢<br>Glycerophospholipid metabolism | 0.014 | 0.036 |

（续表）

| 代谢物Metabolites | KEGG代谢途径KEGG pathway | *P*-值<br>*P*-value | FDR校正的*P*值<br>FDR-adjusted *P*-value |
|---|---|---|---|
| 溶血磷脂酰胆碱（18：0）<br>LysoPC（18：0） | 胆碱代谢Choline metabolism | 0.002 | 0.017 |
| | 甘油磷脂代谢<br>Glycerophospholipid metabolism | 0.002 | 0.038 |
| 9，12，13-三羟基十八烯酸<br>9，12，13-TriHOME | 亚油酸代谢<br>Linoleic acid metabolism | 0.002 | 0.017 |
| 戊酰异亮氨酸Valyl-Isoleucine | 氨基酸/多肽水解<br>AAs/peptides hydrolysis | 0.014 | 0.036 |
| 苯丙氨酸赖氨酸<br>Phenylalanyl-Lysine | 氨基酸/多肽水解AAs/peptides hydrolysis | 0.012 | 0.035 |
| 粪便Feces | | | |
| 菊粉组中上调的代谢物Upregulated in inulin treatment groups | | | |
| 去氧胆酸Deoxycholic acid | 次级胆汁酸合成<br>Secondary bile acid biosynthesis | 0.001 7 | 0.019 |
| | 胆汁分泌Bile secretion | 0.003 5 | 0.033 |
| 牛磺脱氧胆酸<br>Taurodeoxycholic acid | 胆汁酸生物合成Bile acid biosynthesis | 0.004 3 | 0.037 |
| 粪甾烷酸Coprocholic acid | | 0.005 7 | 0.043 |
| 蜜二糖Melibiose | 半乳糖代谢Galactose metabolism | 0.005 7 | 0.043 |
| | ATP结合盒转运蛋白ABC transporters | 0.006 1 | 0.047 |
| L-谷氨酸L-Glutamate | D-谷氨酰胺和D-谷氨酸代谢<br>D-Glutamine and D-glutamate metabolism | 0.002 2 | 0.022 |
| 菊粉组中下调的代谢物Downregulated in inulin treatment groups | | | |
| 13-L-羟基过氧化亚油酸<br>13（S）-HpODE | 亚油酸和花生四烯酸的代谢<br>Linoleic acid and arachidonic acid metabolism | 0.004 4 | 0.034 |
| 12-氧代-20-三羟基白三烯B4<br>12-oxo-20-dihydroxy-leukotriene B4 | 花生四烯酸代谢<br>Arachidonic acid metabolism | 0.004 7 | 0.039 |
| 神经酰胺（d18：0/13：0）<br>Cer（d18：0/13：0） | 鞘脂类代谢<br>Sphingolipid metabolism | 0.003 6 | 0.010 |

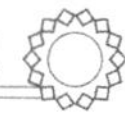

# 第四节　讨　论

哺乳动物（奶牛、小鼠等）乳房炎症与胃肠道内环境（菌群和代谢产物结构）之间的相关性已得到部分研究证实（Ma等，2018；Zhong等，2018；Hu等，2020；Wang等，2021）。胃肠道菌群失调被证明是引起乳房炎的重要因素，会导致炎症程度增加（Ma等，2018；Hu等，2020）。Li等（2019）研究表明菊粉可以通过调节肠道菌群发挥抗炎功效。我们前期的试验表明，乳房炎奶牛瘤胃中SCFAs浓度显著降低（Wang等，2021）。这一现象在Zhong等（2018）研究中也被报道。瘤胃SCFAs浓度改变与瘤胃微生物群落结构有关（Zhong等，2018；Wang等，2021）。与以往研究一致，本试验中菊粉补充增加了SCM奶牛瘤胃中TVFAs的浓度，尤其是丙酸、丁酸和LA。而乙酸盐浓度变化不显著（Zhao等，2014；Umucalilar等，2010）。菊粉能够被瘤胃细菌和原生动物转化为微生物糖原，从而影响SCFAs和微生物产量（Öztürk，2008）。此外，瘤胃中的半纤维素降解菌可利用菊粉作为底物，以支持其生长和氮利用，因此添加菊粉后瘤胃$NH_3$-N浓度降低（Tian等，2019）。

在本试验中，日粮补充菊粉提高了瘤胃菌群多样性和丰富度。瘤胃菌群的变化也可能进一步引起粪便微生物群的变化。本研究中，菊粉的摄入增加了瘤胃和粪便中*Bacteroidetes*的相对丰度，降低了*Firmicutes*的相对丰度。在属水平上，粪便和瘤胃中*Bifidobacterium*、*Lachnospiraceae_NK3A20_group*丰度增加，*Coprococcus*和*Ruminococcaceae*丰度减少，表明奶牛瘤胃和粪便之间存在一些共同调节的微生物群落。研究表明，菌群增殖可能促进细菌易位（Berg，1995）。因此，我们推测菊粉补充对SCM奶牛粪便菌群的影响可能由于瘤胃菌群丰度和多样性的增加使得部分菌群随着食糜从前肠（瘤胃）向后肠道转移。在门水平上，菊粉补充增加了瘤胃和粪便中*Bacteroidota*的相对丰度，降低了*Firmicutes*的相对丰度。*Bacteroidota*，如*Prevotella*、*Bacteroidales_BS11_gut_group*、*Bacteroidales_RF16_group*、*Muribaculaceae*、*Alistipes*、*unclassified_o_Bacteroidales*等是主要的丙酸产生菌（Macy等，1978）。其中，*Prevotella*和*Muribaculaceae*可以发酵半纤维素产生丙酸前体，琥珀酸（Macy等，1978；Smith等，2019）。同时，*Muribaculaceae*和*Alistipes*是瘤胃和肠道中有益共生菌的成员，被报道参与免疫应答，并对肠道炎症具有保护作用（Bunker等，2015；Parker等，2020）。研究表明，丙酸在宿主对细菌和真菌感染的易感性中发挥了重要作用（Hu等，2020；Ciarlo等，2016）。此外，丙酸还可以通过调节血乳屏障来预防LPS诱导的乳房炎（Hu等，2020）。此外，Zhong等（2018）研究表明，与高SCC奶牛相比，低SCC奶牛瘤胃中*Proteobacteria*富集，其中琥珀酸弧菌科（*Succinivibrionaceae*）是造成差异的主要原因。这与我们的发现一致。*Succinivibrionaceae*也是一种产琥珀酸的细菌（Stackebrandt和Hespell，2006）。

*Firmicutes*中的细菌属，如*Butyrivibrio*、*Lactobacillus*、*Lachnospiraceae*、*Romboutsia*和*Eubacterium_ruminantium_group*等，可通过发酵菊粉生产丁酸和LA（Louis等，2004）。丁酸是诱导紧密连接蛋白表达的关键营养物质，可以通过调节炎症细胞因子的释放来影响炎症反应（Couto等，2020）。同时，*Lactobacillus*通过发酵菊粉产生的LA可以防止病原菌在肠道内的入侵和定植（Bouchard等，2015）。本试验中菊粉补充后瘤胃和粪便中均观察到*Bifidobacterium*丰度的增加。菊粉可促进胃肠道内*Bifidobacterium*的增殖，从而抑制IL-8的分泌，刺激IL-10的产生（Akemi等，2008）。因此，菊粉对炎症细胞因子的影响可能与胃肠道微生物群的调节密切相关。

*Firmicutes*的减少可能部分归因于乳房炎中常见病原体的减少。菊粉补充后SCM奶牛瘤胃中*Streptococcus*、*Staphylococcus*、*Clostridia*和*Escherichia-Shigella*丰度减少。胃肠道微生物已被证实能够影响包括乳房在内的远端肠道组织的炎症（Kamada等，2013；Honda和Littman等，2011；Littman和Pamer，2011）。这可能与涉及免疫细胞的“肠道—乳腺内源性微生物途径”有关（Addis等，2016）。有研究报道乳房炎奶牛粪便菌群的变化与乳菌群变化相似，都伴随着增加的*Enterococcus*、*Streptococcus*、*Staphylococcus*和减少的*Lactobacillus*（Ma等，2016；Ma等，2018）。与Wang等（2021）的研究一致，SCM奶牛瘤胃中肠道条件致病菌*Neisseraceae*显著富集。*Neisseriaceae*的一个重要毒力机制是能够分泌含有LPS的外膜泡（Humphries等，2005）。这些潜在致病菌丰度的下降可能会减少瘤胃内LPS的释放。与Ma等（2018）研究一致，本试验中*Firmicutes*中的其他属，包括*Ruminococcaceae*、*Oscillospira*、*Paeniclostridium*、*Coprococcus*和*Peptostreptococcaceae*在SCM奶牛的瘤胃和粪便中富集。*Paeniclostridium*、*Coprococcus*和*Peptostreptococcaceae*均被报道为促炎细菌，他们在肠道炎症性肠病的患者中被观察到富集（Henke等，2019；Wensinck等，1983；Nyaoke等，2020），这可能提示胃肠道促炎菌群的丰富与乳房炎的发病之间有联系。

瘤胃和粪便中微生物形态的变化可能进一步导致代谢活动的变化。在瘤胃中，菊粉补充后D-果糖、蜜二糖、N-乙酰乳糖胺和DHAP（10：0）丰度的增加上调了碳水化合物消化吸收、半乳糖代谢、半乳糖代谢、果糖和甘露糖的代谢及糖酵解途径等一系列与能量代谢相关的代谢途径。Xi等（2007）研究表明，在奶牛乳房感染期间，乳中的碳水化合物和能量相关代谢物显著减少。Ma等（2018）在乳房炎奶牛粪便代谢物中观察到糖酵解代谢被大量消耗。本试验结果表明，菊粉补充提高了SCM奶牛的能量水平，这对维持乳成分合成和泌乳至关重要（Yun和Han等，1989）。此外，菊粉组L-谷氨酸、L-酪氨酸和苯甲酸的增加上调了D-谷氨酰胺和D-谷氨酸代谢、酪氨酸代谢、苯丙氨酸代谢、蛋白质消化吸收和硫胺素代谢。瘤胃中AAs代谢升高可能与瘤胃微生物蛋白降解增加有关。此外，Davila等（2013）研究表明，菊粉激活的肠道细菌可以利用胃肠道中的氨基酸合成SCFAs。例如，谷氨酸可进一步生成丁酸。此外，菊粉可提高肠道内谷氨

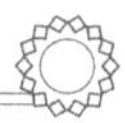

酸的浓度，有助于维持肠道屏障功能（Drabinska等，2018）。乳房炎期间，乳中酪氨酸和苯丙氨酸的含量降低（Xi等，2017）。然而*Bifidobacterium*和*Lactobacillus*可以产生L-酪氨酸（Xi等，2017）。另外，苯甲酸是马尿酸的前体，马尿酸能抑制*Escherichia coli*的生长（Xi等，2017；Knarreborg等，2002）。肠内酯是一种具有雌激素性质的哺乳动物木脂素（Hultén等，2002）。研究表明，血浆中高浓度肠内酯与低乳腺癌风险有关。此外，高膳食纤维饮食可以通过影响胃肠道微生物向木脂素的生物转化能力来调节血浆内酯浓度（Hultén等，2002）。但肠内酯与乳房炎的关系仍需进一步探讨。

本试验中，粪便样本中的胆汁酸及次生胆汁酸代谢产物的升高，包括去氧胆酸、牛磺去氧胆酸和粪胆酸。这可能与菊粉补充后*Bacteroidetes*丰度增多有关，研究表明，*Bacteroidetes*能将初级胆汁酸转化为次级胆汁酸。胆汁酸代谢物可以激活法尼醇X受体（FXR）从而防止肠道细菌过度增殖，减少细菌易位，维持肠道屏障功能（Ubeda等，2014）。另外，胆汁酸是胆固醇排泄的主要途径，摄入菊粉能够降低胆固醇水平（Trautwein等，1998），这与我们的观察一致。此外，菊粉发酵产生的丙酸同样能抑制胆固醇的合成（Lin等，1995）。

有趣的是，瘤胃和粪便中下调的代谢途径大多与脂质代谢有关，包括鞘脂代谢、花生四烯酸代谢、胆碱代谢、甘油磷脂代谢和亚油酸代谢。这些脂质代谢物可能参与了宿主的促炎反应。具体来说，神经酰胺是一种鞘脂类炎症介质，参与LPS介导的线粒体破坏以诱导细胞凋亡（Hansen，2014）。17-苯基-18，19，20-三硝基前列腺素$E_2$属于前列腺素类化合物（Pezeshki等，2011）。前列腺尿素$E_2$可促进*Escherichia coli*诱导的泌乳早期奶牛乳房炎症（Pezeshki等，2011）。在本试验中，SCM奶牛的血清中也检测到了高浓度的前列腺素$E_2$。12-氧代-20-三羟基白三烯B4、LysoPC和9，12，13-三羟基十八烯酸均能介导中性粒细胞聚集（Boutet等，2003）。13-L-羟基过氧化亚油酸和12，13-DiHOME与脂质过氧化有关（Rohr等，2020）。13-L-羟基过氧化亚油酸作为一种过氧化脂质，可通过刺激自然杀伤细胞分泌促炎颗粒酶，进而促进肠道炎症的发生（Rohr等，2020）。12，13-diHOME是细菌在粪便中产生的脂质代谢物，它能够抑制树突状细胞分泌抗炎细胞因子IL-10。此外，12，13-diHOME被证明可以激活树突状细胞上的脂质受体过氧化物酶体增殖激活γ（Stewart，2019）。研究表明，在SCM期间乳SCC的增加表明乳中中性粒细胞的增加导致氧化反应和脂质过氧化产物的增加（Karyak等，2011）。因此，我们的研究表明菊粉的抗氧化活性可能与降低促炎氧化脂质产物有关。

胃肠道中的细菌可以通过血液循环迁移到其他生态位（Samanta等，2013；Young等，2015）。肠道菌群可通过涉及单核免疫细胞，特别是树突状细胞，在不损害上皮屏障完整性的情况下扩散到乳腺组织（Addis等，2016；Young等，2015）。因此，改善SCM奶牛胃肠道菌群结构可能进一步影响乳腺组织菌群结构。

# 小　结

我们前期的试验及从其他相关研究证实了胃肠道菌结构与乳房炎的发生发展存在相关性。在此基础上，本试验结果表明，日粮补充菊粉能够增加SCM奶牛瘤胃及粪便中产丙酸和丁酸菌以及有益共生菌的丰度，减少瘤胃和粪便中潜在的促炎菌丰度。这表明菊粉能够在一定程度上改善SCM奶牛肠道微生物群落结构。同时，菊粉补充促进了瘤胃中能量和氨基酸代谢相关的代谢产物水平以及粪便中次级胆汁酸代谢物丰度，降低了SCM奶牛瘤胃和粪便中促炎脂质代谢产物及血清中炎症细胞因子水平。综上，日粮补充菊粉能够改善SCM奶牛胃肠道菌群、代谢物结构以及机体炎症反应。

## 参考文献

ADDIS M F，TANCA A，UZZAU S，et al.，2016. The bovine milk microbiota：insights and perspectives from-omics studies[J]. Mol Biosyst，12（8）：2359–2372.

AOKI T，NARUMIYA S，2012. Prostaglandins and chronic inflammation[J]. Trends Pharmacol Sci，33（6）：304–311.

ASRI B R，2007. The effect of subclinical mastitis on milk composition in dairy cows[J]. Iran J Vet Res，8（20）：205–211.

BERG R D，1995 Bacterial translocation from the gastrointestinal tract[J]. Trends Microbiol，3（4）：149–154.

BOUCHARD D S，SERIDAN B，TAOUS S，et al.，2015. Lactic acid bacteria isolated from bovine mammary microbiota：potential allies against bovine mastitis[J]. PLoS One，10（12），e0144831.

BOUTET P，BUREAU F，DEGAND G，et al.， 2003. Imbalance between lipoxin A4 and leukotriene B4 in chronic mastitis-affected cows[J]. J Dairy Sci，86（11）：3430–3439.

BUNKER J，FLYNN T，KOVAL J，et al.，2015. Innate and adaptive humoral responses coat distinct commensal bacteria with immunoglobulin A[J]. Immunity，43：1–13.

CIARLO E，HEINONEN T，HERDERSCHEE J，et al.，2016. Impact of the microbial derived short chain fatty acid propionate on host susceptibility to bacterial and fungal infections in vivo[J]. Sci Rep，6：37944.

COUTO M R，GONALVES P，MAGRO F，et al.，2020. Microbiota-derived butyrate regulates intestinal inflammation：focus on inflammatory bowel disease[J]. Pharmacol Res，159：104947.

DAVILA A M，BLACHIER F，GOTTELAND M，et al.，2013. Re-print of “intestinal

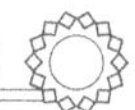

luminal nitrogen metabolism：role of the gut microbiota and consequences for the host" [J]. Pharmacol Res，69：114–126.

DRABINSKA N，KOZAK U K，CISKA E，et al.，2018. Plasma profile and urine excretion of amino acids in children with celiac disease on gluten-free diet after oligofructose-enriched inulin intervention：results of a randomised placebo-controlled pilot study[J]. Amino acids，50：1451–1460.

FINCH J M，WINTER A，WALTON A W，et al.，1997. Further studies on the efficacy of a live vaccine against mastitis caused by streptococcus uberis[J]. Vaccine，15（10）：1138–1143.

HANSEN M E S，2014. The role of ceramides in mediating endotoxin-induced mitochondrial disruption[J]. Dissertations & Theses-Gradworks.

HENKE M T，KENNY D J，CASSILLY C D，et al.，2019. *Ruminococcus gnavus*，a member of the human gut microbiome associated with Crohn's disease，produces an inflammatory polysaccharide[J]. Proc Natl Acad Sci，116（26）：12672–12677.

HONDA K，LITTMAN D R，2011. The microbiome in infectious disease and inflammation[J]. Annu Rev Immunol，30（1）：759–795.

HU X，GUO J，ZHAO C，et al.，2020. The gut microbiota contributes to the development of Staphylococcus aureus-induced mastitis in mice[J]. ISME J，14（7）.

HULTÉN K，WINKVIST A，LENNER P，et al.，2002. Adlercreutz and G. Hallmans，An incident case-referent study on plasma enterolactone and breast cancer risk[J]. Eur J Nutr，41（4）：168–176.

HUMPHRIES H E，TRIANTAFILOU M，MAKEPEACE B L，et al.，2005. Activation of human meningeal cells is modulated by lipopolysaccharide（LPS）and non-LPS components of *Neisseria* meningitidis and is independent of Toll-like receptor（TLR）4 and TLR2 signalling[J]. Cellular Microbiology，7（3）：415–430.

KAMADA N，SEO S U，CHEN G Y，et al.，2013. Role of gut microbiota in immunity and inflammatory disease[J]. Nat Rev Immunol，13（5）：321–335.

KARYAK O G，SAFI S，FROUSHANI A R，et al.，2011. Study of the relationship between oxidative stress and subclinical mastitis in dairy cattle[J]. Iran J Vet Res，12（4）：350–353.

KHUENPET K，JITTANIT W，SIRISANSANEEYAKUL S，et al.，2017. Inulin powder production from Jerusalem artichoke（*Helianthus tuberosus* L.）tuber powder and its application to commercial food products[J]. J Food Process Pres，41：e13097.

KNARREBORG A，MIQUEL N，GRANLI T，et al.，2002. Establishment and application of an in vitro methodology to study the effects of organic acids on coliform and lactic acid bacteria in the proximal part of the gastrointestinal tract of piglets[J]. Anim Feed Sci Technol，

99：131–140.

LI K，ZHANG L，XUE J，et al.，2019. Dietary inulin alleviates diverse stages of type 2 diabetes mellitus via anti-inflammation and modulating gut microbiota in db/db mice[J]. Food Funct，10（4）：1915–1927.

LIN Y，VONK R J，SLOOFF M，et al.，1995. Differences in propionate-induced inhibition of cholesterol and triacylglycerol synthesis between human and rat hepatocytes in primary culture[J]. Br J Nutr，74（02）：197–207.

LITTMAN D，PAMER E，2011. Role of the commensal microbiota in normal and pathogenic host immune responses[J]. Cell Host Microbe，10（4）：311–323.

LOUIS P，DUNCAN S H，MCCRAE S I，et al.，2004. Restricted distribution of the butyrate kinase pathway among butyrate-producing bacteria from the human colon[J]. J Bacteriol，186（7）：2099–2106.

MA C，SUN Z，ZENG B，et al.，2018. Cow-to-mouse fecal transplantations suggest intestinal microbiome as one cause of mastitis[J]. Microbiome，6（1）：1–17.

MA C，ZHAO J，XI X，et al.，2016. Bovine mastitis may be associated with the deprivation of gut Lactobacillus[J]. Benef Microbes，7（1）：95–102.

MACY J M，LJUNGDAHL L G，GOTTSCHALK G，1978. Pathway of succinate and propionate formation in Bacteroides fragilis[J]. J Bacteriolo，134（1）：84–91.

MAINARDI S R，HENGST B A，NEBZYDOSKI S J，et al.，2011. Effects of abomasal oligofructose on blood and feces of Holstein steers[J]. J Anim Sci（8）：2510–2517.

NYAOKE A C，NAVARRO M A，FRESNEDA K C，et al.，2020. Paeniclostridium（clostridium）sordellii-associated enterocolitis in 7 horses[J]. J Vet Diagn Invest：official publication of the American Association of Veterinary Laboratory Diagnosticians，Inc，32（2）.

ÖZTÜRK H，2008. Effects of inulin on rumen metabolism *in vitro*[J]. Ankara Üniv Vet Fak Derg，55：79–82.

PARKER B J，WEARSCH P A，VELOO A C M，et al.，2020. The genus Alistipes：gut bacteria with emerging implications to inflammation，cancer，and mental health[J]. Front Immunol，11：906–921.

PEZESHKI A，STORDEUR P，WALLEMACQ H，et al.，2011. Variation of inflammatory dynamics and mediators in primiparous cows after intramammary challenge with *Escherichia coli*[J]. Vet Res，42（1）：15.

PILON L，DUARTE K M R，2010. Detection techniques for antibiotic residues in bovine milk[J]. Pubvet，4（42）：1–15.

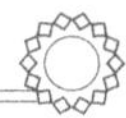

ROHR M, NARASIMHULU C A, KEEWAN E, et al., 2020. The dietary peroxidized lipid, 13-HPODE, promotes intestinal inflammation by mediating granzyme B secretion from natural killer cells[J]. Food Funct, 11（11）: 9526–9534.

SAMANTA A K, NATASHA J, SENANI S, et al., 2013. Prebiotic inulin: useful dietary adjuncts to manipulate the livestock gut microflora[J]. Braz J Microbiol, 44（1）: 1–14.

SCHIRMER M, SMEEKENS S, VLAMAKIS H, et al., 2016. Linking the human gut microbiome to inflammatory cytokine production capacity[J]. Cell, 167（4）: 1125–1136. e8.

SMITH B J, MILLER R A, ERICSSON A C, et al., 2019. Changes in the gut microbiome and fermentation products concurrent with enhanced longevity in acarbose-treated mice[J]. BMC Microbiol, 19（1）: 130.

STACKEBRANDT E, HESPELL R B, 2006. The family Succinivibrionaceae[J]. Prokaryotes, 3: 419–429.

STEWART C J, 2019. Homing in on 12, 13-DiHOME in asthma[J]. Nature Microbiology, 4（11）: 1774–1775.

TIAN K, LIU J, SUN Y, et al., 2019. Effects of dietary supplementation of inulin on rumen fermentation and bacterial microbiota, inflammatory response and growth performance in finishing beef steers fed high or low-concentrate diet[J]. Anim Feed Sci Tech, 258, 114299.

TRAUTWEIN E A, RIECKHOFF D, ERBERSDOBLER H F, 1998. Dietary inulin lowers plasma cholesterol and triacylglycerol and alters biliary bile acid profile in hamsters[J]. J Nutr, 128（11）: 1937–1943.

UBEDA M, BORRERO M J, LARIO M, et al., 2014. O153 the farnesoid X receptor agonist, obeticholic acid, improves intestinal antibacterial defense and reduces gut bacterial translocation and hepatic fibrogenesis in ccl4-cirrhotic rats with ascites[J]. J Hepatol, 60（1）: S63–S63.

UMUCALILAR H D, GLEN N, HAYIRLI A, et al., 2010. Potential role of inulin in rumen fermentation[J]. Revue De Médecine Vétérinaire, 161（1）: 3–9.

WANG Y, NAN X, ZHAO Y, et al., 2020. Coupling 16S rDNA sequencing and untargeted mass spectrometry for milk microbial composition and metabolites from dairy cows with clinical and subclinical mastitis[J]. J Agr Food Chem, 68: 8496–8508.

WANG Y, NAN X, ZHAO Y, et al., 2021. Rumen microbiome structure and metabolites activity in dairy cows with clinical and subclinical mastitis[J]. J Anim Sci Biotechno, 12（36）: 1–21.

WENSINCK F, MERWE J P V D, MAYBERRY J F, 1983. An international study of agglutinins to eubacterium, Peptostreptococcus and Coprococcus species in Crohn' s disease, ulcerative colitis and control subjects[J]. Digestion, 27（2）: 63–69.

XI X, KWOK L Y, WANG Y, et al., 2017. Ultra-performance liquid chromatography-quadrupole-time of flight mass spectrometry MSE-based untargeted milk metabolomics in dairy cows with subclinical or clinical mastitis[J]. J Dairy Sci, 100（6）: 4884–4896.

YOUNG W, HINE B C, WALLACE O A M, et al., 2015. Transfer of intestinal bacterial components to mammary secretions in the cow[J]. Peer J, 3: e888.

YOUSSIF N H, HAFIZ N M, HALAWA M A. et al., 2020. Influence of some hygienic measures on the prevalence of subclinical mastitis in a dairy farm[J]. Int J Dairy Sci, 15（1）: 38–47.

YUN S K, HAN J D, 1989. Effect of feeding frequence of concentrate to milking cow in early lactation on pH and VFA-concentration in rumen fluid and on milk composition and milk yield[J]. Asian Australasian J Anim Sci, 2（3）: 418–420.

ZHAO X H, GONG J M, ZHOU S, et al., 2014. The effect of starch, inulin, and degradable protein on ruminal fermentation and microbial growth in rumen simulation technique[J]. Ital J Anim Sci, 13: 3121.

ZHONG Y, XUE M, LIU J, 2018. Composition of rumen bacterial community in dairy cows with different levels of somatic cell counts[J]. Front Microbiol, 9: 1–10.

# 第八章　菊粉补充对亚临床乳房炎奶牛乳菌群及代谢物的调节

## 第一节　引　言

奶牛乳房炎直接影响产奶量和乳品质（Song等，2020）。而SCM尽管没有肉眼可见的临床症状，但由于炎症的影响，乳腺内环境及乳汁理化性质已经发生改变（Moyes等，2015）。研究证实胃肠道菌群对乳房炎的发生和缓解起着直接的调节作用（Yang等，2017；Ma等，2018；Hu等，2020）。饮食是决定胃肠道菌群结构的关键因素（Ravinder等，2018）。然而，近年来的一项研究表明，饮食能够直接调节乳腺微生物群和代谢物（Shively等，2018），并影响乳腺相关疾病，如乳腺癌（Soto-Pantoja等，2021）。Shively等（2018）证明地中海饮食可以增加雌猴（Macaca fascicularis）乳腺组织中*Lactobacillus*的丰度和胆汁酸代谢产物的水平，同时降低乳腺组织乳中*Ruminococcaceae*、*Oscillospira*和*Coprococcus*及促炎氧化脂质产物（13-HODE和3-羟基硬脂酸盐）的丰度。Soto-Pantoja等（2021）为了探究肠道和乳腺菌群是否介导了饮食对乳腺癌的影响，在对照组和高脂肪饮食小鼠之间进行了粪便移植，并在化学致癌模型中记录了乳腺肿瘤的结果。结果表明，高脂饮食组来源的微生物组移植后导致小鼠乳腺癌细胞增殖，乳腺肿瘤相关菌群增加。然而，鱼油补充剂可以调节肿瘤和正常乳腺组织中的微生物群。这些数据表明，饮食干预能够改变乳腺微生物群的多样性，并可能影响与乳腺相关疾病的信号通路。此外，口服益生菌在控制乳房炎方面显示出良好的治疗效果，已被提出作为抗生素的有效替代品（Leblanc等，2005；Jimenez等，2008）。某些摄入的益生菌在胃肠道中仍可存活，并成为肠道微生物的一员，增强肠道免疫细胞的刺激，随后迁移到其他器官，包括乳房（Leblanc等，2005）。这表明口服益生菌可以影响乳腺微生物群（Jimenez等，2008）。我们前期的研究表明，补充菊粉可增加SCM奶牛瘤胃中丙酸和丁酸产菌（如*Prevotella*、*Butyrivibrio*和*Bifidobacterium*）的丰度，降低梭状芽孢杆菌*Clostridia_UCG-014*、*Streptococcus*和*Escherichia-Shigella*的相对丰度（Wang等，2021）。

乳房炎的发病与乳菌群和代谢产物密切相关（Wang等，2020）。我们前期的试验表明，乳房炎（临床及亚临床）奶牛瘤胃及乳中菌群及代谢物结构较健康奶牛均存在显著差异（Wang等，2020；Wang等，2021）。乳房炎奶牛胃肠道及乳中存在促炎菌群及代谢产物的富集，而有益共生菌和维持正常生理活动的代谢产物水平降低。而日粮补充菊粉能够调节SCM奶牛胃肠道菌群及代谢物结构。Ravinder等（2018）和Shively等（2018）的研究表明饮食对胃肠道和乳腺微生物的调节具有一定的相似性。基于我们前期的试验和其他相关研究，我们试图进一步探讨菊粉补充对SCM奶牛乳菌群及代谢产物是否产生影响，以进一步明确菊粉摄入对缓解奶牛SCM的作用效果。

# 第二节　材料和方法

## 一、试验动物、日粮和试验设计

本试验所用试验动物（包括体况信息和分组方式）、基础日粮（包括菊粉添加量及添加方式）和试验设计同第五章。

## 二、指标检测方法

1. 牛奶样本采集与分析

试验最后一周连续7d采集奶样并记录产奶量。于每天06：30、12：30和18：30使用自动挤奶系统（阿菲金，以色列）采集每头奶牛的奶样，将奶样收集至无菌离心管中（每头奶牛每次收集2管，每管50mL），将早中晚采集的奶样以4：3：3的比例混合。将每头奶牛的混合乳样品分装至1个50mL和3个10mL无菌离心管中。将50mL无菌离心管于4℃保存，使用乳成分分析仪（福斯，哥本哈根，丹麦）检测乳成分，包括乳脂、乳蛋白、乳糖和SCC。另外3管奶样，其中1管保存在-20℃，用于乳脂肪酸的检测。另外2管保存在-80℃，分别用于乳微生物和代谢物的分析。

2. 乳脂肪酸测定

乳脂肪酸使用带有火焰电离检测器气相色谱仪（Agilent 7890A，安捷伦，美国）及外标法定量法进行检测。将2mL的牛奶样品加入含有2.5mL甲醇和1.25mL氯仿的25mL耐高温离心管中，涡旋混匀。静置1h后，加入1.25mL氯仿、1.15mL水、0.1mL 3mol/L HCl，于室温下1 200 × *g*离心3min。将瓶底溶液用无水$NaSO_4$干燥过滤。将滤液收集到离心管中，用氮气吹干，加入1mL甲苯，混合均匀后加入200μL NaOH醇溶液（0.2mg NaOH溶于甲醇），使脂肪甲基化。25min后，加入11mL甲醇化$HSO_4$（在100mL甲醇中加入2.8mL 96%的$HSO_4$），充分混合。50℃水浴15min后，-20℃保存3min，加入1mL水和1mL正己烷。混合均匀后，室温下1 200 × *g*离心3min，取2μL上清液用0.22μm滤膜过滤分析。气相色谱条件为：进样口温度240℃，压力266.9kPa。色谱柱的初始温度170℃，保持30min，然后以1.5℃/min的速度升高至200℃，保持20min，最后以5℃/min的速度升高至230℃，保持5min。

3. 乳微生物多样性分析

牛奶样品DNA提取、PCR扩增方法、测序及生信分析方法同第三章所述。

4. 乳代谢产物分析

牛奶样品代谢产物分析方法同第三章所述。

### 三、数据统计分析

采用SPSS 22.0统计软件中的单因素方差分析（One-way ANOVA）分析产奶量、乳成分、乳脂肪酸以及微生物α多样性等数据。$P<0.05$表示差异具有统计学意义，$0.05<P<0.10$表示具有变化趋势。

## 第三节 研究结果

### 一、菊粉补充对SCM奶牛乳成分的影响

与对照组相比，Inu-3组的产奶量（$P=0.031$）、ECM（$P=0.043$）、乳蛋白（$P=0.034$）和乳糖（$P=0.027$）含量增加（Inu-2组和Inu-3组间乳蛋白和乳糖含量无显著差异）。菊粉补充后，FCM呈增加趋势（$P=0.065$）。由于乳脂呈下降趋势（$P=0.073$），添加菊粉使脂蛋比（F/P）降低（$P=0.044$），且I-2、I-3和I-4组间差异不显著。与对照组相比，I-3组乳SCC降低（$P<0.01$）（表8-1）。

**表8-1 菊粉补充对SCM奶牛乳成分的影响**

| 项目Items | 分组Groups（$n$=8） | | | | | 标准误SEM | $P$-值 $P$-value |
|---|---|---|---|---|---|---|---|
| | Con | Inu-1 | Inu-2 | Inu-3 | Inu-4 | | |
| 产奶量Milk yield，kg/d | $31.2^{c}$ | $31.7^{c}$ | $33.7^{b}$ | $34.2^{a}$ | $33.6^{b}$ | 0.54 | 0.031 |
| 能量校正乳ECM，kg/d | $30.1^{c}$ | $30.6^{c}$ | $32.3^{b}$ | $33.0^{a}$ | $32.6^{b}$ | 0.52 | 0.043 |
| 乳脂校正乳FCM，kg/d | 31.0 | 31.4 | 32.2 | 32.8 | 32.8 | 0.34 | 0.065 |
| 乳脂Milk fat，% | 3.95 | 3.93 | 3.71 | 3.73 | 3.84 | 0.044 | 0.073 |
| 乳蛋白Milk protein，% | $3.03^{c}$ | $3.05^{c}$ | $3.32^{a}$ | $3.38^{a}$ | $3.27^{b}$ | 0.064 | 0.034 |
| 脂蛋比F/P | $1.30^{a}$ | $1.29^{a}$ | $1.12^{b}$ | $1.10^{b}$ | $1.17^{b}$ | 0.038 | 0.044 |
| 乳糖Milk lactose，% | $4.01^{c}$ | $4.02^{c}$ | $4.28^{a}$ | $4.31^{a}$ | $4.22^{b}$ | 0.057 | 0.027 |
| 乳体细胞数SCC，$\times 10^3$细胞/mL | $716^{a}$ | $706^{a}$ | $593^{bc}$ | $541^{c}$ | $647^{b}$ | 21.0 | <0.01 |

注：$^{a,b}$在一行内，不同字母的平均值差异显著（$P<0.05$）；$^{a,b}$ within a row，different letters mean differed significantly（$P<0.05$）.

能量校正乳（kg/d）=产奶量（kg/天）×（383×乳脂%+242×乳蛋白%+783.2）/3 140；ECM（kg/d）=milk yield（kg/d）×（383×fat%+242×protein%+783.2）/3140（Sjaunja等，1990）；

乳脂校正乳（kg/天）=0.4×产奶量（kg/天）+15×产奶量（kg/天）×乳脂%；FCM（kg/d）=0.4×milk yield（kg/d）+15×milk yield（kg/d）×% fat（Gaines，1928）.

## 二、菊粉补充对SCM奶牛乳脂肪酸的影响

与对照组相比，菊粉补充后乳中的饱和脂肪酸，C4（*P*=0.032）、C11（*P*=0.044）、C13（*P*=0.041）、C15（*P*=0.022）、antiisoc15：0（*P*=0.041）、antiisoc17：0（*P*=0.021）和isoC17：0（*P*=0.035）比例在Inu-3组中均增加（C11、C15和antiisoc17：0的比例在Inu-2和Inu-3组间无显著差异；antiisoc15：0的比例在I-2、I-3和I-4组间无显著差异）。随着菊粉添加量的增加，C17比例呈上升趋势（*P*=0.057）。总体而言，与对照组相比，不同菊粉处理组对乳中总饱和脂肪酸比例无显著影响（*P*=0.115）。然而，不饱和脂肪酸比例在菊粉补充后呈下降趋势（*P*=0.062）。与对照组相比，cis-9C18：1比例在Inu-3组降低，且在Inu-2、Inu-3和Inu-4组间无显著差异（*P*=0.048）。多不饱和脂肪酸中的C20：1（*P*=0.087）、C18：2n6c（*P*=0.093）、C18：3n3（*P*=0.081）以及所有长链脂肪酸（*P*=0.063）的比例随着菊粉的补充均呈下降趋势（表8-2）。

**表8-2　菊粉补充对SCM奶牛乳脂肪酸的影响**

| 项目Items，g/100g总脂肪酸 | 脂肪酸名称FA Name | 分组Groups（*n*=8） | | | | | 标准误SEM | *P*-值 *P*-value |
|---|---|---|---|---|---|---|---|---|
| | | Con | Inu-1 | Inu-2 | Inu-3 | Inu-4 | | |
| 饱和脂肪酸SFA | | 69.3 | 68.7 | 69.4 | 68.6 | 68.2 | 0.26 | 0.115 |
| C4 | 丁酸Butyric acid | 2.14[c] | 2.17[c] | 2.61[b] | 2.72[a] | 2.59[b] | 0.035 | 0.032 |
| C6 | 己酸Caproic acid | 1.78 | 1.84 | 1.60 | 1.68 | 1.62 | 0.025 | 0.631 |
| C8 | 辛酸Caprylic acid | 1.12 | 1.13 | 1.10 | 1.10 | 1.20 | 0.017 | 0.211 |
| C10 | 癸酸Capric acid | 2.54 | 2.7 | 2.49 | 2.31 | 2.40 | 0.047 | 0.144 |
| C11 | 十一烷酸 Undecanoic acid | 0.11[c] | 0.15[b] | 0.18[a] | 0.19[a] | 0.16[b] | 0.005 | 0.044 |
| C12 | 月桂酸Lauric acid | 3.17 | 3.12 | 3.09 | 3.12 | 3.07 | 0.045 | 0.256 |
| C13 | 十三烷酸 Tridecanoic acid | 0.11[c] | 0.10[c] | 0.17[b] | 0.22[a] | 0.15[b] | 0.004 | 0.041 |
| C14 | 肉豆蔻酸Myristic acid | 10.1 | 10.4 | 10.3 | 10.1 | 10.5 | 0.10 | 0.165 |
| C15 | 十五烷酸 Pentadecanoic acid | 0.73[c] | 0.79[c] | 1.05[a] | 1.08[a] | 0.96[b] | 0.017 | 0.022 |
| anteisoC15：0 | 反式异构十五烷酸Trans-isomeric pentadecanoic acid | 0.33[b] | 0.35[b] | 0.42[a] | 0.46[a] | 0.43[a] | 0.011 | 0.041 |
| isoC15：0 | 异构十五烷酸Isomeric pentadecanoic acid | 0.13 | 0.14 | 0.14 | 0.15 | 0.15 | 0.005 | 0.753 |

（续表）

| 项目Items，g/100g总脂肪酸 | 脂肪酸名称FA Name | 分组Groups（*n*=8） | | | | | 标准误SEM | *P*-值 *P*-value |
|---|---|---|---|---|---|---|---|---|
| | | Con | Inu-1 | Inu-2 | Inu-3 | Inu-4 | | |
| C16 | 棕榈酸Palmitic acid | 35.6 | 34.6 | 34.9 | 34.0 | 33.6 | 0.21 | 0.262 |
| isoC16：0 | 异构十六烷酸 Isomeric hexadecanoic acid | 0.18 | 0.19 | 0.16 | 0.17 | 0.16 | 0.005 | 0.130 |
| C17 | 十七烷酸 Heptadecanoic acid | 0.38 | 0.37 | 0.4 | 0.41 | 0.40 | 0.005 | 0.057 |
| anteisoC17：0 | 反式异构十七烷酸Trans-isomeric heptadecanoic acid | 0.73[c] | 0.79[c] | 1.01[a] | 1.13[a] | 0.94[b] | 0.03 | 0.021 |
| isoC17：0 | 异构十七酸Isomeric heptadecanoic acid | 0.31[c] | 0.34[c] | 0.44[b] | 0.51[a] | 0.46[b] | 0.016 | 0.035 |
| C18 | 硬脂酸Stearic acid | 9.44[a] | 9.19[ab] | 8.94[b] | 8.88[b] | 9.04[ab] | 0.105 | 0.024 |
| C20 | 花生酸Arachidic acid | 0.21 | 0.20 | 0.16 | 0.17 | 0.18 | 0.005 | 0.094 |
| C22：0 | 二十二烷酸Behenic acid | 0.20 | 0.17 | 0.19 | 0.16 | 0.17 | 0.012 | 0.151 |
| 不饱和脂肪酸UFA | | 6.30 | 6.50 | 6.10 | 6.10 | 6.20 | 0.240 | 0.062 |
| 单不饱和脂肪酸MUFA | | 3.60 | 3.80 | 3.50 | 3.50 | 3.60 | 0.230 | 0.117 |
| C14：1 | 肉豆蔻油酸Myristoleic acid | 1.01 | 1.07 | 0.91 | 0.90 | 0.99 | 0.240 | 0.173 |
| C16：1 | 棕榈油酸Palmitioleic acid | 1.6 | 1.71 | 1.63 | 1.64 | 1.62 | 0.051 | 0.220 |
| trans-9C18：1 | 反油酸Elaidic acid | 0.74 | 0.76 | 0.78 | 0.77 | 0.74 | 0.022 | 0.185 |
| cis-9C18：1 | 油酸Oleic acid | 18.7[a] | 18.3[a] | 16.7[b] | 16.3[b] | 16.8[b] | 0.2 | 0.048 |
| C20：1 | 顺-11-二十碳烯酸 Cis-11-Eicosenoic acid | 0.21 | 0.23 | 0.17 | 0.18 | 0.20 | 0.004 | 0.087 |
| C22：1 | 芥酸Erucic acid | 0.04 | 0.04 | 0.03 | 0.03 | 0.04 | 0.003 | 0.311 |
| 多不饱和脂肪酸PUFA | | 2.70 | 2.68 | 2.61 | 2.60 | 2.58 | 0.033 | 0.074 |
| C18：2n6c | 亚油酸Linolelic acid | 2.41 | 2.42 | 2.41 | 2.36 | 2.34 | 0.032 | 0.093 |
| C18：3n6 | γ-亚油酸γ-Linolenic acid | 0.03 | 0.02 | 0.02 | 0.02 | 0.03 | 0.002 | 0.149 |
| C18：3n3 | α-亚油酸α-Linolenic acid | 0.02 | 0.04 | 0.03 | 0.05 | 0.04 | 0.002 | 0.081 |
| C20：3n6 | 顺式-8，11，14-二十碳三烯酸Cis-8，11，14-Eicosatrienoic acid | 0.06 | 0.04 | 0.03 | 0.03 | 0.04 | 0.002 | 0.211 |
| C20：3n3 | 顺式-11，14，17-二十碳三烯酸Cis-11，14，17-Eicosatrienoic acid | 0.18 | 0.16 | 0.12 | 0.14 | 0.13 | 0.005 | 0.305 |
| 中短链脂肪酸SMCFA | | 22.2 | 22.8 | 22.6 | 22.5 | 22.8 | 0.088 | 0.230 |
| 长链脂肪酸LCFA | | 42.1 | 41.0 | 41.0 | 39.0 | 39.7 | 0.33 | 0.063 |

注：[a, b]在一行内，不同字母的平均值差异显著（$P<0.05$）；[a, b]within a row，different letters mean differed significantly（$P<0.05$）.

## 三、菊粉补充对SCM奶牛乳菌群丰富度、多样性和组成的影响

从40份牛奶样品中获得了1 442 675条优化的16S rRNA基因序列。按照最小序列数抽平后得到所有样品的平均reads数为33 766个。将非重复序列进行OTU聚类并去除嵌合体后，得到4 876条相似度>97%的代表性OTU序列。菊粉补充显著改变了SCM奶牛的乳菌群多样性和丰富度。与对照组相比，Sobs（$P$=0.046）、Shannon（$P$=0.042）、ACE（$P$=0.045）、Chao（$P$=0.041）在Inu-3组均降低（Shannon指数Inu-2、Inu-3和Inu-4组之间无显著）（表8-3）。基于α多样性指数，绘制的稀释曲线图8-1所示，随着reads采样数量的增加，曲线趋于平缓，说明测序数据和深度足够。

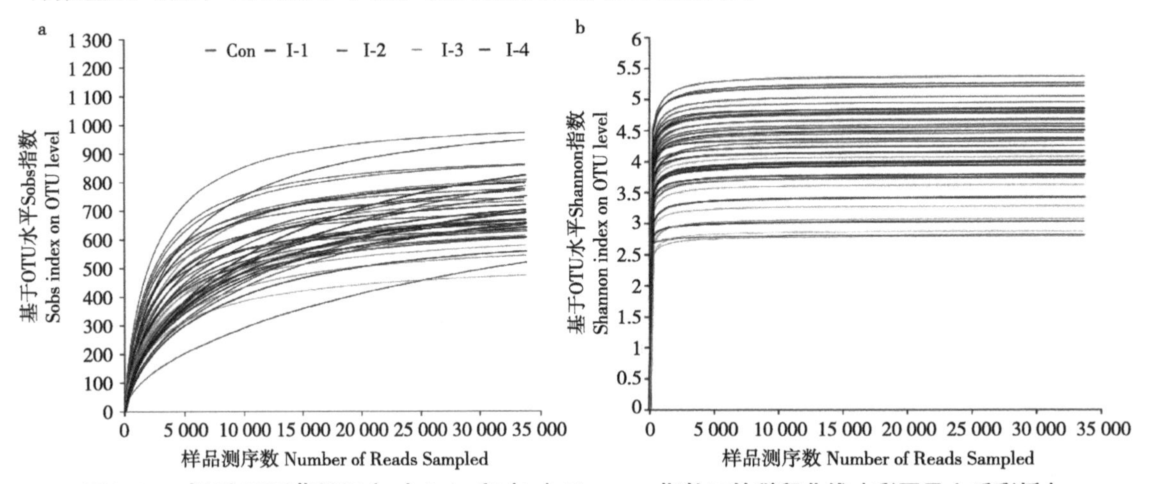


图8-1　对照和不同菊粉组（a）Sobs和（b）Shannon指数下的稀释曲线（彩图见文后彩插）

在门水平，Proteobacteria［（43.4±0.25）%；（41.9±0.80）%］、Actinobacteriota［（25.9±0.20）%；（23.9±0.63）%］、Firmicutes［（21.6±0.21）%；（20.4±0.40）%］、Bacteroidota［（3.01±0.09）%；（5.71±0.52）%］是主要的优势菌群（图8-2a）。在属水平上，红球菌属*Rhodococcus*［（14.7±0.45）%；（10.6±0.66）%］、*Acinetobacter*［（11.1±0.51）%；（8.68±0.47）%］、*Enterococcus*［（5.66±0.12）%；（3.34±0.41）%］、*Pseudomonas*［（4.64±0.07）%；（3.29±0.20）%］、*Burkholderia-Caballeronia-Paraburkholderia*［（6.24±0.21）%；（3.03±0.52%）］、*Corynebacterium*［（4.64±0.07）%；（2.75±0.26%）］及*unclassified_f__Enterobacteriaceae*［（4.25±0.10）%；（2.50±0.33）%］丰度较高（图8-2c）。各组间共有菌群和特有菌群数量见图8-2b。

表8-3　菊粉补充对SCM奶牛乳微生物α多样性的影响

| 项目 Items | 分组Groups（$n$=8） | | | | | 标准误 SEM | $P$-值 $P$-value |
|---|---|---|---|---|---|---|---|
| | Con | Inu-1 | Inu-2 | Inu-3 | Inu-4 | | |
| Sobs | 829[a] | 725[b] | 667[bc] | 630[c] | 699[b] | 24.1 | 0.046 |

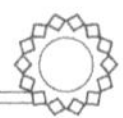

（续表）

| 项目<br>Items | 分组Groups（$n$=8） | | | | | 标准误<br>SEM | $P$-值<br>$P$-value |
|---|---|---|---|---|---|---|---|
| | Con | Inu-1 | Inu-2 | Inu-3 | Inu-4 | | |
| Shannon | 4.80$^{a}$ | 4.26$^{a}$ | 3.38$^{b}$ | 3.54$^{b}$ | 3.74$^{b}$ | 0.176 | 0.042 |
| Simpson | 0.10 | 0.13 | 0.10 | 0.07 | 0.10 | 0.020 | 0.299 |
| Ace | 848$^{a}$ | 768$^{b}$ | 771$^{b}$ | 661$^{c}$ | 794$^{b}$ | 37.6 | 0.045 |
| Chao | 855$^{a}$ | 778$^{b}$ | 761$^{b}$ | 667$^{c}$ | 795$^{b}$ | 37.6 | 0.041 |
| Coverage | 0.999 | 0.998 | 0.996 | 0.998 | 0.996 | 0.000 3 | 0.603 |

注：$^{a,\ b,\ c}$在一行内，不同字母的平均值差异显著（$P$<0.05）；$^{a,\ b}$within a row, different letters mean differed significantly（$P$<0.05）

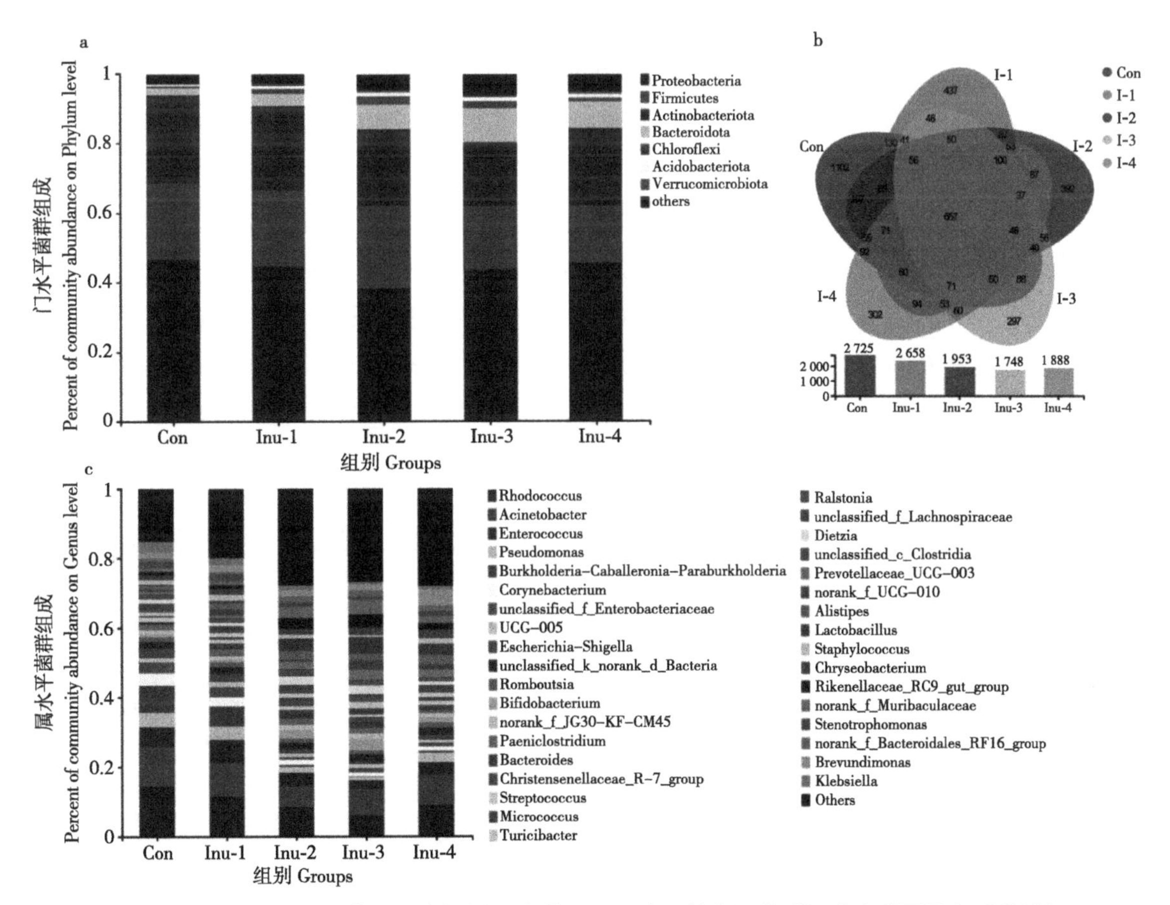


**图8-2　对照组和不同菊粉组牛奶样品中基于OTU水平的主要菌群组成（彩图见文后彩插）**

（a）门水平；（b）维恩图；（c）属水平

## 四、对照组和菊粉组间乳差异菌群

基于Bray-Curtis和加权UniFrac距离算法进行PCoA分析，结果显示乳微生物群落的组间差异较为明显（图8-3a，b）。为进一步筛选差异菌群，采用LEfSe和Kruskal-Wallis H秩和检验进行多组间差异显著性分析。筛选出的差异菌群（LDA >3.0；FDR校正的$P$<0.05）如图8-4和表8-4所示。在门水平上，与对照组相比，Bacteroidota（FDR校正的$P$=0.032）的相对丰度在Inu-2、Inu-3和Inu-4组增加（在Inu-3组达到最大值）。而Proteobacteria（FDR校正的$P$=0.085）与Actinobacteriota（FDR校正的$P$=0.081）的相对丰度在Inu-3组呈下降趋势。在属水平上，菊粉补充显著降低了乳中11类菌群，包括*Acinetobacter*（FDR校正的$P$=0.035）、*Burkholderia-Caballeronia-Paraburkholderia*（FDR校正的$P$=0.037）、*Pseudomonas*（FDR校正的$P$=0.038）、*Escherichia-Shigella*（FDR校正的$P$=0.045）、*unclassified_f__Enterobacteriaceae*（FDR校正的$P$=0.040）、*Klebsiella*（FDR校正的$P$=0.046）、*Staphylococcus*（FDR校正的$P$=0.040）、*Enterococcus*（FDR校正的$P$=0.042）、*Streptococcus*（FDR校正的$P$=0.045）、*Rhodococcus*（FDR校正的$P$=0.031）及*Corynebacterium*（FDR校正的$P$=0.043）。其中*Staphylococcus*、*Enterococcus*和*Rhodococcus*的相对丰度在Inu-2和Inu-3组间无显著差异。*Acinetobacter*、*Burkholderia-Caballeronia-Paraburkholderia*、*Escherichia-Shigella*、*unclassified_f__enterobacteraceae*、*Enterococcus*和*Corynebacterium*的相对丰度在Inu-2、Inu-3和Inu-4组间无显著差异。另外，菊粉补充促进了*Lactobacillus*（FDR校正的$P$=0.044）、*Bifidobacterium*（FDR校正的$P$=0.026）、*norank_f__Muribacul aceae*（FDR校正的$P$=0.030）和*Prevotellaceae_UCG-003*（FDR校正的$P$=0.046）在乳中的富集。*Lactobacillus*和*Bifidobacterium*丰度在Inu-2和Inu-3组间无显著差异。*Prevotellaceae_UCG-003*丰度在Inu-3和Inu-4组间无显著差异。*norank_f__Muribacu laceae*丰度在Inu-3组中最高。

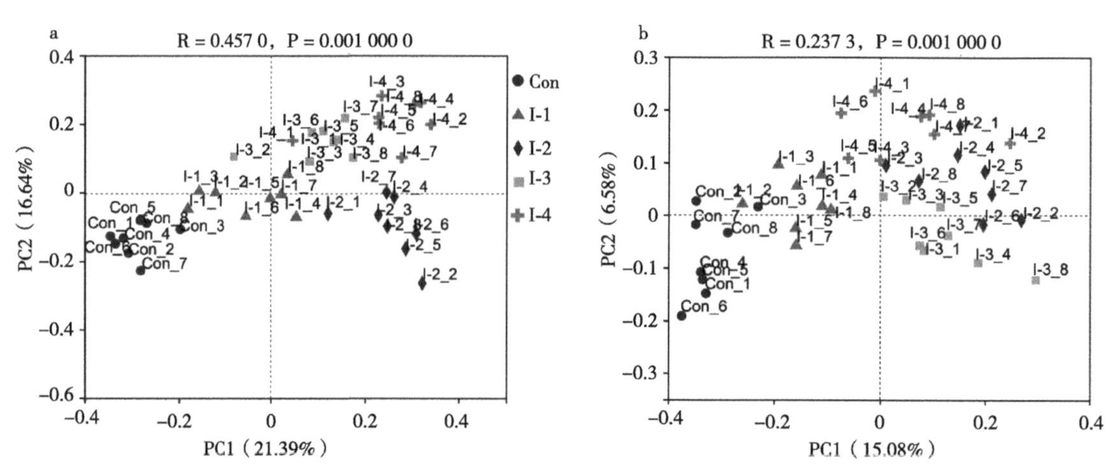


图8-3 基于（a）Bray-Curtis和（b）加权UniFrac距离算法的对照组和不同菊粉组SCM奶牛乳微生物群落的PCOA分析

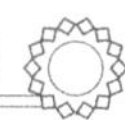

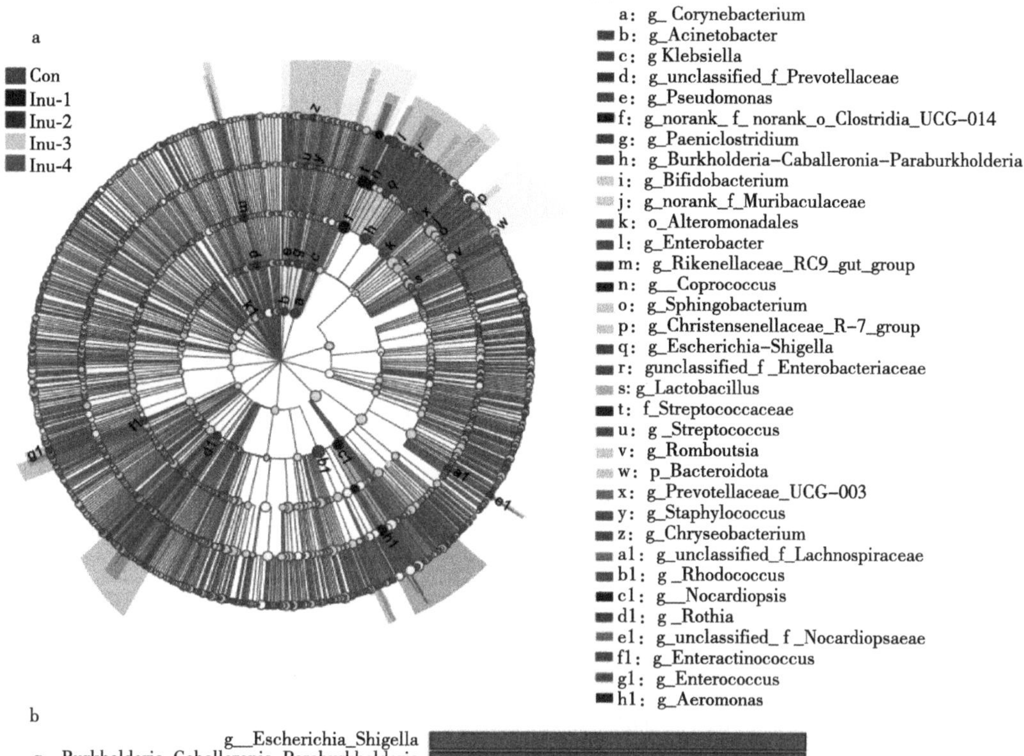


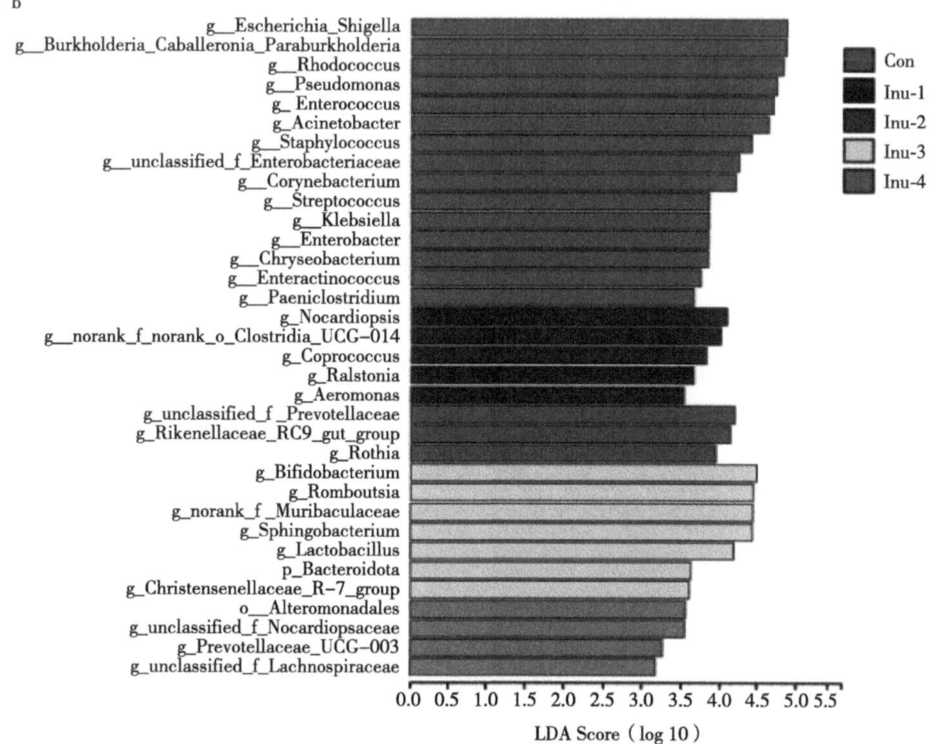


**图8-4　对照组和不同菊粉组牛奶微生物类群的线性判别分析效应量（LEfSe）分析（彩图见文后彩插）**

（a）进化分枝图显示从门到属水平的差异菌群；（b）线性判别分析条形图显示差异菌对组间差异的影响。LDA评分>3.0

**表8-4　对照组和菊粉组的乳差异菌群**

| 项目Items | 分组Groups（*n*=8） | | | | | 标准误 SEM | *P*-值 *P*-value | FDR校正*P*值 FDR-adjusted *P*-value |
|---|---|---|---|---|---|---|---|---|
| | Con | Inu-1 | Inu-2 | Inu-3 | Inu-4 | | | |
| 变形菌门Proteobacteria | 45.15 | 42.21 | 35.22 | 42.03 | 44.94 | 0.803 | 0.017 | 0.085 |
| 不动杆菌属*Acinetobacter* | 11.70[a] | 10.51[a] | 6.16[b] | 7.11[b] | 7.92[b] | 0.468 | $2.35\times10^{-4}$ | 0.035 |
| *Burkholderia-Caballeronia-Paraburkholderia* | 6.33[a] | 5.40[a] | 1.04[b] | 0.93[b] | 1.47[b] | 0.523 | $4.01\times10^{-4}$ | 0.037 |
| 假单胞菌*Pseudomonas* | 4.78[a] | 4.57[a] | 2.11[b] | 1.65[b] | 3.34[ab] | 0.198 | $4.61\times10^{-4}$ | 0.038 |
| 大肠杆菌属*Escherichia-Shigella* | 3.07[a] | 3.18[a] | 1.23[b] | 1.04[b] | 1.47[b] | 0.200 | $1.54\times10^{-3}$ | 0.045 |
| 未分类的*f*__肠杆菌科unclassified_f__Enterobacteriaceae | 4.38[a] | 4.12[a] | 0.85[b] | 1.61[b] | 1.53[b] | 0.326 | $6.11\times10^{-4}$ | 0.040 |
| 克雷伯菌属*Klebsiella* | 0.44[a] | 0.48[a] | 0.22[b] | 0.11[c] | 0.13[c] | 0.033 | $1.31\times10^{-3}$ | 0.046 |
| 布鲁氏菌属*Brucella* | 0.08 | 0.08 | 0.05 | 0.14 | 0.10 | 0.007 | 0.011 | 0.069 |
| 琥珀酸弧菌属*Succinivibrio* | 0.02 | 0.02 | 0.04 | 0.10 | 0.04 | 0.006 | 0.014 | 0.080 |
| 厚壁菌门Firmicutes | 20.72 | 20.00 | 23.63 | 19.42 | 18.42 | 0.395 | 0.086 | 0.107 |
| 乳酸菌属*Lactobacillus* | 0.09[c] | 0.13[c] | 0.50[a] | 0.62[a] | 0.34[b] | 0.050 | $9.47\times10^{-4}$ | 0.041 |
| 葡萄球菌属*Staphylococcus* | 0.56[a] | 0.54[a] | 0.16[b] | 0.11[b] | 0.50[a] | 0.044 | $1.19\times10^{-3}$ | 0.040 |
| 肠球菌属*Enterococcus* | 5.37[a] | 5.90[a] | 2.07[b] | 1.67[b] | 2.12[b] | 0.407 | $7.04\times10^{-4}$ | 0.042 |
| 链球菌属*Streptococcus* | 0.80[a] | 0.70[a] | 0.48[b] | 0.24[c] | 0.46[b] | 0.044 | $1.26\times10^{-3}$ | 0.045 |
| 罗姆布茨菌*Romboutsia* | 0.68 | 0.81 | 1.24 | 1.77 | 0.96 | 0.086 | 0.014 | 0.084 |
| 索氏梭菌*Paeniclostridium* | 0.97 | 0.61 | 0.53 | 0.58 | 0.39 | 0.043 | 0.004 | 0.070 |
| 克里斯滕森菌科R-7_group Christensenellaceae_R-7_group | 0.27 | 0.50 | 0.62 | 0.86 | 0.61 | 0.043 | 0.005 | 0.068 |
| *norank_f__UCG*-010 | 0.12 | 0.87 | 0.11 | 0.52 | 0.32 | 0.064 | 0.010 | 0.062 |
| 粪球菌属*Coprococcus* | 0.13 | 0.10 | 0.07 | 0.04 | 0.04 | 0.008 | 0.024 | 0.094 |
| 拟杆菌门Bacteroidota | 2.71[b] | 3.33[b] | 7.00[a] | 8.86[a] | 6.65[a] | 0.521 | 0.001 | 0.032 |
| 普雷沃氏菌属*UCG*-003 *Prevotellaceae_UCG*-003 | 0.14[c] | 0.17[c] | 0.48[b] | 0.65[a] | 0.66[a] | 0.051 | $1.32\times10^{-3}$ | 0.043 |
| *norank_f__Muribaculaceae* | 0.10[c] | 0.16[c] | 0.43[b] | 0.67[a] | 0.35[b] | 0.046 | $2.16\times10^{-3}$ | 0.048 |
| 未分类_理研菌科 Rikenellaceae_RC9_gut_group | 0.15 | 0.14 | 0.45 | 0.69 | 0.32 | 0.046 | 0.005 | 0.068 |

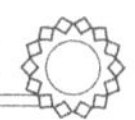

（续表）

| 项目Items | 分组Groups（*n*=8） | | | | | 标准误 SEM | *P*-值 *P*-value | FDR校正*P*值 FDR-adjusted *P*-value |
|---|---|---|---|---|---|---|---|---|
| | Con | Inu-1 | Inu-2 | Inu-3 | Inu-4 | | | |
| 鞘氨醇杆菌属*Sphingobacterium* | 0.07 | 0.14 | 0.23 | 0.33 | 0.17 | 0.019 | 0.006 | 0.071 |
| 放线杆菌门Actinobacteriota | 27.29 | 26.31 | 24.03 | 19.56 | 22.06 | 0.629 | 0.012 | 0.081 |
| 红球菌属*Rhodococcus* | 15.53[a] | 11.66[ab] | 8.76[b] | 6.76[b] | 10.46[ab] | 0.660 | $1.04 \times 10^{-4}$ | 0.031 |
| 棒状杆菌属*Corynebacterium* | 4.61[a] | 3.86[a] | 1.97[b] | 1.56[b] | 1.76[b] | 0.257 | $1.02 \times 10^{-4}$ | 0.043 |
| 双歧杆菌属*Bifidobacterium* | 0.35[c] | 0.33[c] | 0.90[a] | 1.18[a] | 0.74[b] | 0.073 | $5.08 \times 10^{-4}$ | 0.039 |
| 微球菌属*Micrococcus* | 0.18 | 0.25 | 0.92 | 0.72 | 0.58 | 0.062 | 0.008 | 0.057 |

注：[a, b, c]在一行内，不同字母的平均值差异显著（FDR校正的$P$<0.05）；[a, b]within a row，different letters mean differed significantly（FDR-adjusted $P$<0.05）.

## 五、菊粉补充对SCM奶牛乳中代谢物结构的影响

正负离子模式下QC样品的总离子色谱图如图8-5所示。不同QC样品的总离子强度和保留时间基本一致，说明试验数据的可靠性。正负离子模式下PCA分析显示了组间差异和组内变异程度（图8-6）。采用OPLS-DA进一步区分组间差异。同时采样置换检验进行评估OPLS-DA模型的准确性。在OPLS-DA中，$R^2$X（cum）和$R^2$Y（cum）分别表示模型X和Y矩阵的累积解释率。这两个指标约接近1说明模型越稳定可靠，$Q^2$（cum）表示模型的预测能力，本试验中$Q^2$（cum）均在0.5以上，表示模型的预测能力可信（36）。在置换检验中，$R^2$>0.70和$Q^2$<0，表示OPLS-DA模型没有过度拟合（图8-7）。

经过原始数据的过滤、归一化处理和QC验证，40份牛奶样品中代谢物共891个，正离子模式代谢物522个，负离子模式代谢物369个。在超类水平上，脂类和类脂分子占38.85%，有机酸及其衍生物占17.15%，有机杂环化合物占15.32%，有机含氧化合物占9.71%。在亚类水平上，数量最多的4类代谢物分别是氨基酸、多肽和类似物（14.09%）、碳水化合物和碳水化合物缀合物（6.43%）和甘油胆碱（4.65%）。

分别通过VIP分析和Kruskal-Wallis秩和检验进行两两比较和多组差异代谢物分析（图8-8）。其中，与对照组相比，（±）12、13-DiHOME（FDR校正的$P$=$1.20 \times 10^{-5}$）、白三烯E3（FDR校正的$P$=$4.52 \times 10^{-5}$）、缬氨酸—脯氨酸（FDR校正的$P$=0.011）、PI［18：0/20：3（5Z、8Z、11Z）］（FDR校正的$P$=0.012）和胞嘧啶核苷二磷酸甘油二酯［18：1（11Z）/18：2（9Z、12Z）］（FDR校正的$P$=0.020）丰度在Inu-2和Inu-3组显著降低。20羧基白三烯B4（FDR校正的$P$=$5.59 \times 10^{-5}$）、12-Oxo-c-LTB3（FDR校正的$P$=0.001）及胞嘧啶核苷二磷酸甘油二酯［18：2（9Z，11Z）/i-14：0］（FDR校正的$P$=0.012）和神经肽P物质（FDR校正的$P$=0.012）的丰度在Inu-3组较对照组显著降低。

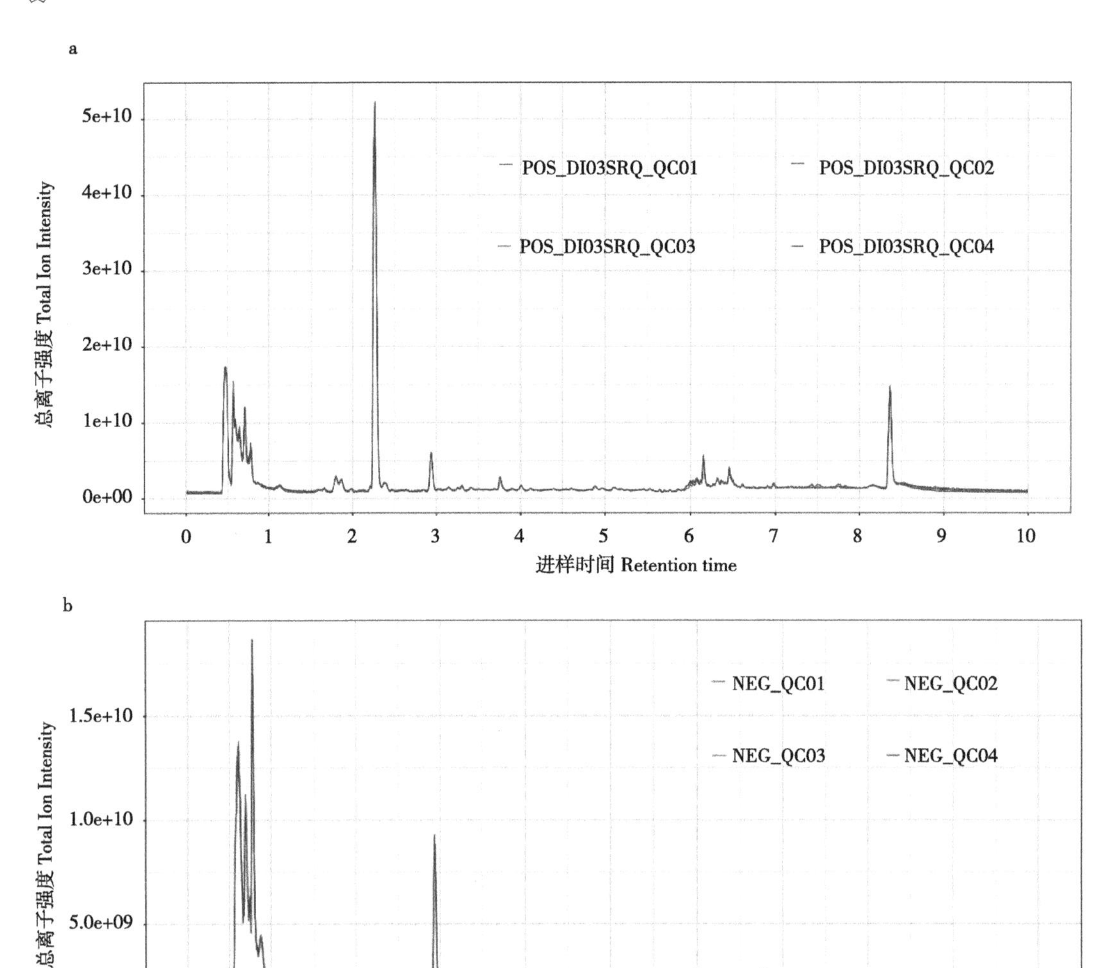


**图8-5　乳中质量控制（QC）样品在（a）正离子模式和（b）负离子模式下的总离子色谱图**

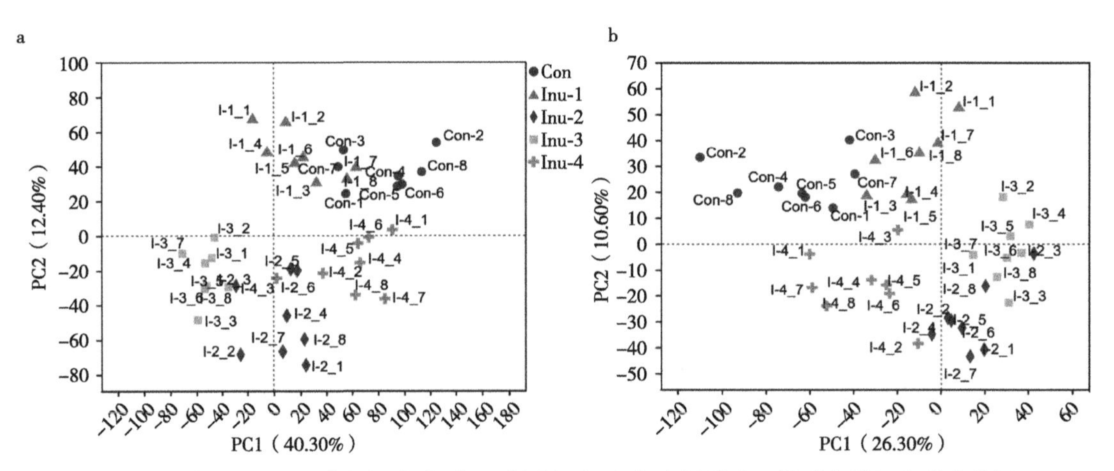


**图8-6　对照组和不同菊粉组在（a）正离子和（b）负离子模式下的乳代谢组主成分分析**

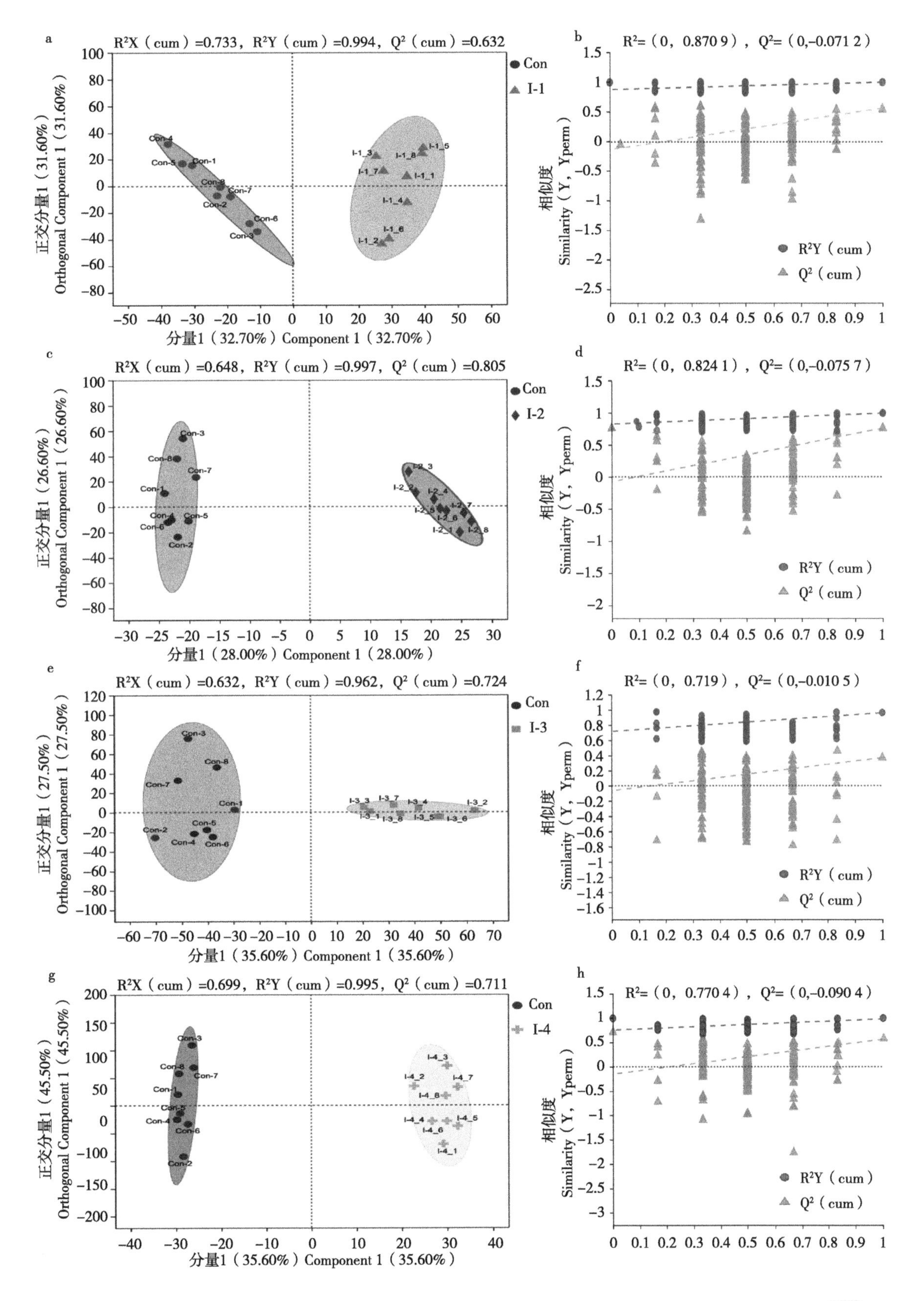
a
R²X（cum）=0.733，R²Y（cum）=0.994，Q²（cum）=0.632
Con
I-1
正交分量1（31.60%）Orthogonal Component 1（31.60%）
分量1（32.70%）Component 1（32.70%）
b
R²=（0，0.870 9），Q²=（0,-0.071 2）
相似度 Similarity（Y，Yperm）
R²Y（cum）
Q²（cum）
c
R²X（cum）=0.648，R²Y（cum）=0.997，Q²（cum）=0.805
Con
I-2
正交分量1（26.60%）Orthogonal Component 1（26.60%）
分量1（28.00%）Component 1（28.00%）
d
R²=（0，0.824 1），Q²=（0,-0.075 7）
相似度 Similarity（Y，Yperm）
R²Y（cum）
Q²（cum）
e
R²X（cum）=0.632，R²Y（cum）=0.962，Q²（cum）=0.724
Con
I-3
正交分量1（27.50%）Orthogonal Component 1（27.50%）
分量1（35.60%）Component 1（35.60%）
f
R²=（0，0.719），Q²=（0,-0.010 5）
相似度 Similarity（Y，Yperm）
R²Y（cum）
Q²（cum）
g
R²X（cum）=0.699，R²Y（cum）=0.995，Q²（cum）=0.711
Con
I-4
正交分量1（45.50%）Orthogonal Component 1（45.50%）
分量1（35.60%）Component 1（35.60%）
h
R²=（0，0.770 4），Q²=（0,-0.090 4）
相似度 Similarity（Y，Yperm）
R²Y（cum）
Q²（cum）

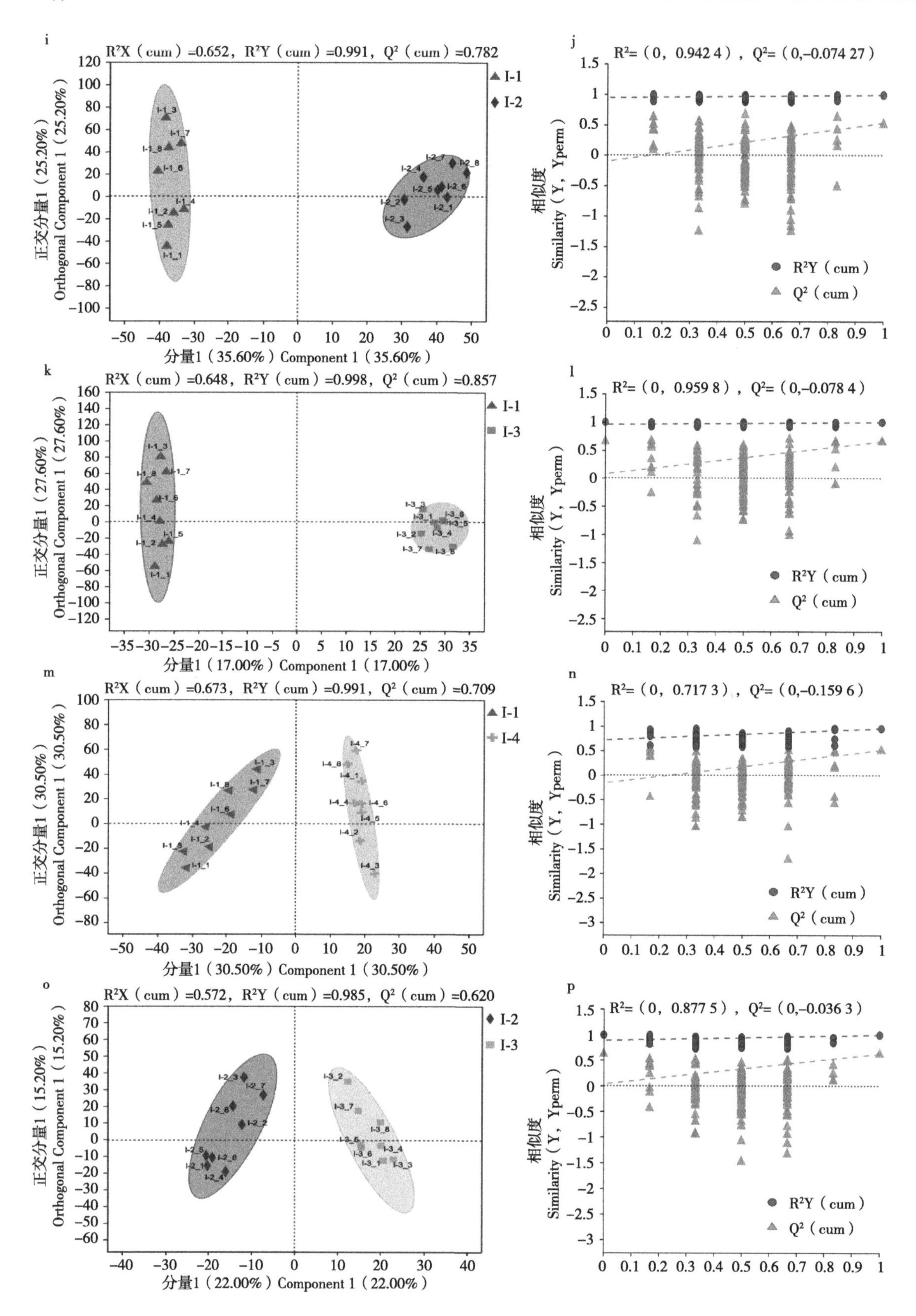
i
R²X（cum）=0.652，R²Y（cum）=0.991，Q²（cum）=0.782
I-1
I-2
正交分量1（25.20%）Orthogonal Component 1（25.20%）
分量1（35.60%）Component 1（35.60%）
j
R²=（0，0.942 4），Q²=（0,-0.074 27）
R²Y（cum）
Q²（cum）
相似度 Similarity（Y，Yperm）
k
R²X（cum）=0.648，R²Y（cum）=0.998，Q²（cum）=0.857
I-1
I-3
正交分量1（27.60%）Orthogonal Component 1（27.60%）
分量1（17.00%）Component 1（17.00%）
l
R²=（0，0.959 8），Q²=（0,-0.078 4）
m
R²X（cum）=0.673，R²Y（cum）=0.991，Q²（cum）=0.709
I-1
I-4
正交分量1（30.50%）Orthogonal Component 1（30.50%）
分量1（30.50%）Component 1（30.50%）
n
R²=（0，0.717 3），Q²=（0,-0.159 6）
o
R²X（cum）=0.572，R²Y（cum）=0.985，Q²（cum）=0.620
I-2
I-3
正交分量1（15.20%）Orthogonal Component 1（15.20%）
分量1（22.00%）Component 1（22.00%）
p
R²=（0，0.877 5），Q²=（0,-0.036 3）

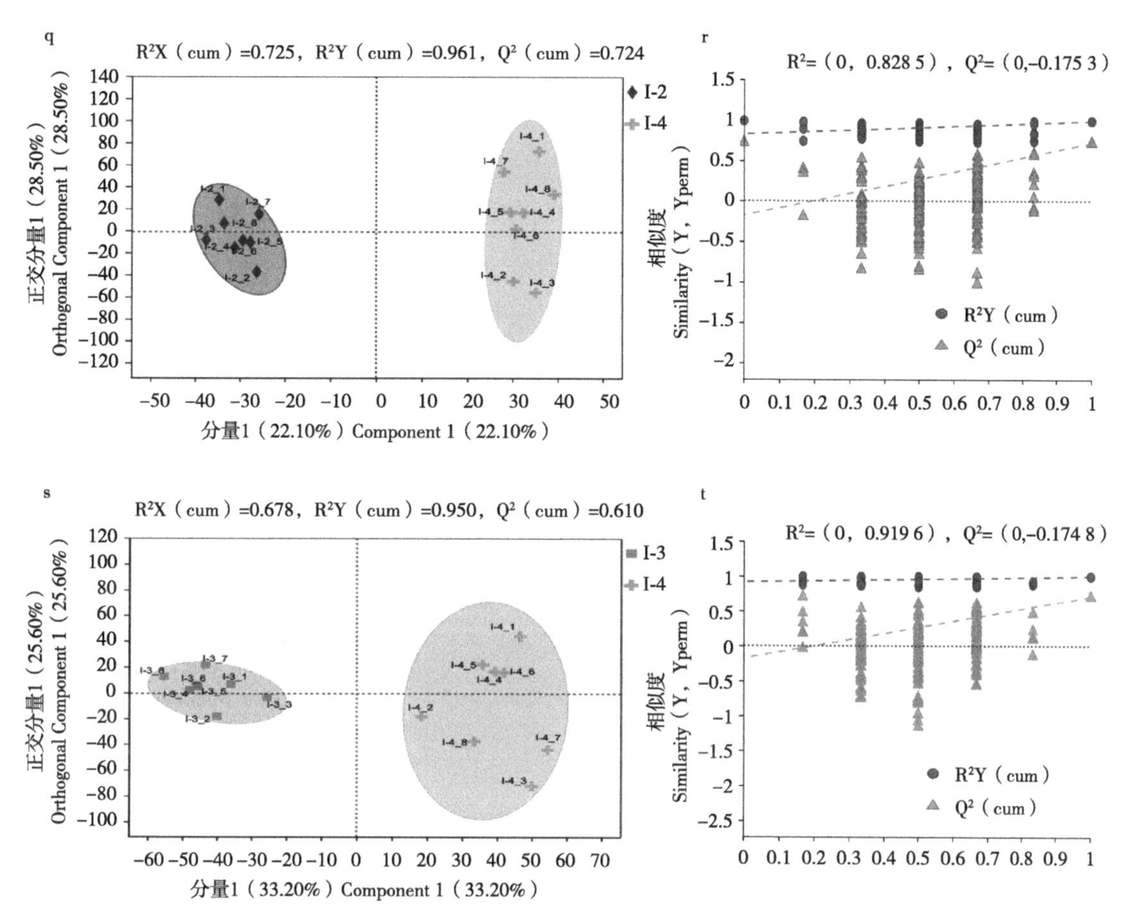


**图8-7　正交偏最小二乘分析评分图（a、c、e、g、k、m、o、q、s）及OPLS-DA置换检验（b、d、f、h、j、l、n、p、r、t）**

另外，与对照组相比，L-苯丙氨酸（FDR校正的$P$=1.12×$10^{-4}$）、γ-生育三烯醇（FDR校正的$P$=4.13×$10^{-4}$）、羟基苯乳酸（FDR校正的$P$=4.13×$10^{-4}$）、β-D-乳糖（FDR校正的$P$=4.33×$10^{-4}$）、L-肉碱（FDR校正的$P$=0.001）、焦谷氨酸异亮氨酸（FDR校正的$P$=0.001）、8-异-15-酮-前列腺素E2（FDR校正的$P$=0.001）、柠檬酸（FDR校正的$P$=0.002）、苯甲酸（FDR校正的$P$=0.003）、L-色氨酸（FDR校正的$P$=0.003）、3-甲基丙酮酸（FDR校正的$P$=0.003）、2-氨基苯甲酸（FDR校正的$P$=0.004）、（R）-3-羟基丁基肉碱（FDR校正的$P$=0.011）、乌头酸（FDR校正的$P$=0.011）、氨基马尿酸（FDR校正的$P$=0.011）、丙酸（FDR校正的$P$=0.021）和异柠檬酸（FDR校正的$P$=0.021）在Inu-2和Inu-3组显著增加。前列腺素A1（FDR校正的$P$=2.99×$10^{-4}$）水平在Inu-3组最高。

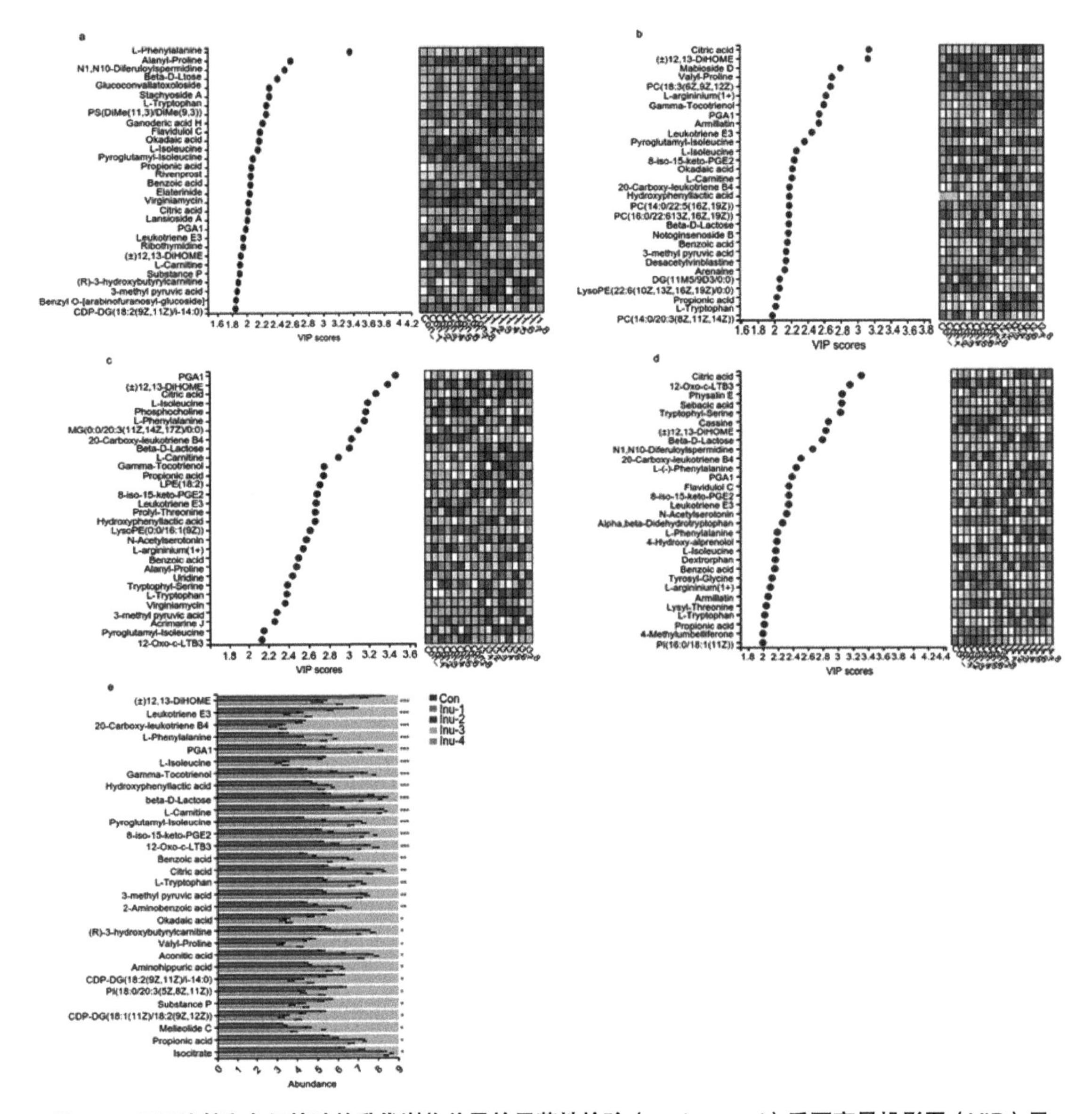


**图8-8　两两比较和多组检验的乳代谢物差异的显著性检验（a，b，c，d）重要变量投影图（VIP）显示，对照与Inu-1组、对照与Inu-2组、对照与Inu-3组、对照与Inu-4组牛奶样品的代谢产物差异显著（VIP得分前30）。右边的格子是根据牛奶中代谢产物的相对丰度而着色的，红色代表高含量，白色代表低含量。（e）多组差异分析条形图，显示5组牛奶样品中差异代谢产物（FDR校正*P*值前30位）（彩图见文后彩插）**

## 六、乳差异代谢物代谢途径富集分析

在本试验中，菊粉补充后SCM乳房炎奶牛乳中下调的代谢途径包括亚油酸代谢、花生四烯酸代谢和磷脂代谢（FDR校正的$P<0.05$）。而氨基酸生物合成和降解、氨酰基-tRNA生物合成、柠檬酸循环、脂肪酸降解、半乳糖代谢、泛素酮等萜类醌生物合成和二十烷类代谢均上调（FDR校正的$P<0.05$）（表8-5）。

**表8-5　对照组和菊粉组显著差异乳代谢物代谢途径富集分析**

| 差异代谢物Different metabolites | KEGG代谢途径<br>KEGG pathway | *P*-值<br>*P*-value | FDR校正的*P*-值<br>FDR-adjusted *P*-value |
|---|---|---|---|
| 下调Downregulated | | | |
| 12，13-二羟基-9-十八烯酸<br>（±）12，13-DiHOME | 亚油酸代谢<br>Linoleic acid metabolism | 0.003 | 0.034 |
| 白三烯E3 Leukotriene E3 | 花生四烯酸代谢<br>Arachidonic acid metabolism | 0.001 | 0.009 |
| 20-羧基-白三烯B4<br>20-Carboxy-leukotriene B4 | 花生四烯酸代谢<br>Arachidonic acid metabolism | $1\times10^{-4}$ | 0.003 |
| 12-Oxo-c-LTB3 | 花生四烯酸代谢<br>Arachidonic acid metabolism | 0.001 | 0.009 |
| 胞嘧啶核苷二磷酸甘油二酯<br>CDP-DG［18：2（9Z，11Z）/i-14：0］ | 磷脂代谢<br>Phospholipid metabolism | 0.002 | 0.024 |
| 磷脂酰肌醇<br>PI［18：0/20：3（5Z，8Z，11Z）］ | 磷脂代谢<br>Phospholipid metabolism | 0.002 | 0.025 |
| 胞嘧啶核苷二磷酸甘油二酯<br>CDP-DG［18：1（11Z）/18：2（9Z，12Z）］ | 磷脂代谢<br>Phospholipid metabolism | 0.004 | 0.042 |
| 冈田酸Okadaic acid | / | / | / |
| 缬氨酸—脯氨酸Valyl-Proline | 蛋白质降解Protein degradation | 0.002 | 0.027 |
| 神经肽P物质<br>Substance P | 刺激神经组织的中的交互<br>Neuroactive ligand-receptor interaction | 0.004 | 0.046 |
| 上调Upregulated | | | |
| L-苯基丙氨酸<br>L-Phenylalanine | 苯基丙氨酸代谢<br>Phenylalanine metabolism | 0.001 | 0.018 |
| | ATP结合盒转运蛋白ABC transporters | 0.003 | 0.037 |
| 苯甲酸Benzoic acid | 苯丙氨酸、酪氨酸和色氨酸的生物合成<br>Phenylalanine，tyrosine and tryptophan biosynthesis | 0.005 | 0.049 |
| | 苯基丙氨酸代谢<br>Phenylalanine metabolism | $1.00\times10^{-4}$ | 0.003 |
| | 色氨酸代谢Tryptophan metabolism | 极小<br>infinitesimal | 极小infinitesimal |

（续表）

| 差异代谢物Different metabolites | KEGG代谢途径<br>KEGG pathway | *P*-值<br>*P*-value | FDR校正的*P*-值<br>FDR-adjusted *P*-value |
|---|---|---|---|
| 2-氨基苯甲酸<br>2-Aminobenzoic acid | 苯丙氨酸、酪氨酸和色氨酸的生物合成<br>Phenylalanine，tyrosine and tryptophan biosynthesis | 0.005 | 0.049 |
| L-色氨酸<br>L-Tryptophan | 苯丙氨酸、酪氨酸和色氨酸的生物合成<br>Phenylalanine，tyrosine and tryptophan biosynthesis | 0.005 | 0.049 |
| | 色氨酸代谢Tryptophan metabolism | 极小<br>infinitesimal | 极小infinitesimal |
| 3-甲基丙酮酸<br>3-methyl pyruvic acid | 甘氨酸、丝氨酸和苏氨酸的代谢<br>Glycine，serine and threonine metabolism | 0.003 | 0.036 |
| | 半胱氨酸和蛋氨酸的代谢<br>Cysteine and methionine metabolism | 0.001 | 0.031 |
| 氨基马尿酸Aminohippuric acid | 苯丙氨酸代谢Phenylalanine metabolism | $1.00 \times 10^{-4}$ | 0.003 |
| 丙酸Propionic acid | 碳水化合物的消化和吸收<br>Carbohydrate digestion and absorption | 0.004 | 0.041 |
| | 丙酸代谢Propionate metabolism | 0.001 | 0.023 |
| | 苯丙氨酸代谢Phenylalanine metabolism | $1.00 \times 10^{-4}$ | 0.003 |
| 羟基苯乳酸<br>Hydroxyphenyllactic acid | 泛素酮和其他萜类醌的生物合成<br>Ubiquinone and other terpenoid-quinone biosynthesis | 0.002 | 0.039 |
| | 酪氨酸代谢Tyrosine metabolism | 0.007 | 0.061 |
| 焦谷氨酰—异亮氨酸<br>Pyroglutamyl-Isoleucine | 肽和氨基酸代谢<br>Peptide and amino acid metabolism | 0.006 | 0.054 |
| 柠檬酸Citric acid | 柠檬酸循环Citrate cycle（TCA cycle） | 0.001 | 0.038 |
| | 丙氨酸、天冬氨酸和谷氨酸代谢<br>Alanine，aspartate and glutamate metabolism | 0.006 | 0.057 |

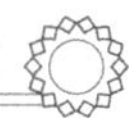

（续表）

| 差异代谢物Different metabolites | KEGG代谢途径<br>KEGG pathway | *P*-值<br>*P*-value | FDR校正的*P*-值<br>FDR-adjusted *P*-value |
|---|---|---|---|
| 乌头酸Aconitic acid | 柠檬酸循环Citrate cycle<br>（TCA cycle） | 0.004 | 0.038 |
| | 乙醛酸和二羧酸代谢<br>Glyoxylate and dicarboxylate metabolism | 0.006 | 0.054 |
| 异柠檬酸Isocitrate | 柠檬酸循环Citrate cycle<br>（TCA cycle） | 0.002 | 0.038 |
| L-肉碱 L-Carnitine | 脂肪酸降解Fatty acid degradation | 0.005 | 0.047 |
| （R）-3-羟基丁酰肉碱<br>（R）-3-hydroxybutyrylcarnitine | 脂肪酸降解Fatty acid degradation | 0.005 | 0.049 |
| β-D-乳糖beta-D-Lactose | 半乳糖代谢Galactose metabolism | 0.002 | 0.037 |
| Gamma-Tocotrienol<br>γ-三烯生育醇 | 泛素酮和其他萜类醌的生物合成<br>Ubiquinone and other terpenoid-quinone biosynthesis | 0.002 | 0.031 |
| 前列腺素A1 PGA1 | 花生四烯酸代谢Eicosanoids metabolism | 0.002 | 0.033 |
| 8-异-15-酮-前列腺素E2<br>8-iso-15-keto-PGE2 | 花生四烯酸代谢Eicosanoids metabolism | 0.006 | 0.052 |
| 蜜乐内酯C Melleolide C | / | / | / |

注："/"表示未注释到的KEGG代谢通路；"/"=the KEGG pathway was unknown

## 七、乳中差异菌群与乳成分、差异代谢物与乳成分、差异菌群与差异代谢物的相关性分析

采用Spearman相关分析确定相关性。如图8-9a所示，产奶量与*Prevotellaceae_UCG*-003呈正相关，与*Streptococcus*、Staphylococcus、Rhodococcus、Klebsiella和*Escherichia-Shigella*呈负相关。乳蛋白与*Staphylococcus*和*Streptococcus*呈负相关。奶乳糖与*Bifidobacterium*和*norank_f_Muribaculaceae*正相关，但与*Staphylococcus*和*Streptococcus*呈负相关。乳SCC与*Rhodococcus*、*Escherichia-Shigella*、*Streptococcus*、*Staphylococcus*、*Pseudomonas*、*Klebsiella*及*Corynebacterium*呈显著正相关，与*Bifidobacterium*、*Lactobacillus*和*Acinetobacter*呈显著负相关。

此外，产奶量与L-肉碱呈正相关，与20-羧基白三烯B4呈负相关。乳蛋白与L-苯丙氨酸、L-色氨酸和羟基苯乳酸呈显著正相关，与20-羧基白三烯B4呈显著负相关。乳乳糖与β-D-乳糖和3-甲基丙酮酸正相关，与20-羧基白三烯B4和（±）12，13-DiHOME

负相关。乳SCC与（±）12，13-DiHOME和20-羧基白三烯B4正相关，与苯甲酸、8-异-15-酮-前列腺素$E_2$和前列腺素A1呈负相关（图8-9b）。

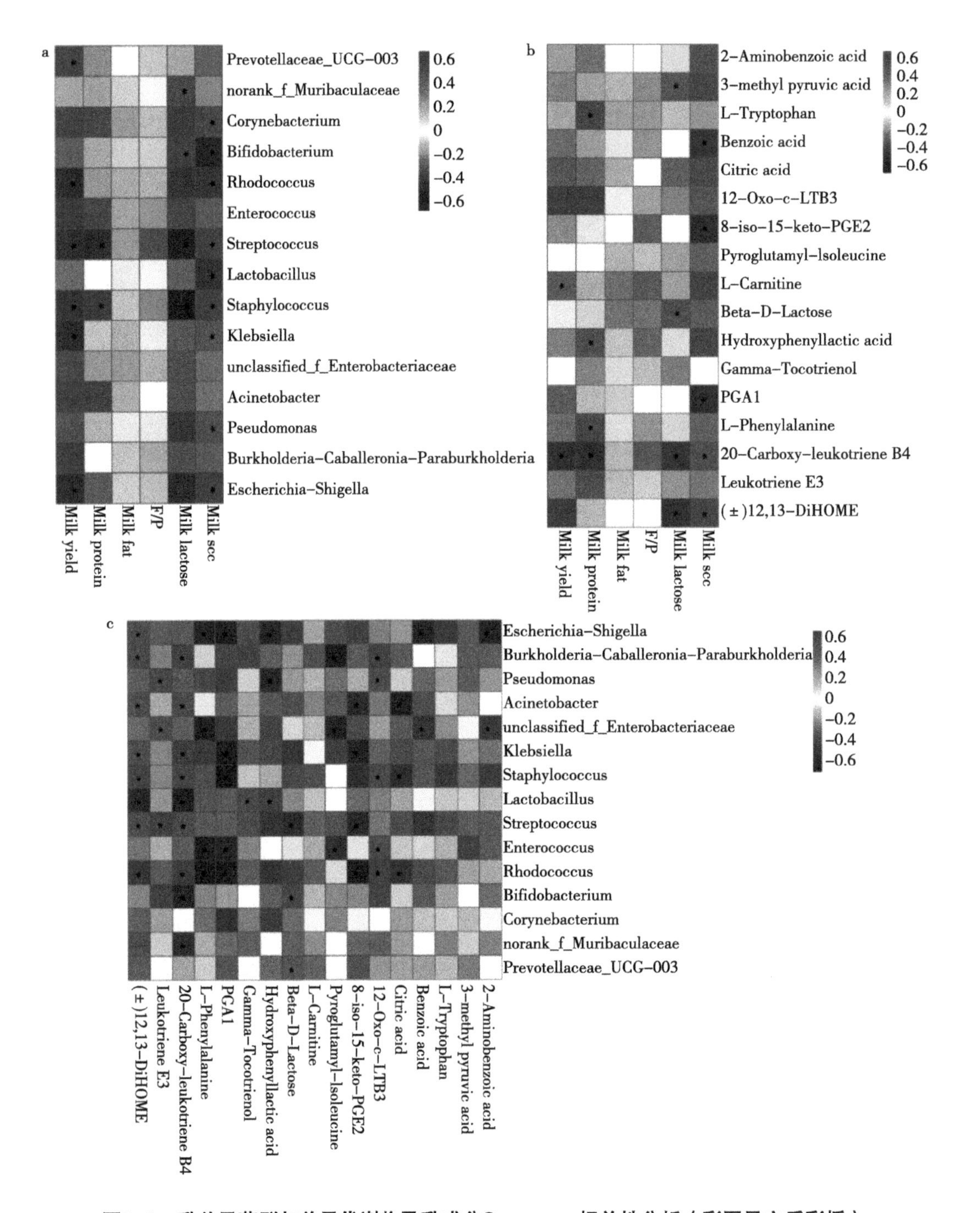


**图8-9　乳差异菌群与差异代谢物及乳成分Spearman相关性分析（彩图见文后彩插）**

（a）乳差异菌群与乳成分；（b）乳差异代谢物与乳成分；（c）乳差异菌和差异代谢物。红色表示正相关，蓝色表示负相关。*表示显著相关（FDR校正的$P$值<0.05）

如图8-9c所示，（±）12，13-DiHOME与*Rhodococcus*、*Burkholderia-Caballeroniia-Paraburkholderia*、*Staphylococcus*、*Escherichia-Shigella*、*Klebsiella*、*Streptococcus*和*Acinetobacter*呈正相关，与*Lactobacillus*呈负相关。白三烯E3与*Streptococcus*、*Pseudomonas*及*unclassified_f_Enterobacteriaceae*呈显著正相关。20-羧基-白三烯B4与*Rhodococcus*、*Klebsiella*、*Burkholderia-Caballeroniia-Paraburkholderia*和*Staphylococcus*呈显著正相关，与*norank_f_Muribaculaceae*、*Lactobacillus*和*Bifidobacterium*呈显著负相关。L-苯丙氨酸与*Escherichia-Shigella*、*Enterococcus*、*unclassified_f_Enterobacteriaceae*和*Rhodococcus*呈负相关。前列腺素$A_1$与*Enterococcus*、*Klebsiella*、*Staphylococcus*和*Rhodococcus*呈负相关。γ-生育三烯醇与*Lactobacillus*呈正相关。羟基苯乳酸与*Pseudomonas*和*Escherichia-Shigella*呈负相关，与*Lactobacillus*呈正相关。β-D-乳糖与*Prevotellaceae_UCG-003*呈正相关，与*Streptococcus*呈负相关。焦谷氨酰—异亮氨酸与*Burkholderia-Caballeronia-Paraburkholderia*和*unclassified_f_Enterobacteriaceae*呈负相关。8-异-15-酮-前列腺素$E_2$与*Rhodococcus*、*Streptococcus*、*Klebsiella*呈负相关，12-Oxo-c-LTB3与*Rhodococcus*、*Burkholderia-Caballeronia-Paraburkholderia*、*Enterococcus*、*Pseudomonas*呈正相关。柠檬酸与*Rhodococcus*、*Acinetobacter*和*Staphylococcus*呈负相关。

## 第四节　讨　论

目前有关日粮中添加菊粉对奶牛泌乳性能影响的相关研究仍然较少。根据我们前期的试验结果推测可能与瘤胃内环境的变化有关。与Zhao等（2014）和Tian等（2019）一致，我们之前的研究也表明，补充菊粉可以提高奶牛瘤胃中丙酸、丁酸和TVFAs的浓度，降低瘤胃$NH_3$-N浓度（Wang等，2021）。作为乳糖合成的前体，丙酸的增加促进了乳糖的合成。此外，$NH_3$-N浓度的降低意味着瘤胃微生物蛋白合成的增加，这可能有助于乳腺摄取蛋白质合成乳蛋白（Nousiainen等，2004）。同时，增加VFAs可为泌乳提供能量。然而，我们之前的研究发现，与对照组相比，添加菊粉后乙酸浓度没有显著增加。有几项研究也表明，添加菊粉后瘤胃中乙酸含量降低，丁酸盐含量增加（Zhao等，2014；Umucalilar等，2010）。作为乳脂合成的前体（Smith等，1974），瘤胃乙酸的减少可能是导致乳脂含量下降的原因。

本试验还分析了菊粉摄入对乳脂肪酸的影响，这可能与瘤胃菌群和VFAs浓度密切相关。本研究中，C4比例的增加可能与瘤胃中丁酸浓度的增加有关（Zhao等，2014）。此外，丙酰辅酶A是乳腺组织中线性奇数链脂肪酸合成的前体（Emmanuel等，1985）。因此，C13、C15和C17含量的增加可能与瘤胃中增加的丙酸有关。乳中的奇链和支链脂肪酸主要来自瘤胃细菌（Vlaeminck等，2006）。我们前期的研究显示Inu-3组SCM奶牛瘤胃内*Bacteroidetes*增加，*Firmicutes*减少（Wang等，2021）。Elie等（2014）报道了乳脂与Firmicutes/Bacteroidetes呈正相关。肠道中*Bacteroidetes*的增加表明血液和组织中的脂肪浓度降低（Turnbaugh等，2006）。同时，多不饱和脂肪酸的减少也有报道与*Bacteroidetes*的增加和*Firmicutes*的减少有关（Pitta等，2017）。反式异构十五烷酸含量增加可能与*Prevotella*有关，该菌在反式异构十五烷酸中含量丰富（Vlaeminck等，2006）。异构十七酸被报道与瘤胃细菌的腺嘌呤/N密切相关（Vlaeminck等，2006）。此外，Cabrita等（2003）认为牛奶中反式异构十七酸浓度与瘤胃$NH_3$-N浓度呈显著负相关。因此，异构十七酸和反式异构十七酸的含量的增加可能意味着瘤胃内微生物蛋白的合成。此外，乳房炎奶牛常伴有负能量平衡。在乳房炎期间，参与能量代谢的代谢物减少（Jánosi等，2003；Xi等，2017）。长链脂肪酸，硬脂酸，特别是油酸被报道在身体能量水平降低时会代偿性增加（Luick和Smith，1963；Gross等，2011）。在本试验中，顺式-9c18：1和长链脂肪酸比例的下降趋势可能反映了菊粉补充后SCM奶牛能量水平的提高。

饮食对乳腺微生物区系的调节作用已在部分研究中得以证实（Shively等，2018；Soto-Pantoja等，2021）。本试验中，菊粉补充减少SCM奶牛乳微生物多样性，减少的菌群主要来自*Proteobacteria*和*Firmicutes*。这是富集乳房炎常见致病菌的主要细菌门，包括*Escherichia-Shigella*、*Pseudomonas*、*Acinetobacter*、*Klebsiella*、*Staphylococcus*、*Streptococcus*和*Corynebacterium*（Angeliki等，2019）。这些菌群被发现与乳SCC呈正相关关系。有趣的是，我们之前的研究发现，补充菊粉的SCM奶牛瘤胃内的*Streptococcus*、*Staphylococcus*和*Escherichia-Shigella*丰度也有所减少（Wang等，2021），这可能表明一些在瘤胃和乳腺之间存在某些共同被调控的菌群。此外，在本研究中还发现了一些在乳房炎中很少被报道的潜在促炎细菌。*Burkholderia-Caballeronia-Paraburkholderia*是一种伯克霍尔德菌复合体细菌，是一种机会性致病菌（Mahenthiralingam等，2010）。据报道，伯克霍尔德菌复合体细菌诱导促炎细胞因子的能力是铜绿假单胞菌（*P. aeruginosa*）的10倍（Zughaier等，1999）。因此，本研究推测*Burkholderia-Caballeronia-Paraburkholderia*可能是SCM期间牛奶SCC增加的原因。

相反，补充菊粉增加了SCM奶牛乳中*Bacteroidota*的相对丰度，这与瘤胃菌群的变化趋势相似（Wang等，2021）。*Bacteroidota*，包括*norank_f_Muribaculaceae*和*Rikenellaceae_RC9_gut_group*，是已知的产丙酸菌群（Macy等，1978）。此外，*Prevotellaceae_UCG-003*能生成的琥珀酸也能进一步生成丙酸（Petia等，2015）。这或许可以解释上述细菌和乳糖之间的正相关关系。大量研究已经证明，摄入菊粉可促进肠道内*Lactobacillus*和*Bifidobacterium*的增殖（Healey等，2018；Guo等，2021）。我们之前的研究也发现，饲喂菊粉后SCM奶牛瘤胃中这2种细菌的相对丰度增加（Wang

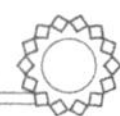

等，2021）。在本试验中，我们进一步观察到*Lactobacillus*和*Bifidobacterium*在乳中的增加现象。这些观察结果可能支持了微生物的"肠道—乳腺"内源途径的存在（Rodríguez，2014；Young等，2015；Addis等，2016）。事实上，在哺乳期间，胃肠道内的某些共生菌群可以被肠道免疫细胞（如树突状细胞）采集和携带，通过淋巴组织和外周血循环转移到乳房（Macpherson和Uhr，2014；Addis等，2016）。乳腺中的*Lactobacillus*通过产生细菌素、有机酸等抗菌物质发挥抗菌活性（Espeche等，2012）。此外，Ma等（2016）报道了奶牛乳房炎发病可能与*Lactobacillus*的缺失有关，这可能会增加乳房炎的易感性。这些观察可能证实了*Lactobacillus*与SCC的负相关关系（Ma等，2016；Qiao等，2015）。同样，乳和胃肠道中的*Bifidobacterium*在宿主维持菌群稳态的共生关系中发挥着重要作用（Mayo和Sinderen，2010）。Nagahata等（2020）报道乳腺注射*Bifidobacterium*可引起免疫细胞浸润，增强乳腺免疫应答，进一步消除SCM的二次病原体。然而*Bifidobacterium*与SCC的相关性有待进一步验证。

在SCM期间，奶牛乳中增加的促炎介质（包括白三烯E3、20-羧基-白三烯B4和12-Oxo-c-LTB3）上调了花生四烯酸的代谢。其中，20-羧基白三烯B4是白三烯B4的一种氧化代谢物，有报道称在*Klebsiella*诱导的牛乳房炎中白三烯B4显著增加（Rose等，1989）。中性粒细胞产生的另一种白细胞毒素（±）12，13-DiHOME可导致细胞氧化应激，特异性抑制线粒体功能（Thompson和Hammock，2007）。上述炎症相关代谢物与嗜中性粒细胞的趋化和产生密切相关，这可能是它们与乳SCC呈正相关的原因。此外，在SCM牛奶中还发现了神经肽Substance P在肠道炎症中具有促进炎症的潜力（Koon，2010）。这可能提示乳房炎的发生与肠道健康状况有关。此外，几种磷脂代谢产物如CDP-DG［18：2（9Z，11Z）/i-14：0］和PI［18：0/20：3（5Z，8Z，11Z）］的增加证实了SCM过程中脂解作用增加，导致游离脂肪酸的增加（Roar和Gudding，1982）。这也反映了乳房炎患病奶牛能量水平的下降。然而，我们的数据表明，菊粉补充后SCM奶牛乳中上述促炎代谢产物和游离脂肪酸水平降低，表明了炎症反应在一定程度上的缓解。

另外，本试验在菊粉组中观察到2种苯丙氨酸代谢物，即苯甲酸和氨基马尿酸水平的增加。苯甲酸能降低*Escherichia coli*的活性（Knarreborg等，2002）。马尿酸与膳食纤维摄入增加相关，并与代谢综合征的风险负相关（Pallister等，2017）。焦谷氨酰—异亮氨酸可通过抑制一氧化氮的产生而发挥抗炎活性（Wada等，2018）。羟基苯乳酸是一种酪氨酸类似物，是*Lactobacillus*的代谢物（Mu等，2010）。此外，前列腺素$A_1$的升高可以通过抑制磷酸化和阻止IkB-α降解来发挥抗炎作用，IkB-α是NF-κB抑制剂（Rossi等，1997）。据报道，8-异-15-酮-前列腺素$E_2$和γ-三烯生育醇对乳腺肿瘤上皮细胞具有潜在的抗增殖作用（Lee等，2017）。上述代谢产物的增加提示菊粉的补充在防止病原菌增殖和炎症反应中的作用。另外，3-甲基丙酮酸、柠檬酸、乌头酸和异柠檬酸丰度的增加上调了TCA循环途径。L-肉碱参与了线粒体中脂肪酸β-氧化，并增加能量代谢（Yano等，2010）。因此，这些代谢产物的增加说明添加菊粉可以提高SCM奶牛的能量水平，这也解释了它们与产奶量的正相关关系。增加的丙酸和β-D-乳糖丰度上调了丙酸和半乳糖的代谢。我们之前的研究报道了饲喂菊粉的奶牛瘤胃中丙酸的增加（Wang等，2021），这可能会促进乳糖的合成。Ma等（2018）表明益生菌的摄入可以改善半乳糖、丙酮酸代谢和糖酵解/糖异生。因此，能量代谢水平的提高可能与菊粉摄入后益生菌丰度增加有关。

总的来说，我们的试验反映了菊粉补充对SCM奶牛的乳菌群和代谢产物的影响。试验结果支持了饮食能够影响乳腺微生物群。结合我们前期的研究，添加菊粉后SCM奶牛瘤胃与乳菌群的变化存在相似之处，提示瘤胃和乳中存在共同调控的微生物群落。在本试验中，大多数检测指标在300g/（d·头）菊粉剂量组呈现较好的响应，这可能与添加菊粉后瘤胃内环境的变化以及奶牛自身的代谢适应有关。但由于不同时间点牛奶成分的差异，需要进一步研究增加采样时间来验证菊粉的有效性。

## 小　结

本试验结果表明，日粮补充300g/（d·头）头菊粉能够增加SCM奶牛乳中有益共生菌的相对丰度，包括*Lactobacillus*、*Bifidobacterium*、*norank_f__Muribaculaceae*及*Rikenellaceae_RC9_gut_group*等，而减少乳房炎致病菌（*Escherichia-Shigella*、*Klebsiella*、*Staphylococcus*和*Rhodococcus*等）以及潜在的促炎细菌（*Burkholderia-caballeronia-paraburkholderia*和*Ralstonia*）丰度。同时，菊粉补充后乳中与抗炎（前列腺素A1，γ-三烯生育醇和8-异-15-酮-前列腺素$E_2$等）和能量代谢（柠檬酸、乌头酸、beta-D-果糖、等）相关代谢产物的表达水平增加，而一些脂质促炎介质（13-DiHOME、（±）12，13-DiHOME、白三烯E3、20-羧基白三烯B4等）和磷脂代谢产物（CDP-DG（18：2（9Z，11Z）/i-14：0）和PI（18：0/20：3（5Z，8Z，11Z））丰度有所减少。乳菌群和代谢产物结构与产奶量和乳品质直接相关。菊粉补充对SCM奶牛乳菌群及代谢产物结构的影响可能与胃肠道环境的改变有关。

### 参考文献

ADDIS M F，TANCA A，UZZAU S，et al.，2016. The bovine milk microbiota：insights and perspectives from-omics studies[J]. Mol Biosyst，12（8）：2359-2372.

ANGELIKI A，HOLOHAN R，REA M C，et al.，2019. Bovine mastitis is a polymicrobial disease requiring a polydiagnostic approach[J]. Int Dairy J，99：104539.

CABRITA A R，FONSECA A J，DEWHURST R J，et al.，2003. Nitrogen supplementation of corn silages. 2. Assessing rumen function using fatty acid profiles of bovine milk[J]. J Dairy Sci，86（12）：4020−4032.

DE MORENO D E LEBLANC A，MATAR C，THÉRIAULT C，et al.，2005. Effects of milk fermented by Lactobacillus helveticus R389 on immune cells associated to mammary glands in normal and a breast cancer model[J]. Immunobiology，210（5）：349−358.

EMMANUEL B，KENNELLY J J，1985. Measures of de novo synthesis of milk components from propionate in lactating goats[J]. J Dairy Sci，68（2）：312−319.

ESPECHE M C，PELLEGRINO M，FROLA I，et al.，2012. Lactic acid bacteria from raw milk as potentially beneficial strains to prevent bovine mastitis[J]. Anaerobe，18（1）：103−109.

GAINES W L，1928. The energy basis of measuring milk yield in dairy cows[M]. Urbana，ill：University of Illinois Agricultural Experiment Station.

GROSS J，DORLAND H，BRUCKMAIER R M，et al.，2011. Milk fatty acid profile related to energy balance in dairy cows[J]. J Dairy Res，78（4）：479−488.

GUO L，XIAO P，ZHANG X，et al.，2021. Inulin ameliorates schizophrenia via modulation of the gut microbiota and anti-inflammation in mice[J]. Food Funct，12（3）：1156−1175.

HEALEY G，MURPHY R，BUTTS C，et al.，2018. Habitual dietary fibre intake influences gut microbiota response to an inulin-type fructan prebiotic：a randomised，double-blind，placebo-controlled，cross-over，human intervention study[J]. Br J Nutr，119（2）：176−189.

HU X，GUO J，ZHAO C，et al.，2020. The gut microbiota contributes to the development of Staphylococcus aureus-induced mastitis in mice[J]. ISME J，14（7）：1897−1910.

JAMI E，WHITE B A，MIZRAHI I，2014. Potential role of the bovine rumen microbiome in modulating milk composition and feed efficiency[J]. PLoS One，9（1）：e85423.

JÁNOSI S，KULCSÁR M，KÓRÓDI P，et al.，2003. Energy imbalance related predisposition to mastitis in group-fed high-producing postpartum dairy cows[J]. Acta Vet Hung，51（3）：409−424.

JIMÉNEZ E，FERNÁNDEZ L，MALDONADO A，et al.，2008. Oral administration of Lactobacillus strains isolated from breast milk as an alternative for the treatment of infectious mastitis during lactation[J]. Appl Environ Microbiol，74（15）：4650−4655.

KNARREBORG A，MIQUEL N，GRANLI T，et al.，2002. Establishment and application of an in vitro methodology to study the effects of organic acids on coliform and lactic acid bacteria in the proximal part of the gastrointestinal tract of piglets[J]. Anim Feed Sci Tech，99（1-4）：131-140.

KOON H，2010. Immunomodulatory properties of substance p：the gastrointestinal system as a model[J]. Ann N Y Acad Sci，1088（1）：23-40.

KOVATCHEVA-DATCHARY P，NILSSON A，AKRAMI R，et al.，2015. Dietary Fiber-Induced Improvement in Glucose Metabolism Is Associated with Increased Abundance of Prevotella[J]. Cell Metab，22（6）：971-982.

LEE E J，HAHN Y I，KIM S J，et al.，2017. Abstract 2231：15-keto prostaglandin E2 inhibits STAT3 signaling in H-Ras transformed mammary epithelial cells[J]. Cancer Res，77（13 Supplement）：2231.

LUICK J R，SMITH L M，1963. Fatty acid synthesis during fasting and bovine ketosis1[J]. J Dairy Sci，46（11）：1251-1255.

MA C，SUN Z，ZENG B，et al.，2018. Cow-to-mouse fecal transplantations suggest intestinal microbiome as one cause of mastitis[J]. Microbiome，6（1）：200.

MA C，ZHAO J，XI X，et al.，2016. Bovine mastitis may be associated with the deprivation of gut Lactobacillus[J]. Benef Microbes，7（1）：95-102.

MACPHERSON A J，UHR T，2004. Induction of protective IgA by intestinal dendritic cells carrying commensal bacteria. Science，303（5664），1662-1665.

MaCY J M，LJUNGDAHL L G，GOTTSCHALK G，1978. Pathway of succinate and propionate formation in Bacteroides fragilis[J]. J Bacteriol，134（1）：84-91.

MAHENTHIRALINGAM E，BALDWIN A，DOWSON C G，2008. Burkholderia cepacia complex bacteria：opportunistic pathogens with important natural biology[J]. J Appl Microbiol，104（6）：1539-1551.

MaYO B，SINDEREN D V，2010. Bifidobacteria genomics and molecular aspects[M]. Norfolk，UK：Caister Academic Xii 260.

MoYES K M，LARSEN T，SØRENSEN P，et al.，2014. Changes in various metabolic parameters in blood and milk during experimental Escherichia coli mastitis for primiparous Holstein dairy cows during early lactation[J]. J Anim Sci Biotechnol，5（1）：47.

MU W，YU Y，JIA J，et al.，2010. Production of 4-hydroxyphenyllactic acid by Lactobacillus sp. SK007 fermentation[J]. J Biosci Bioeng，109（4）：369-371.

NAGAHATA H，MUKAI T，NATSUME Y，et al.，2020. Effects of intramammary infusion of Bifidobacterium breve on mastitis pathogens and somatic cell response in quarters from dairy cows with chronic subclinical mastitis[J]. Anim Sci J，91（1）：e13406.

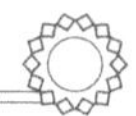

NAGPAL R，SHIVELY C A，APPT S A，et al.，2018. Gut Microbiome Composition in Non-human Primates Consuming a Western or Mediterranean Diet[J]. Front Nutr，5：28-37.

NOUSIAINEN J，SHINGFIELD K J，HUHTANEN P，2004. Evaluation of milk urea nitrogen as a diagnostic of protein feeding[J]. J Dairy Sci，87（2）：386-398.

PALLISTER T，JACKSON M A，MARTIN T C，et al.，2017. Hippurate as a metabolomic marker of gut microbiome diversity：modulation by diet and relationship to metabolic syndrome[J]. Sci Rep，7（1）：13670-13679.

PITTA D W，INDUGU N，VECCHIARELLI B，et al.，2018. Alterations in ruminal bacterial populations at induction and recovery from diet-induced milk fat depression in dairy cows[J]. J Dairy Sci，101（1）：295-309.

QIAO J，KWOK L，ZHANG J，et al.，2015. Reduction of Lactobacillus in the milks of cows with subclinical mastitis[J]. Benef Microbes，6（4）：485-490.

ROAR，GUDDING，1982. Increased free fatty acid concentrations in mastitic milk. [J]. J Food Prot，45（12）：1143-1144.

RODRÍGUEZ J M，2014. The origin of human milk bacteria：is there a bacterial entero-mammary pathway during late pregnancy and lactation[J]? Adv Nutr，（6）：779-784.

ROSE D M，GIRI S N，WOOD S J，et al.，1989. Role of leukotriene B4 in the pathogenesis of Klebsiella pneumoniae-induced bovine mastitis[J]. Am J Vet Res，50（6）：915-918.

ROSSI A，ELIA G，SANTORO M G，1997. Inhibition of nuclear factor κB by prostaglandin A1：an effect associated with heat shock transcription factoractivation[J]. Proc Natl Acad Sci USA，94（2）：746-750.

SHIVELY C A，REGISTER T C，APPT S E，et al.，2018. Consumption of Mediterranean versus Western Diet Leads to Distinct Mammary Gland Microbiome Populations[J]. Cell Rep，25（1）：47-56. e3.

SJAUNJA L O，BAEVRE L，JUNKKARINEN L，et al.，1990. Nordic proposal for an energy corrected milk（ECM）formula[C]//27th Session International Committee for Recording and Productivity of Milk Animals；2-6 July，Paris，France.

SMITH G H，MCCARTHY S，ROOK J A，1974. Synthesis of milk fat from beta-hydroxybutyrate and acetate in lactating goats[J]. J Dairy Res，41（2）：175-191.

SONG X B，HUANG X P，XU H Y，et al.，2020. The prevalence of pathogens causing bovine mastitis and their associated risk factors in 15 large dairy farms in China：an observational study[J]. VetMicrobiol，108757.

SOTO-PANTOJA D R，GABER M，ARNONE A A，et al.，2021. Diet Alters Entero-

Mammary Signaling to Regulate the Breast Microbiome and Tumorigenesis[J]. Cancer Res, 81（14）: 3890–3904.

THOMPSON D A, HAMMOCK B D, 2007. Dihydroxyoctadecamonoenoate esters inhibit the neutrophil respiratory burst[J]. J Biosci, 32（2）: 279–291.

TIAN K, LIU J H, SUN Y W, et al., 2019. Effects of dietary supplementation of inulin on rumen fermentation and bacterial microbiota, inflammatory response and growth performance in finishing beef steers fed high or low-concentrate diet[J]. Anim Feed Sci Tech, 258: 114299-114311.

TURNBAUGH P J, LEY R E, MAHOWALD M A, et al., 2006. An obesity-associated gut microbiome with increased capacity for energy harvest[J]. Nature, 444（7122）: 1027–1031.

UMUCALILAR H D, GULSEN N, HAYIRLI A, et al., 2010. Potential role of inulin in rumen fermentation[J]. Revue De Médecine Vétérinaire, 161（1）: 3–9.

VLAEMINCK B, FIEVEZ V, CABRITA A R J, et al., 2006. Factors affecting odd- and branched-chain fatty acids in milk: a review[J]. Anim Feed Sci Tech, 131（3–4）: 389–417.

VLAEMINCK B, FIEVEZ V, DEMEYER D, et al., 2006. Effect of forage: concentrate ratio on fatty acid composition of rumen bacteria isolated from ruminal and duodenal digesta[J]. J Dairy Sci, 89（7）: 2668–2678.

WADA S, KIYONO T, FUKUNAGA S, et al., 2018. Japanese rice wine（sake）-derived pyroglutamyl peptides have anti-inflammatory effect on dextran sulfate sodium（DSS）-induced acute colitis in mice[J]. Free Radical Bio Med, 120: S141.

WANG Y, NAN X, ZHAO Y, et al., 2020. Coupling 16S rDNA Sequencing and Untargeted Mass Spectrometry for Milk Microbial Composition and Metabolites from Dairy Cows with Clinical and Subclinical Mastitis[J]. J Agric Food Chem, 68（31）: 8496–8508.

WANG Y, NAN X, ZHAO Y, et al., 2021. Rumen microbiome structure and metabolites activity in dairy cows with clinical and subclinical mastitis[J]. J Anim Sci Biotechnol, 8; 12（1）: 36.

WANG Y, NAN XM, ZHAO Y G, et al., 2021. Dietary supplementation of inulin ameliorates subclinical mastitis via regulation of rumen microbial community and metabolites in dairy cows[J]. Microbiol. Spectr, 8: e0010521: 1–21.

XI X, KWOK L Y, WANG Y, et al., 2017. Ultra-performance liquid chromatography-quadrupole-time of flight mass spectrometry MSE-based untargeted milk metabolomics in dairy cows with subclinical or clinical mastitis[J]. J Dairy Sci, 100（6）: 4884–4896.

YANG J, TAN Q, FU Q, et al., 2017. Gastrointestinal microbiome and breast cancer: correlations, mechanisms and potential clinical implications[J]. Breast Cancer, 24（2）: 220–228.

YANO H，OYANAGI E，KATO Y，et al.，2010. L-carnitine is essential to β-oxidation of quarried fatty acid from mitochondrial membrane by PLA2[J]. Mol Cell Biochem，342（1-2）：95–100.

YEISER E E，LESLIE K E，MCGILLIARD M L，et al.，2012. The effects of experimentally induced Escherichia coli mastitis and flunixin meglumine administration on activity measures，feed intake，and milk parameters [J]. J Dairy Sci，95（9）：4939–4949.

YOUNG W，HINE B C，WALLACE O A，et al.，2015. Transfer of intestinal bacterial components to mammary secretions in the cow[J]. Peer J，3：e888.

ZHAO X H，GONG J M，ZHOU S，et al.，2014. The effect of starch，inulin，and degradable protein on ruminal fermentation and microbial growth in rumen simulation technique[J]. Ital J Anim Sci，13：3121–3127.

ZUGHAIER S M，RYLEY H C，JACKSON S K，1999. Lipopolysaccharide（LPS）from Burkholderia cepacia is more active than LPS from Pseudomonas aeruginosa and Stenotrophomonas maltophilia in stimulating tumor necrosis factor alpha from human monocytes[J]. Infect Immun，67（3）：1505–1507.

# 第九章　结论及展望

## 第一节　本研究的主要结论

### 一、健康、亚临床及临床乳房炎奶牛之间乳微生物群和代谢物水平上的差异

结果表明，临床乳房炎奶牛乳中*Staphylococcus*和*Streptococcus*为主要病原体，且神经酰胺（d18：1/22：0）丰度显著增加。SCM奶牛乳中的高丰度菌群主要是*Acinetobacter*和*Corynebacterium*，并伴随着葡萄糖醛酸睾酮和5-甲基四氢呋喃水平显著增加。此外，本试验还发现*Dietzia*、*Aeromicrobium*、*Pseudomonas*、*Bifidobacterium*和*Sphingobacterium*及硫胺素、5-氨基咪唑核糖核苷酸、黄嘌呤和L-精氨酸磷酸盐等在乳房炎患病期间显著减少。

### 二、健康、亚临床及临床乳房炎奶牛胃肠道（瘤胃及粪便）菌群及代谢产物差异

临床乳房炎奶牛瘤胃及粪便中发现了病原菌和潜在促炎菌（*Pseudobutyrivibrio*、*Gastranaerophilales*、*Moraxella*、*Paeniclostridium*、*Eschericia-Shi gella*和*Klebsiella*）的富集。同时促炎代谢产物（12-oxo-20-二羟基白三烯B4和10β-羟基-6β-异丁基呋喃亚甲基、20-三羟基-白三烯-B4、13-HPODE、13（S）-HODE和鞘氨醇-1-磷酸）水平高含量增加。乳房炎奶牛胃肠道内SCFAs产生菌及有益共生（*Prevoterotoella_1*、*Bifidobacterium*、*Romboutsia*、*Lachnospiraceae_NK3A20_group*、*Coprococcus*、*Prevotell aceae_UCG-003*和*Alistipes*）丰度降低。在乳房炎奶牛粪便和血清发现次级胆汁酸代谢物（如脱氧胆酸、牛磺鹅脱氧胆酸及7-酮脱氧胆酸等）以及参与能量和嘌呤代谢的化合物（柠檬酸、3-羟基异戊基肉碱及肌苷）丰度显著降低。综上所述，与健康奶牛相比，乳房炎奶牛胃肠道中富集潜在的致病微生物及促炎代谢产物，表明奶牛乳房炎与胃肠道内环境可能存在相关性，但具体机制仍有待进一步研究。

### 三、奶牛日粮补充菊粉的适宜添加量范围及其对奶牛正常瘤胃发酵及泌乳功能的影响

体外试验结果表明，菊粉在瘤胃中能够被微生物降解，导致产气量和挥发酸浓度增加，进而引起pH值的降低。此外，在本试验所设条件下菊粉在瘤胃中的适宜添加量为0.8%。体内试验结果表明，奶牛日粮添加200g/（d·头）菊粉可提高瘤胃内共生菌和

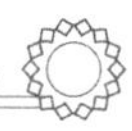

SCFAs产生菌的丰度，促进氨基酸合成和代谢，抑制脂质代谢，降低血清甘油三酯和总胆固醇的浓度。瘤胃内环境的改变进一步提高了奶牛的泌乳性能。综上所述，菊粉补充引起的瘤胃微生物组组成和丰度的变化以及瘤胃代谢产物的浓度和活性的变化，可能是影响奶牛生产性能和生理指标的关键因素。

## 四、日粮补充菊粉对SCM奶牛胃肠道菌群及代谢物结构的影响

我们前期的试验及从其他相关研究证实了胃肠道菌结构与乳房炎的发生发展存在相关性。在此基础上，本试验结果表明，日粮补充300g/（d・头）菊粉能够增加SCM奶牛瘤胃及粪便中产丙酸和丁酸菌以及有益共生菌的丰度，减少瘤胃和粪便中潜在的促炎菌丰度。这表明菊粉能够在一定程度上改善SCM奶牛肠道菌群结构。同时，菊粉补充增加了瘤胃中能量和氨基酸代谢相关的代谢产物水平以及粪便中次级胆汁酸代谢物丰度，降低了瘤胃和粪便中促炎脂质代谢产物及血清中炎症细胞因子水平。综上，日粮补充菊粉能够改善SCM奶牛胃肠道菌群及代谢物结构以及机体炎症反应。

## 五、日粮补充菊粉对SCM奶牛乳菌群及代谢物结构的影响

本试验结果表明，日粮补充300g/（d・头）菊粉能够增加SCM奶牛乳中有益共生菌的相对丰度，包括*Lactobacillus*、*Bifidobacterium*、*norank_f_Muribaculaceae*及*Rikenellaceae_RC9_gut_group*等，而减少乳房炎致病菌（*Escherichia-Shigella*、*Klebsiella*、*Staphylococcus*和*Rhodococcus*等）以及潜在的促炎细菌（*Burkholderia-caballeronia-paraburkholderia*和*Ralstonia*）丰度。同时，菊粉补充后乳中与抗炎（前列腺素$A_1$，γ-三烯生育醇和8-异-15-酮-前列腺素$E_2$等）和能量代谢（柠檬酸、乌头酸、beta-D-果糖等）相关代谢产物的表达水平增加，而一些脂质促炎介质［13-DiHOME、（±）12，13-DiHOME、白三烯E3、20-羧基白三烯B4等］和磷脂代谢产物CDP-DG［18：2（9Z，11Z）/i-14：0］和PI［18：0/20：3（5Z，8Z，11Z）］丰度有所减少。乳菌群和代谢产物结构与产奶量和乳品质直接相关。菊粉补充降低了SCM奶牛乳SCC，同时提高了产奶量和乳蛋白及乳糖率。菊粉对乳菌群及代谢产物结构的影响可能与胃肠道环境的改变有关。

## 第二节　本研究的创新点及以后的研究方向

### 一、本研究着眼于奶牛生产中持续存在且亟待解决的SCM高发问题

从奶牛胃肠道内环境的角度出发探究SCM发病特征，并基于菊粉改善消化道菌群的能力（人和小鼠等），根据奶牛胃肠道的重要性和特殊性，探讨菊粉通过调节胃肠道内环境缓解奶牛SCM的应用潜力。

### 二、本研究结果可以从瘤胃及后肠道菌群及代谢产物结构的角度初步揭示奶牛SCM发病特征

由于菊粉来源广泛、生产成本低，有助于实现生产中的使用和推广。研究成果符合奶牛绿色生产对技术的制约即无抗生产的要求。

### 三、本试验基于胃肠道菌群与乳房炎的相关性，仅初步探究了菊粉补充对SCM奶牛胃肠道（瘤胃及粪便）及乳菌群和代谢物结构的影响

然而，菊粉摄入对乳房炎影响的相关分子机制仍不明确。可以从菊粉摄入对乳腺及肠道组织形态功能及上皮细胞基因表达水平等方面进行进一步深入探究。

# 第三部分 菊芋品种生长图谱、品种认定、地方标准、菊芋产品及知识产权证书

# 第十章　菊芋作物及产品相关图片
# （图10-1至图10-20）

**图10-1　从苗期到成熟的菊芋生长图**

**图10-2　中国饲料数据库典型饲料样品展厅——菊芋饲料专区**

鲜食型品种廊芋1号耐寒、耐旱、耐瘠薄，适应性强，块茎鲜食甜脆可口，无渣，适于作为蔬菜食用。经中国科学院大连化学物理研究所测定，块茎可溶性总糖含量为23.52%，果聚糖含量为9.8%，块茎亩产量为3 220kg。

加工型菊芋新品种廊芋2号块茎形状规则，茎块长颈单头，块茎分布集中，产量高，易收获。经中国科学院大连化学物理研究所测定，可溶性总糖含量为22.6%，果聚糖含量为10.33%。

加工型菊芋新品种廊芋3号块茎形状规则，茎块有多个明显突起，块茎分布集中，产量高，易收获。经中国科学院大连化学物理研究所测定，可溶性总糖含量为26.16%，果聚糖含量为10.9%。

图10-3 廊芋1号
（鲜食型）

图10-4 廊芋2号
（加工型）

图10-5 廊芋3号
（加工型）

加工型菊芋新品种廊芋5号块茎形状规则，茎块短颈无颈单头，块茎分布集中，产量高，易收获。经中国科学院大连化学物理研究所测定，可溶性总糖含量为29.4%，果聚糖含量为12.1%。

廊芋6号株高平均243.7cm左右，茎直立，绿色，叶片绿色主茎1～4个，单株块茎数28～35.3个，单株块茎产量为1.89～2.52kg。经中国科学院大连化学物理研究所测定，可溶性总糖含量为19.59%，果聚糖含量为7.6%，耐盐性强，在0.6%～0.8%盐分浓度下仍能正常生长。

廊芋8号株高平均233.8cm左右，茎直立，绿色，叶片绿色主茎1～3个，单株块茎数28～46个，单株块茎产量为1.89～3.52kg。经中国科学院大连化学物理研究所测定，可溶性总糖含量为18.36%，果聚糖含量为7.5%，耐盐性强，在0.6%～0.8%盐分浓度下仍能正常生长。

图10-6 廊芋5号
（加工型）

图10-7 廊芋6号
（耐盐碱型）

图10-8 廊芋8号
（耐盐碱型）

牧草型菊芋新品种廊芋21号，在茎、叶产量及秸秆品质诸如粗蛋白质、粗脂肪等方

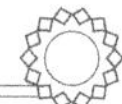

面均有较大幅度的提高。在京津冀地区，据中国农业科学院北京畜牧兽医研究所化验结果，8月28日采收的秸秆蛋白质含量达最大值，蛋白含量最高达18.32%。花后秸秆粗蛋白质7.44%，花后秸秆粗纤维27.79mg/kg，花后秸秆粗脂肪含量为1.78%，块茎总糖含量为16.58%，块茎果聚糖含量为6.6%。

景观型品种廊芋31号，生育期210d左右，株高277cm左右，茎直立，紫色，叶片绿色主茎1～4个，分枝12～14个，头状花序，舌状花，金黄色，开花期持续时间90～100d，平均每株花量80个左右，花盘直径则达到3.6cm，花序直径9～10cm，单株花量达到80～100朵，适于非耕地和道路绿化带种植。经谱尼公司测定，含蛋白质17.3%，总黄酮0.33%，16种氨基酸11.6%，总糖1.8%，钙1.17%，铁10.6mg/100g，锌0.048mg/100g，硒7.38μg/100g。

图10-9　廊芋21号
（牧草型）

图10-10　廊芋31号
（观赏型）

图10-11　菊芋全株（切碎）

图10-12　菊芋茎（切碎）

图10-13　菊芋根（切碎）

图10-14　菊芋叶（切碎）

图10-15　菊芋块茎片

图10-16　牧草型菊芋（生长期）

图10-17　中国饲料数据库典型样品展厅之一

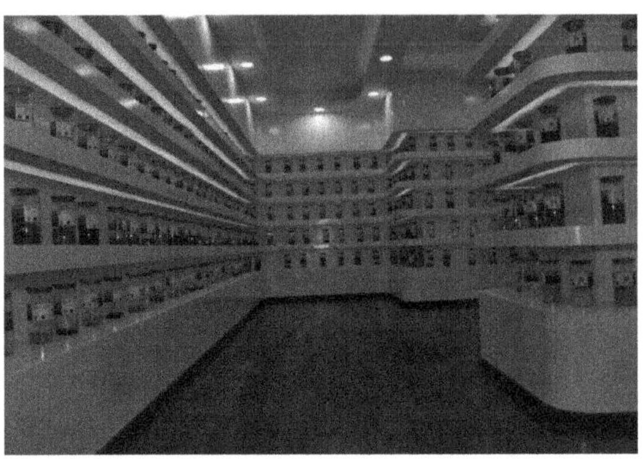

图10-18　中国饲料数据库典型样品展厅之二

图10-19　中国饲料数据库典型样品展厅之三

图10-20　中国饲料数据库典型样品展厅之四

# 第十一章　菊芋品种认定证书

## 非主要农作物品种认定证书

**认定编号：** 冀认菊芋（2021）008

**作物种类：** 菊芋

**品种名称：** 廊芋31号

**申 请 者：** 河北省廊坊市思科农业技术有限公司

**育 种 者：** 河北省廊坊市思科农业技术有限公司 刘斌

**品种来源：** 采用系统选育方法，从法国菊芋种质资源F3-9中选育出新品种。

**推广意见：** 适宜在京津冀及甘肃等地种植。

2021年12月29日

## 非主要农作物品种认定证书

**认定编号：** 冀认菊芋（2021）007

**作物种类：** 菊芋

**品种名称：** 廊芋22号

**申 请 者：** 河北省廊坊市思科农业技术有限公司

**育 种 者：** 河北省廊坊市思科农业技术有限公司 中国农科院北京畜牧兽医研究所 刘君

**品种来源：** 采用辐射育种方法，从廊芋21号的变异株中选育出牧草型新品种。

**推广意见：** 适宜在京津冀及山东、内蒙、甘肃、新疆等地种植。

2021年12月29日

## 非主要农作物品种认定证书

**认定编号：** 冀认菊芋（2021）006

**作物种类：** 菊芋

**品种名称：** 廊芋21号

**申 请 者：** 河北省廊坊市思科农业技术有限公司

**育 种 者：** 河北省廊坊市思科农业技术有限公司 刘君

**品种来源：** 采用系统选育方法，从俄罗斯菊芋种质资源R1-14中选育出新品种。

**推广意见：** 适宜在京津冀及山东、内蒙、甘肃、新疆等地种植。

2021年12月29日

## 非主要农作物品种认定证书

**认定编号：** 冀认菊芋（2021）005

**作物种类：** 菊芋

**品种名称：** 廊芋8号

**申 请 者：** 河北省廊坊市思科农业技术有限公司

**育 种 者：** 河北省廊坊市思科农业技术有限公司 刘君

**品种来源：** 采用系统选育方法从山东东营菊芋种质资源SD1-8中选育出新品种。

**推广意见：** 适宜在京津冀及内蒙、甘肃等地种植。

2021年12月29日

# 非主要农作物品种

# 认定证书

**认定编号：** 冀认菊芋（2021）004

**作物种类：** 菊芋

**品种名称：** 廊芋6号

**申 请 者：** 河北省廊坊市思科农业技术有限公司

**育 种 者：** 河北省廊坊市思科农业技术有限公司 刘君

**品种来源：** 采用系统选育方法，从甘肃定西菊芋种质资源GS1-6中选育出新品种。

**推广意见：** 推广意见：适宜在京津冀及内蒙古、甘肃等地种植。

2021年12月29日

# 非主要农作物品种

# 认定证书

**认定编号：** 冀认菊芋（2021）003

**作物种类：** 菊芋

**品种名称：** 廊芋5号

**申 请 者：** 河北省廊坊市思科农业技术有限公司

**育 种 者：** 河北省廊坊市思科农业技术有限公司 刘君

**品种来源：** 采用系统选育方法，从日本菊芋种质资源J2-10中选育出新品种。

**推广意见：** 适宜在京津冀及内蒙古、湖南、甘肃、新疆、江西等地种植。

2021年12月29日

# 非主要农作物品种

# 认定证书

**认定编号：** 冀认菊芋（2021）002

**作物种类：** 菊芋

**品种名称：** 廊芋3号

**申 请 者：** 河北省廊坊市思科农业技术有限公司

**育 种 者：** 河北省廊坊市思科农业技术有限公司 刘君

**品种来源：** 采用系统选育方法，从日本菊芋种质资源J2-8中选育出新品种。

**推广意见：** 适宜在京津冀及内蒙古、湖南、甘肃、新疆、江西等地栽植。

2021年12月29日

# 第十二章　菊芋相关地方标准

菊芋相关地方标准

| 序号 | 标准类别 | 标准具体名称 | 标准编号 | 发布日期 | 发布部门 | 状态 |
|---|---|---|---|---|---|---|
| 1 | 河北省地方标准 | 菊芋栽培技术规程 第1部分：总则 | DB13/T 2560.1—2017 | 2017-10-06 | 河北省质量技术监督局 | 有效标准 |
| 2 | 河北省地方标准 | 菊芋栽培技术规程 第2部分：牧草型菊芋 | DB13/T 2560.2—2017 | 2017-10-06 | 河北省质量技术监督局 | 有效标准 |
| 3 | 河北省地方标准 | 菊芋栽培技术规程 第3部分：加工型菊芋 | DB13/T 2560.3—2017 | 2017-10-06 | 河北省质量技术监督局 | 有效标准 |
| 4 | 河北省地方标准 | 菊芋栽培技术规程 第4部分：鲜食型菊芋 | DB13/T 2560.4—2017 | 2017-10-06 | 河北省质量技术监督局 | 有效标准 |
| 5 | 河北省地方标准 | 菊芋栽培技术规程 第5部分：景观型菊芋 | DB13/T 2560.5—2017 | 2017-10-06 | 河北省质量技术监督局 | 有效标准 |
| 6 | 河北省地方标准 | 菊芋栽培技术规程 第6部分：耐盐碱型菊芋 | DB13/T 2560.6—2017 | 2017-10-06 | 河北省质量技术监督局 | 有效标准 |
| 7 | 河北省地方标准 | 菊芋林下种植技术规范 | DB1310/T 187—2017 | 2017-12-08 | 河北省质量技术监督局 | 有效标准 |

## 第一节　菊芋栽培技术规程　第1部分：总则（DB13/T 2560.1—2017）

### 1　范围

本标准规定了菊芋系列品种栽培的术语和定义、产地环境、播前准备、播种、出苗到收获、病虫害防治、采收与贮藏、包装与运输等技术规程。

本标准适用于菊芋产品的种植。

### 2　规范性引用文件

下列文件对于本文件的应用是必不可少的。凡是注日期的引用文件，仅注日期的版本适用于本文件。凡是不注日期的引用文件，其最新版本（包括所有的修改单）适用于本文件。

GB 15618 土壤环境质量标准

GB/T 8321（所有部分）农药合理使用准则

GB/T 18407.1 农产品安全质量　无公害蔬菜产地环境要求

## 3　术语和定义

下列术语和定义适用于本文件。

### 3.1　菊芋

一种菊科向日葵属多年宿根性草本植物（拉丁学名：*Helianthus tuberosus* L.），俗称洋姜、鬼子姜；通常株高1～3m，有块状的地下茎及纤维状根。

### 3.2　牧草型菊芋

茎叶粗蛋白质含量、粗脂肪含量、粗纤维、灰分含量和总糖含量高，适宜作动物饲料的菊芋品种。

### 3.3　加工型菊芋品种

菊芋块茎总糖含量高，适宜加工菊粉或全粉的菊芋品种。

### 3.4　鲜食型菊芋品种

可溶性糖含量高、甜脆可口，适宜清洗后直接食用的菊芋品种。

### 3.5　景观型菊芋品种

花期长，花序直径大，花盘较大、花量多，菊芋花营养丰富，茎叶美观的菊芋品种。

### 3.6　耐盐碱型菊芋品种

在土壤总盐分含量6‰以下的土壤也能正常生长的菊芋品种。

## 4　产地环境

宜选择沙地、黏土地、盐碱地三种不同立地条件进行牧草型菊芋种植生产。土壤环境质量应符合GB 15618的要求。

## 5 播前准备

### 5.1 整地

前茬作物收获后或早春土壤解冻后深翻，耕深25 ~ 30cm；播前进行耙耱，做到地平、土细、墒足。

### 5.2 灌溉施肥

播前结合春翻或秋翻，每亩施腐熟农家肥4 000 ~ 5 000kg；纯氮7 ~ 10kg；$P_2O_5$ 10 ~ 15kg；$K_2O$ 5 ~ 6kg。足墒播种。

### 5.3 种薯准备

5.3.1 品种选择

根据不同用途，选择相应类型的菊芋品种。如牧草型选廊芋21号，加工型选廊芋2号、廊芋3号、廊芋5号，鲜食型选廊芋1号，景观型选廊芋31号，耐盐碱选廊芋6号、廊芋8号等。

5.3.2 种块筛选

应选择单块大小为3cm以上，无腐烂、无病虫、饱满度好的菊芋块茎作种薯。

5.3.3 种块处理

用1%浓度的高锰酸钾浸泡种块2 ~ 3min，然后捞出用草木灰拌种。

## 6 播种

### 6.1 播种期

牧草型菊芋品种一般多为春播，播种方式为埋植块茎。当平均地温稳定在10 ~ 15℃时即可播种。由于各地气候差异，一般3月下旬至5月上旬。

### 6.2 播种量

播种量以每亩50 ~ 60kg为宜。播种前先将块茎分选，按萌芽眼的多少，用洁净利刀将块茎切成若干块，每块保留2个以上芽眼，块大小3cm左右。

# 第二节　菊芋栽培技术规程　第2部分：牧草型菊芋（DB13/T 2560.2—2017）

## 1　范围

本标准规定了牧草型菊芋品种的术语和定义、产地环境、播前准备、播种、出苗到收获、病虫害防治、采收与贮藏、包装与运输等技术规程。

本标准适用于牧草型菊芋品种种植。

## 2　规范性引用文件

下列文件对于本文件的应用是必不可少的。凡是注日期的引用文件，仅注日期的版本适用于本文件。凡是不注日期的引用文件，其最新版本（包括所有的修改单）适用于本文件。

GB 15618 土壤环境质量标准

GB/T 8321（所有部分）农药合理使用准则

## 3　术语和定义

下列术语和定义适用于本文件。

### 3.1　牧草型菊芋

茎叶粗蛋白质含量、粗脂肪含量、粗纤维、灰分含量和总糖含量高，适宜作动物饲料的菊芋品种。

## 4　产地环境

宜选择沙地、黏土地、盐碱地三种不同立地条件进行牧草型菊芋种植生产。土壤环境质量应符合GB 15618的要求。

## 5　播前准备

### 5.1　整地

前茬作物收获后或早春土壤解冻后深翻，耕深25～30cm；播前进行耙耱，做到地平、土细、墒足。

 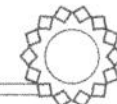

### 5.2　灌溉施肥

播前结合春翻或秋翻，每亩施腐熟农家肥4 000～5 000kg；纯氮7～10kg；$P_2O_5$ 10～15kg；$K_2O$ 5～6kg。足墒播种。

### 5.3　种薯准备

#### 5.3.1　品种选择

选用牧草型菊芋品种，如：廊芋21号。

#### 5.3.2　种块筛选

应选择单块大小为3cm以上，无腐烂、无病虫、饱满度好的菊芋块茎作种薯。

#### 5.3.3　种块处理

用1%浓度的高锰酸钾浸泡种块2～3min，然后捞出用草木灰拌种。

## 6　播种

### 6.1　播种期

牧草型菊芋品种一般多为春播，播种方式为埋植块茎。当平均地温稳定在10～15℃时即可播种。由于各地气候差异，一般3月下旬至5月上旬。

### 6.2　播种量

播种量以每亩50～60kg为宜。播种前先将块茎分选，按萌芽眼的多少，用洁净利刀将块茎切成若干块，每块保留2个以上芽眼，块大小3cm左右。

### 6.3　种植方式

播种采用平作方式，用马铃薯播种机进行机播或人工种植的方式，挖5～10cm沟，将块茎播入土中，覆土后进行镇压保墒。

### 6.4　播种密度

行距70cm，株距40cm。每亩2 200～2 400株。

## 7 出苗到收获

### 7.1 苗期管理

### 7.2 中耕锄草

苗期锄草2～3次。当茎叶高60cm以上，一般不需再锄草，少数高棵大草拔掉即可。

### 7.3 灌溉

一般不需灌水，如遇长期干旱，叶片发蔫时，要适时浇水。

### 7.4 中期管理

当植株长到80～100cm，留茬20～30cm，可直接刈割作青饲料喂鸭、鹅、羊，可连续收割。做青贮饲料，可收割两次。收获第一次后每亩追氮磷钾复合肥15kg，施用磷酸二铵10～25kg。

### 7.5 后期管理

在8月下旬如遇干旱，可浇一次水，灌水量每亩40m³左右。

## 8 病虫害防治

菊芋一般无明显病虫害，如遇病虫害使用低毒、无公害或生物农药进行防治，应符合GB/T 8321规定。生物杀菌剂可选择武夷菌素，生物杀虫剂可选择多杀菌素等药剂，使用方法严格按照农药使用说明书使用。

## 9 收获与贮藏

### 9.1 茎叶收割

第一次收割一般在出苗后16～19周收获。用割铲式青饲收获机收割。收后晾晒，秸秆含水量低于70%时进行青贮。在24～26周进行第二次收获。

### 9.2 块茎收获

28～30周收获。用菊芋块茎专用收获机（4JY-130型）或人力收获，把菊芋块茎从土里取出来即可。如遇秋季降雨过多，来不及收获，也可以在春季土壤解冻后气温达到8～10℃收获。

### 9.3　冬季贮藏

9.3.1　要求

应选择无伤口的菊芋块茎进行贮藏。

9.3.2　小规模留种

可在秋季收获后，根据种薯量挖沟或坑贮藏，把不带病菌的菊芋放入挖好的坑内，约放入30cm高，撒上一层沙土，离地面20cm左右盖上土，将土填满。

9.3.3　批量生产种薯

可将种薯贮藏在常温库。冬季贮藏种薯，可将菊芋种薯采用塑料编织袋包装，在常温冷库，菊芋种薯码放三层，温度控制在-4～0℃、定期通风，避免菊芋内部温度过高导致腐烂。

## 10　包装与运输

### 10.1　菊芋块茎包装

一般采用塑料编织袋包装。

### 10.2　菊芋块茎运输

运输过程中应避免水分散失，注意通风。

# 第三节　菊芋栽培技术规程　第3部分：加工型菊芋
# （DB13/T 2560. 3—2017）

## 1　范围

本标准规定了加工型菊芋品种的术语和定义、产地环境、播前准备、播种、出苗到收获、病虫害防治、收获与贮藏、包装与运输等技术操作规程。

本标准适用于京津冀地区加工型菊芋品种的种植。

## 2　规范性引用文件

下列文件对于本文件的应用是必不可少的。凡是注日期的引用文件，仅注日期的版本适用于本文件。凡是不注日期的引用文件，其最新版本（包括所有的修改单）适用于本文件。

GB 15618 土壤环境质量标准

GB/T 8321（所有部分）农药合理使用准则

## 3 术语和定义

下列术语和定义适用于本文件。

### 3.1 加工型菊芋

菊芋块茎总糖含量14%～16%，适宜加工菊粉或全粉的菊芋品种。

## 4 产地环境

宜选择沙地、黏土地、盐碱地三种不同立地条件进行加工型菊芋种植生产。土壤环境质量应符合GB 15618的要求。

## 5 播前准备

### 5.1 整地

前茬作物收获后或早春土壤解冻后，深翻，耕深25～30cm；播前进行耙耱，做到地平、土细、墒足。

### 5.2 灌溉施肥

播前结合春翻或秋翻，每亩施腐熟农家肥4 000～5 000kg，纯氮6.7～10kg，$P_2O_5$ 10～15kg，$K_2O$ 5～6kg。足墒播种。

### 5.3 种薯准备

#### 5.3.1 品种选择

选用块茎总糖含量14%以上的加工型菊芋品种。如廊芋2号、廊芋3号或廊芋5号。

#### 5.3.2 种块筛选

应选择单块大小为3cm以上，无腐烂、无病虫、饱满度好的菊芋块茎作种薯。

5.3.3　种块处理

用1%浓度的高锰酸钾浸泡种块2～3min，然后捞出用草木灰拌种。由于各地气候差异，一般3月下旬至5月上旬。

## 6　播种

### 6.1　播种期

一般多为春播，播种方式为埋植块茎。由于各地气候差异，当平均地温稳定在10～15℃时即均可播种。

### 6.2　播种量

播种量以每亩50～60kg为宜。播种前先将块茎分选，按萌芽眼的多少，用洁净利刀将块茎切成若干块，每块保留1～2个饱满芽眼。

### 6.3　种植方式

6.3.1　垄作方式

采用垄作方式用机械或人工起垄，垄底部30cm，垄高20cm。采用马铃薯播种机或人工方式挖5～10cm沟，将块茎播入土中，覆土后进行镇压保墒。

6.3.2　平作方式

采用平作方式，用马铃薯播种机进行机播或人工种植的方式，挖5～10cm沟，将块茎播入土中，覆土后进行镇压保墒。

6.3.3　复种方式

上茬菊芋收获后，来年春季采用复种方式，采用机械或人工补种疏苗。

### 6.4　播种密度

沙地种植区行距80cm，株距50cm；黏土地行距80cm，株距55cm；盐碱地种植行距80cm，株距45cm。每亩1 600～1 850株。

# 7 出苗到收获

## 7.1 苗期管理

### 7.1.1 中耕除草

苗期锄草2～3次。当茎叶高60cm以上，一般不需再锄草，少数高棵大草拔掉即可。

### 7.1.2 灌溉

一般不需灌水，如遇长期干旱，叶片发蔫时，要适时浇水。

## 7.2 中期管理

雨后大风植株歪斜，注意扶正培土、挖沟排水。

## 7.3 后期管理

花期用0.3%磷酸二氢钾叶面喷施2～3次。在8月下旬如遇干旱，可浇一次水，灌水量每亩40m³左右。

# 8 病虫害防治

菊芋一般无明显病虫害，如遇病虫害使用低毒、无公害或生物农药进行防治，应符合GB/T 8321规定。生物杀菌剂可选择武夷菌素，生物杀虫剂可选择多杀菌素等药剂，使用方法严格按照农药使用说明书使用。

# 9 收获与贮藏

## 9.1 块茎采收

28～30周收获。先用玉米秸秆粉碎机将秸秆粉碎还田，采用菊芋块茎专用收获机（4JY-130型）或人力收获，把菊芋块茎从土里取出来即可。如遇秋季降雨过多，来不及收获，也可以在春季土壤解冻后气温小于8℃收获。

## 9.2 冬季贮藏

### 9.2.1 要求

应选择无伤口的菊芋块茎进行贮藏。

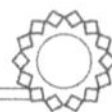

9.2.2　商品薯贮藏

在冬季收获后，根据加工鲜薯量挖沟或坑贮藏，把不带病菌的塑料编织袋包装的菊芋放入挖好的坑内，每袋间隔10cm，袋间及上部撒上一层沙土，离地面20cm左右盖上土，将土填满。秋冬季时根据需要，从沟或坑的一头顺序挖出加工后及时盖好。

批量加工用薯，鲜薯贮藏在低温冷库贮藏，加工鲜薯采用塑料编织袋包装，在低温冷库，将菊芋鲜薯码放5～10层，温度控制在-10～-4℃，定期通风、检测，避免菊芋腐烂。

9.2.3　种薯贮藏

小规模留种，可在秋季收获后，根据种薯量挖沟或坑贮藏，把不带病菌的菊芋放入挖好的坑内，约放入30cm高，撒上一层沙土，离地面20cm左右盖上土，将土填满。

批量用种薯，可将种薯贮藏在常温库。冬季贮藏种薯，可将菊芋种薯采用塑料编织袋包装，在常温冷库，菊芋种薯码放3层，温度控制在-4～0℃、定期通风，避免菊芋内部温度过高导致腐烂。

## 10　包装与运输

### 10.1　菊芋块茎包装

一般采用塑料编织袋包装。

### 10.2　菊芋块茎运输

运输过程中应避免水分散失，注意通风。

# 第四节　菊芋栽培技术规程　第4部分：鲜食型菊芋
# （DB13/T 2560. 4—2017）

## 1　范围

本标准规定了鲜食型菊芋品种的术语和定义、产地环境、播前准备、播种、出苗到收获、病虫害防治、收获与贮藏、包装与运输等技术操作规程。

本标准适用于京津冀地区鲜食型菊芋品种种植。

## 2　规范性引用文件

下列文件对于本文件的应用是必不可少的。凡是注日期的引用文件，仅注日期的版本适用于本文件。凡是不注日期的引用文件，其最新版本（包括所有的修改单）适用于本文件。

GB 15618 土壤环境质量标准

GB/T 8321（所有部分）农药合理使用准则

## 3　术语和定义

下列术语和定义适用于本文件。

### 3.1　鲜食型菊芋品种

可溶性糖含量在14%以上、甜脆可口，适宜清洗后直接食用的菊芋品种。

## 4　产地环境

宜选择沙地、黏土地、盐碱地三种不同立地条件进行鲜食型菊芋种植生产。土壤环境质量应符合GB 15618的要求。

## 5　播前准备

### 5.1　整地

前茬作物收获后或早春土壤解冻后，深翻，耕深25～30cm；播前进行耙耱，做到地平、土细、墒足。

### 5.2　灌溉施肥

播前结合春翻或秋翻，每亩施腐熟农家肥4 000～5 000kg，纯氮6.7～10kg，$P_2O_5$ 10～15kg，$K_2O$ 5～6kg。足墒播种。

### 5.3　种薯准备

#### 5.3.1　品种选择

选用块茎总糖含量14%以上的鲜食型菊芋品种，如廊芋1号。

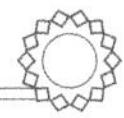

5.3.2　种块筛选

应选择单块大小为3cm以上，无腐烂、无病虫、饱满度好的菊芋块茎作种薯。

5.3.3　种块处理

用1%浓度的高锰酸钾浸泡种块2～3min，然后捞出用草木灰拌种。由于各地气候差异，一般3月下旬至5月上旬。

## 6　播种

### 6.1　播种期

一般多为春播，播种方式为埋植块茎。由于各地气候差异，当平均地温稳定在10～15℃时即均可播种。

### 6.2　播种量

播种量以每亩50～60kg为宜。播种前先将块茎分选，按萌芽眼的多少，用洁净利刀将块茎切成若干块，每块保留1～2个饱满芽眼。

### 6.3　种植方式

6.3.1　垄作方式

采用垄作方式用机械或人工起垄，垄底部30cm，垄高20cm。采用马铃薯播种机或人工方式挖5～10cm沟，将块茎播入土中，覆土后进行镇压保墒。

6.3.2　平作方式

采用平作方式，用马铃薯播种机进行机播或人工种植的方式，挖5～10cm沟，将块茎播入土中，覆土后进行镇压保墒。

### 6.4　播种密度

沙地种植区行距80cm，株距50cm；黏土地行距80cm，株距55cm；盐碱地种植行距80cm，株距45cm。

每亩1 500～1 850株。

# 7 出苗到收获

## 7.1 苗期管理

### 7.1.1 中耕除草

苗期锄草2～3次。当茎叶高60cm以上，一般不需再锄草，少数高棵大草拔掉即可。

### 7.1.2 灌溉

一般不需灌水，如遇长期干旱，叶片发蔫时，要适时浇水。

## 7.2 中期管理

当植株长到80～100cm，留茬20～30cm，可直接刈割作青饲料喂鸭、鹅、羊，可连续收割。做青贮饲料，可收割两次。收获第一次后每亩追氮磷钾复合肥15kg，施用磷酸二铵10～25kg。

## 7.3 后期管理

在8月下旬如遇干旱，可浇一次水，灌水量每亩40m³左右。

# 8 病虫害防治

菊芋一般无明显病虫害，如遇病虫害使用低毒、无公害或生物农药进行防治，应符合GB/T 8321规定。生物杀菌剂可选择武夷菌素，生物杀虫剂可选择多杀菌素等药剂，使用方法严格按照农药使用说明书使用。

# 9 收获与贮藏

## 9.1 块茎采收

28～30周收获。先用玉米秸秆粉碎机将秸秆粉碎还田，采用菊芋块茎专用收获机（4JY-130型）或人力收获，把菊芋块茎从土里取出来即可。如遇秋季降雨过多，来不及收获，也可以在春季土壤解冻后气温小于8℃收获。

## 9.2 冬季贮藏

### 9.2.1 要求

应选择无伤口的菊芋块茎进行贮藏。

9.2.2　商品薯贮藏

在冬季收获后，根据鲜薯销售量挖沟或坑贮藏，把不带病菌的塑料编织袋包装的菊芋放入挖好的坑内，每袋间隔10cm，袋间及上部撒上一层沙土，离地面20cm左右盖上土，将土填满。秋冬季时根据需要，从沟或坑的一头顺序挖出加工后及时盖好。

9.2.3　种薯贮藏

小规模留种，可在秋季收获后，根据种薯量挖沟或坑贮藏，把不带病菌的菊芋放入挖好的坑内，约放入30cm高，撒上一层沙土，离地面20cm左右盖上土，将土填满。

批量生产种薯，可将种薯贮藏在常温库。冬季贮藏种薯，可将菊芋种薯采用塑料编织袋包装，在常温冷库，菊芋种薯码放三层，温度控制在-4～0℃、定期通风，避免菊芋内部温度过高导致腐烂。

### 10　包装与运输

#### 10.1　菊芋块茎包装

一般采用塑料编织袋包装。

#### 10.2　菊芋块茎运输

运输过程中应避免水分散失，注意通风。

## 第五节　菊芋栽培技术规程　第5部分：景观型菊芋（DB13/T 2560. 5—2017）

### 1　范围

本标准规定了景观型菊芋品种的术语和定义、产地环境、播前准备、播种、病虫害防治、出苗到收获、收获与贮藏、包装与运输等技术操作规程。

本标准适用于京津冀地区景观型菊芋品种种植。

### 2　规范性引用文件

下列文件对于本文件的应用是必不可少的。凡是注日期的引用文件，仅注日期的版本适用于本文件。凡是不注日期的引用文件，其最新版本（包括所有的修改单）适用于本文件。

GB 15618 土壤环境质量标准

GB/T 8321（所有部分）农药合理使用准则

DB13/T 2560.1—2017 菊芋栽培技术规程第1部分：总则

## 3 术语和定义

下列术语和定义适用于本文件。

### 3.1 景观型菊芋品种

花期长，花序直径大，花盘较大、花量多，菊芋花营养丰富，茎叶美观的菊芋品种。

## 4 产地环境

宜选择沙地、黏土地、盐碱地三种不同立地条件进行景观型菊芋种植生产。土壤环境质量应符合GB 15618的要求。

## 5 播前准备

### 5.1 整地

前茬作物收获后或早春土壤解冻后，深翻，耕深25～30cm；播前进行耙耱，做到地平、土细、墒足。

### 5.2 灌溉施肥

播前结合春翻或秋翻，每亩施腐熟农家肥4 000～5 000kg，纯氮6.7～10kg，$P_2O_5$ 10～15kg，$K_2O$ 5～6kg。足墒播种。

### 5.3 种薯准备

#### 5.3.1 品种选择

选用分支多、开花早、花大、花期长的景观型菊芋品种。如廊芋31号。

#### 5.3.2 种块筛选

应选择单块大小为2cm以上，无腐烂、无病虫、饱满度好的菊芋块茎作种薯。

#### 5.3.3 种块处理

用1%浓度的高锰酸钾浸泡种块2～3min，然后捞出用草木灰拌种。由于各地气候差

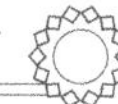

异，一般3月下旬至5月上旬。

## 6　播种

### 6.1　播种期

一般多为春播，播种方式为埋植块茎。由于各地气候差异，当平均地温稳定在10～15℃时即均可播种。

### 6.2　播种量

播种量以每亩50～60kg为宜。播种前先将块茎分选，按萌芽眼的多少，用洁净利刀将块茎切成若干块，每块保留1～2个饱满芽眼。

### 6.3　种植方式

#### 6.3.1　垄作方式

采用垄作方式用机械或人工起垄，垄底部30cm，垄高20cm。采用马铃薯播种机或人工方式挖5～10cm沟，将块茎播入土中，覆土后进行镇压保墒。

#### 6.3.2　平作方式

采用平作方式，用马铃薯播种机进行机播或人工种植的方式，挖5～10cm沟，将块茎播入土中，覆土后进行镇压保墒。

### 6.4　播种密度

一般采用宽窄行种植，宽行距120cm，窄行距60cm，株距45cm。作为道旁绿化种植行距60cm，株距60cm。每亩1 650～1 850株。

## 7　出苗到收获

### 7.1　苗期管理

#### 7.1.1　中耕除草

苗期锄草2～3次。当茎叶高60cm以上，一般不需再锄草，少数高棵大草拔掉即可。

#### 7.1.2　灌溉

一般不需灌水，如遇长期干旱，叶片发蔫时，要适时浇水。

### 7.2 中期管理

雨后大风植株歪斜，注意扶正培土、挖沟排水。

### 7.3 后期管理

当开花后，采花作为花草茶饮用，可以分批次采收花。作为景观，可以根据开花时期和数量，确定蜂群放养。

## 8 病虫害防治

菊芋一般无明显病虫害，如遇病虫害使用低毒、无公害或生物农药进行防治，应符合GB/T 8321规定。生物杀菌剂可选择武夷菌素，生物杀虫剂可选择多杀菌素等生物药剂，使用方法严格按照农药使用说明书使用。

## 9 采收与贮藏

### 9.1 采收

景观型菊芋出苗后12～13周陆续开花后采摘，采花标准：花序直径大于9cm，花瓣全部展开、花盘整齐匀称，及时采收。

### 9.2 种薯贮藏

按DB13/T 2560. 2—2017中9.2给出的方法贮藏。

## 10 包装与运输

### 10.1 包装

#### 10.1.1 块茎包装

菊芋块茎一般采用塑料编织袋包装。

#### 10.1.2 菊芋花包装

一般采用塑料袋或铝箔袋密封包装。

### 10.2 菊芋块茎运输

运输过程中应避免水分散失，注意通风。

# 第六节　菊芋栽培技术规程　第6部分：耐盐碱型菊芋（DB13/T 2560. 6—2017）

## 1　范围

本标准规定了耐盐碱型菊芋品种的术语和定义、产地环境、播前准备、播种、出苗到收获、病虫害防治、收获与贮藏、包装与运输等技术操作规程。

本标准适用于盐碱地菊芋品种的种植。

## 2　规范性引用文件

下列文件对于本文件的应用是必不可少的。凡是注日期的引用文件，仅注日期的版本适用于本文件。凡是不注日期的引用文件，其最新版本（包括所有的修改单）适用于本文件。

GB 15618 土壤环境质量标准

GB/T 8321（所有部分）农药合理使用准则

## 3　术语和定义

下列术语和定义适用于本文件。

### 3.1　耐盐碱型菊芋品种

在盐碱化土壤盐分含量6‰以下的地块能正常生长的菊芋品种。

### 3.2　土壤盐渍化

是指易溶性盐分在土壤表层积累的现象或过程，也称盐碱化。

## 4　产地环境

弱中度的盐渍化土壤，含盐总量6‰以下，氯化物含量4‰以下，硫酸盐含量3‰以下的盐碱土、沿海滩涂、稻田土等盐碱地进行耐盐碱型菊芋种植。土壤环境质量应符合GB 15618的要求。

## 5 播前准备

### 5.1 整地

前茬作物收获后或早春土壤解冻后，深翻，耕深25～30cm；播前进行耙耱，做到地平、土细、墒足。

### 5.2 灌溉施肥

播前结合春翻或秋翻，每亩施腐熟农家肥4 000～5 000kg，纯氮6.7～10kg，$P_2O_5$ 10～15kg，$K_2O$ 5～6kg。足墒播种。

### 5.3 种薯准备

#### 5.3.1 品种选择

选用适宜在土壤盐总量6‰以下正常生长菊芋品种。如廊芋6号、廊芋8号或南芋2号。

#### 5.3.2 种块筛选

应选择单块大小为3cm以上，无腐烂、无病虫、饱满度好的菊芋块茎作种薯。

#### 5.3.3 种块处理

用1%浓度的高锰酸钾浸泡种块2～3min，然后捞出用草木灰拌种。由于各地气候差异，一般3月下旬至5月上旬。

## 6 播种

### 6.1 播种期

一般多为春播，播种方式为埋植块茎。由于各地气候差异，当平均地温稳定在10～15℃时即均可播种。

### 6.2 播种量

播种量以每亩50～60kg为宜。播种前先将块茎分选，按萌芽眼的多少，用洁净利刀将块茎切成若干块，每块保留1～2个饱满芽眼。

### 6.3 种植方式

#### 6.3.1 垄作方式

采用垄作方式用机械或人工起垄，垄底部30cm，垄高20cm。采用马铃薯播种机或

人工方式挖5～10cm沟，将块茎播入土中，覆土后进行镇压保墒。

6.3.2 平作方式

采用平作方式，用马铃薯播种机进行机播或人工种植的方式，挖5～10cm沟，将块茎播入土中，覆土后进行镇压保墒。

### 6.4 播种密度

盐碱地种植行距70～80cm，株距45cm。每亩1 850～2 100株。

## 7 出苗到收获

### 7.1 苗期管理

7.1.1 中耕除草

苗期锄草2～3次。当茎叶高60cm以上，一般不需再锄草，少数高棵大草拔掉即可。

7.1.2 灌溉

一般不需灌水，如遇长期干旱，叶片发蔫时，要适时浇水。

### 7.2 中期管理

雨后大风植株歪斜，注意扶正培土、挖沟排水。

### 7.3 后期管理

花期用0.3%磷酸二氢钾叶面喷施2～3次。在8月下旬如遇干旱，可浇一次水，灌水量每亩40m³左右。

## 8 病虫害防治

菊芋一般无明显病虫害，如遇病虫害使用低毒、无公害或生物农药进行防治，应符合GB/T 8321规定。生物杀菌剂可选择武夷菌素，生物杀虫剂可选择多杀菌素等药剂，使用方法严格按照农药使用说明书使用。

## 9 收获与贮藏

### 9.1 块茎采收

28～30周收获。先用玉米秸秆粉碎机将秸秆粉碎还田，采用菊芋块茎专用收获机

（4JY-130型）或人力收获，把菊芋块茎从土里取出来即可。如遇秋季降雨过多，来不及收获，也可以在春季土壤解冻后气温小于8℃收获。

### 9.2 冬季贮藏

#### 9.2.1 要求

应选择无伤口的菊芋块茎进行贮藏。

#### 9.2.2 商品薯贮藏

在冬季收获后，根据种销售鲜薯量挖沟或坑贮藏，把不带病菌的塑料编织袋包装的菊芋放入挖好的坑内，每袋间隔10cm，袋间及上部撒上一层沙土，离地面20cm左右盖上土，将土填满。秋冬季时根据需要，从沟或坑的一头顺序挖出销售后及时盖好。

用于批量加工用薯，鲜薯贮藏在低温冷库贮藏，加工鲜薯采用塑料编织袋包装，在低温冷库，将菊芋鲜薯码放5～10层，温度控制在-10～-4℃，定期通风、检测，避免菊芋腐烂。

#### 9.2.3 种薯贮藏

小规模留种，可在秋季收获后，根据种薯量挖沟或坑贮藏，把不带病菌的菊芋放入挖好的坑内，约放入30cm高，撒上一层沙土，离地面20cm左右盖上土，将土填满。

批量用种薯，可将种薯贮藏在常温库。冬季贮藏种薯，可将菊芋种薯采用塑料编织袋包装，在常温冷库，菊芋种薯码放3层，温度控制在-4～0℃、定期通风，避免菊芋内部温度过高导致腐烂。

## 10 包装与运输

### 10.1 菊芋块茎包装

一般采用塑料编织袋包装。

### 10.2 菊芋块茎运输

运输过程中应避免水分散失，注意通风。

# 第十三章　菊芋产品

## 第一节　菊芋全粉饲料的原料产品

### 1.1　摘要

菊芋（*Helianthus tuberosus* L.）是菊科向日葵，属多年生、多倍体的草本作物，别名洋姜、鬼子姜、番姜等。菊芋块茎中富含粗蛋白质、粗脂肪、碳水化合物、粗纤维、灰分、钙、磷、铁、维生素$B_1$、维生素$B_2$、烟酸、维生素、菊糖、多缩戊糖等物质，是理想的新型饲料资源。用菊芋全粉作饲料原料，搭配玉米面、饼粕、麸皮、鱼粉、骨粉和石粉等饲喂，可保证畜禽的营养均衡。

菊芋作为一种膳食纤维复合物，提取出的菊粉对糖尿病、高血脂的疗效已被科学研究证明，成为国际公认的食品配料，并广泛应用于功能性食品、肉制品及医药保健品中。因此，被联合国粮农组织官员认定为“21世纪人畜共用作物”。

本公司生产的菊芋已获得国家绿色食品标识，菊芋块茎加工成菊芋全粉是采用了物理烘干的方法，不产生任何残渣，对环境没有任何影响。因此，菊芋全粉是一种安全、有效、质量可控以及对环境无影响的饲料原料产品。

### 1.2　产品的名称及命名依据

#### 1.2.1　产品通用名及命名依据

产品通用名：菊芋全粉；

命名依据：菊芋（*Helianthus tuberosus* L.）是菊科向日葵属多年生、多倍体的草本作物，富含粗蛋白质、脂肪、碳水化合物、粗纤维、灰分、钙、磷、铁、维生素$B_1$、维生素$B_2$、烟酸、维生素、菊糖、多缩戊糖等物质，将菊芋块茎切片烘干加工即可获得本产品。

#### 1.2.2　产品的商品名：无

#### 1.2.3　产品类别：饲料原料

### 1.3　产品研制目的

#### 1.3.1　产品研制背景

##### 1.3.1.1　*落实中央政策精神*

菊芋是一种集经济价值、药用价值、观赏价值和生态价值于一身的生态型经济作物。发展菊芋产业，不仅有利于调整农、林、牧和粮、经、饲种植结构，也是落实中央一号文件关于“优化农业产业结构布局，树立大食物观，面向整个国土资源，全方位、多途径开发食物资源”的精神。

1.3.1.2　种植效益比较

据京津冀地区多点试验示范，每亩施复合肥30kg，亩灌水50m³，平均亩产块茎2 000～3 000kg，折合亩产总糖450～800kg。平均每亩生产成本850～950元。按照目前菊芋块茎市场收购价格1.0元/kg计算，平均亩产值为2 000～3 000元；亩均利润为1 150～2 050元。每亩菊芋实际收入相当于京津冀地区玉米生产700千克产量水平的2～2.5倍。菊芋与紫花苜蓿和玉米相比，氮磷需求量仅是紫花苜蓿和玉米的30%，可节水450m³，增产潜力大，生态效益显著。

1.3.1.3　开发新型菊芋饲料资源

菊芋茎叶和块茎的饲用价值和饲料质量与紫花苜蓿和青贮玉米相比优势突出。据试验分析，同等肥力的耕地种植苜蓿可产粗蛋白质138kg，而菊芋生产粗蛋白200～250kg，同时总可消化养分（TDN）指标突出。此外，菊芋含有功能营养成分，尤其块茎中含有丰富的菊糖65.2%（干基）可以作为益生元饲料补充剂，具有提供畜禽免疫能力的功效，在畜禽全面禁止使用抗生素的背景下，不失为一种新型的抗生素替代品。该饲料原料中的能量和各种营养成分均衡全面，与其他原料进行合理配伍，能够很好地满足奶牛、肉羊、猪、鸡等畜禽生长需要。由于原料来源稳定，成本低，从而饲料的生产成本大幅度下降。

菊芋由于根系发达，繁殖能力强，具有抗旱、耐寒、耐盐碱，抗病性强，适应广泛等特点，也是保持水土、防风固沙和改良土壤的优良作物。既能作为景观植物，又能改善贫困地区生态环境和土地的开发和利用，对保护生态环境和农业可持续发展起到了积极的推动作用。菊芋种植成本低、适于贫困地区的恶劣环境种植，附加值高又适于规模化加工。可将菊芋饲料与畜牧饲养、景观与产业扶贫发展相衔接，实现一、二、三产业融合。因此，菊芋种植及饲料产业发展市场十分广阔。

1.3.2　研究进展

1.3.2.1　菊芋品种选育

采用作物同异育种理论，通过定量的方法，选育出耐盐、牧草、观赏、鲜食、加工型“廊芋”系列新品种，并且构建“菊芋系列”新品种农机农艺综合配套技术体系。其中廊芋6号、廊芋8号两个抗逆性强的品种既耐盐碱又高产，适于沿海滩涂和盐渍化土壤种植，并选育出“廊芋21号”，茎秆粗蛋白质高达14.11%，是畜禽优质的牧草型品种。

1.3.2.2　与中国农业科学院北京畜牧兽医研究所合作，用菊芋全粉加上鲜菊芋秸秆，替

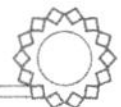

代紫花苜蓿饲草进行奶牛饲喂试验，奶牛乳房炎发病率由15%降低到1.3%，日产奶提高2.5kg/头，牛奶品质量得到明显改善，奶牛养殖综合效益提高10%以上。通过深入的研究，揭示了添加适量菊芋粉可促进牛胃有益微生物优势菌属的丰度，阐明了调控奶牛乳房健康的机理，开辟了预防牛乳房炎的新途径。

#### 1.3.2.3　菊芋全粉产品研发

在选育牧草型菊芋新品种的基础上，针对菊芋产品的研发需要，先后购置菊芋加工设备6台套，构建研发一条菊芋全粉加工中试生产线，研究开发菊芋全粉的工艺流程及关键技术参数，形成一套菊芋全粉加工技术规程，为菊芋产品加工研发奠定了可靠的技术支撑。

### 1.3.3　研制目标

农业农村部畜牧兽医局饲料饲草处处长黄庆生提出："农业农村部发的关于'禁抗'公告需要一些对畜禽具有调养机体、健康肠胃、改善吸收、增强免疫、平衡微生态等功能，不属于药物、抗生素的绿色新型产品，可以作为功能型饲料原料在饲料中添加使用。"本产品正是具有上述功能的绿色新型产品，且作为畜禽养殖无抗替代技术中"益生菌"替代技术，提供可靠的技术支撑。

本产品计划从功能性原料产品的筛选和优化组合、饲料营养配方、饲料原料评估、改进加工工艺、改善生态环境等多角度进行综合考虑，寻求优化解决方案。

### 1.3.4　产品功能

通过菊芋创新研究试验及相关文献分析，本产品功能如下：

（1）具有益生元特性：奶牛的产奶净能高，菊糖通过促进益生菌的增殖，进而抑制结肠肿瘤前病变。

（2）对肠道形态及微生物的影响：菊糖的摄入有助于瘤胃纤毛虫改善细菌纤维素分解活性。

（3）对血糖的影响：因菊糖摄入导致的肝脏糖异生减少通常是由菊糖发酵产生的短链脂肪酸，尤其是丙酸介导，4周后显著降低了空腹血糖。

（4）对粪氮及尿氮代谢的影响：菊芋块茎提取物可有效抑制黄嘌呤氧化酶，减少尿酸盐在关节和肾脏的沉积。

（5）对脂质代谢的影响：菊糖的摄入显著地降低了肝细胞将[14C]棕榈酸酯化成TAG的能力。

### 1.3.5　国内外在饲料及相关行业批准使用情况

欧盟组织和美国从1993年以来，即把菊芋定为取代甘蔗糖、甜菜糖的首选作物之一。菊芋作为有价值的饲料，美国、德国、法国、瑞典评定了其优点，将菊芋块根用于饲喂畜禽，得到了广泛推广。联合国粮农组织（FAO）和世界卫生组织（WHO）将菊芋作为益生元，通过摄取适当的量、对食用者的身体健康能发挥有效作用的活菌。因此，菊芋被联合国粮农组织官员认定为“21世纪人畜共用作物”。

菊芋产业在我国已有300多年的发展历史，菊芋块茎中70%以上的低聚果糖——菊糖，是一种可溶性膳食纤维，是国际公认的肠道益生元产品，用作动物饲料原料既可起到保健作用，又能起到“减抗”功效。

### 1.3.6 产品的先进性和应用前景

#### 1.3.6.1 产品的先进性

本产品由菊芋块茎通过物理方法加工而成，富含大量的膳食纤维，除含水溶性植物纤维菊糖外，还有钙的吸收促进剂及非水溶性膳食纤维。其具有益生元特性，通过促进益生菌的增殖改善畜禽肠道健康，提高畜禽免疫力。

#### 1.3.6.2 产品的市场前景

菊芋全粉是一种益生元系列产品，而益生元应用的领域是食品饮料、动物饲料和膳食补充剂，就全球益生元市场增长速度来看，膳食补充剂和动物饲料的增速最快。随着养殖界“禁抗”的深入，将迎来该产品市场快速发展的黄金期。2012年益生元饲料市场规模达到2.13亿美元销售额，预计2022年将以12.9%的增长率发展，达到7.5亿美元销售额，具有广阔的市场前景。

## 1.4 产品组分及其鉴定报告，理化性质及安全保护信息

### 1.4.1 菊粉（菊芋全粉）产品组分

#### 1.4.1.1 有效组分和含量

本产品主要营养成分（干基）：粗蛋白质9.81g/100g，16种氨基酸5.68g/100g，碳水化合物（菊粉）77.9g/100g，总糖（以葡萄糖计）65.2g/100g，蔗果糖14.33g/100g，粗纤维2.9g/100g。

#### 1.4.1.2 其他组分及其含量

本产品其他组分（干基）：总黄酮0.049g/100g，钾2.21g/100g，镁57mg/100g，钙57mg/100g，铁1.84mg/100g，锌0.69mg/100g，总能1 491KJ/100g。

### 1.4.2 鉴定报告

本产品委托谱尼公司测定，测试依据为GB/T 5009.5（6、14、90、91、92、124）—2003、GB/T 23528—2009等标准所规定的方法；所用的仪器设备：氨基酸自动分析仪、液相色谱仪等。

### 1.4.3　外观及物理性状

本产品为固体粉状；颜色去皮为灰白色，带皮加工为浅黄色；气味：无味，细度为60目。

### 1.4.4　有效组分理化性质

#### 1.4.4.1　蛋白质理化性质

（1）物理性质：①水解性。蛋白质经水解后为氨基酸。②盐析性。蛋白质的盐析性，蛋白质经过盐析并没有丧失生物活性。在蛋白质溶液中加入$(NH_4)_2SO_4$有沉淀生成，加入水后沉淀有消失。③变性性。蛋白质的变性，一般都由沉淀生成，并且生成的沉淀加水后不再溶解。④颜色反应。某些蛋白质跟浓硝酸作用会产生黄色。⑤产生具有烧焦羽毛的气味。

（2）化学性质：①蛋白质的分子结构之中含有大量的可以解离的基团结构，诸如：$-NH_3^+$、$-COO^-$、$-OH$、$-SH$、$-CONH_2$等，这些基团都是亲水性的基团，会吸引它周围的水分子，使水分子定向的排列在蛋白质分子的表面，形成一层水化层。形成的水化层能够将蛋白质分子之间进行相隔，从而蛋白质分子无法相互聚合在一起沉淀下来。②蛋白质在非等电点状态时，带有相同的静电荷，与其周围的反离子构成稳定的双电层。双电层使得蛋白质分子都带有相同的电荷，同性电荷之间的互斥作用使得蛋白质分子之间无法结合聚集在一起形成沉淀。

#### 1.4.4.2　碳水化合物理化性质

本产品含有的碳水化合物分成两类：一是可以吸收利用的有效碳水化合物（总糖、蔗果糖），二是纤维素，理化性质为水溶性和水合性。

（1）总糖的物理性质：①溶解性。糖为极性大的物质，单糖和低聚糖易溶于水，特别是热水；可溶于稀醇；不溶于极性小的溶剂。糖在水溶液中往往会因过饱和而不析出结晶，浓缩时成为糖浆状。②旋光性。糖的分子中有多个手性碳，故有旋光性。天然存在的单糖左旋、右旋的均有，以右旋为多。糖的旋光度与端基碳原子的相对构型有关。

（2）总糖的化学性质：①氧化反应。单糖分子中有醛（酮）基、伯醇基、仲醇基和邻二醇基结构单元。通常醛（酮）基最易被氧化，伯醇次之。②羟基反应。糖和苷的羟基反应包括醚化、酯化、缩醛（缩酮）化以及与硼酸的络合反应等。③羰基反应。糖的羰基还可被催化氢化或金属氢化物还原，其产物叫糖醇。

（3）蔗果糖的理化性质：①甜度和味质。纯度为30%～60%，且较蔗糖甜味清爽，味道纯净，不带任何后味。②热值仅为1.5kcal/g，热值极低。③黏度在0～70℃范围内。④水分活性与蔗糖相当。⑤湿性与山梨醇、饴糖相似。⑥在120℃中性条件下，稳定性与蔗糖相近。⑦其他加工特性包括溶解性、非着色性、赋形性、耐碱性、抗老化性等。

（4）粗纤维的理化性质：粗纤维（Crude Fiber，缩写CF），是膳食纤维的旧称，是植物细胞壁的主要组成成分，包括纤维素、半纤维素、木质素及角质等成分。其理化特性：①具有很强的吸水性、保水性和膨胀性；②相应的黏性，不同品种的纤维黏度不同；③通过离子交换吸附矿物元素，有利于畜禽的消化吸收。

#### 1.4.5 产品安全防护信息

本产品由于吸水性强，需要用塑料带内封闭保存，以免吸水结块。一旦吸水结块，可以粉碎成粉使用，不影响产品质量。适宜的保存温度15～20℃，避免高温高湿造成霉变。

### 1.5 产品功能、适用范围、使用方法

#### 1.5.1 产品功能

##### 1.5.1.1 具有益生元特性

对泌乳奶牛可提高产奶净能，菊糖通过促进益生菌的增殖，进而抑制结肠肿瘤前病变。

##### 1.5.1.2 对肠道形态及微生物的影响

菊糖的摄入有助于瘤胃纤毛虫改善细菌纤维素分解活性。

##### 1.5.1.3 对血糖的影响

因菊糖摄入导致的肝脏糖异生减少通常是由菊糖发酵产生的短链脂肪酸，尤其是丙酸介导，4周后显著降低了空腹血糖。

##### 1.5.1.4 对粪氮及尿氮代谢的影响

菊芋块茎提取物可有效抑制黄嘌呤氧化酶，减少尿酸盐在关节和肾脏的沉积。

##### 1.5.1.5 对脂质代谢的影响

菊糖的摄入显著地降低了肝细胞将[14C]棕榈酸酯化成TAG的能力。

我国发表关于菊芋块茎作为饲料应用的部分文献阐述其作用机理如下：

（1）在单胃动物生产中的应用

①对动物生产性能与生理机能方面的调控。王亚锴（2013）研究表明，肉用仔鸡日粮中添加0.9%的菊芋全粉，其日均采食量和平均日增重分别提高5.64%和7.07%，血清中IgA和IgG浓度分别提高14.95%和19.94%，脾指数和法氏囊指数分别提高27.18%和23.62%。

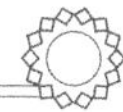

②菊芋块茎中的菊糖对肉仔鸡干物质代谢率和表观代谢也有极显著的提高作用。Nabizadeh等（2012）报道，菊糖能显著提高肉用仔鸡盲肠产丁酸细菌的浓度或代谢活性，降低消化道pH值，提高十二指肠淀粉酶和空肠胰蛋白酶活性，有利于肉仔鸡养分的消化和代谢。

③王亚锴等（2013）报道，通过对菊芋活性成分的提取，检测，计算得菊芋总提取率25.93%，其中含菊粉、黄酮分别为80.62%、3.12%。通过对AA肉鸡饲喂试验，考察平均日增重、平均日采食量、料肉比、半净膛率、全净膛率、胸肌率、腿肌率、胸肌滴水损失、胸肌系水力、胸肌含水量、胸肌pH值、腿肌滴水损失、腿肌系水力、腿肌含水量、腿肌pH值、法氏囊指数、胸腺指数、脾脏指数，得出以下结论：在肉鸡日粮中添加0.2%、0.4%、0.8%的菊芋提取物均能提高肉鸡的生产性能，其中添加0.4%的提取物最佳。

④刘君、熊本海、路国强等（2020）在蛋用鸡日粮中添加3.5%～5%菊芋全粉与对照组（基础日粮）相比发现：0～6周蛋雏鸡体重增加0.17%，病死率降低31.21%；7～14周蛋雏鸡体重增加9.75%，病死率降低7.81%；15～20周蛋雏鸡体重增加21.29%，病死率降低25.14%；≥90d产蛋鸡，日产蛋率增加3.34%，体重增加7.48%，死亡率将死7.69%。研究表明菊芋全粉除含水溶性植物纤维菊糖外，还有钙的吸收促进剂及非水溶性膳食纤维。大量的双歧杆菌和韦氏杆菌，可以增加有效菌群，满足蛋鸡所需原料质量高、适口性强、易消化吸收的全价配合饲料，有效提升蛋鸡免疫力，降低发病率，提高蛋鸡产蛋率。

⑤在对9～12周龄生长猪的试验中发现，菊糖能够降低盲肠pH并增加丁酸浓度，而丁酸有助于结肠上皮细胞增殖，刺激结肠黏膜细胞的生长，进而提高营养物质的吸收率（Sattler，2014）。在180只仔猪（7周龄）的基础饲料中添加5%菊芋全粉，5周后屠宰，取胃肠内容物和肠样品进行分析。试验结果显示，与对照组（仅饲喂基础饲粮）相比，试验组（基础饲粮+5%菊芋全粉）仔猪粪肠球菌和大肠杆菌含量显著减少（$P<0.05$），粪便乳杆菌显著增加（$P<0.05$）。

⑥在试验组仔猪的空肠中观察到肠绒毛顶端分支、肠细胞中度变性和有丝分裂，且空肠细胞和迁移细胞中凋亡细胞数量明显增加。研究结果表明，用菊芋块茎饲喂可显著改善猪肠道的微生物结构，促进宿主肠细胞防御和再生过程（Valdovska，2014）。McRorie（2017）提出，在富含碳水化合物的大鼠饮食中添加菊糖能够减少肝脏脂肪酸的从头合成。由于脂肪酸合成酶是通过修饰脂肪生成基因进行表达的，菊糖的摄入使脂肪生成酶和脂肪酸合酶mRNA的活性降低，通过减少肝脏中极低密度脂蛋白—三酰甘油（VLDL-TAG）的分泌，进而降低了菊糖的TAG效应。菊糖不能被单胃动物自身分泌的消化酶消化，但它进入肠道后段可被肠道内定植的有益菌消化利用起到有益菌增殖因子的作用。同时所产生的酸性物质可降低整个肠道的pH值，从而抑制有害菌（如大肠杆

菌、沙门氏菌等）的生长，提高动物的抗病能力（Claus等，2017）。

⑦olida等（2007）报道，双歧杆菌、消化链球菌与克雷伯杆菌可利用菊糖，而梭状芽孢杆菌、大肠杆菌和沙门氏菌等不能利用。在所测试的20种血清型沙门氏菌中，无一能在以菊糖为碳源的培养基上生长。菊糖被细菌代谢后，可提供短链脂肪酸作为黏膜细胞增殖的能源。短链脂肪酸是大肠黏膜细胞代谢的主要能源物质，大肠黏膜能源的70%来自肠细菌的发酵产物。而菊糖调节机体免疫系统主要是通过充当免疫刺激的辅助因子来提高抗体免疫应答的能力，从而提高动物机体体液及细胞免疫能力（Kelly等，2012）。

⑧研究表明，给断奶仔猪每天补充0.1g菊芋全粉，可促进仔猪结肠中有益微生物的增殖，降低因断奶造成的红白痢的发生率，改善了断奶后的生长性能。在断奶仔猪的日粮中加入1.5%菊芋全粉可使大肠中总厌氧菌和双歧杆菌数增多，提高饲料转化率，降低料重比，从而提高断奶仔猪生产性能；在肉鸡日粮中添加低聚果糖，饲喂一段时间后，发现其抗病力增强，并且日增重、胴体重和胸肌重均有所提高；因此，菊粉可有效提高机体免疫功能、生长能性能及屠宰性能（王亚锴等，2013）。

（2）在反刍动物生产中的应用

①日粮中添加15%菊芋粕，饲喂60d，与对照组（基础日粮）相比，体质量增加30.6%，体高增加8.6%，体长增加16.3%，胸围增加12.60%。显著的生长育肥效果源于动物对饲料营养成分高效的吸收率。试验表明，小尾寒羊对菊芋粕DM消化率为62.47%，OM消化率为65.18%，NDF消化率为48.2%，ADF消化率为46.3%，消化能达到13.22MJ/kg（王水旺等，2014）。

②杨立杰等（2017）研究表明，奶牛日粮中添加0.8%菊芋全粉，可显著增加瘤胃乙酸和丙酸浓度，降低瘤胃$NH_3$-N浓度，微生物蛋白（MCP）含量随饲喂时间的延长，有一定的上升趋势。同时，乳脂和乳糖含量显著增加，乳中多不饱和脂肪酸：棕榈油酸甲酯（C16：1cis-9）、油酸甘油三酯（C18：1cis-9）、亚麻酸C18：花生四烯酸甘油三酯（C20：4）含量呈线性增加（$P<0.05$）。

③奶牛瘤胃中乙酸和丁酸是合成乳脂肪的重要前体物，而丙酸不仅是提供能量的前体物，丙酸浓度增加也有助于提高乳蛋白含量，进而改善乳品质（Wilson，2017）。日粮中的脂质、瘤胃和乳腺中脂肪酸的转化均会影响牛奶中脂肪酸含量（Annika等，2006）。此前，对菊芋块茎营养成分的分析结果表明，菊芋块茎不含饱和脂肪酸，主要的脂肪成分由单不饱和多不饱和脂肪酸构成，主要是亚油酸（C18：2n-6）和亚麻酸（C18：3n-3）。

④乳中脂肪酸含量与瘤胃微生物氢化活动有关（Jiang等，2015），并且通常以三酰甘油的形式从乳腺细胞转移到牛奶中。有研究证明，菊糖可显著提高奶牛瘤胃假单胞菌属、拟杆菌属、瘤胃球菌属、丁酸弧菌属的丰度，也可在一定程度上促进纤维降解菌属的增加（胡丹丹等，2017）。以前的研究表明，育肥犊牛在育肥后期会出现餐后高血

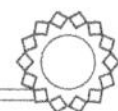

糖、糖尿、高胰岛素血症和明显的胰岛素抵抗（Hugi等，1997），这些症状表明代谢控制不足或葡萄糖作为能源的低效使用。

⑤有证据表明，菊糖摄入可通过降低基础肝葡萄糖产生来降低餐后葡萄糖、尿素和甘油三酯浓度。其作用机制可能是可溶性纤维的补充增加了血浆胰高血糖素样肽-I的浓度，胰高血糖素样肽-I进而刺激胰岛素分泌（Kaufhold等，2000）。

⑥新疆伊犁巴哈提·加布克拜用菊芋块茎饲喂细毛羔羊的对比试验，用料总量1 115g，其中基础日粮700g，鲜菊芋块茎1 400g，骨粉10g，食盐5g。饲喂80d后测定增加体重17.27kg/只、羊毛与对照增加1.8%，屠宰率为53.4%，比对照增加5.2%，说明通过绵羊饲养试验及有关营养分析，证明菊芋的营养价值较高，其成分超过优良牧草苜蓿，是一种营养齐全的优质饲草。

上述资料归纳了菊芋全粉在动物生产中的应用，为菊芋的开发利用提供一定的参考依据。

### 1.5.2　适用范围

肉牛、奶牛、羊、猪、肉鸡、蛋鸡等畜禽的各饲养阶段。

### 1.5.3　使用方法

作为饲料原料在配方中使用。推荐用量如下：

#### 1.5.3.1　肉牛

（1）生长期：日粮中添加0.7%菊芋全粉；

（2）肥育期：日粮中添加0.8%菊芋全粉。

#### 1.5.3.2　奶牛

（1）犊牛断奶后期：日粮中添加0.5%菊芋全粉；

（2）育成牛：日粮中添加0.6%菊芋全粉；

（3）青年牛：日粮中添加0.7%菊芋全粉；

（4）成年母牛：日粮中添加0.8%菊芋全粉。

#### 1.5.3.3　羊

（1）羔羊：日粮中添加0.5%菊芋全粉；

（2）育肥羊：日粮中添加0.6%菊芋全粉。

#### 1.5.3.4　猪

（1）断乳后仔猪：日粮中添加0.4%菊芋全粉；

（2）生长肥育：日粮中添加0.5%菊芋全粉。

1.5.3.5　肉鸡

（1）育雏期：日粮中添加2.5%～3.5%菊芋全粉；

（2）育成期：日粮中添加3.5%～4.5%菊芋全粉。

1.5.3.6　蛋鸡

（1）蛋雏期：日粮中添加3.5%～4.5%菊芋全粉；

（2）产蛋期：日粮中添加4.5%～5.5%菊芋全粉。

## 1.6　生产工艺、制造方法及产品稳定性报告

### 1.6.1　生产工艺及制造方法

1.6.1.1　产品生产流程图

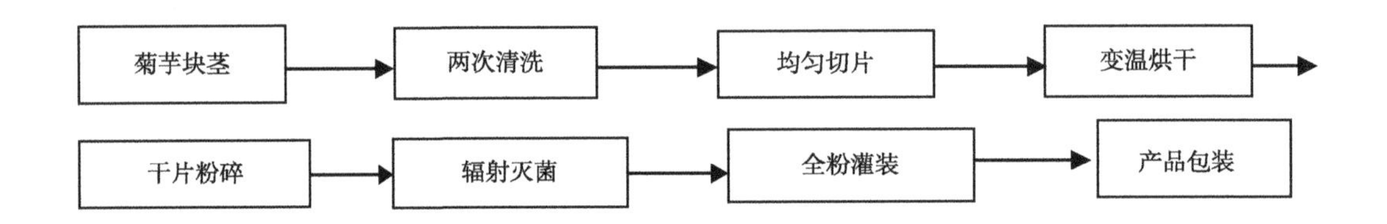


1.6.1.2　工艺描述

（1）清洗切片。将鲜菊芋块茎用清水通过菊芋清洗机洗净2次备用，然后用切片机切成厚度为2～2.5mm菊芋湿片均匀放至孔径为9～11mm网状烘干托盘上，将网状烘干托盘放置智能烘干机中，调控温度、时间、湿度进行烘干处理。

（2）变温烘干。对所述菊芋湿片分5个阶段进行烘干处理：第一阶段：温度80～85℃，时间20～25min，相对湿度75%～80%；第二阶段：温度55～60℃，时间4～6h，相对湿度50%～60%；第三阶段：温度45～50℃，时间5～6h，相对湿度25%～30%；第四阶段：温度44～46℃，时间3～4h，相对湿度9%～11%；第五阶段：温度44～46℃，时间4～5h，相对湿度4%～6%，制得菊芋干片（含水量≤10%）。

（3）干片粉碎。将所述菊芋干片置于室温≤16℃，室内空气湿度≤30%环境中，通过粉碎机进行粉碎，制得粒度为60～80目菊芋全粉。

（4）灭菌包装。将菊粉进行辐射灭菌，时间控制在30～40min，灌入厚度为1.5mm的封闭的塑料袋，外为牛皮纸的双层包装袋中（注意切要排出袋中的空气，封闭严密，避免透气结块），重量为10kg。

### 1.6.2　产品稳定性试验报告

本产品由农业农村部指定的承检机构谱尼测试集团股份有限公司进行产品成分检

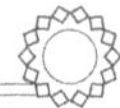

测，并做了绿色产品标识的相关检测。

## 1.7　产品质量标准草案、编制说明及检验报告

### 1.7.1　产品质量标准草案

本产品依照廊坊市思科农业技术有限公司2021年1月的《菊芋全粉技术规程》，于适当时候发布企业标准实施。

### 1.7.2　编制说明

#### 1.7.2.1　任务来源

菊芋是优良的饲料资源，将块茎加工成菊芋全粉产品作日粮与原料饲喂，可有效增殖畜禽体内双歧杆菌，改善脂质代谢，提高免疫功能，能够完全满足奶牛、肉羊、猪、鸡等畜禽生长需要。由于菊芋原料来源稳定，收购价格低，可大幅度降低饲料成本，从而提高生产竞争力。为贯彻落实2019年中央一号文件提出的“全方位、多途径开发饲料资源，促进粮、经、饲种植结构调整”精神，遵照农业农村部关于饲料原料产品申报相关文件规定及新型饲料原料产品申报的相关要求，针对菊芋新型饲料资源开发的市场需求，组织有关技术人员起草该标准，企业标准名称为《菊芋全粉生产测试技术规程》。

#### 1.7.2.2　编制过程

（1）前期研究工作

廊坊市思科农业技术有限公司菊芋创新团队从事菊芋新品种选育与栽培技术研究已有十多年的历史，特别是近年来承担国家、省、市科研项目，采用作物同异育种理论，通过定量的方法，选育出耐盐、牧草、观赏、鲜食、加工型“廊芋”系列新品种，并且构建“菊芋系列”新品种农机农艺综合配套技术体系。选育出“廊芋21号”“廊芋22号”，茎秆粗蛋白质高达14.11%左右。

通过与中国农业科学院北京畜牧兽医研究所、廊坊市农林科学院畜牧研究所、青海农林学院及天津金三农农业科技开发有限公司等科研院所、畜牧企业合作，开展菊芋全粉奶牛、蛋鸡、羊、猪的饲喂试验，用菊芋全粉替代紫花苜蓿粉进行奶牛饲喂试验，降低畜禽发病率，提高肉蛋奶日产量，提升畜禽产品质量，降低成本提高效率，开辟了菊芋作为新型饲料原料的新资源。

在选育牧草型菊芋新品种的基础上，针对菊芋产品的研发需要构建研发一条菊芋全粉加工中试生产线，研究开发菊芋全粉的工艺流程及关键技术参数，形成一套菊芋全粉加工技术规程。经多年验证产生了良好的经济效益和社会效益，积累了丰富的菊芋全粉产品生产与应用经验，为本标准的制定奠定了坚实基础。

（2）标准草案编写

在上述研究应用基础上，进行标准的编写，形成了《菊芋全粉技术规程》企业标准意见稿，采取会议、网络、电话等多种形式与中国农业大学、天津市农业科学院畜牧研究所、河北省农林科学院、廊坊市农业局等相关领域的专家征求意见。

（3）编制原则

按照《标准化工作导则第1部分：标准的结构与编写》（GB/T1.1）和《标准编写规则第10部分：产品标准》（GB/T 20001.10）的要求，以实用性、科学性和可操作性为基本原则进行编写。旨在满足广大畜禽饲养农户作为新型饲料原料的需求，促进菊芋新饲料资源的开发应用。

（4）编制主要内容

①阐明本标准的适用范围、制定标准的目的、落实本标准所需的基本要求。

②本标准规定了菊芋全粉的技术要求、检测方法、检测规则、标识、包装、运输、储藏和保质期，适用于以菊芋块茎为原料，经清洗、切片、烘干、杀菌、粉碎而成，用作饲料原料的菊芋粉产品等技术规程。

③参考标准。参考《食品安全国家标准》《饲料质量安全管理规范》（农业部令2014年第1号）、《饲料卫生标准》《饲料原料目录》《天然植物饲料原料通用要求》等与菊芋全粉产品质量安全相关规程与术语。

#### 1.7.2.3　主要指标确定的依据及说明

本标准主要指标来源于2010—2020年进行“专用菊芋新品种选育及系列产品研制与应用”研究成果，并在京津冀、山东、湖北、河南、甘肃、青海、新疆等地区开展畜禽饲喂试验与示范。先后委托中国科学院大连化物所、中国农业科学院北京畜牧兽医研究所对菊芋块茎养分含量进行多年、多点化验分析。

主要指标如表13-1所示：

**表13-1　牧草型菊芋品种检测指标汇总**

| 品种名称 | 试验测定指标 | | | | | | |
|---|---|---|---|---|---|---|---|
| | 鲜块茎产量（kg/亩） | 生物产量（kg/亩） | 总糖含量（%） | 果聚糖（%） | 秸秆粗蛋白质（%） | 秸秆粗纤维（%） | 秸秆粗脂肪（%） |
| 廊芋21号 | 3 018 | 8 566 | 16.58 | 6.6 | 14.41 | 27.79 | 1.78 |
| 备注 | 蛋白质等营养高，适口性好 | | | | | | |
| 确定指标 | | | | | | | |
| 鲜块茎产量（kg/亩） | 生物产量（kg/亩） | 总糖含量（%） | 果聚糖（%） | 秸秆粗蛋白质（%） | 秸秆粗纤维（%） | 秸秆粗脂肪（%） | 鲜秸秆产量（kg/亩） |
| 2 000 ~ 3 000 | 6 000 ~ 8 000 | 16 ~ 17 | 6.0 ~ 7.0 | 12.0 ~ 14.0 | 26.0 ~ 30.0 | 1.70 ~ 1.80 | 7 500 ~ 9 000 |
| 备注 | 蛋白质等营养高，适口性好 | | | | | | |

同时，委托农业农村部指定产品检测单位谱尼测试集团股份有限公司对菊芋全粉养分含量进行测试，结果如表13-2所示：

**表13-2　菊芋全粉主要养分含量、其他功能性养分含量（干基）**

| 1.饲料描述 | 采收成熟菊芋地下部分，风干粉碎后的样品 | | |
|---|---|---|---|
| 养分名称 | | | |
| 2.常规成分与有效能 | 含量 | 4.氨基酸 | 含量 |
| 蛋白质CP，% | 9.81 | 天门冬氨酸，% | 0.62 |
| 粗脂肪EE，% | 未检出（<0.05） | 苏氨酸，% | 0.22 |
| 粗纤维CF，% | 2.9 | 丝氨酸，% | 0.19 |
| 粗灰分Ash，% | 5.42 | 谷氨酸，% | 0.99 |
| 总能 | 14.91MJ/kg | 脯氨酸，% | 0.34 |
| 猪消化能 | 6.11MJ/kg | 甘氨酸，% | 0.20 |
| 猪代谢能 | 5.69MJ/kg | 丙氨酸，% | 0.21 |
| 鸡代谢能 | 3.43MJ/kg | 缬氨酸，% | 0.18 |
| 奶牛泌乳净能 | 2.34MJ/kg | 蛋氨酸，% | 0.06 |
| 肉牛增重净能 | 4.10MJ/kg | 异亮氨酸，% | 0.17 |
| 肉羊消化能 | 7.66MJ/kg | 亮氨酸，% | 0.28 |
| 3.主要矿物元素 | | 酪氨酸，% | 0.09 |
| 钙Ca，% | 0.057 | 苯丙氨酸，% | 0.16 |
| 磷P，% | — | 赖氨酸，% | 0.30 |
| 钠Na，% | 0.004 | 组氨酸，% | 0.22 |
| 镁Mg，% | 0.056 | 精氨酸，% | 1.45 |
| 钾K，% | 2.21 | 5. 功能成分 | |
| 锌Zn，mg/kg | 6.9 | 总糖，% | 65.2 |
| 铁Fe，mg/kg | 18.4 | 蔗果糖，% | 14.33 |
| | | 总黄酮，% | 0.049 |

1.7.2.4　与有关法制律法规和政策及相关标准的协调

（1）与有关法律法规的协调

以《食品安全国家标准》《饲料质量安全管理规范》（农业部令2014年第1号）、

《饲料卫生标准》《饲料原料目录》《天然植物饲料原料通用要求》等与菊芋全粉产品质量安全相关的法律法规为法律依据。

（2）与有关标准的协调

以《食品安全国家标准　食品中水分的测定》（GB 5009.3）、《饲料中粗蛋白测定方法》（GB/T 6432）、《饲料中粗脂肪测定方法》（GB/T 6433）、《饲料中粗纤维测定方法》（GB/T 6434）、《饲料中粗灰分测定方法》（GB/T 6438）、《饲料标签》（GB 10648）、《饲料卫生标准》（GB 13078）等为制定本标准的行业依据。

（3）与菊芋产业现实需要的协调

以河北省全域内菊芋生产情况，以及无公害、绿色产品标准，农产品质量监测检测的各项指标规定要求等诸多因素为现实依据。

#### 1.7.2.5　贯彻标准的措施和预期的标准化经济效果

（1）贯彻标准的措施

为保证本标准的顺利实施，建议设立专项基金，加大对标准执行的投入力度；标准实施过程中，聘请有关专家进行各种形式的技术培训；大力宣传、普及地方标准的作用与意义，使广大饲料原料产品用户认识到执行地方标准的重要性，进一步提高饲料行业及畜禽饲喂用户的科技文化素质。

（2）预期的标准化经济效果

本标准的制定符合我国及河北省畜牧业的生产实际，标准的制定和推广将提升菊芋全粉产量和品质，推动菊芋产业化发展，充分发挥该饲料原料中的能量和各种营养成分均衡全面，能够完全满足奶牛、肉羊、猪、鸡等畜禽生长需要。由于原料来源稳定，成本极低，从而饲料的生产成本大幅度下降，生产竞争力大大提高等诸多优点，从而为畜牧业发展提供优质饲料原料。

### 1.7.3　检测方法

有最高限量要求的产品，应根据其适用的对象，应提供有效组分在配合饲料、浓缩饲料、精料补充料或添加剂混合饲料中的检测方法。

本产品作为饲料日粮原料的主要有效组分的检测方法包括以下：

#### 1.7.3.1　产品感官指标检测方法

通过目视观察了解，本产品为固体粉状；颜色为灰白色或浅黄色粉末，无霉变、结块、虫蛀及异味。

#### 1.7.3.2　产品质量指标检测方法

（1）总糖的检测，按附件A1的方法检测。

（2）还原糖的检测，按附件A1和A2的方法检测。

（3）蔗果糖的检测，蔗果糖含量=总糖含量-还原糖含量。

（4）水分的检测，按GB 5000.3中的方法检测。

（5）粗蛋白质的检测，按附件A3及GB/T 6432中的方法检测。

（6）氨基酸总量的检测，按GB/T 15399—1994饲料中含硫氨基酸测定方法检测。

（7）粗纤维的检测，按GB/T 6434饲料中粗纤维测定方法检测。

（8）粗脂肪的检测，按GB/T 6433饲料中粗脂肪测定方法检测。

（9）粗灰分的检测，按B/T 6438饲料中粗灰分测定方法检测。

## 1.8　标签式样、包装要求、储存条件、保质期和注意事项

### 1.8.1　标签和标志

本产品标签和标志，符合《饲料标签》（GB 10648）的相关要求。

### 1.8.2　产品包装

本产品包装和说明书应注明：品名、产品成分分析保证值、厂名、注册地址、生产地址、邮政编码、生产日期、保质期、净含量、存储条件及产品执行标准编号。

### 1.8.3　产品运输

本产品运输车辆和器具应保持清洁、卫生。运输过程中应注意安全，防止日晒、雨淋、渗透、污染和标签脱落。不得与有害、有毒物质同车运输。

### 1.8.4　产品存储

本产品应存储于阴凉、干燥及通风处，不得与有害有毒物质一同存放。

### 1.8.5　产品保质期

本品在上述规定的地方储存，运输的条件下，保质期为36个月。

## 1.9　中试生产总结和“三废”处理报告

### 1.9.1　中试生产总结

本产品中试地点在河北省安次区码头镇马神庙村思科农业现代农业科技示范园菊芋研发核心区内中试车间进行，该产品的生产批次连续5次，每次生产量量根据订单需要而定。生产工艺流程严格按照2021年发布企业标准《菊芋全粉技术规程》运行。（详见企业标准）

### 1.9.2 “三废”处理报告

该产品生产过程中不产生任何残渣，对环境没有任何影响，仅是在鲜菊芋块茎清洗过程产生的少量废水，经沉淀后可以循环使用。

## 1.10 其他材料

其他应提供的证明文件和必要材料。例如，进一步证明产品安全性试验报告。

## 1.11 参考资料

### 1.11.1 研发成果及产品化验的参考资料目录

1.11.1.1 专利：“牧草型菊芋新品种选育方法、种植方法及收获方法”ZL.201810454997.6（发明专利）；“菊芋收获机”ZL. 201520170818.8（实用新型专利）。

1.11.1.2 研发成果：2014年“生态经济型菊芋新品种选育与农机农艺配套技术研究”，达到国际先进水平；2018年“特色菊芋新品种选育与产业链开发”，获得河北省创新创业二等奖；2019年“特色作物菊芋新品种选育及全产业链开发”达到国际先进水平。

1.11.1.3 标准：2016年《菊芋栽培技术规程　第2部分：牧草型菊芋》省地方标准；2021年发布企业标准《菊芋全粉技术规程》。

1.11.1.4 绿色农产品：2018年菊芋和菊芋花获得农业农村部绿色产品标识。

1.11.1.5 菊芋入库：2019年和2020年连续两年牧草型菊芋品种秸秆进入国家饲料库。

1.11.1.6 研发平台：2016年经廊坊市民政局批准成立廊坊菊芋研究所；2018年由河北省科技厅批准组建京津冀菊芋产业创新技术战略联盟；2020年由廊坊市科技局批准成立廊坊市菊芋产业技术研究重点实验室。

### 1.11.2 与本产品相关的化验报告及部分主要参考文献

1.11.2.1 菊芋全粉产品：惠普测试集团股份有限公司检测报告。

1.11.2.2 菊芋块茎主要成分：中国科学院大连化学物理研究所检测报告。

1.11.2.3 中国农业科学院北京畜牧兽医研究所汪悦等2020年在《中国饲料》刊物发表的《菊芋饲料的营养价值、生物活性及其对动物生理功能的调控作用》。

1.11.2.4 山东农业大学杨在宾、杨立杰、姜淑贞等2018年在《草业科学》刊物发表的《菊芋生长后期生物产量及营养价值》。

1.11.2.5 刘君等2019年在《山西农业科学》刊物发表的《运用定量化育种理论选育不同生态类型菊芋新品种》。

1.11.2.6 赵芳芳、郑琛、李发弟等2011年在《草业学报》刊物发表的《菊芋粕对泌乳奶牛的营养价值评定》。

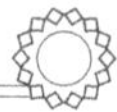

1.11.2.7　胡丹丹、郭婷婷、金亚东等在《国乳品工业》刊物发表的《果寡糖对泌乳早期奶牛瘤胃发酵及生产性能的影响》。

## 第二节　菊芋秸秆粉作为饲料原料产品

### 2.1　摘要

菊芋（*Helianthus tuberosus* L.）是菊科向日葵，属多年生、多倍体的草本作物，别名洋姜、鬼子姜、番姜等。菊芋秸秆粉中富含粗蛋白质、粗灰分、粗脂肪、粗纤维、中性洗涤纤维、酸性洗涤纤维、果聚糖、灰分、钙、磷等物质，可广泛用于畜禽饲喂，是理想的新型饲料资源。

为系统地摸清菊芋的饲用价值，中国饲料数据库情报网中心自2017年来，连续收集了廊坊市思科农业技术有限公司培育及种植的“廊芋”系列8个新品种，样品种次近百次，全面检测了不同品种、不同年份、不同茬次及不同生产期菊芋饲料秸秆的碳水化合物、总糖、氨基酸及矿物元素含量等。从营养价值特性上发现，牧草型菊芋品种在适当生产期采收的秸秆，具有较高的蛋白质含量，而且钙磷养分含量丰富，若用作粗饲料，可部分替代优质苜蓿饲料，并减少抗生素的用量，且具有明显的价格优势。中国饲料库情报网中心连续两年发布的第30、第31版《中国饲料成分及营养价值表》中，将菊芋秸秆作为粗饲料纳入中国饲料库。

本单位生产的菊芋获得了国家绿色食品标识，菊芋秸秆采用物理烘干的方法加工成菊芋秸秆粉，不产生任何残渣，对环境没有任何影响。因此，本产品是一种安全、有效、质量可控以及对环境无影响的饲料原料产品。

### 2.2　产品的名称及命名依据

#### 2.2.1　产品通用名及命名依据

产品通用名：菊芋秸秆粉；

命名依据：菊芋（*Helianthus tuberosus* L.）是菊科向日葵属多年生、多倍体的草本作物，别名洋姜、鬼子姜、番姜等，将菊芋秸秆经过物理烘干加工获得本产品。

#### 2.2.2　产品的商品名：无

#### 2.2.3　产品类别：饲料原料

## 2.3 产品研制目的

### 2.3.1 产品研制背景

#### 2.3.1.1 促进农业结构调整

我国草食畜牧业规模很大，对饲草产品需求加速，国内供应难以满足需求，而我国由于土地资源稀缺，用于牧草生产的土地极其有限，因而饲草产品供求的矛盾日益凸显。目前，我国奶业上不去的原因是缺少优质牧草，严重依赖于美国进口紫花苜蓿。按照国家稳粮、优经、扩饲的要求，加快构建粮经饲协调发展的三元种植结构，扩大饲草种植面积，应大力发展菊芋、青贮玉米、苜蓿等新型优质牧草，优化粮经饲种植结构。

#### 2.3.1.2 开发菊芋新型饲料资源

菊芋从饲料产量来讲，据试验研究，菊芋生物蛋白质单产为3 206kg/hm$^2$。以每年玉米+小麦生物总能产量为100%，种植菊芋的生物总能产量为137%，菊生物总能产量要高37%。菊芋茎叶的饲用价值及饲料质量与紫花苜蓿、青贮玉米相比优势突出。据试验分析，同等肥力的耕地种植苜蓿可产粗蛋白质138kg，而菊芋生产粗蛋白200～250kg，同时可消化养分优于指标突出，是益生元饲料补充剂，具有抗生菌的功能，减少畜禽抗生素的使用。该饲料原料中的能量和各种营养成分均衡全面，能够完全满足奶牛、肉羊、猪等家畜生长需要。由于原料来源稳定，成本极低，从而饲料的生产成本大幅度下降，生产竞争力大大提高。

#### 2.3.1.3 改善生态环境，提高土地利用率

我国适宜菊芋种植的盐碱地、沙荒地、撂荒地、山坡地等非耕地高达1.5亿亩以上。由于盐碱地土壤盐分过高，农作物难以生存，大部分土壤只能撂荒闲置，因而加剧了土壤盐渍化和土地荒漠化。菊芋具有较强的耐盐、抗旱、改良盐碱地、防风固沙能力，凭借发达的茎根系编织而成的防护网络，有效地固定住表层的土壤和水分，起到了保持水土和防风固沙的作用，因此，种植菊芋不仅可以改善盐碱地、沙荒地和非耕地生态环境，还可提高土地利用率。

综上所述，由于菊芋根系发达，繁殖能力强，具有抗旱、耐寒、耐盐碱，抗病性强，适应广等特点，是保持水土、防风固沙和改良土壤的优良作物。不仅是人类理想的绿色营养食品，畜禽的理想饲料。还可作为景观植物改善贫困地区生态环境和土地的开发利用，对保护生态环境和农业可持续发展起到了积极的推动作用。菊芋种植成本低、适于恶劣环境种植，附加值高且适于规模化加工。将菊芋饲料与畜牧饲养、景观与产业扶贫发展相衔接，实现一、二、三产业融合，菊芋种植及饲料产业发展市场前景十分广阔。

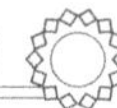

### 2.3.2 研究进展

#### 2.3.2.1 菊芋品种选育

菊芋创新团队采用作物同异育种理论，通过定量的方法，选育出耐盐、牧草、观赏、鲜食、加工型“廊芋”系列新品种，并且构建“菊芋系列”新品种农机农艺综合配套技术体系。其中选育出“廊芋21号”“廊芋22号”茎秆粗蛋白质高达14.00%左右，是畜禽优质的牧草型品种。

#### 2.3.2.2 营养价值特性

牧草型菊芋品种在适当生产期采收的秸秆，具有较高的蛋白质含量，而且钙、磷养分含量丰富，若用作粗饲料，可部分替代优质苜蓿饲料，并减少抗生素的用量，且具有明显的价格优势。中国饲料库情报网中心连续两年发布了第30、第31版《中国饲料成分及营养价值表》中，将菊芋秸秆作为粗饲料纳入中国饲料库，将为缓解我国优质粗饲料资源短缺，促进畜牧养殖业的发展，提供了新的饲料供给途径。

#### 2.3.2.3 菊芋秸秆粉产品研发

在选育牧草型菊芋新品种的基础上，针对菊芋产品的研发需要，先后购置菊芋加工设备6台套，构建研发一条菊芋秸秆粉加工中试生产线，研究开发菊芋秸秆粉的工艺流程及关键技术参数，形成一套菊芋秸秆粉加工技术规程，为菊芋产品加工研发奠定了可靠的技术支撑。

### 2.3.3 研制目标

农业农村部畜牧兽医局饲料饲草处处长黄庆生提出：“农业农村部发的关于‘禁抗’公告需要，一些对畜禽具有调养机体、健康肠胃、改善吸收、增强免疫、平衡微生态等功能，不属于药物、抗生素的绿色新型产品，可以作为功能型饲料原料在饲料中添加使用。”本产品正是具有上述功能的绿色新型产品，既可作为功能型饲料原料在饲料中添加使用，又可作为家畜养殖无抗替代技术中“益生菌”替代技术。

本产品计划从功能性原料产品的筛选和优化组合、饲料营养配方、饲料加工工艺的改进等多个角度寻求优化解决方案。

### 2.3.4 产品功能

通过本单位菊芋创新研究试验及相关文献分析，菊芋饲料营养特性优势明显，菊芋茎叶作为牛、羊常用粗饲料与紫花苜蓿、玉米秸秆和黑麦草典型养分（干基）对比，主要具有六大优点：

（1）粗蛋白质（CP）含量高。对菊芋、苜蓿、玉米秸秆和黑麦干草4种作物粗饲料比较分析可知，尽管菊芋秸秆CP含量低于盛花期苜蓿，但明显高于其他2种粗饲料。

其中，菊芋叶粉CP为19%，相当于苜蓿初花期干草CP含量；菊芋全株CP含量为10%，比苜蓿成熟期干草CP含量低3个百分点，与苜蓿茎及黑麦干草CP含量基本相同；菊芋秸秆CP含量为7%，分别比玉米秸秆高2个百分点，比黑麦秸秆高3个百分点，比玉米芯高4个百分点。

（2）富含钙（Ca）。以往的实验表明，紫花苜蓿是奶牛等草食动物所需Ca的较好来源。最新数据证明，菊芋秸秆Ca含量明显高于苜蓿、玉米秸秆和黑麦草。菊芋叶粉、菊芋全株和菊芋秸秆的Ca含量分别为17%、12%和10%，均显著高于苜蓿（8%～10%）、玉米秸秆（5%～7%）及黑麦草（6%～8%）等粗饲料。

（3）粗纤维（CF）含量适中。菊芋全株CF含量为31%，接近于中花期的苜蓿干草（30%）和黑麦干草（33%）。其中，菊芋全株的酸性洗涤纤维（ADF）、中性洗涤纤维（NDF）和有效NDF（eNDF），分别为40%、53%和100%，与苜蓿干草（40%、52%和100%）极为相近。

（4）粗脂肪（EE）含量丰富。菊芋叶粉EE含量为3.64%，与玉米芯粉（3.7%）含量接近，明显高于苜蓿叶粉（2.7%）；菊芋全株的EE含量为2.1%，与苜蓿干草中花期（2.3%）和盛花期（2%）大体相当。

（5）泌乳净能（NEL）具有性价比优势。菊芋秸秆的NEL可以比肩苜蓿草及黑麦草，但低于带穗玉米秸秆。其中，菊芋秸秆的NEL为1.03Mcal/kg，带穗玉米秸秆1.45Mcal/kg，黑麦秸秆0.97Mcal/kg、苜蓿干草1.19～1.3Mcal/kg、苜蓿茎1.01Mcal/kg。

（6）磷含量（P）丰富。菊芋饲料中P含量均高于苜蓿、玉米秸秆及黑麦草。其中，菊芋全株的P为0.45%，苜蓿草为0.18%～0.30%，玉米秸秆为0.19%～0.28%，而黑麦仅为0.04%～0.30%。

### 2.3.5 国内外在饲料及相关行业批准使用情况

#### 2.3.5.1 国外概况

欧盟组织和美国从1993年以来，即把菊芋定为取代甘蔗糖、甜菜糖的首选作物之一。菊芋作为有价值的饲料，美国、德国、法国、瑞典评定了其优点，将菊芋块根广泛用于饲喂畜禽，得到了广泛推广。联合国粮农组织（FAO）和世界卫生组织（WHO）肯定菊芋作为益生元，适量摄取可对食用者的身体健康发挥有效作用。因此，菊芋被联合国粮农组织官员定为“21世纪人畜共用作物”。

#### 2.3.5.2 国内概况

菊芋产业在我国已有300多年的发展历史，我国著名动物营养学家张子仪院士组织国内动物饲料营养领域专家撰写《国产饲料营养成分含量表》一书，1959年由农业出版社出版。该书中收集了甘肃、浙江、新疆等地6个菊芋秸秆粉样品（甘肃样品菊芋秸秆

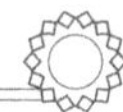

粉含水量7.1%，粗蛋白质12.5%、粗脂肪1.5%、粗纤维25.7%、无氮浸出物40.1%）。中国饲料库情报网中心发布的第30版《中国饲料成分及营养价值表》中，将菊芋秸秆作为粗饲料再次正式纳入中国饲料库，使菊芋秸秆成为畜牧业发展的新型饲草资源。另外，菊芋秸秆中含有低聚果糖，是一种可溶性膳食纤维，是国际公认的肠道益生元产品，用作动物饲料添加剂既可起到保健作用，又能起到"减抗"功效。

### 2.3.6　产品的先进性和应用前景

#### 2.3.6.1　产品的先进性

大量的研究试验表明，菊芋秸秆粉作为畜禽日粮原料，猪饲喂10%～15%，牛羊饲喂15%～20%，可以替代紫花苜蓿、玉米青贮饲料等。菊芋秸秆进入国家饲料数据库，将为缓解我国优质粗饲料资源短缺、促进畜牧养殖业的发展，提供新的饲料供给途径，有可能迈向"小菊芋大产业"的未来。

#### 2.3.6.2　应用前景

（1）种植效益比较

据京津冀地区多点试验示范，每亩施复合肥30kg，亩灌水50m$^3$，平均每亩生物产量5 000～6 000kg，平均每亩生产成本850～950元。按照目前鲜菊芋秸秆市场收购价格0.3元/kg计算，平均亩产值为1 500～1 800元；亩均利润为650～950元。菊芋与紫花苜蓿与玉米相比，氮磷需求量仅是紫花苜蓿的30%，可节水450m$^3$，增产潜力大，生态效益显著。

（2）菊芋秸秆营养丰富

①菊芋秸秆和块茎含有丰富的矿物质和蛋白质，可满足家畜生长发育的营养需求，菊芋茎叶的粗蛋白质（CP）和钙（Ca）含量均高于玉米青贮饲料，与燕麦、大麦和豆科牧草饲料等相近，可作为部分替代饲料。

②菊芋叶片蛋白质氨基酸种类齐全且配比协调，总氨基酸含量为42.07%，必需氨基酸占总氨基酸的比值为40.55%，必需氨基酸与非必需氨基酸的比值为0.68，必需氨基酸含量比菊苣和马铃薯要高几倍。绿原酸是抗菌、抗病毒的有效药理成分之一，菊芋茎、叶平均含量为0.98%。

③黄酮是一类多酚类化合物，具有抗氧化、抗病毒、保护心脏的作用，菊芋叶片菊芋叶总黄酮含量为7.03%。

④此外菊芋基本无病虫害，无须喷洒农药，不仅蛋白质含量较高，而且还具有提高机体免疫力、抑制有害菌生长等多重功效，是天然、绿色、无污染的饲料资源之一。

（3）生态环境效益

我国沙地和低洼盐碱地面积所占比例较大，其中适宜菊芋种植的盐碱地、沙荒地、撂荒地、山坡地等非耕地1.5亿亩。据天津、河北、江苏、山东等地区试验，在沿海滩涂和盐渍化土壤较重的地块，通过菊芋茎秆吸收、储存、收获转移带走土壤中的盐分，降低了土壤盐分含量，增加土壤有机质含量，改善土壤结构和性能。据新疆、内蒙古、甘肃、青海等地大面积试验示范，只要覆盖的沙土厚度不超过50cm，菊芋皆可正常萌发，并凭借菊芋的茎和根系编织而成的防护网络，有效地固定住表层的土壤和水分，起到保持水土和防风固沙作用，可以改善沙荒地和非耕地生态环境。

（4）林下经济效益

我国林地面积达20亿亩，但由于单一林木生长周期长、投资见效慢，加之自然环境恶劣导致林木效益低下，大大限制了林农发展的积极性。据河北、天津、新疆等地林下套种模式试验示范证明，林下套种菊芋可充分利用空间光、水、肥的环境，提高光和效率，改良土壤结构，促进林木的生长，有效地利用林地资源、提高林地的综合效益、增加林农收入。

（5）市场前景分析

随着养殖界“禁抗”的深入和中美贸易摩擦加剧，该饲料市场将迎来快速发展的黄金期。菊芋秸秆作为新型饲料资源，市场拉动因素包括牛、羊草食性家畜饲养、抗生素替代、提高免疫力和推进动物生产力。预计2022年将以12.9%的增长率发展，菊芋秸秆作为新型饲草原料具有更为广阔的市场前景。

## 2.4 产品组分及其鉴定报告，理化性质及安全保护信息

### 2.4.1 产品组分

#### 2.4.1.1 有效组分和含量

本产品主要营养成分有粗蛋白质10%、粗纤维31%、粗脂肪2.1%、中性洗涤纤维53%、酸洗洗涤纤维40%、肉牛维持净能5.98MJ/kg、肉牛增重净能2.05MJ/kg、奶牛泌乳净能1.33%、粗灰分0.98%。

#### 2.4.1.2 其他组分及其含量

本产品其他组分有绿原酸1.63%、总氨基酸34.09%、总糖1.8%、木质素5.1%、钙10%、磷0.45%等。

### 2.4.2 鉴定报告

本产品由农业农村部中国饲料数据库情报网中心发布的2019年第30版《中国饲料成分及营养价值表》，动物营养学国家实验室依据饲料的相关标准所规定的一系列方法；所用的仪器设备：实验室所有的氨基酸自动分析仪、液相色谱仪各种仪器等。

### 2.4.3 外观及物理性状

本产品为固体粉状；颜色去皮为灰褐色；气味：无味，细度为25目。

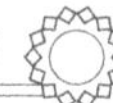

## 2.4.4　有效组分理化性质

### 2.4.4.1　粗蛋白质理化性质

（1）粗蛋白质的物理性质

①水解性：蛋白质经水解后为氨基酸。②盐析性：蛋白质的盐析性，蛋白质经过盐析并没有丧失生物活性。在蛋白质溶液中加入$(NH_4)_2SO_4$有沉淀生成，加入水后沉淀有消失。③变性性：实验结果表明，蛋白质的变性，一般都有沉淀生成，并且生成的沉淀加水后不再溶解。④颜色反应：某些蛋白质跟浓硝酸作用会产生黄色。⑤产生具有烧焦羽毛的气味。

（2）粗蛋白质的化学性质

凯氏定氮法是通过测定食物中的总氮含量再乘以相应的蛋白质系数而求出蛋白质含量的，因为样品中常含有核酸、生物碱、含氮类脂等非蛋白质的含氮化合物，故结果称为粗蛋白质含量。①粗蛋白质的分子结构之中含有大量的可以解离的基团结构，诸如：$-NH_3^+$、$-COO^-$、$-OH$、$-SH$、$-CONH_2$等，这些基团都是亲水性的基团，会吸引它周围的水分子，使水分子定向的排列在蛋白质分子的表面，形成一层水化层。形成的水化层能够将蛋白质分子之间进行相隔，从而蛋白质分子无法相互聚合在一起沉淀下来。②蛋白质在非等电点状态时，带有相同的静电荷，与其周围的反离子构成稳定的双电层。双电层使得蛋白质分子都带有相同的电荷，同性电荷之间的互斥作用使得蛋白质分子之间无法结合聚集在一起形成沉淀。

### 2.4.4.2　粗纤维的理化性质

粗纤维（Crude Fiber，缩写CF），是膳食纤维的旧称，是植物细胞壁的主要组成成分，包括纤维素、半纤维素、木质素及角质等成分。其理化特性：

（1）具有很强的吸水性、保水性和膨胀性；

（2）相应的黏性，不同品种的纤维黏度不同；

（3）通过离子交换吸附矿物元素，有利于畜禽的消化吸收。

### 2.4.4.3　粗脂肪的理化性质

粗脂肪除含有脂肪外还含有磷脂、色素、固醇、芳香油等醚溶性物质。

（1）色泽为无色：某些脂肪酸具有自己特有的气味。

（2）密度：脂肪酸的相对密度一般都小于1，随温度的升高而降低，随碳链增长而减小，不饱和键越多密度越大。

（3）熔点：随着碳链的增长呈不规则升高，奇数碳原子链脂肪酸的熔点低于其相邻的偶数碳脂肪酸，不饱和脂肪酸的熔点通常低于饱和脂肪酸，双键越多，熔点越低，双键位置越靠近碳链两端，熔点越高。

（4）沸点：随碳链增长而升高，饱和度不同但碳链长度相同的脂肪酸沸点相近。

（5）溶解性：低级脂肪酸易溶于水，但随着相对分子质量的增加，在水中的溶解度减小，以至溶或不溶于水，而溶于有机溶剂。

（6）化学性质：碳链长短与不饱和键的多少各有差异。

##### 2.4.4.4 绿原酸的理化性质

（1）物理性质

①性状为针状结晶（水），熔点为208℃。②为呈较强的酸性，能使石蕊试纸变红，可与碳酸氢钠形成有机酸盐。③溶解性位可溶于水，易溶于热水、乙醇、丙酮等亲水性溶剂，微溶于乙酸乙酯，难溶于乙醚、三氯甲烷、苯等有机溶剂。

（2）化学性质

分子结构中含酯键，在碱性水溶液中易被水解。在提取分离过程中应避免被碱分解。

#### 2.4.5 产品安全防护信息

本产品对操作人员不会造成任何伤害，通常情况下不需要采取特别的防护措施。

### 2.5 产品功能、适用范围、使用方法

#### 2.5.1 产品功能

菊芋饲料营养特性优势明显，菊芋茎叶作为牛、羊常用粗饲料与紫花苜蓿、玉米秸秆和黑麦草典型养分（干基）对比，主要具有六大优点。

##### 2.5.1.1 粗蛋白质（CP）含量高

对菊芋、苜蓿、玉米秸秆和黑麦干草4种作物粗饲料比较分析，尽管菊芋秸秆CP的含量低于盛花期苜蓿草，但明显高于其他2种粗饲料。其中，菊芋叶粉CP为19%，相当于苜蓿初花期干草CP含量；菊芋全株CP含量为10%，比苜蓿成熟期干草CP含量低3个百分点，与苜蓿茎及黑麦干草CP含量基本相同；菊芋秸秆CP含量为7%，分别比玉米秸秆高2个百分点，比黑麦秸秆高3个百分点，比玉米芯高4个百分点。

##### 2.5.1.2 富含钙（Ca）成分

以往的实验表明，紫花苜蓿是奶牛等草食动物所需Ca的较好来源。最新数据证明，菊芋秸秆Ca含量明显高于苜蓿、玉米秸秆和黑麦草。菊芋叶粉、菊芋全株和菊芋秸秆的Ca含量分别为17%、12%和10%，均显著高于苜蓿（8%~10%）、玉米秸秆（5%~7%）及黑麦草（6%~8%）等粗饲料。

##### 2.5.1.3 粗纤维（CF）含量适中

菊芋全株CF含量为31%，接近于中花期的苜蓿干草（30%）和黑麦干草（33%）的CF含量。其中，菊芋全株的酸性洗涤纤维（ADF）、中性洗涤纤维（NDF）和有效

 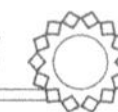

NDF（eNDF），分别为40%、53%和100%，与苜蓿干草（40%、52%和100%）极为相近。

2.5.1.4　粗脂肪（EE）含量丰富

菊芋叶粉EE含量为3.64%，与玉米芯粉（3.7%）含量接近，明显高于苜蓿叶粉（2.7%）；菊芋全株的EE含量为2.1%，与苜蓿干草中花期（2.3%）和盛花期（2%）大体相当。

2.5.1.5　泌乳净能（NEL）具有优势

菊芋秸秆的NEL高于苜蓿草及黑麦草，但低于带穗玉米秸秆。其中，菊芋秸秆的NEL为4.31MJ/kg，带穗玉米秸秆6.06MJ/kg，黑麦秸秆4.06MJ/kg、苜蓿干草4.98～5.44MJ/kg、苜蓿茎4.23MJ/kg及玉米秸秆5.12MJ/kg。

2.5.1.6　磷含量（P）丰富

菊芋饲料含量均高于苜蓿、玉米秸秆及黑麦草。其中，菊芋全株的P为0.45%，苜蓿草为0.18%～0.30%，玉米秸秆为0.19%～0.28%，黑麦为0.04%～0.30%。

2.5.2　我国发表关于菊芋块茎作为饲料应用的部分文献阐述其作用机理

（1）目前有大量研究表明，肠道微生态平衡不仅对消化有益，还可提高机体免疫力等多种功效。另有研究发现，在断奶仔猪日粮中添加3%和6%的菊芋粉，均可提高饲料消化率，降低料重比，同时还可降低粪便异味，起到舍内净化空气的作用，从而提高饲料利用率，提高生产效率。

（2）由于菊芋叶片的CP含量约是块茎的5倍，约是茎秆的3倍。叶片中水解氨基酸的总含量可达叶片干重的12.45%，其中脯氨酸、天门冬氨酸、谷氨酸和亮氨酸为菊芋叶片中氨基酸的主要组成成分，而脯氨酸含量最高（Peksa等，2016）。

（3）叶片中的氮含量从幼叶中的35%逐渐降至老叶中的12%，CP含量从17.3%DM减少到13.3%DM。叶片β-胡萝卜素（371mg/kg）和维生素C（1 662mg/kg）的水平相对较高，约是块茎的4～8倍。茎比叶含有更多的纤维素和半纤维素。除了果糖之外，叶和茎中发现的糖主要是葡萄糖，还有一些蔗糖、木糖、半乳糖、甘露糖、阿拉伯糖和鼠李糖。

（4）杨立杰等（2017）试验表明，在奶牛基础日粮中添加10%菊芋秸秆饲喂3周，可使乳脂率提高7.7%（$P<0.05$），血清谷胱甘肽过氧化物酶（GSH-Px）活性提高10.4%（$P<0.05$），乳汁中GSH-Px和超氧化物歧化酶（SOD）活性分别提高18.7%和28.8%。奶牛日粮中粗料比例增加，有助于提高瘤胃pH值，增加乙酸产量，进而提高乳脂率（Yves等，2007）。

（5）通菊芋秸秆替代紫花苜蓿饲草进行奶牛饲喂试验，在奶牛基础日粮中添加10%菊芋秸秆可使乳脂率提高7.7%，血清GSH-Px活性提高10.4%，乳汁中GSH-Px和SOD活性分别提高18.7%和28.8%。

（6）奶牛日粮中粗料比例增加，有助于提高瘤胃pH值，增加乙酸产量，进而提高乳脂率，通过降低基础肝葡萄糖产生来降低餐后葡萄糖、尿素和甘油三酯浓度，可溶性纤维的补充增加了血浆胰高血糖素样肽-I的浓度，胰高血糖素样肽-I进而刺激胰岛素分泌。

（7）日粮中添加15%菊芋粕，饲喂60d，与对照组（基础日粮）相比，体质量增加30.6%，体高增加8.6%，体长增加16.3%，胸围增加12.60%。显著的生长育肥效果源于动物对饲料营养成分高效的吸收率。试验表明，小尾寒羊对菊芋粕DM消化率为62.47%，OM消化率为65.18%，NDF消化率为48.2%，ADF消化率为46.3%，消化能达到13.22MJ/kg（王水旺等，2014）。

（8）有研究证明，菊糖可显著提高奶牛瘤胃假单胞菌属、拟杆菌属、瘤胃球菌属、丁酸弧菌属的丰度，也可在一定程度上促进纤维降解菌属的增加（胡丹丹等，2017）。以前的研究表明，育肥犊牛在育肥后期会出现餐后高血糖、糖尿、高胰岛素血症和明显的胰岛素抵抗（Hugi等，1997），这些症状表明代谢控制不足或葡萄糖作为能源的低效使用。

（9）也有证据表明，菊糖摄入可通过降低基础肝葡萄糖产生来降低餐后葡萄糖、尿素和甘油三酯浓度。其作用机制可能是可溶性纤维的补充增加了血浆胰高血糖素样肽-I的浓度，胰高血糖素样肽-I进而刺激胰岛素分泌（Kaufhold等，2000）。上述资料归纳了菊芋秸秆在动物生产中的应用，以期为菊芋的开发利用提供一定的参考依据。

#### 2.5.3 适用范围

肉牛、奶牛、羊、猪等家畜的各饲养阶段

#### 2.5.4 使用方法

作为饲料原料在配方中使用。推荐用量如下：

（1）肉牛TMR日粮中15%～20%；

（2）奶牛TMR日粮中15%～20%；

（3）羊TMR日粮中15%；

（4）猪全价日粮中10%～12%。

## 2.6　生产工艺、制造方法及产品稳定性报告

### 2.6.1　生产工艺及制造方法

#### 2.6.1.1　产品生产流程图

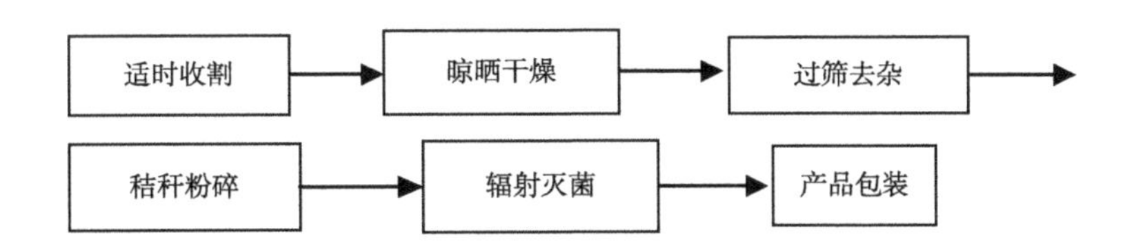


#### 2.6.1.2　工艺描述

（1）适时收割，菊芋植株粗蛋白质产量随着生长期各器官和部位都在发生巨大变化，从饲料产量来讲，霜降前两周左右，是菊芋块茎收获的前两周，产量最大，是做饲料用途的适时收获期。

（2）将收割后的菊芋秸秆晾晒干燥，含水量控制在10%以下。

（3）将菊芋秸秆通过振荡筛去除土块杂质，用粉碎机粉碎成碎料，过25目筛成菊芋秸秆粉。

（4）灭菌包装。将菊秸秆粉灌入厚度为1.5mm的封闭的塑料袋，重量为10kg。

### 2.6.2　产品稳定性试验报告

本产品由农业农村部指定的承检机构中国农业科学院北京畜牧兽医研究所进行产品的成分检测，并做了绿色产品标识的相关检测。

## 2.7　产品质量标准草案、编制说明及检验报告

### 2.7.1　产品质量标准草案

本产品依照廊坊市思科农业技术有限公司2021年1月编制的《菊芋秸秆粉技术规程》，于适当时候发布企业标准实施。

### 2.7.2　编制说明

#### 2.7.2.1　任务来源

菊芋是优良的饲料资源，将块茎加工成菊芋全粉产品作日粮与原料饲喂，可有效增殖畜禽体内双歧杆菌，改善脂质代谢，提高免疫功能，能够完全满足奶牛、肉羊、猪等家畜生长需要。由于菊芋原料来源稳定，收购价格低，可大幅度降低饲料成本，从而提

高生产竞争力。本单位为贯彻落实2019年中央一号文件提出的“全方位、多途径开发饲料资源，促进粮、经、饲种植结构调整”的文件精神，遵照农业农村部关于饲料原料产品申报相关文件规定及新型饲料原料产品申报的相关要求，针对菊芋新型饲料资源开发的市场需求，组织有关技术人员起草该标准，企业标准名称为《菊芋秸秆粉生产测试技术规程》。

2.7.2.2　编制过程

（1）前期研究工作

廊坊市思科农业技术有限公司菊芋创新团队从事菊芋新品种选育与栽培技术研究已有十多年的历史，特别是近年来承担国家、省、市科研项目，采用作物同异育种理论，通过定量的方法，选育出耐盐、牧草、观赏、鲜食、加工型“廊芋”系列新品种，并且构建“菊芋系列”新品种农机农艺综合配套技术体系。选育出“廊芋21号”“廊芋22号”，茎秆粗蛋白质高达14.11%。

通过与中国农业科学院北京畜牧兽医研究所、廊坊市农林科学院畜牧研究所及天津金三农农业科技开发有限公司等科研院所、畜牧企业合作，开展菊芋秸秆粉奶牛、蛋鸡、羊、猪的饲喂试验。用菊芋秸秆粉替代紫花苜蓿粉进行奶牛饲喂试验，降低畜禽发病率，提高肉蛋奶日产量，提升畜禽产品质量，降低成本提高效率，开辟菊芋作为新型饲料原料的新途径。

在选育牧草型菊芋新品种的基础上，针对菊芋产品的研发需要构建研发一条菊芋秸秆粉加工中试生产线，研究开发菊芋秸秆粉的工艺流程及关键技术参数，形成一套菊芋秸秆粉加工技术规程。经多年验证产生了良好的经济和社会效益，积累了丰富菊芋秸秆粉生产与应用的经验，为本标准的制定奠定了坚实的基础。

（2）标准草案编写

在上述研究应用基础上，进行标准的编写，形成了《菊芋秸秆粉生产测试技术规程》企业标准意见稿，采取会议、网络、电话等多种形式向中国农业大学、天津市农业科学院畜牧兽医研究所、河北省农林科学院、廊坊市农业局等相关领域的专家征求意见。

（3）编制原则

应按照《标准化工作导则第1部分：标准的结构与编写》（GB/T 1.1）和《标准编写规则第10部分：产品标准》（GB/T 20001.10）的要求为依据，以实用性、科学性和可操作性为基本原则进行编写。旨在满足广大畜禽饲养农户作为新型饲料原料的需求，促进菊芋新饲料资源的开发应用。

（4）编制主要内容

①阐明本标准的适用范围、制定标准的目的、落实本标准所需的基本要求。

②本规程规定了菊芋全粉的技术要求、检测方法、检测规则、标识、包装、运输、

储藏和保质期。本规程适用于以菊芋块茎为原料，经适时收获、晾晒、杀菌、粉碎而成，用作饲料原料的菊芋秸秆粉产品。

③参考标准

农作物秸秆综合利用通则（NY/T 3020）、保护性耕作机械秸秆粉碎还田收获机（NB/T 24675.6）、草捆打捆机作业质量标准（NY/T 1631）、食品安全国家标准食品中水分的测定（GB 5009.3）、饲料中粗蛋白测定方法（GB/T 6432）、饲料中粗脂肪测定方法（GB/T 6433）、饲料中粗纤维测定方法（GB/T 6434）、饲料中粗灰分测定方法（GB/T 6438）、饲料中绿原酸的检测方法（DB34/T 3477）、饲料标签（GB 10648）、饲料卫生标准（GB 13078）等11个标准的相关规程与术语。

2.7.2.3 主要指标确定的依据及说明

本标准主要指标来源于2010—2020年进行“专用菊芋新品种选育及系列产品研制与应用”研究成果，并在京津冀、山东、湖北、河南、甘肃、青海、新疆等地区进行畜禽饲喂试验与示范。先后委托中国科学院大连化学物理研究所、中国农业科学院北京畜牧兽医研究所对菊芋块茎养分含量进行多年、多点化验。主要指标如表13-3所示。

表13-3 牧草型菊芋品种检测指标汇总

| 品种名称 | 试验测定指标 | | | | | | | 备注 |
|---|---|---|---|---|---|---|---|---|
| | 鲜块茎产量（kg/亩） | 生物产量（kg/亩） | 总糖含量（%） | 果聚糖（%） | 秸秆粗蛋白质（%） | 秸秆粗纤维（%） | 秸秆粗脂肪（%） | 蛋白质等营养成分含量高，适口性好 |
| 廊芋21号 | 3 017.7 | 8 565.95 | 16.58 | 6.6 | 14.41 | 27.79 | 1.78 | |
| 确定指标 | | | | | | | | |
| 鲜块茎产量（kg/亩） | 生物产量（kg/亩） | 总糖含量（%） | 果聚糖（%） | 秸秆粗蛋白质（%） | 秸秆粗纤维（%） | 秸秆粗脂肪（%） | 鲜秸秆产量（kg/亩） | 蛋白质等营养成分含量高，适口性好 |
| 2 000～3 000 | 6 000～8 000 | 16～17 | 6.0～7.0 | 12.0～14.0 | 26.0～30.0 | 1.70～1.80 | 7 500～9 000 | |

同时，委托农业农村部指定产品检测单位中国农业科学院北京畜牧兽医研究所对菊芋秸秆粉养分含量进行测试，结果如表13-4所示。

表13-4 菊芋秸秆粉理化指标（干基）

| 序号 | 项目 | 指标 |
|---|---|---|
| 1 | 干物质（DM，%）≥ | 90.0 |
| 2 | 粗蛋白质（CP，%）≥ | 10.0 |
| 3 | 粗脂肪（EE，%）≥ | 2.0 |

（续表）

| 序号 | 项目 | 指标 |
| --- | --- | --- |
| 4 | 粗纤维（CF，%）≥ | 30.0 |
| 5 | 粗灰分（Ash，%）≥ | 0.90 |
| 6 | 中性洗涤纤维（NDF，%）≥ | 53.0 |
| 7 | 酸性洗涤纤维（ADF，%）≥ | 40.0 |
| 8 | 肉牛维持净能（MJ/kg）≥ | 4.65 |
| 9 | 肉牛增重净能（MJ/kg）≥ | 2.45 |
| 10 | 奶牛泌乳净能（MJ/kg）≥ | 4.18 |
| 11 | 羊消化能（MJ/kg）≥ | 6.55 |
| 12 | 绿原酸（%）≥ | 1.5 |
| 13 | 氨基酸总量（%）≥ | 30 |
| 14 | 总糖（%）≥ | 1.5 |

2.7.2.4　与有关法律法规和政策及相关标准的协调

（1）与有关法律法规的协调

以《农作物秸秆综合利用通则》《食品安全国家标准》《饲料质量安全管理规范》（农业部令2014年第1号）、《饲料卫生标准》《饲料原料目录》《天然植物饲料原料通用要求》等与菊芋全粉产品质量安全相关的法律法规为法律依据。

（2）与有关标准的协调

以《保护性耕作机械秸秆粉碎还田收获机》（NB/T 24675.6）、《草捆打捆机作业质量标准》（NY/T 1631）、《食品安全国家标准　食品中水分的测定》（GB 5009.3）、《饲料中粗蛋白测定方法》（GB/T 6432）、《饲料中粗脂肪测定方法》（GB/T 6433）、《饲料中粗纤维测定方法》（GB/T 6434）、《饲料中粗灰分测定方法》GB/T 6438、《饲料中绿原酸的检测方法》（DB34/T 3477）、《饲料标签》（GB 10648）、《饲料卫生标准》（GB 13078）等为制定本标准的行业依据。

（3）菊芋作为新型饲料原料资源与饲料产业的现实需求协调

菊芋作为新型饲料原料资源以河北省全域内菊芋生产及饲料产业的现实需求情况，以及绿色产品标准，饲料产品质量监测检测的各项指标规定要求等诸多因素为现实依据。

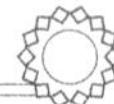

2.7.2.5　贯彻标准的措施和预期的标准化经济效果

（1）贯彻标准的措施

为保证本标准的顺利实施，建议设立专项基金，加大对标准执行的投入力度；标准实施过程中，聘请有关专家进行各种形式的技术培训；大力宣传、普及地方标准的作用与意义，使广大饲料饲喂用户认识到执行地方标准的重要性，进一步提高饲料行业及畜禽饲喂用户的科技文化素质。

（2）预期的标准化经济效果

本标准的制定符合我国及河北省畜牧业的生产实际，标准的制定和推广将提升菊芋秸秆粉产量和品质，推动菊芋产业化发展，充分发挥该饲料原料中的能量和各种营养成分均衡全面，能够完全满足奶牛、肉羊、猪等家畜生长需要。由于原料来源稳定，成本极低，从而饲料的生产成本大幅度下降，生产竞争力大大提高等诸多优点，从而为畜牧业发展提供优质饲料原料。

2.7.3　检测方法

有最高限量要求的产品，应根据其适用的对象，应提供有效组分在配合饲料、浓缩饲料、精料补充料或添加剂混合饲料中的检测方法。

本产品作为饲料日粮原料的主要有效组分的检测方法包括以下两类。

（1）产品感官指标检测方法

通过目视观察了解，本产品为固体粉状；颜色为浅褐色粉末，无霉变、结块、虫蛀及异味。

（2）产品质量指标检测方法

①总糖的检测，按附件A1的方法检测。

②还原糖的检测，按附件A1和A2的方法检测。

③蔗果糖的检测，蔗果糖含量=总糖含量-还原糖含量。

④水分的检测，按GB 5000.3中的方法检测。

⑤粗蛋白的检测，按附件A3及GB/T 6432中的方法检测。

⑥氨基酸总量的检测，按GB/T 15399饲料中含硫氨基酸测定方法检测。

⑦粗纤维的检测，按GB/T 6434饲料中粗纤维测定方法检测。

⑧粗脂肪的检测，按GB/T 6433饲料中粗脂肪测定方法检测。

⑨粗灰分的检测，按B/T 6438饲料中粗灰分测定方法检测。

⑩绿原酸的检测，按DB34/T 3477饲料中绿原酸的检测。

## 2.8 标签式样、包装要求、储存条件、保质期和注意事项

### 2.8.1 标签和标志

本产品标签和标志，符合《饲料标签》（GB 10648）的相关要求。

### 2.8.2 产品包装

本产品包装和说明书应注明：品名、产品成分分析保证值、厂名、注册地址、生产地址、邮政编码、生产日期、保质期、净含量、存储条件及产品执行标准编号。

### 2.8.3 产品运输

本产品运输车辆和器具应保持清洁、卫生。运输过程中应注意安全，防治日晒、雨淋、渗透、污染和标签脱落。不得与有害、有毒物质同车运输。

### 2.8.4 产品存储

本产品应存储于阴凉、干燥及通风处，不得与有害有毒物质一同存放。

### 2.8.5 产品保质期

本品在上述规定的地方储存，运输的条件下，保质期为36个月。

## 2.9 中试生产总结和“三废”处理报告

### 2.9.1 中试生产总结

本产品中试地点在河北省安次区码头镇马神庙村思科农业现代农业科技示范园菊芋研发核心区内中试车间进行，该产品的生产批次连续5次，每次生产量量根据订单需要而定。生产工艺流程严格按照2021年发布企业标准《菊芋全粉技术规程》运行（详见企业标准）。

### 2.9.2 “三废”处理报告

该产品生产过程中产生的“三废”仅是在鲜菊芋块茎清洗过程产生的少量废水，经沉淀后可以循环使用。

## 2.10 其他材料

其他应提供的证明文件和必要材料。例如，进一步证明产品安全性试验报告。

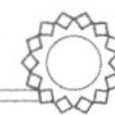

## 2.11　参考资料

### 2.11.1　研发成果及产品化验的参考资料目录

2.11.1.1　专利：发明专利："牧草型菊芋新品种选育方法、种植方法及收获方法"ZL. 201810454997.6；实用新型专利："菊芋收获机"ZL. 201520170818.8。

2.11.1.2　研发成果：2014年"生态经济型菊芋新品种选育与农机农艺配套技术研究"，达到国际先进水平；2018年"特色菊芋新品种选育与产业链开发"，获得河北省创新创业二等奖；2019年"特色作物菊芋新品种选育及全产业链开发"达到国际先进水平。

2.11.1.3　标准：2016年DB13/2560.2—2017《菊芋栽培技术规程　第2部分：牧草型菊芋》省地方标准；2021年发布企业标准《菊芋全粉技术规程》。

2.11.1.4　绿色农产品：2018年菊芋和菊芋花获得农业农村部绿色产品标识。

2.11.1.5　菊芋入库：2019年和2020年连续两年牧草型菊芋品种秸秆进入国家饲料库。

2.11.1.6　研发平台：2016年经廊坊市民政局批准成立廊坊菊芋研究所；2018年由河北省科技厅批准组建京津冀菊芋产业创新技术战略联盟；2020年由廊坊市科技局批准成立廊坊市菊芋产业技术研究重点实验室。

### 2.11.2　与本产品相关的化验报告及部分主要参考文献

2.11.2.1　菊芋秸秆粉产品：中国农业科学院北京畜牧兽医研究所菊芋秸秆检测报告。

2.11.2.2　中国农业科学院北京畜牧兽医研究所汪悦等2020年在《中国饲料》刊物发表的《菊芋饲料的营养价值、生物活性及其对动物生理功能的调控作用》。

2.11.2.3　山东农业大学杨在宾、杨立杰、姜淑贞等2018年在《草业科学》刊物发表的《菊芋生长后期生物产量及营养价值》。

2.11.2.4　刘君等2019年在《山西农业科学》刊物发表的《运用定量化育种理论选育不同生态类型菊芋新品种》。

2.11.2.5　赵芳芳、郑琛、李发弟等2011年在《草业学报》刊物发表的《菊芋粕对泌乳奶牛的营养价值评定》。

2.11.2.6　胡丹丹、郭婷婷、金亚东等在《国乳品工业》刊物发表的《果寡糖对泌乳早期奶牛瘤胃发酵及生产性能的影响》。

# 第十四章　菊芋相关专利

**菊芋相关专利**

| 知识产权类别 | 知识产权具体名称 | 国家 | 授权号 | 授权日期 |
| --- | --- | --- | --- | --- |
| 发明专利 | 牧草型菊芋品种的选育方法、种植方法及收获方法 | 中国 | ZL 201810454997.6 | 2020/4/14 |
| 发明专利 | 观赏型菊芋品种的选育方法及种植方法 | 中国 | ZL 201610510470.1 | 2019/1/18 |
| 发明专利 | 一种提取菊芋中菊粉的工业化生产方法 | 中国 | ZL 201710930081.9 | 2019/12/20 |
| 发明专利 | 一种从菊芋中提取菊粉的工业化生产方法 | 中国 | ZL 201611262397.7 | 2019/5/17 |
| 发明专利 | 一种快速、高效生产菊粉的工业化方法 | 中国 | ZL 201611260148.4 | 2019/5/14 |
| 发明专利 | 治疗糖尿病的中药组合物及其制备方法 | 中国 | ZL 201510132393.6 | 2018/3/13 |
| 发明专利 | 农作物水肥一体化控制系统及其控制方法 | 中国 | ZL 201510171212.0 | 2017/3/1 |

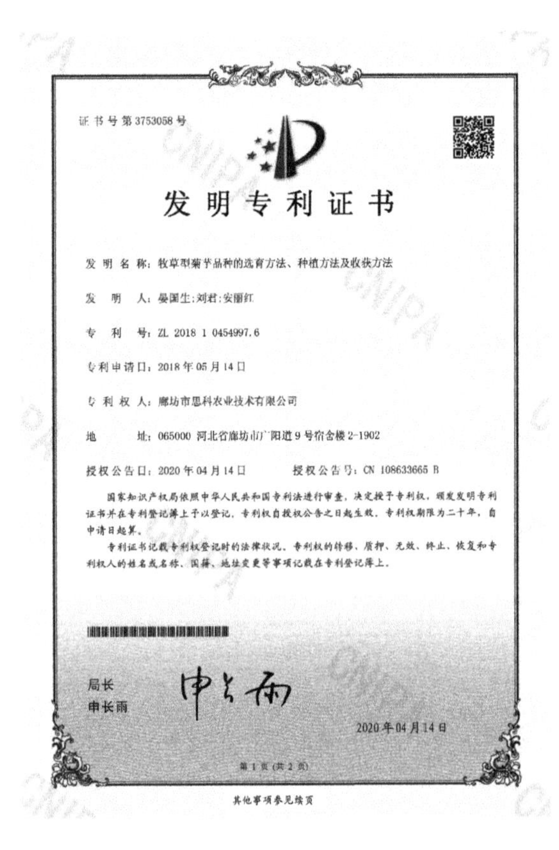

证书号第3753058号

发明专利证书

发 明 名 称：牧草型菊芋品种的选育方法、种植方法及收获方法

发　明　人：晏国生;刘君;安丽红

专　利　号：ZL 2018 1 0454997.6

专利申请日：2018年05月14日

专 利 权 人：廊坊市思科农业技术有限公司

地　　　址：065000 河北省廊坊市广阳道9号宿舍楼2-1902

授权公告日：2020年04月14日　　授权公告号：CN 108633665 B

国家知识产权局依照中华人民共和国专利法进行审查，决定授予专利权，颁发发明专利证书并在专利登记簿上予以登记。专利权自授权公告之日起生效。专利权期限为二十年，自申请日起算。

专利证书记载专利权登记时的法律状况。专利权的转移、质押、无效、终止、恢复和专利权人的姓名或名称、国籍、地址变更等事项记载在专利登记簿上。

局长
申长雨

2020年04月14日

第1页（共2页）

其他事项参见续页

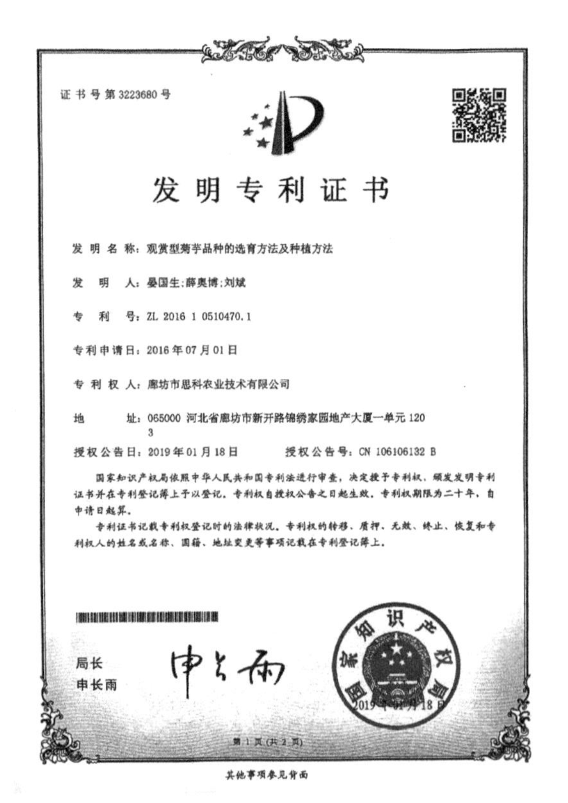

证书号第3223680号

发明专利证书

发 明 名 称：观赏型菊芋品种的选育方法及种植方法

发　明　人：晏国生;薛奥博;刘斌

专　利　号：ZL 2016 1 0510470.1

专利申请日：2016年07月01日

专 利 权 人：廊坊市思科农业技术有限公司

地　　　址：065000 河北省廊坊市新开路锦绣家园地产大厦一单元120
3

授权公告日：2019年01月18日　　授权公告号：CN 106106132 B

国家知识产权局依照中华人民共和国专利法进行审查，决定授予专利权，颁发发明专利证书并在专利登记簿上予以登记。专利权自授权公告之日起生效。专利权期限为二十年，自申请日起算。

专利证书记载专利权登记时的法律状况。专利权的转移、质押、无效、终止、恢复和专利权人的姓名或名称、国籍、地址变更等事项记载在专利登记簿上。

局长
申长雨

2019年01月18日

第1页（共2页）

其他事项参见背面

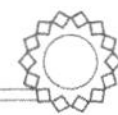

证书号第3639125号

发明专利证书

发明名称：一种提取菊芋中菊粉的工业化生产方法

发明人：张志明；安晓东；李乾丽；杨丽微；吕兴娜

专利号：ZL 2017 1 0930081.9

专利申请日：2017年10月09日

专利权人：晨光生物科技集团股份有限公司

地址：057250 河北省邯郸市曲周县晨光路1号

授权公告日：2019年12月20日　　授权公告号：CN 107602731 B

国家知识产权局依照中华人民共和国专利法进行审查，决定授予专利权，颁发发明专利证书并在专利登记簿上予以登记。专利权自授权公告之日起生效。专利权期限为二十年，自申请日起算。

专利证书记载专利权登记时的法律状况。专利权的转移、质押、无效、终止、恢复和专利权人的姓名或名称、国籍、地址变更等事项记载在专利登记簿上。

局长
申长雨

2019年12月20日

第1页（共2页）

其他事项参见背面

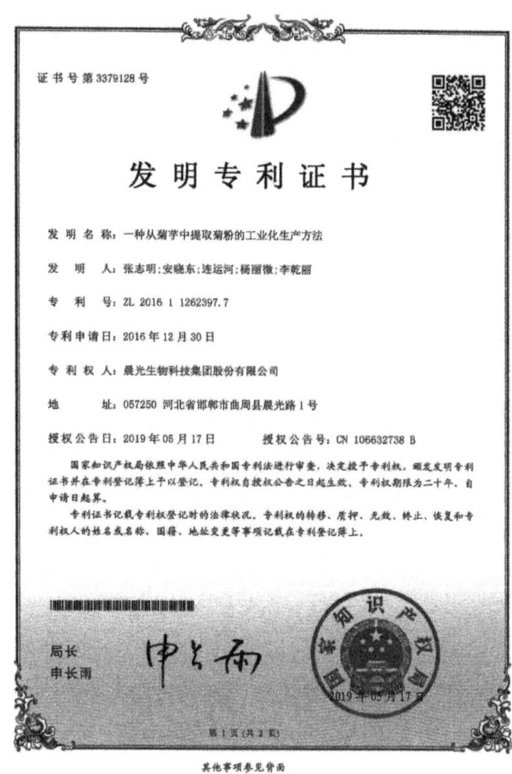

证书号第3379128号

发明专利证书

发明名称：一种从菊芋中提取菊粉的工业化生产方法

发明人：张志明；安晓东；连运河；杨丽微；李乾丽

专利号：ZL 2016 1 1262397.7

专利申请日：2016年12月30日

专利权人：晨光生物科技集团股份有限公司

地址：057250 河北省邯郸市曲周县晨光路1号

授权公告日：2019年05月17日　　授权公告号：CN 106632738 B

国家知识产权局依照中华人民共和国专利法进行审查，决定授予专利权，颁发发明专利证书并在专利登记簿上予以登记。专利权自授权公告之日起生效。专利权期限为二十年，自申请日起算。

专利证书记载专利权登记时的法律状况。专利权的转移、质押、无效、终止、恢复和专利权人的姓名或名称、国籍、地址变更等事项记载在专利登记簿上。

局长
申长雨

2019年05月17日

第1页（共2页）

其他事项参见背面

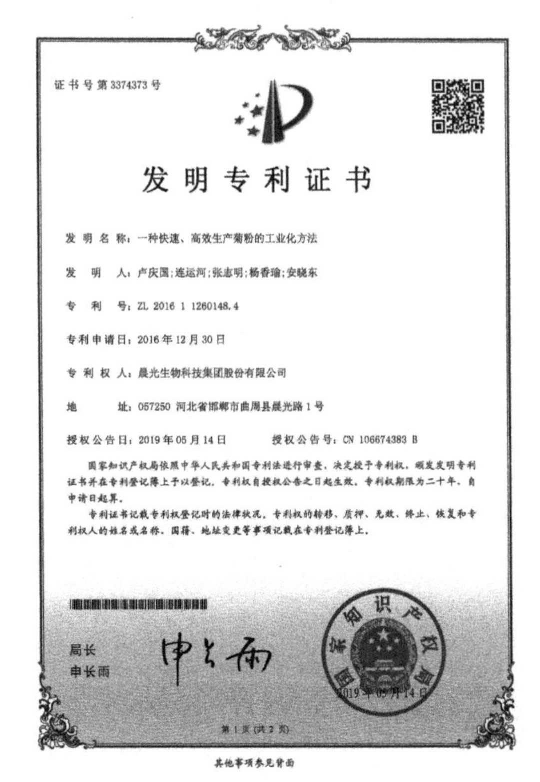

证书号第3374373号

发明专利证书

发明名称：一种快速、高效生产菊粉的工业化方法

发明人：卢庆国；连运河；张志明；杨香瑜；安晓东

专利号：ZL 2016 1 1260148.4

专利申请日：2016年12月30日

专利权人：晨光生物科技集团股份有限公司

地址：057250 河北省邯郸市曲周县晨光路1号

授权公告日：2019年05月14日　　授权公告号：CN 106674383 B

国家知识产权局依照中华人民共和国专利法进行审查，决定授予专利权，颁发发明专利证书并在专利登记簿上予以登记。专利权自授权公告之日起生效。专利权期限为二十年，自申请日起算。

专利证书记载专利权登记时的法律状况。专利权的转移、质押、无效、终止、恢复和专利权人的姓名或名称、国籍、地址变更等事项记载在专利登记簿上。

局长
申长雨

2019年05月14日

第1页（共2页）

其他事项参见背面

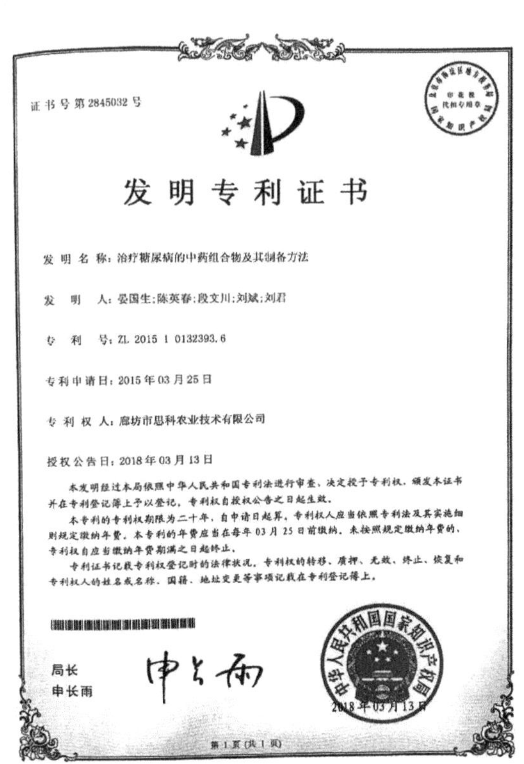

证书号第2845032号

发明专利证书

发明名称：治疗糖尿病的中药组合物及其制备方法

发明人：晏国生；陈英春；段文川；刘斌；刘君

专利号：ZL 2015 1 0132393.6

专利申请日：2015年03月25日

专利权人：廊坊市思科农业技术有限公司

授权公告日：2018年03月13日

本发明经过本局依照中华人民共和国专利法进行审查，决定授予专利权，颁发本证书并在专利登记簿上予以登记。专利权自授权公告之日起生效。

本专利的专利权期限为二十年，自申请日起算。专利权人应当依照专利法及其实施细则规定缴纳年费。本专利的年费应当在每年03月25日前缴纳。未按照规定缴纳年费的，专利权自应当缴纳年费期满之日起终止。

专利证书记载专利权登记时的法律状况。专利权的转移、质押、无效、终止、恢复和专利权人的姓名或名称、国籍、地址变更等事项记载在专利登记簿上。

局长
申长雨

中华人民共和国国家知识产权局

2018年03月13日

第1页（共1页）

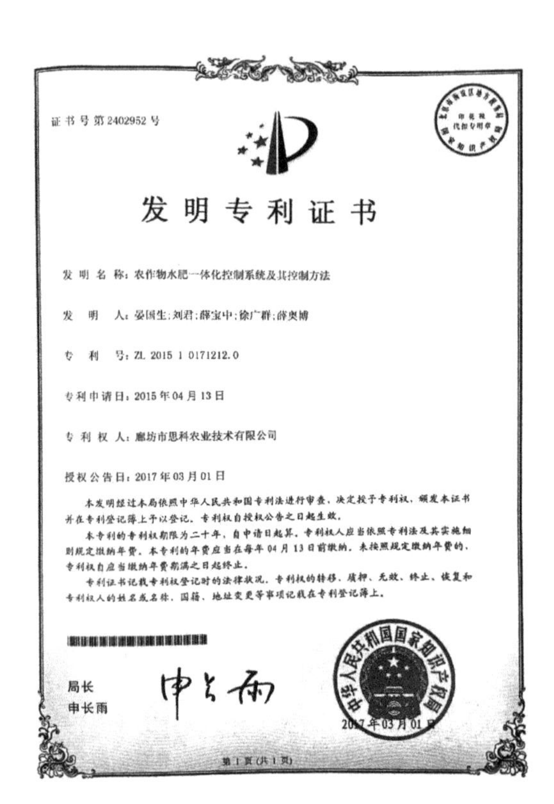

证书号第2402952号

# 发明专利证书

发 明 名 称：农作物水肥一体化控制系统及其控制方法

发　明　人：晏国生；刘君；薛宝中；徐广群；薛奥博

专　利　号：ZL 2015 1 0171212.0

专利申请日：2015年04月13日

专 利 权 人：廊坊市思科农业技术有限公司

授权公告日：2017年03月01日

本发明经过本局依照中华人民共和国专利法进行审查，决定授予专利权，颁发本证书并在专利登记簿上予以登记。专利权自授权公告之日起生效。

本专利的专利权期限为二十年，自申请日起算。专利权人应当依照专利法及其实施细则规定缴纳年费。本专利的年费应当在每年04月13日前缴纳。未按照规定缴纳年费的，专利权自应当缴纳年费期满之日起终止。

专利证书记载专利权登记时的法律状况。专利权的转移、质押、无效、终止、恢复和专利权人的姓名或名称、国籍、地址变更等事项记载在专利登记簿上。

局长
申长雨

中华人民共和国国家知识产权局
2017年03月01日

第1页（共1页）

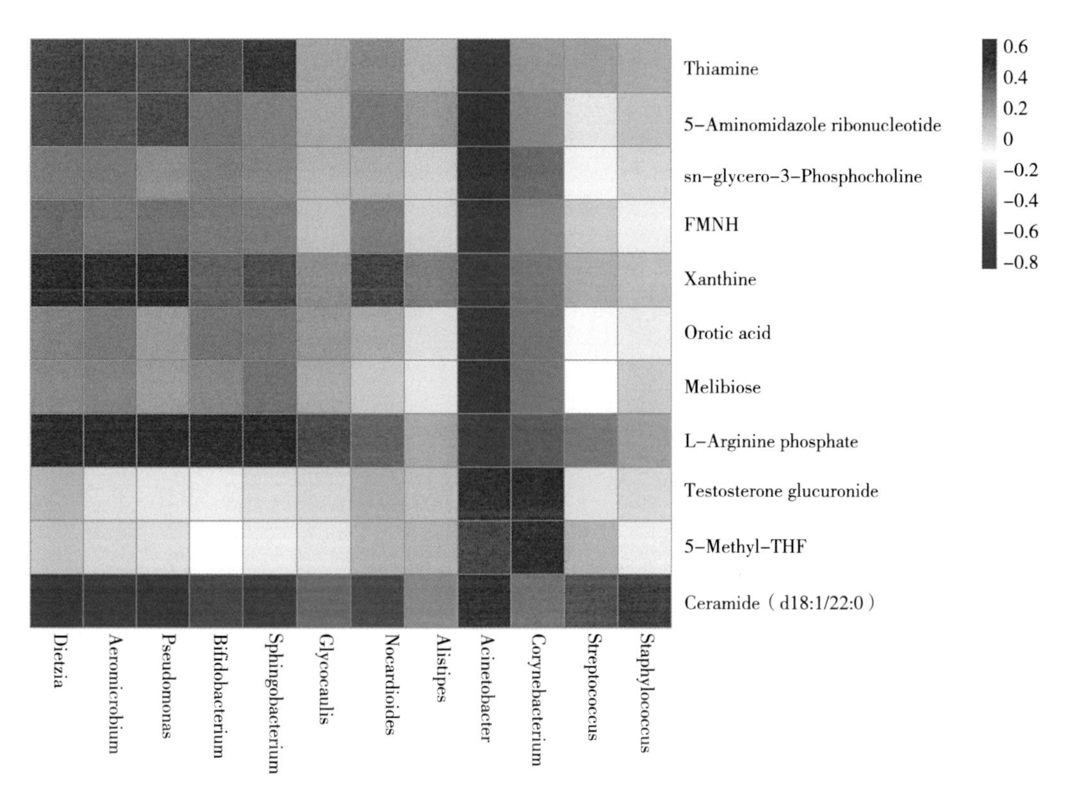


**彩图3-5　牛奶样品中差异细菌属与差异代谢物的相关性分析**

行为代谢物，列为细菌。红色表示正相关，蓝色表示负相关。

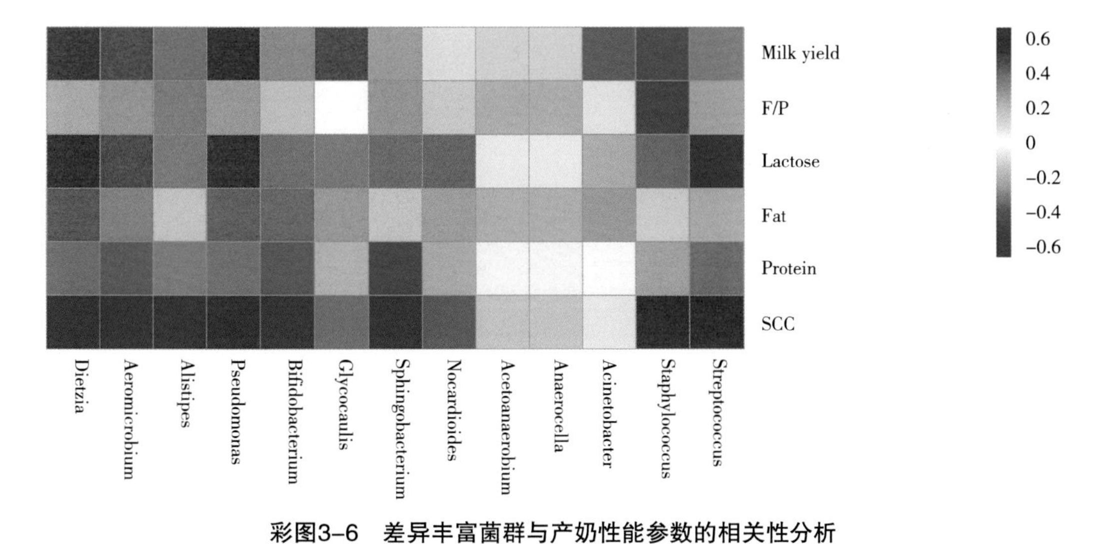


**彩图3-6　差异丰富菌群与产奶性能参数的相关性分析**

行为泌乳性能参数，列为细菌属，红色表示正相关，蓝色表示负相关。

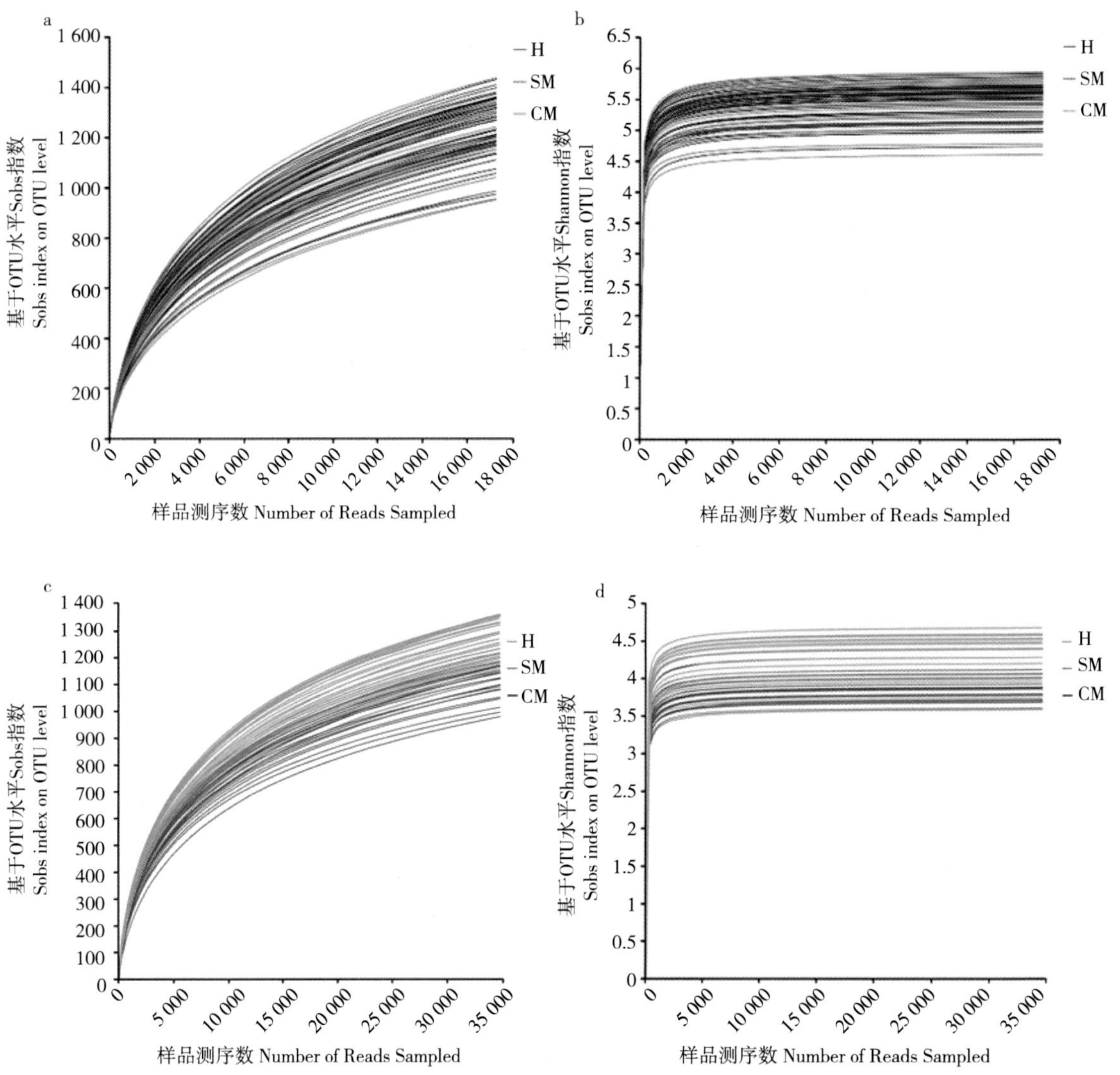


彩图4-1　基于OTU水平和α-多样性指数的瘤胃（a，b）和粪便（c，d）微生物群稀释曲线（*n*=20）

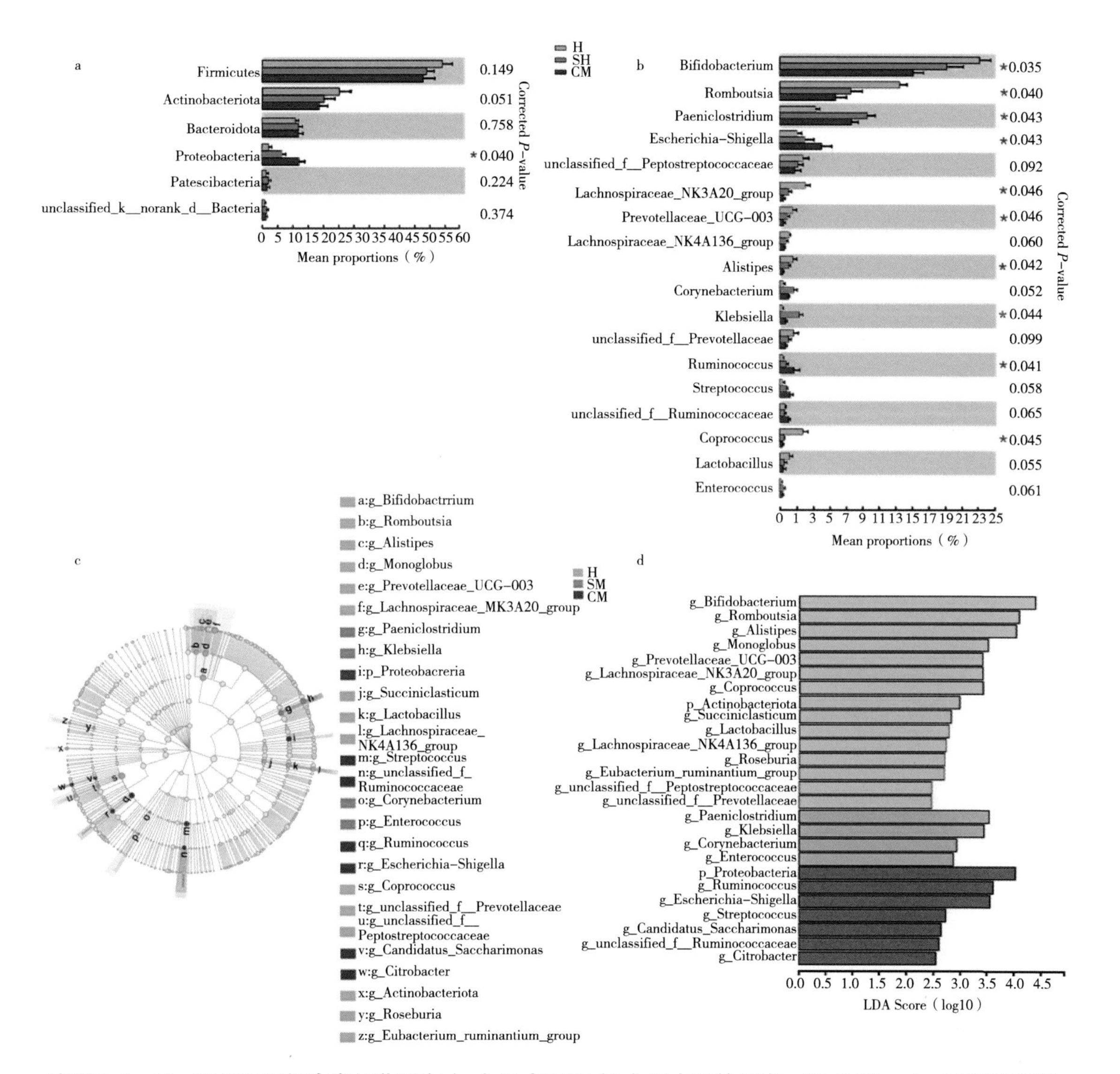


**彩图4-3　H、SM和CM奶牛粪便菌群在（a）门水平和（b）属水平的组成。*$P$<0.05。（c）3组粪便样本差异菌群线性判别分析效应大小（LEfSe）分析（从门到属水平）。（d）线性判别分析（LDA）评分图，显示不同菌群对健康组、亚临床组和临床组乳房炎差异的影响**

H，健康；SM，亚临床性乳房炎；CM，临床乳房炎

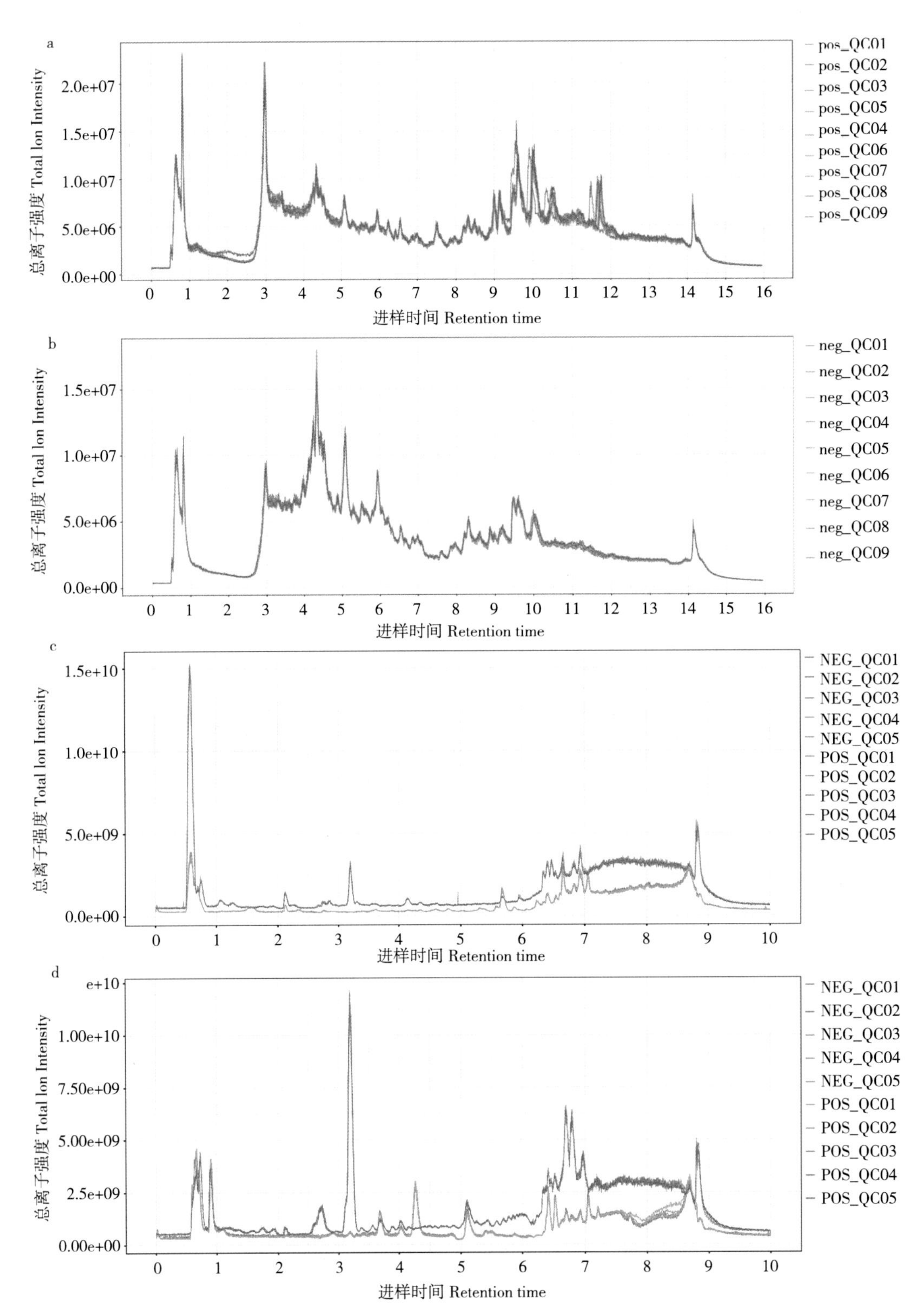


**彩图4-4　健康、亚临床和临床乳腺炎奶牛（a，b）瘤胃液（c）粪便和（d）血清质控（QC）样品在正负离子模式下的总离子色谱图**

Pos，正离子模式；Neg，负离子模式

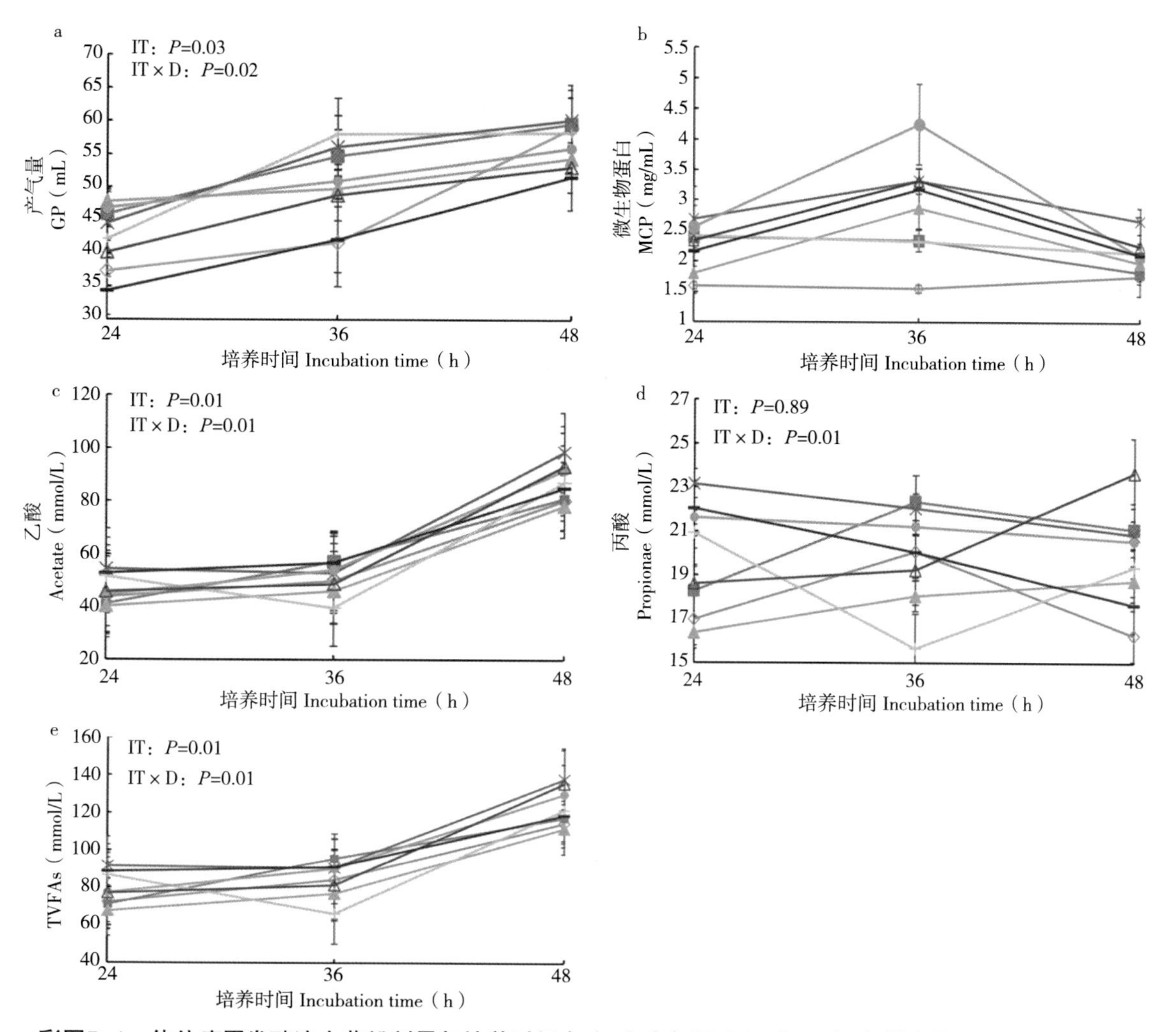


**彩图5-1　体外瘤胃发酵液中菊粉剂量与培养时间在（a）产气量（GP），（b）微生物蛋白（MCP），（c）乙酸，（d）丙酸和（e）总挥发性脂肪酸中的交互作用**

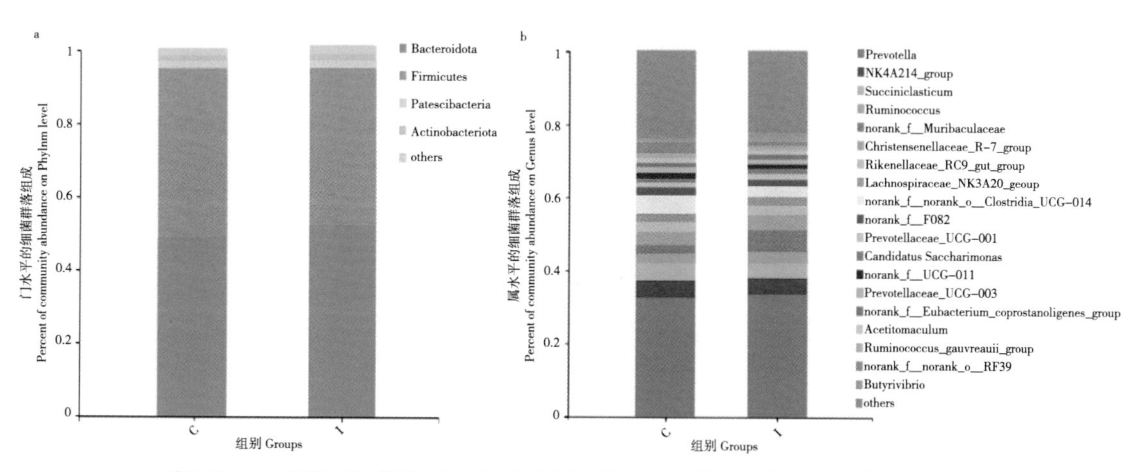


**彩图6-2　对照组和菊粉组在（a）门水平和（b）属水平下瘤胃细菌群落组成**

C，对照组；I，菊粉组。条形的不同颜色代表不同的物种，条形的长度代表物种所占的比例

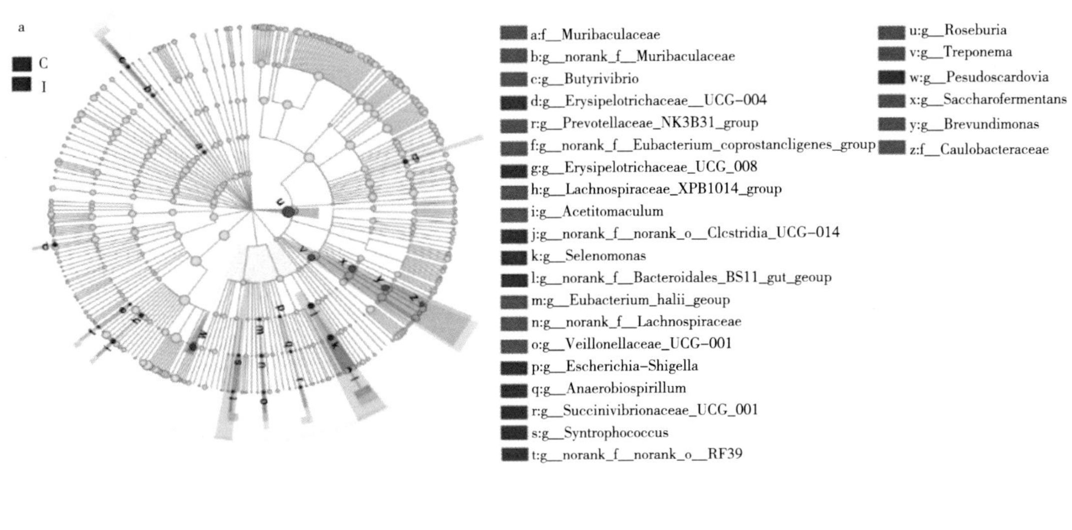


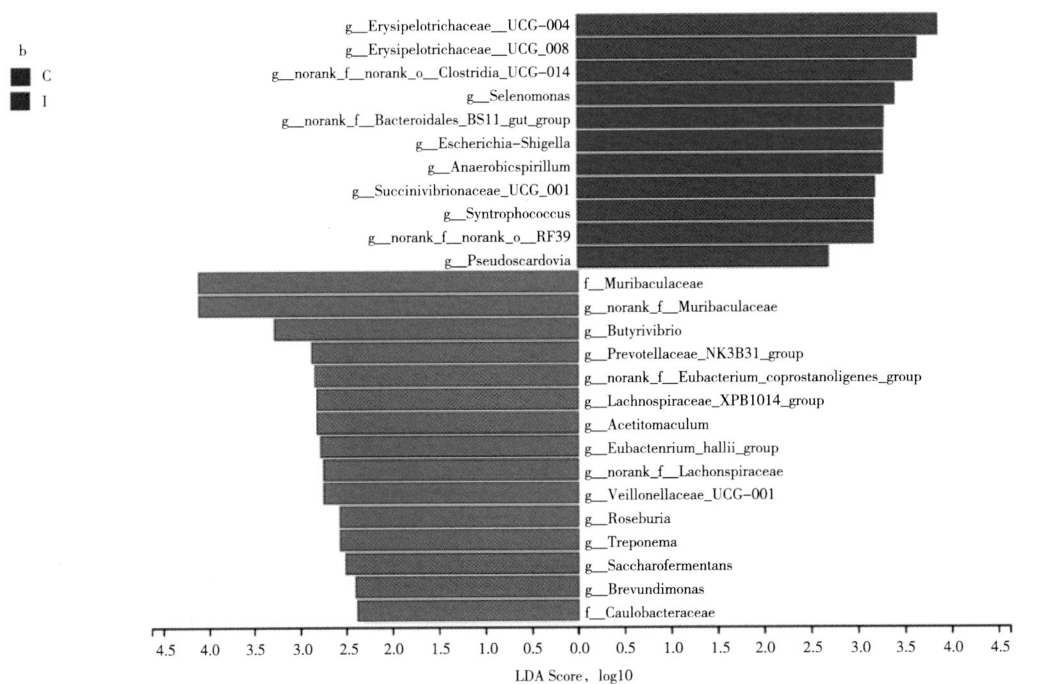


彩图6-4　对照组和菊粉组瘤胃差异菌群的线性判别分析效应量（LEfSe）分析。（a）进化分枝图显示细菌在门到属水平上存在显著差异。不同颜色的节点代表对应组中显著富集的微生物，对两组差异有显著影响。黄色的节点代表两组之间没有显著差异的微生物；（b）线性判别分析（LDA）bar显示了各物种丰度对两组间差异的影响

假定值比；0. LDA评分>；2.5为显著差异。C，对照组；I，菊粉组

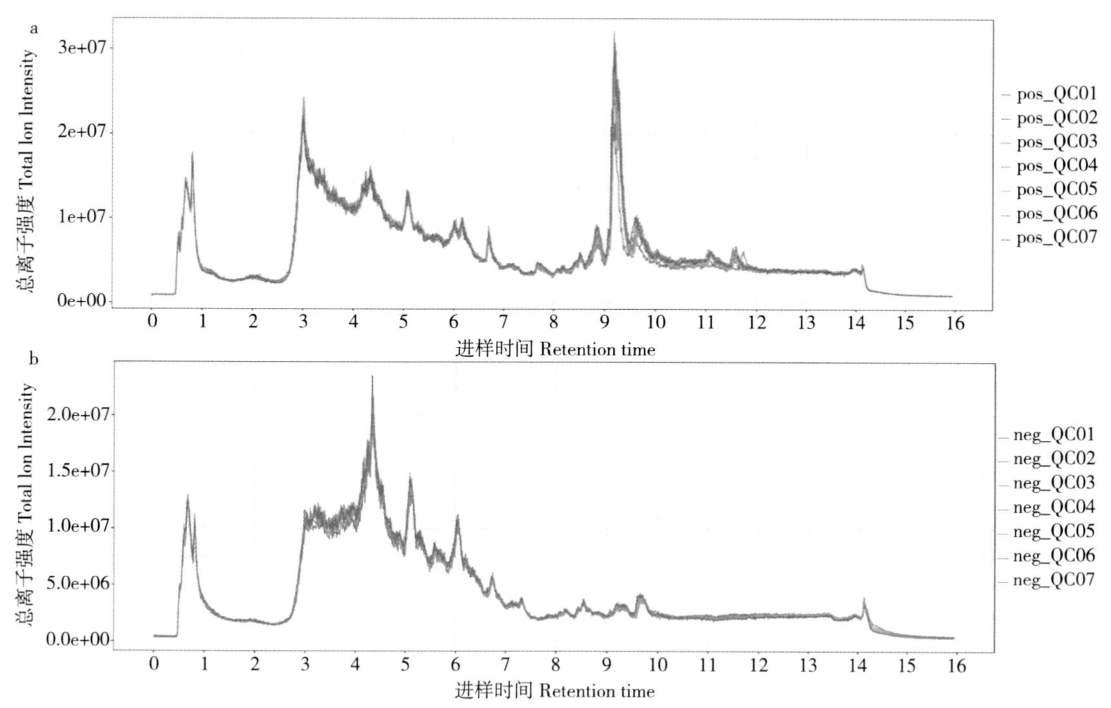


彩图6-5　质量控制样品在（a）正离子模式和（b）负离子模式下的总离子色谱图

QC，质量控制

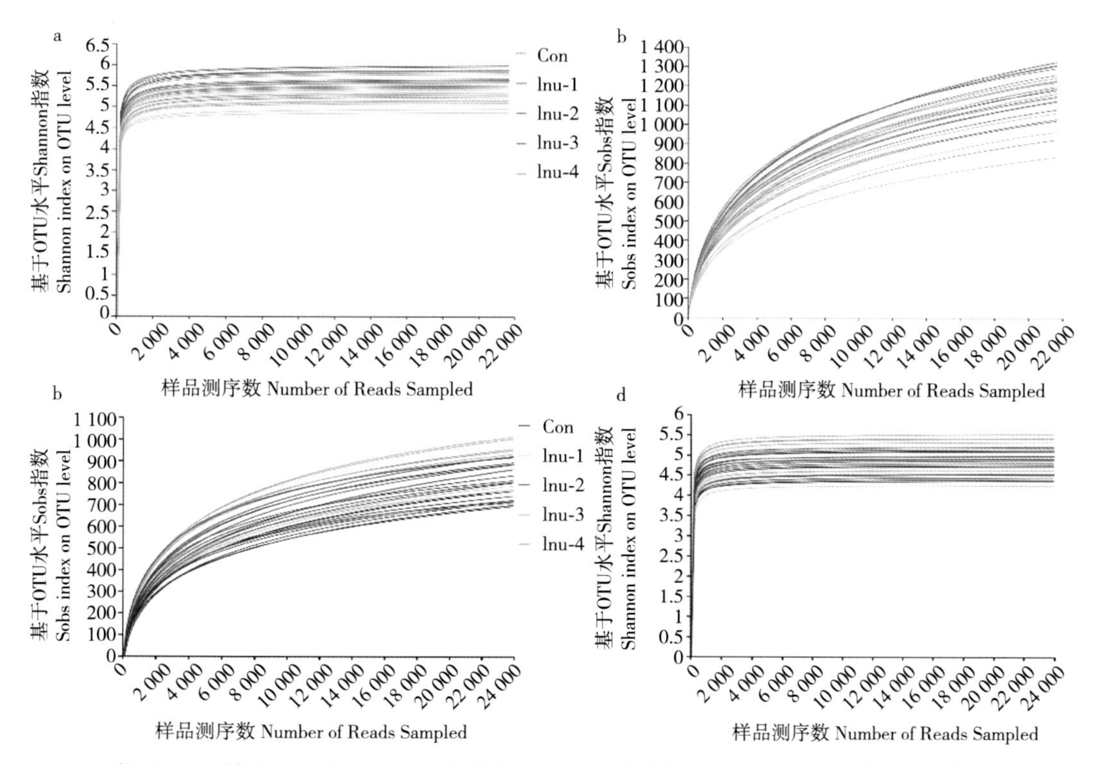


彩图7-4　基于Sobs和Shannon指数的（a，b）瘤胃液与（c，d）粪便菌群稀释曲线

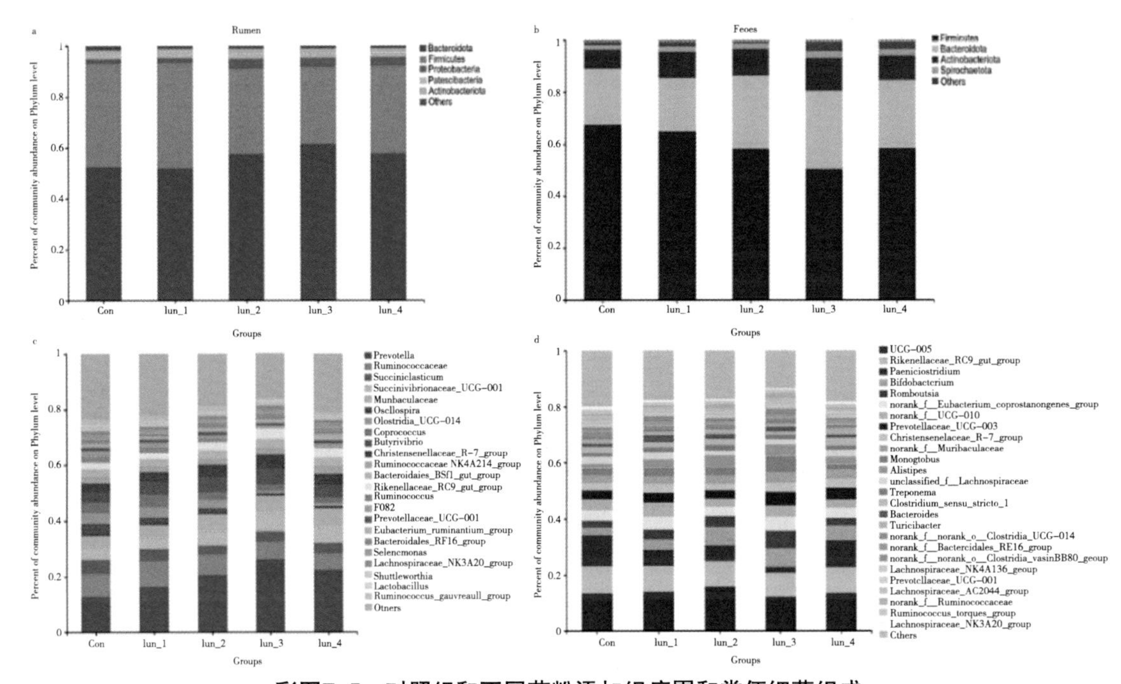


彩图7-5　对照组和不同菊粉添加组瘤胃和粪便细菌组成

（a，c）瘤胃菌群门水平和属水平；（c，d）粪便菌群门水平和属水平

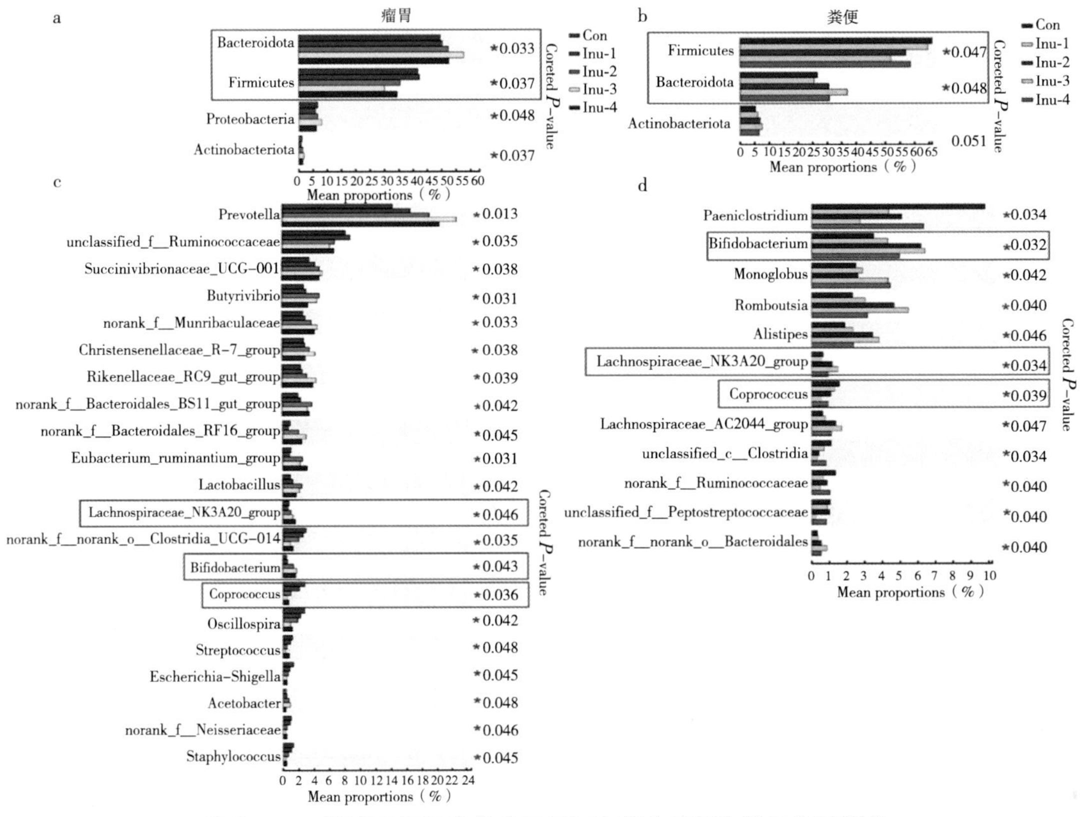


彩图7-7　对照组和不同菊粉处理组SCM奶牛瘤胃和粪便差异菌群

（a，c）瘤胃菌群门水平和属水平；（b，d）粪便菌群门水平和属水平

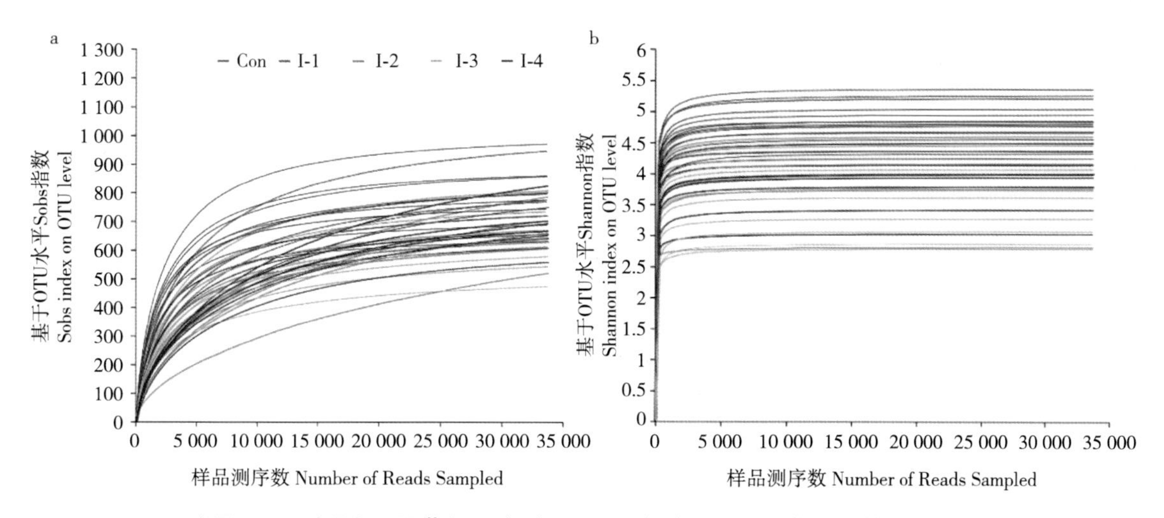


**彩图8-1　对照和不同菊粉组（a）Sobs和（b）Shannon指数下的稀释曲线**

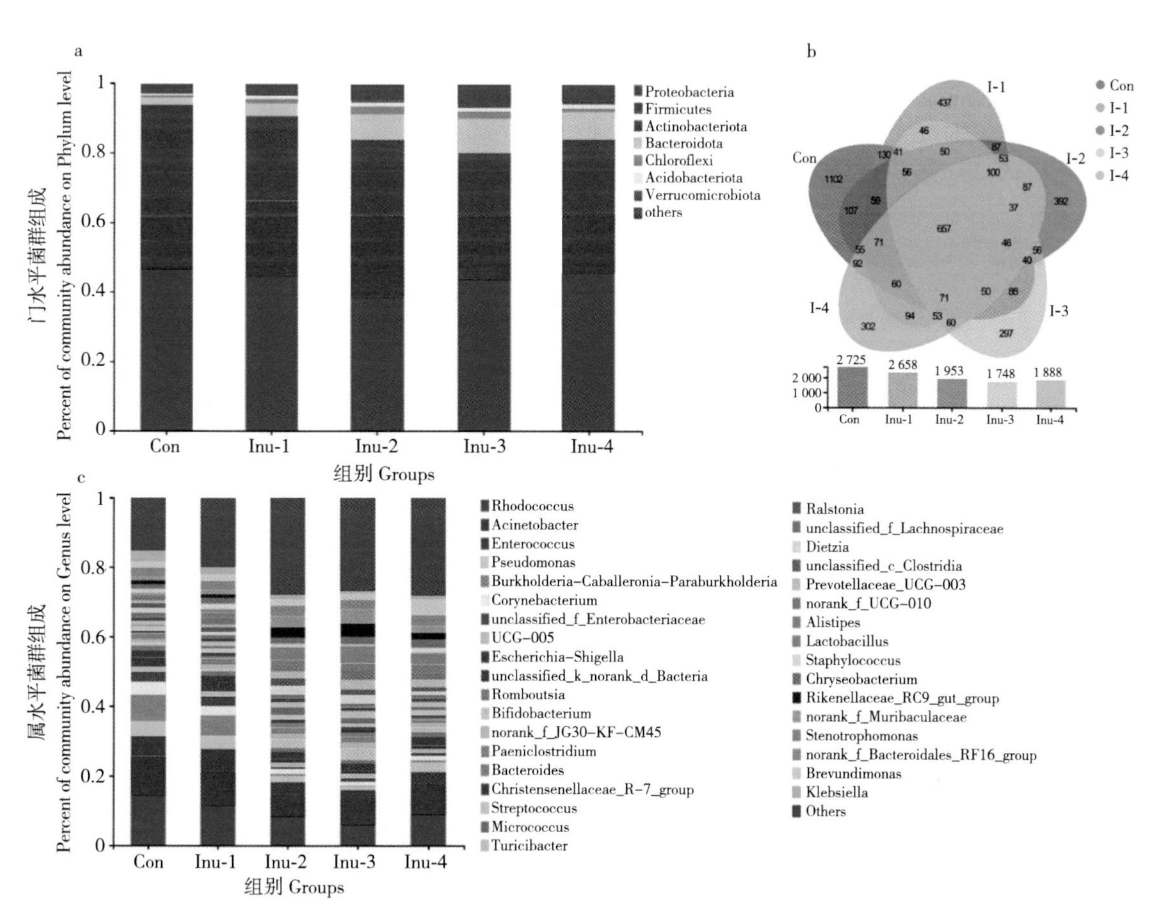


**彩图8-2　对照组和不同菊粉组牛奶样品中基于OTU水平的主要菌群组成**

（a）门水平；（b）维恩图；（c）属水平

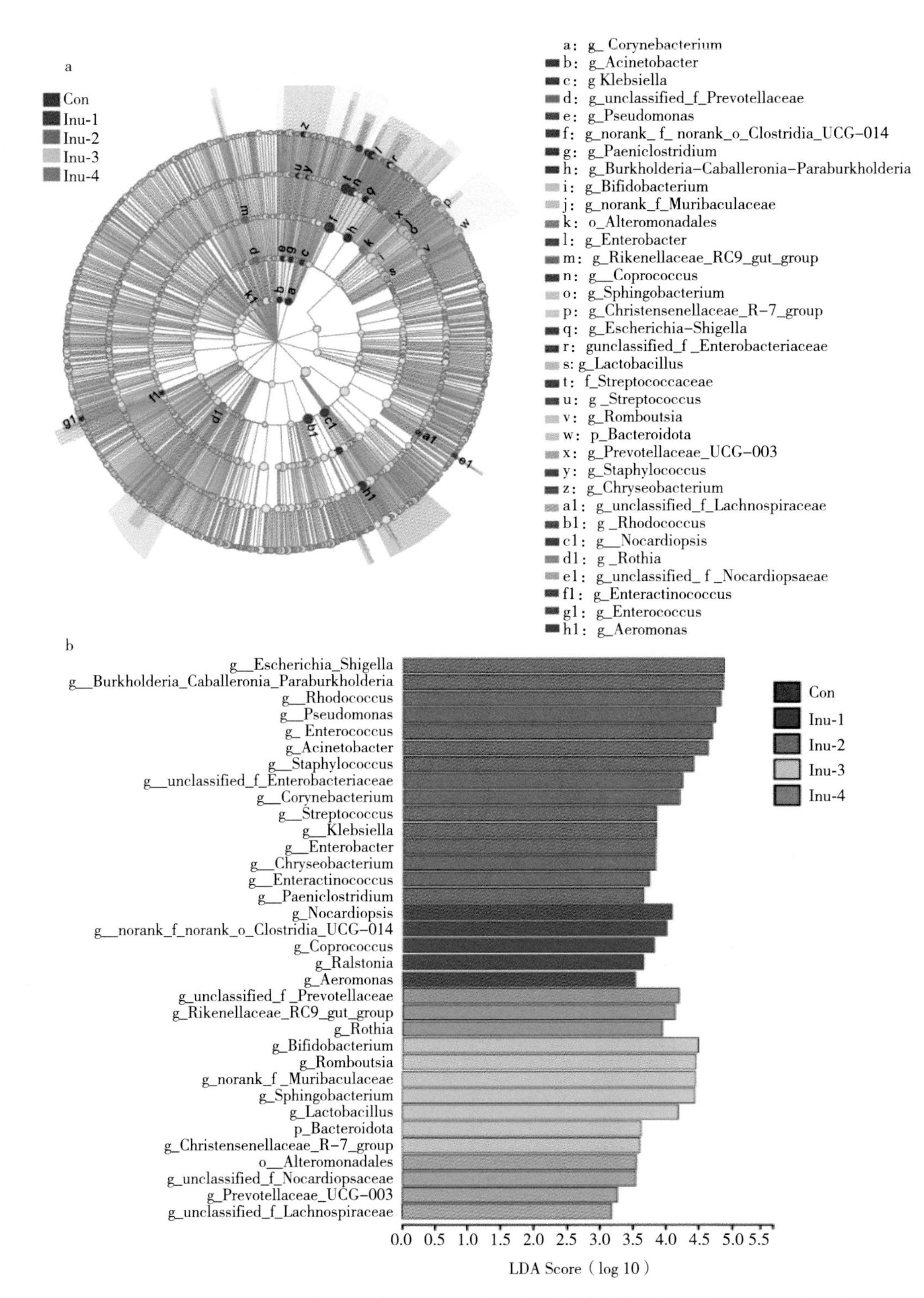


**彩图8-4 对照组和不同菊粉组牛奶微生物类群的线性判别分析效应量(LEfSe)分析**

(a)进化分枝图显示从门到属水平的差异菌群;(b)线性判别分析条形图显示差异菌对组间差异的影响。LDA评分>3.0

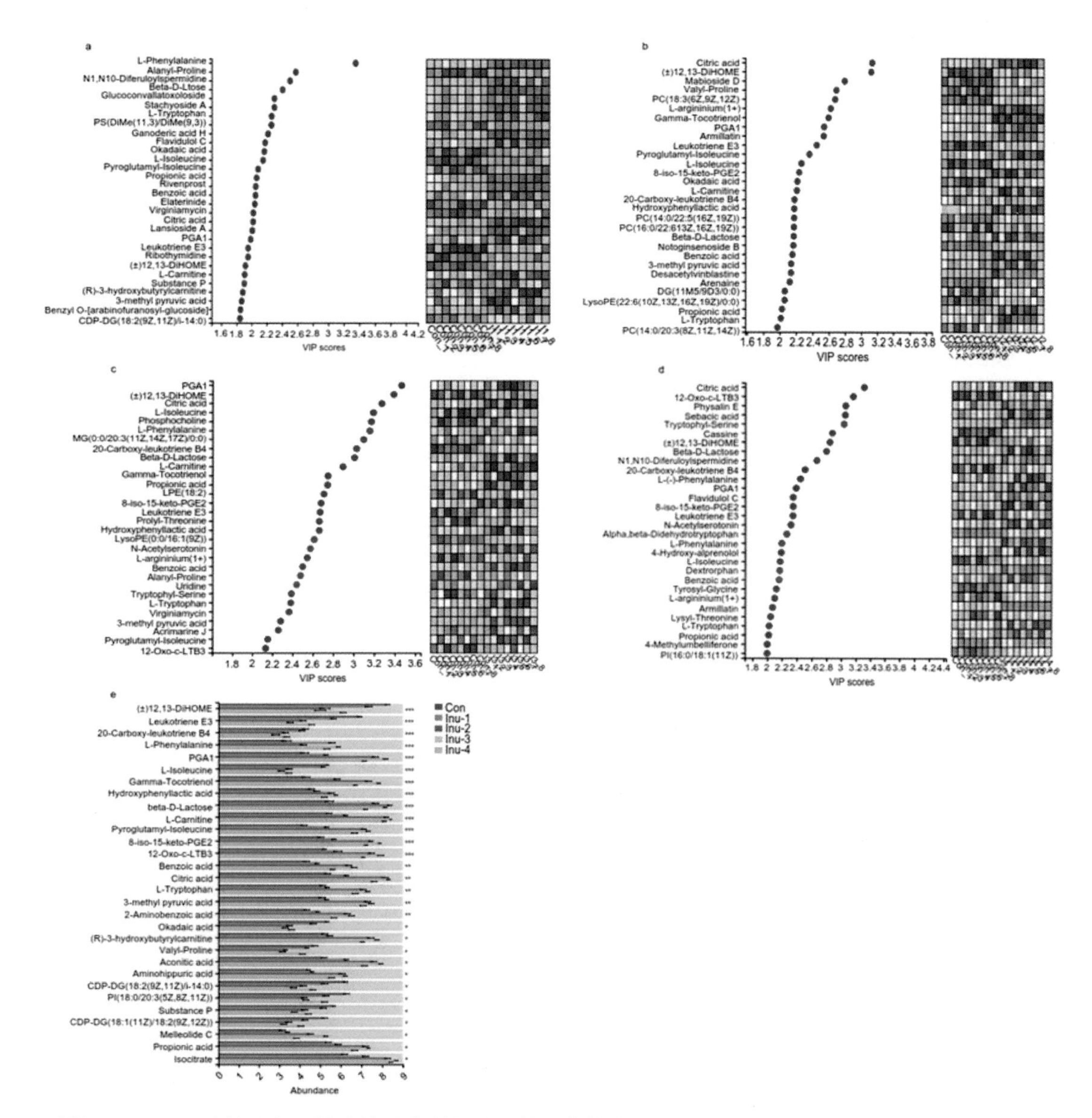


彩图8-8　两两比较和多组检验的乳代谢物差异的显著性检验（a，b，c，d）重要变量投影图（VIP）显示，对照与Inu-1组、对照与Inu-2组、对照与Inu-3组、对照与Inu-4组牛奶样品的代谢产物差异显著（VIP得分前30）。右边的格子是根据牛奶中代谢产物的相对丰度而着色的，红色代表高含量，白色代表低含量。（e）多组差异分析条形图，显示5组牛奶样品中差异代谢产物（FDR校正*P*值前30位）

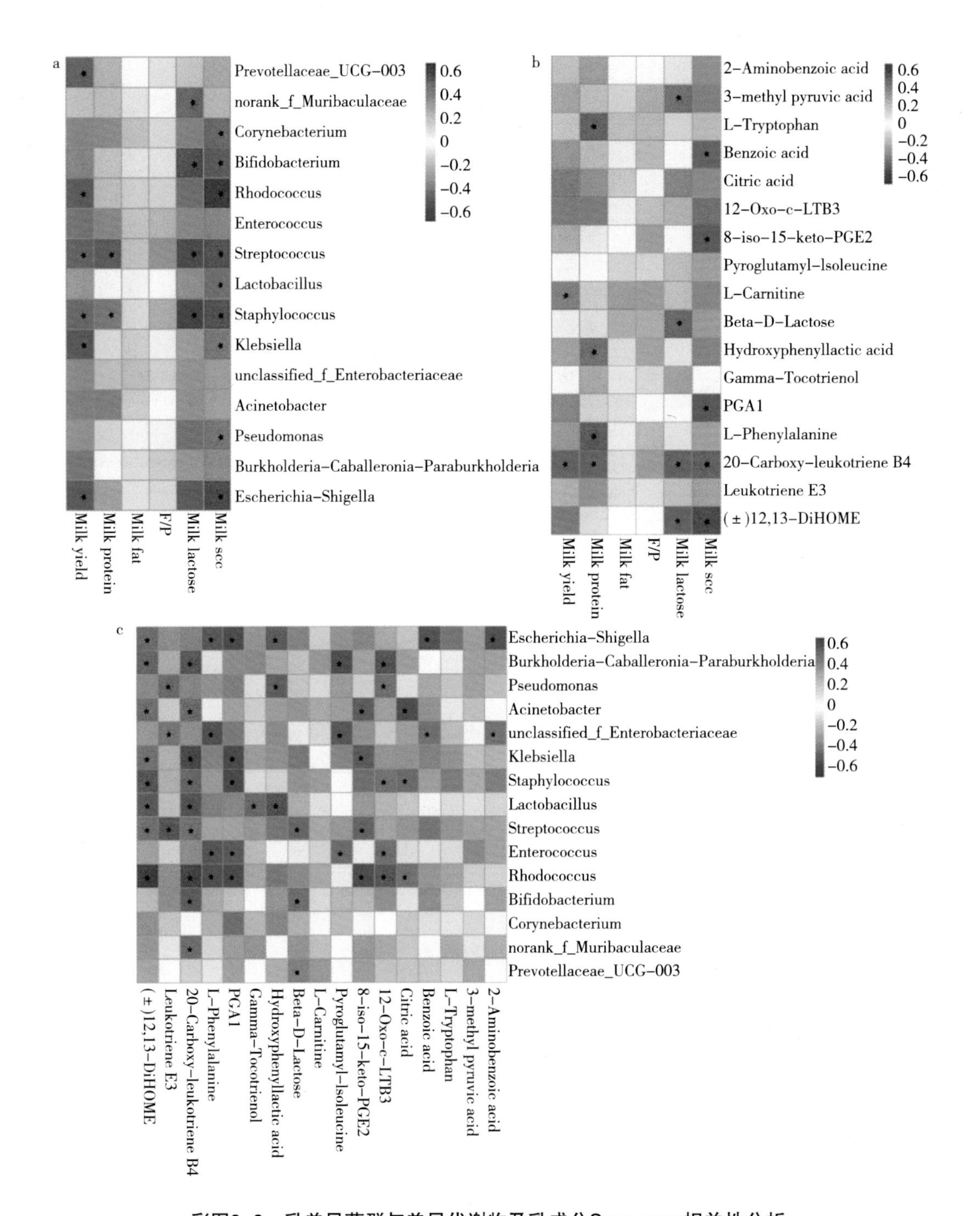


**彩图8-9　乳差异菌群与差异代谢物及乳成分Spearman相关性分析**

（a）乳差异菌群与乳成分；（b）乳差异代谢物与乳成分；（c）乳差异菌和差异代谢物。红色表示正相关，蓝色表示负相关。*表示显著相关（FDR校正的$P$值<0.05）.